通信网络精品图书

嵌入式系统实时通信网络

张凤登　周美娇　白国振　戴晓晨　编著

電子工業出版社
Publishing House of Electronics Industry
北京 · BEIJING

内 容 简 介

嵌入式系统实时通信网络是在嵌入式系统高度发展的基础上形成的，已被广泛应用于测量与控制领域。本书系统地介绍了嵌入式系统实时通信网络的产生背景、理论与技术基础，深入揭示了导致嵌入式系统实时通信网络多样化的媒体访问控制技术和全局时间同步技术，并按现有多种网络标准的形成顺序，从网络的技术特点、规范、工作原理、总线接口电路设计及网络化控制系统设计与应用等方面，较全面地阐述了典型网络 CAN、LIN、FlexRay 和 MOST，同时介绍了它们的主要区别和互联技术。

本书在编写过程中广泛吸取了实时通信网络方面的最新成果，全书内容自成体系，结构紧凑，前后呼应，具有一定的先进性、系统性和实用性。

本书可作为高等院校测控技术、自动化、汽车工程、信息工程、微电子、计算机应用、电气工程和机电一体化等专业高年级本科生、研究生的教材，也可作为从事嵌入式系统实时通信网络研究与应用的科技人员的参考书。

图书在版编目（CIP）数据

嵌入式系统实时通信网络 / 张凤登等编著. —北京：电子工业出版社，2022.6

（通信网络精品图书）

ISBN 978-7-121-43788-5

Ⅰ. ①嵌… Ⅱ. ①张… Ⅲ. ①微型计算机-计算机通信网 Ⅳ. ①TN915

中国版本图书馆 CIP 数据核字（2022）第 102456 号

责任编辑：满美希　　文字编辑：宋　梅
印　　刷：三河市双峰印刷装订有限公司
装　　订：三河市双峰印刷装订有限公司
出版发行：电子工业出版社
　　　　　北京市海淀区万寿路 173 信箱　邮编　100036
开　　本：787×1092　1/16　印张：24.75　字数：634 千字
版　　次：2022 年 6 月第 1 版
印　　次：2022 年 6 月第 1 次印刷
定　　价：99.00 元

凡所购买电子工业出版社图书有缺损问题，请向购买书店调换。若书店售缺，请与本社发行部联系，联系及邮购电话：（010）88254888，88258888。

质量投诉请发邮件至 zlts@phei.com.cn，盗版侵权举报请发邮件至 dbqq@phei.com.cn。

本书咨询联系方式：manmx@phei.com.cn。

前　言

嵌入式系统的重要特征之一是具有网络通信能力，这一能力使设备内部组件、人与设备，以及各种应用系统之间能够自主获取并实时处理信息。目前，嵌入式系统实时通信网络已被广泛应用于电力、冶金、化工、机械加工、食品加工、消费电子、汽车、飞机、核电、交通、武器装备和航海航空等行业的测量与控制系统，与人们的日常生产和生活息息相关，正在形成一个世界范围内的完整工业分支。

嵌入式系统实时通信网络的发展十分迅速，每隔几年就会有新的概念或内容产生。令人高兴的是，许多与该主题有关的协议已基本稳定。然而，这类网络是以控制、通信、计算机和芯片技术为基础的，各种协议的内容之间存在相互影响、融合和交集，学习和应用这些协议并不容易。本书旨在通过深入阐述协议的基础知识和基本原理，让读者更好地掌握嵌入式实时通信网络相关内容，并可将理论、技术和经济等多个方面联系起来。

全书共 9 章，每章都配有习题。第 1 章介绍实时通信网络的发展历程及其在安全性、电磁兼容性、环境要求、组件可用性和成本因素等方面的限制；第 2 章简要讨论一些网络基本概念和术语；第 3 章深入揭示了导致网络标准多样化的媒体访问控制技术；第 4 章描述了与网络相关的时间概念和全局时间同步原理；第 5、6、7、8 章，按照现有实时通信网络的形成顺序，从网络的技术特点、规范、工作原理、总线接口电路设计以及网络化控制系统设计与应用等方面，较全面地阐述了控制器局域网（CAN）、本地互联网络（LIN）、FlexRay 和 MOST（Media Oriented System Transport，面向媒体的系统传输）；第 9 章首先对各种实时通信网络进行了比较，然后探讨了系统级模块及其设计原则、网络系统的连接和开发流程。本书带星号（*）的章节可根据教学需要灵活选用。

本书是在“‘双万计划’国家级一流专业建设”和“上海理工大学一流本科系列教材建设”两个项目的资助下完成的，在编写过程中得到了资深学者、同事以及电子工业出版社的大力支持。上海理工大学应启戛教授、华东理工大学吴勤勤教授、上海大学付敬奇教授和上海电力大学杨宁教授为本书的组织结构和新术语的定义提出了很多宝贵建议；华俊、杨康、杨甲丰、管银凤、张宇辉、张海涛、柴淞威、李俊何、赵国承、陆禹和陈佳佳完成了书稿的文字校对工作；电子工业出版社的宋梅编审在本书的体例格式和易读性方面给予了许多帮助，在此谨向他们以及本书参考文献的作者致以衷心的感谢。

本书配有教学资源，如有需要，请登录电子工业出版社华信教育资源网（www.hxedu.com.cn），注册后免费下载。

由于作者水平有限，书中错误和不足之处在所难免，敬请读者批评指正。

作　者

2022 年 1 月

目　　录

第1章 概　　述

嵌入式系统是以应用为中心，以计算机技术为基础，软硬件可裁剪，对功能、可靠性、成本、体积和功耗有严格要求的专用计算机系统，通常被简单地解释为“用于控制、监视或协助设备、机器或车间运行的装置”。不难看出，嵌入式系统是软件和硬件的综合体，还可以涵盖机械等附属装置。目前，嵌入式系统已经广泛应用于工业电子和消费电子领域，汽车、飞机、家电、工业机器、航空航天设备和武器装备等成千上万种产品都在利用嵌入式系统来获得更佳的使用性能。在某些产品中，这样的内嵌电子装置不止一个，有时需要根据应用需求将它们作为网络节点（也称为电子控制单元）连接起来。在很长一段时间里，这些节点之间、节点与负载设备之间采用点对点方式进行连接。采用这种方式，导线数量随着节点的增加而增加，在有限的产品空间内的布线会变得越来越困难，从而对功能的扩展造成限制。除此之外，导线的增多也使产品的质量、成本和维护难度随之上升。然而，对于提高电子系统的综合控制准确性来说，节点之间的信息交流、资源共享，以及功能的交叉变得越来越多，且越来越重要，仅靠简单的点对点连接实际上已经很难实现。因此，早在20世纪90年代初，人们就开始尝试采用串行总线连接来解决这些问题，由此导致了嵌入式系统通信网络的产生。

目前，嵌入式系统通信网络技术逐渐普及，越来越多的应用开始探索实施有线链路控制系统，即不通过机械连接进行控制。这种趋势对嵌入式系统通信网络又提出了更高的要求。首先，在通信系统的成本方面，要求用低成本实现机械电子模块联网；其次，在与实时性和安全性相关的应用方面，要求通信系统具备更强的能力，如高速传输、冗余通信等。最后，在实现多媒体数据和电话数据的传输方面，要求通信系统更具鲁棒性和灵活性。这使探索适合工业领域需要的实时通信网络成为一个重要主题，新的网络不断涌现。

嵌入式系统实时通信网络的发展过程具有典型的行业特征，难以形成一个全球统一的网络标准，至今仍处于多种网络标准共存的局面，给学习和掌握这一技术带来一定困难。为避免读者失去学习这一技术的信心，在讲述网络的技术原理和实现方法之前，本章首先介绍一些与嵌入式系统实时通信网络有关的术语和概念，指出这类网络的特殊性及其有效设计和实施背后的一些业务需求和成本驱动因素，接着描述实时通信网络的形成简史、功能需求和发展趋势。读者可由此建立起对嵌入式系统实时通信网络的初步认识，然后进一步展开对后续各章的深入学习。

1.1 嵌入式系统实时通信网络的相关概念

目前，越来越多的工业产品开始用嵌入式系统取代传统的机械或电子控制系统，而且将许多新功能的实现寄希望于嵌入式系统实时通信网络。为方便对这一新兴技术的理解，让我们首先了解一些基本概念。

1.1.1 系统

系统是指由相互制约的若干部分所构成的整体。通常情况下，每个系统的功能是特定的，其状态由描述系统行为特征的变量来表示。随着时间的推移，系统会不断地演化。外部环境的影响、内部组成部分的相互作用和人为的控制作用等，是导致系统状态和演化进程发生变化的主要因素。例如，嵌入式系统可认为是产品内嵌微处理器控制系统的硬件和软件两部分所形成的整体。

1.1.2 实时

实时是一个不太容易理解的术语，许多人想当然地认为实时就是快。实际上，实时表示具有确定性的响应，即在给定的时间周期内，对某个事件做出可靠、准确响应的能力。

简单地说，实时是用来描述实际应用的定时要求的形容词。不同应用和不同用户的定时要求不尽相同，因此事物的实时性没有一个统一的时间限制。为了更加精确地定义系统的实时性能，经常使用弱实时和强实时两个术语。

实施弱实时的系统可以有不同的响应速率，而且不会影响整个系统的整体功能。例如，在温度监视系统中，温度不会快速改变，获取数据的速率相对较慢，可以每秒读数一次，读数间隔的轻微变化不会影响整个系统的功能。

然而，强实时的要求与前者不同，在一个绝对时间内，它的响应速率必须是无差错的、准确的。例如，蒸馏过程的控制，必须以指定的时间间隔一致地采集压力信号，以便及时做出开、关压力阀门的重要决策。如果不能在指定的时间周期内执行控制回路操作，那么压力可能增大到危险的程度。

1.1.3 实时系统

系统行为的正确性不仅取决于计算的逻辑结果，而且与产生这些结果的物理时间有关，这类系统称为实时系统。

实时系统的状态是随时间变化的。例如，在化学反应系统中，即使它的计算机控制系统已经停止运行，化学反应仍将继续改变其状态。因此，将实时系统分解成一组自成体系的（Self-contained）子系统是合理的，这种子系统通常称为簇（Cluster）。

实时系统的一般组成如图 1-1 所示，整个系统被分解为被控对象（被控簇）、实时计算机系统（计算簇）和操作员（操作员簇）三个子系统。

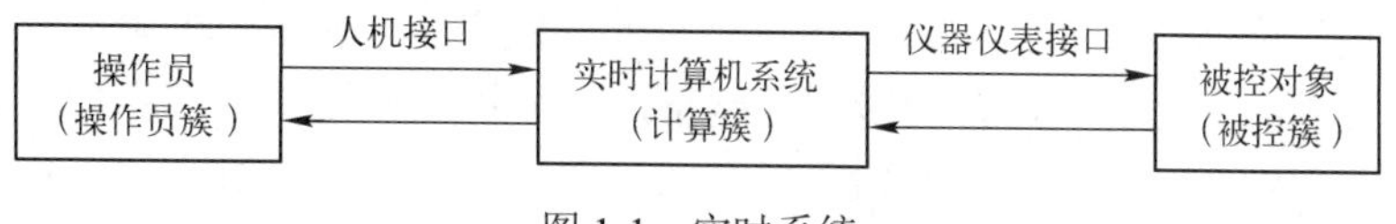

图 1-1　实时系统

在图 1-1 中，被控簇可以是物理设备或机器；计算簇是指组成计算机控制系统的硬件和软件；操作员簇表示人机交互中的人类因素，但这里仅考虑操作员与计算簇之间的互动模式，并不关心操作终端的信息表示形式。操作员与实时计算机系统之间的接口称为人机接口，该接口是由输入设备（如键盘、鼠标）和输出设备（如显示器）组成的，用于实现与操作人员的连接。被控对象与实时计算机系统之间的接口称为仪器仪表接口，该接口是由传感器和执行器组成的，用于将被控对象中的物理信号（如电压、电流）变换成数字信号，或者将数字信号变换成被控对象中的物理信号。

如果实时计算机系统是分布式的，那么该系统由多个节点组成，各个节点都包括硬件（处理单元、内存、I/O 接口和时钟等）和软件，相互之间通过实时通信网络相互连接，例如图 1-2 中的节点 A～F。

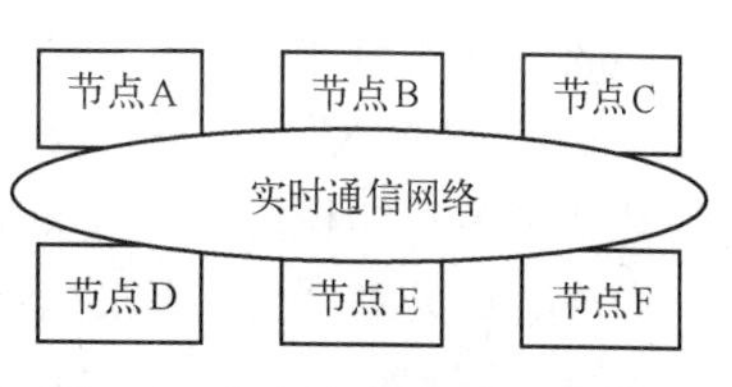

图 1-2　分布式实时计算机系统

通常，我们把被控簇和操作员簇统称为计算簇的环境。实时计算机系统必须在指定时间间隔内对来自环境的激励做出反应，而指定时间间隔是由环境决定的。实时计算机系统必须产生结果的时刻称为截止时间。如果截止时间已过，而产生的结果仍然有用，那么这个截止时间是弱截止时间；如果错过截止时间可能导致严重后果，则该截止时间被定义为强截止时间。例如，在一个有信号灯的铁路和公路交叉口，如果信号灯没有在火车到达前变成“红”色，则可能导致意外事故。必须满足至少一个强截止时间的实时计算机系统称为强实时计算机系统，或安全关键性实时计算机系统。如果系统没有强截止时间，则该系统称为弱实时计算机系统。

强实时计算机系统设计与弱实时计算机系统设计之间存在根本的不同。在指定的负载和故障条件下，强实时计算机系统必须支持一个有保障的时间行为，而弱实时计算机系统偶尔错过一个截止时间是允许的。

1.1.4　实时通信网络

在分布式实时计算机系统中，各个节点之间既不共享物理内存，也不共享物理时钟，相互之间通过报文通信来协调它们的动作。从通信角度看，一个节点至少可以被划分成两部分：通信控制器和主机，如图 1-3 所示，该图展示了节点结构。实时通信网络实际上可以看作是

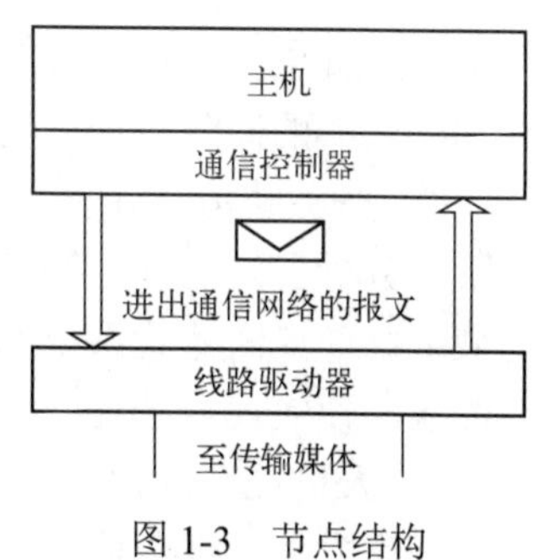

图 1-3　节点结构

由簇内所有节点的通信控制器与物理互连媒体形成的一个整体，因此，有时称其为实时通信系统。

实时通信网络是分布式实时计算机系统的关键资源，通信中的报文丢失会使整个系统丧失服务能力。因此，实时通信网络的可靠性应该比单一节点的可靠性高一个数量级。事实上，实时通信网络所关心的问题远不止可靠性这一项，也包括实时性、可伸缩性（可扩展或减缩性）、可组性（即维持子系统特性不变）和经济性等，这是一个非常复杂的研究主题。

网络中的每个节点都包括计算机硬件和许多逻辑功能元件。目前，微电子学领域的技术进步，使芯片设计厂商能够利用芯片实现众多功能，在单一芯片上实现计算能力强大、具有串行通信能力的低成本节点已经成为现实。在经过精心设计的实时通信网络中，大量节点可由相同类型的硬件来实现，能够充分利用批量生产 VLSI 所带来的好处。

1.1.5　嵌入式实时系统

嵌入式实时系统也属于实时计算机系统，只是其节点设计采用了嵌入式微处理器（Embedded Microcontroller）。与通用计算机系统的 CPU 相比，嵌入式微处理器具有品种多、体积小、成本低、集成度高等特点。

随着微处理器性价比的不断提高，越来越多自成体系产品的传统机械或电子控制系统，逐渐被嵌入式实时系统所取代，如汽车、飞机、舰艇、机床、蜂窝电话、心脏起搏器、打印机、电视机、洗衣机，甚至某些电动剃须刀都包含一个存有数千条软件代码指令的微处理器。由于这些产品的外部接口（尤其是人机接口）相对于上一代产品通常保持不变，因此从外部看不到实时计算机系统正在控制产品的行为。

嵌入式实时系统是某个指定的更大系统的一部分，人们通常把嵌入式实时系统简称为嵌入式系统，而将其所对应的更大系统称为智能产品。智能产品最终成功与否，取决于该产品与用户的相关性，以及产品的服务质量。因此，真正满足用户需求至关重要。

嵌入式系统具有许多与众不同的特征，直接影响系统的开发过程。

① 批量生产。许多嵌入式系统是为大众市场设计的，要在高度自动化的装配厂里进行批量生产。这就意味着单个单元的生产成本应该尽可能低，即需要关注内存和处理器的高效利用问题。

② 静态结构。计算机系统被嵌入到结构为刚性的特定智能产品中，通过在设计阶段分析已知的静态环境，可以简化软件、增强鲁棒性、改进嵌入式计算机系统的效率。许多嵌入式系统不需要灵活的动态软件机制，因为这种机制会加大对资源的需求，使实现复杂化。

③ 人机接口。如果嵌入式系统含有人机接口，那么这个接口一定要目的明确，并且操作方便。理想情况下，智能产品的使用方法是不言自明的，不需要专门培训

或参考手册。

④ 机械子系统最小化。嵌入式系统有助于最大限度地减少机械子系统的复杂性，从而降低制造成本，提高智能产品的可靠性。

⑤ 功能确定。智能产品的功能是由驻留在只读存储器（Read-Only Memory，ROM）中的集成化软件决定的。由于 ROM 中的软件在被交付使用后不可能被修改，因此对这种软件的质量标准要求很高。

⑥ 维护策略。将智能产品分解成可替换单元的成本太高，因此很多产品被设计成不可维护的。然而，如果产品被设计成现场可维护的，那么为产品提供良好的诊断接口和维护策略就变得十分重要。

⑦ 通信能力。在分布式嵌入式系统中，实时通信网络节点之间的各种通信特征用总线系统来描述。总线系统决定了节点的连接类型（拓扑结构）、调节行为、通信方式和物理实现标准。另外，许多智能产品需要与大型系统或因特网相连，当它们与因特网相连时，防护性（Security，也称安全性）是最令人关注的问题。

⑧ 能源有限。许多嵌入式移动设备由电池供电，电池的使用寿命是系统实用性的关键参数。

最近几年，嵌入式计算机应用的种类和数量迅速增加，已成为计算机市场的重要组成部分。随着半导体器件性价比的持续提高，以嵌入式微处理器为基础的控制系统与机械、液压和传统电子控制系统相比，成本竞争力越来越明显。目前，嵌入式系统的批量市场主要集中于消费电子和汽车电子领域。汽车电子领域尤其令人关注，是因为严格的定时、可依赖性和成本要求已经成为该领域技术进步的促进因素。

在过去很长一段时间里，人们在应用计算机控制方面十分保守。现在，汽车制造商已把计算机技术的合理开发作为一个重要的竞争元素，这既有利于满足对车辆性能的无止境追求，也有利于降低车辆制造成本。几年前，汽车上的计算机应用还集中在非关键性的车体电子或舒适功能上，而目前车辆核心功能的计算机控制数量已经有了大幅增长，如发动机控制、制动控制、传动控制和悬架控制。这些核心功能的集成，可以极大地提高车辆的行驶稳定性。显然，这些核心功能的任何错误都会带来严重的安全隐患。

目前，汽车内部的计算机安全性研究被分成两个层面：基本层和优化层。在基本层，机械系统提供经过验证的安全水平，足以满足操作汽车的需要。在优化层，计算机系统在基本机械系统之上提供优化的性能。在计算机系统完全失效的情况下，汽车运行将由机械系统接管。例如，即使电子稳定程序（Electronic Stability Program，ESP）系统中的计算机失灵，传统的机械制动系统仍可运行。很快，这种安全性研究方法可能到达其极限，原因有如下两个：

① 随着计算机控制系统的进一步发展，计算机控制系统与基本机械系统之间的性能差距越来越大。习惯了高性能计算机控制系统的驾驶员，反而会把性能较差的机械系统认为是安全隐患。

② 微电子器件的性价比不断提高，实现容错计算机系统的成本将低于计算机与机械的混合系统。迫于经济压力，冗余的机械系统可能将被去除，代之使用主动

冗余的计算机系统。

1.1.6 嵌入式系统网络化

目前，嵌入式系统正在向网络化过渡，主要目的是降低成本，增强设计灵活性，扩大适用范围，为将来增加新功能创造条件。

为适应嵌入式系统实时通信网络发展要求，新一代的嵌入式处理器能够提供多种内嵌网络接口，如支持 TCP/IP、IEEE 1394、USB、CAN、Bluetooth 或 IrDA 协议的通信接口，甚至提供相应的通信组网协议软件和物理层驱动软件。然而，不得不承认，这些网络接口和软件主要用于消费电子领域，尚不能完全满足工业电子领域的实时通信网络要求，原因在于工业网络在安全性、电磁兼容性、环境适应能力和成本等方面具有更高的要求。正是由于这些要求的存在，才使嵌入式系统实时通信网络逐渐发展成为实时技术和计算机行业的重要细分市场。

汽车市场是高度竞争的市场，经济性方面的压力极大。在汽车制造行业，新车型的设计是主攻方向，每个新车型的设计需要数千个工程师进行长达三四年的努力工作。一辆交付使用的汽车，超过 95%的成本发生在制造和市场方面，5%与开发有关。由此产生了这样一种现象，为汽车市场研发的高性价比和高可靠性计算机网络解决方案，也会被其他嵌入式系统应用采纳，汽车市场成为嵌入式系统市场的驱动力量。

1.2 安 全 性

嵌入式系统在经济和技术方面取得的巨大成功，导致许多应用增加了电子系统的部署，甚至在电子系统失效可能导致严重后果的领域也是如此。当电子系统失效可能产生灾难性后果时，如生命损失、财产损坏或灾难性环境破坏等，电子系统变成了安全关键性（或强实时）系统。安全关键性嵌入式系统的例子很多，如飞机的飞行控制系统、汽车电子稳定程序系统、火车控制系统、核反应堆控制系统、医用心脏起搏器、电力电网控制系统、与人类互动的机器人控制系统、矿物开采中的爆管引爆系统和烟花表演中的烟花控制系统等。

图 1-4 给出了一个安全关键性系统应用实例，该图展示了现代汽车中一些具有主动或被动安全特征的电子系统。不难看出，为了提高汽车的行驶安全，新型汽车中的大量电子系统具有主动或被动安全特征，如防抱死制动系统、自适应巡航控制系统、安全气囊系统和自动碰撞提示系统等。

与消费电子领域不同，工业电子领域的电子系统大部分属于安全关键性系统，系统发生故障或存在设计缺陷很容易导致人身伤害，而笔记本电脑或智能手机等消费电子产品很少产生这种情况。随着实时计算机系统的应用不断发展，人们越来越关注安全关键性系统设计问题，本节将讲述安全性的定义和一些与安全性分析相关的概念，描述安全关键性系统设计需要遵循的标准。

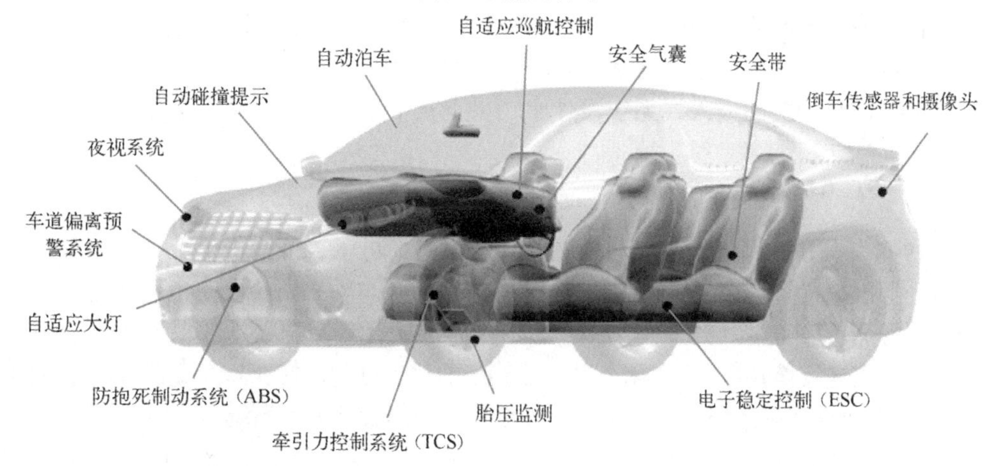

图1-4 现代汽车中的一些具有主动或被动安全特征的电子系统

1.2.1 安全性的定义

安全是一个系统属性，系统的整体设计决定了哪些子系统是与安全相关的，哪些子系统可能会失效但没有任何严重后果。在给出安全性的定义之前，有必要先了解失效模式这个术语。

失效模式是指一个系统、子系统或零部件没有满足它的设计目的或功能的形式。通常将失效模式分为两种：关键性的和非关键性的。关键性失效模式被认为是恶性的，可能导致灾难性后果。在关键性失效模式下，系统的设计要求极其严格，必须针对所有指定的情况（即使某些情况很少发生），向认证机构表明设计的可靠性。相比之下，非关键性失效模式是良性的，不可能造成严重问题。在非关键性失效模式下，系统的设计要求通常不很严格，有时，一个资源不匹配的系统解决方案，即使没有能力处理稀有峰值负载，但出于经济方面的考虑，也可能被采纳。

安全性被定义为系统在给定的时间跨度内不发生可能导致灾难性后果的关键故障模式的概率。一旦出现关键性失效模式，失效成本比系统的正常运行成本高几个数量级。恶性失效的例子有很多，如飞行控制系统失效造成飞机碰撞；汽车智能制动失效造成交通事故等。对于关键性失效模式，安全关键性（强实时）系统必须具有符合超高可靠性要求的失效率。以汽车上的计算机控制制动为例，计算机可能导致关键性制动失效，这种失效的失效率必须低于传统制动系统的失效率。假如一辆汽车平均每天运行一小时，一百万辆汽车在一年中仅出现一次安全关键性失效，那么失效率的数量级为 10^{-9} failures/h。类似的低失效率，飞行控制系统、火车信号系统和核电厂监视系统同样需要。

1.2.2 安全标准

在安全关键性系统中，嵌入式计算机的应用越来越多。为满足安全性要求，许多行业为嵌入式系统设计制定了专用的安全标准。对于跨行业的架构部署和工具运用来说，安全标准的不同形成了人为的障碍。一个标准化的、统一的安全关键性计算机系统设计和认证方法，有利于减轻这种顾虑。

在与安全相关的嵌入式系统设计中，以下三个安全标准受到广泛关注。

1. IEC 61508

1998 年，IEC 制定了一个与安全相关的电气 / 电子 / 可编程电子（E/E/PE）系统设计标准，简称为 IEC 61508 标准。该标准涵盖了与软 / 硬件设计和系统运行相关的各个方面，适用于任何与安全相关的控制系统或采用计算机技术的保护系统。其中，控制系统以连续模式运行（如化工厂中让连续的化工过程保持在安全工艺参数之内的控制系统），而保护系统则按需运行（如核电厂中的紧急关停系统）。

IEC 61508 标准是以准确的规范和安全功能设计为基础的，这里所讲的安全功能要把风险降低到一个合理可行的低水平，并在独立的安全通道内实施。在已定义的系统边界之内，安全功能被指定了安全完整性等级（Safety-Integrity Level，SIL），控制系统的 SIL 取决于每小时的平均失效容忍率，而保护系统的 SIL 取决于对每个需求的平均失效容忍率，如表 1-1 所示。

表 1-1　安全功能的安全完整性等级

安全完整性等级	每小时的平均失效容忍率	每个需求的平均失效容忍率
SIL4	$[10^{-9}, 10^{-8})$	$[10^{-5}, 10^{-4})$
SIL3	$[10^{-8}, 10^{-7})$	$[10^{-4}, 10^{-3})$
SIL2	$[10^{-7}, 10^{-6})$	$[10^{-3}, 10^{-2})$
SIL1	$[10^{-6}, 10^{-5})$	$[10^{-2}, 10^{-1})$

IEC 61508 标准针对硬件的随机物理故障、软 / 硬件的设计缺陷和分布式系统的通信失效，而 IEC 61508-2 涉及容错对安全功能可信赖性的影响。为了降低出现软 / 硬件设计缺陷的可能性，该标准建议遵循严格的软件开发流程，并提供在系统运行期间减少残留设计缺陷后果的机制。有趣的是，在安全完整性等级高于 SIL1 的系统中，该标准建议不使用动态的重新配置机制。IEC 61508 是多个领域的安全标准的基础，如汽车行业应用的 ISO 26262 标准、机械行业的 ISO 13849 标准，以及医疗设备行业的 IEC 60601 和 IEC 62304 标准。

2. RTCA/DO-178B 和 DO-254

在过去的几十年里，与安全相关的计算机系统已被广泛应用于航空工业，从中积累了大量的设计和运行经验。RTCA/DO-178B（机载系统和设备认证的软件注意事项）及其相关文件 RTCA/DO-254（机载电子硬件的设计保障指南）包含的标准和建议，可以用于机载安全关键性计算机系统的软 / 硬件设计和验证。这些标准是由主要航天公司、航空公司和监管机构的代表所组成的委员会提出的，因此在合理且实用的安全系统研制方法方面，它们代表了国际上的一致看法。一些重大项目已经使用了本标准，并取得了丰富的经验，如 RTCA/DO-178B 在波音 777 及其后续各型飞机上的应用。

RTCA/DO-178B 将设计分为规划和执行两个阶段。规划阶段定义安全案例的结构、项目执行中必须遵循的规程，以及应该生成的文档。执行阶段检查项目的执行是否准确地遵守规划阶段所建立的所有规程。软件的关键性源于与软件相关的功能，而功能的关键性要在安全分析期间确定下来，并按表 1-2 所示关键性等级进行分类，该表给出了适航功能的关键性等级。关键性等级由高到低依次为 A、B、C、D 和 E。软件开发过程的严格程度随着软件关键性等级的增加而增加。该标准所包含的表格和核对清单，针对每个关键性等级提出了开发软件时所必须遵循的设计、验证、建档和项目管理方法。在关键性等级较高时，核对过程必须由独立于开发小组的个体来实施。

表 1-2　适航功能的关键性等级

关键性	功能失效
A 级	导致飞机产生灾难性失效的条件
B 级	导致飞机产生危险 / 严重性失效的条件
C 级	导致飞机产生重要失效的条件
D 级	导致飞机产生次要失效的条件
E 级	对飞机运行能力或飞行员工作负荷无影响

在设计缺陷的消除方面，IEC 61508 和 RTCA/DO-178B 两个标准都要求有一个严格的软件开发流程，希望按照该流程开发的软件不存在设计缺陷。从认证角度看，软件产品的评估比开发流程的评估更具吸引力，但必须注意的是，要通过测试来验证软件产品存在局限性。

最新发布的 RTCA/DO-297 标准（集成化模块式航空电子设备开发指南和认证注意事项）着重强调了设计方法、架构和分割法在航电系统认证中的作用，该标准还考虑了时间触发分割机制在安全相关分布式系统设计中的重要性。

3．ISO 26262

安全一直是汽车工程师重点关注的问题，对于他们来说，安全性设计和测试这类概念并不新鲜。然而，负责安全关键性功能的电子成分现在已经出现在汽车中，并且仍在不断增加。为适应这一发展趋势，汽车行业创建了道路车辆电气和电子系统安全标准 ISO 26262。

ISO 26262 没有直接描述具体的技术或测试过程，而将重点放在确保产品安全性所需的管理、开发和生产过程上。整个标准由 10 卷组成，涵盖产品的整个开发和生产周期，从概念的形成到开发、生产、维护和维修，直至停产。该标准在介绍这些过程的同时，给出了将人身伤害风险降至可接受水平的方法，具体可接受水平取决于每个系统可能出现的故障的严重程度。

ISO 26262 定义了汽车安全完整性等级（Automotive SIL，ASIL），对那些与系统故障有关的人身伤害风险进行了等级划分。影响 ASIL 的因素主要有三个：系统故障造成人身伤害的严重性；因故障而造成伤害的可能性；故障相关人员采取行动避免伤害的能力。根据这些因素，ASIL 定义了四个人身伤害风险等级，由低到高依次用字母 A、B、C 和 D 表示，其中 D 级对应的伤害风险最大，故障很可能导致汽车无法控制，甚至危及生命。通常情况下，每个系统都要指定一个风险等级，如果确信故障不会造成伤害，或者发生故障的可能性极小，那么也可以不给系统指定风险等级。

确定一个系统的安全完整性等级是为了衡量该系统的受关注程度，以便将故障带来的风险降低到可接受的水平，ISO 26262 所用的度量方法如图 1-5 所示，该图展示了 ASIL 系统。请读者注意，ASIL 仅考虑了故障对驾驶员、乘客和行人造成的伤害，并未涉及对系统本身的影响。

严重性 + 可能性 + 可控性 = ASIL

图 1-5　ASIL 系统

例如，电子制动系统故障可能导致汽车失去制动能力，这就意味着驾驶员、乘客和附近的行人几乎没有避免伤害的可能，因此这类系统可划分为 D 级。相比之下，电动座椅位置控制系统可划分为 A 级。事实上，无法移动座椅通常不会造成人身伤害，而且驾驶员刚上车时就很可能注意到这个故障，此时汽车是静止的，只要不启动车辆，就可以避免由故障导致的任何可能的危险。

1.2.3　功能安全的实现

实现功能安全没有捷径可循，无法通过单一技术确保整个产品安全。要想实现符合标准的功能安全，只能依靠细致的流程，而且从头到尾都要采用正确的工具。对于根据安全标准进行了等级划分的系统，可追溯性是过程的重要组成部分，记录下整个开发过程是必要的。为满足这一要求，经常需要使用一些专用工具，尤其是在设计和测试阶段。

目前，已有多家公司研制了网络和数据记录工具，如美国 IBM 公司的 Rational Rhapsody，英特佩斯控制系统公司的 Vehicle Spy 和 neoVI 系列产品，RA 咨询公司的 DiagRA 等。图 1-6 给出的例子简单描述了某网络产品的生产过程和各阶段所使用的网络和数据记录工具。

1.2.4　安全认证

实际上，在安全方面工业电子是把双刃剑。其一，工业电子有助于获得有益的功能，大大降低事故发生率，从而提高安全性。例如，在汽车可能发生碰撞时提醒驾驶员（主动安全）；在发生严重事故时打开安全气囊以防止人员受伤（被动安全）。其二，工业电子会对消费者形成潜在的电子干扰，造成安全隐患。例如，复杂的车载导航和信息娱乐系统会降低驾驶员的注意力，导致所谓“驾驶分心”问题。目前，业界最关心的问题是，产品提供的先进电子功能减少了用户的控制权，任何硬件或软件缺陷都可能导致人员伤亡事故的产生。

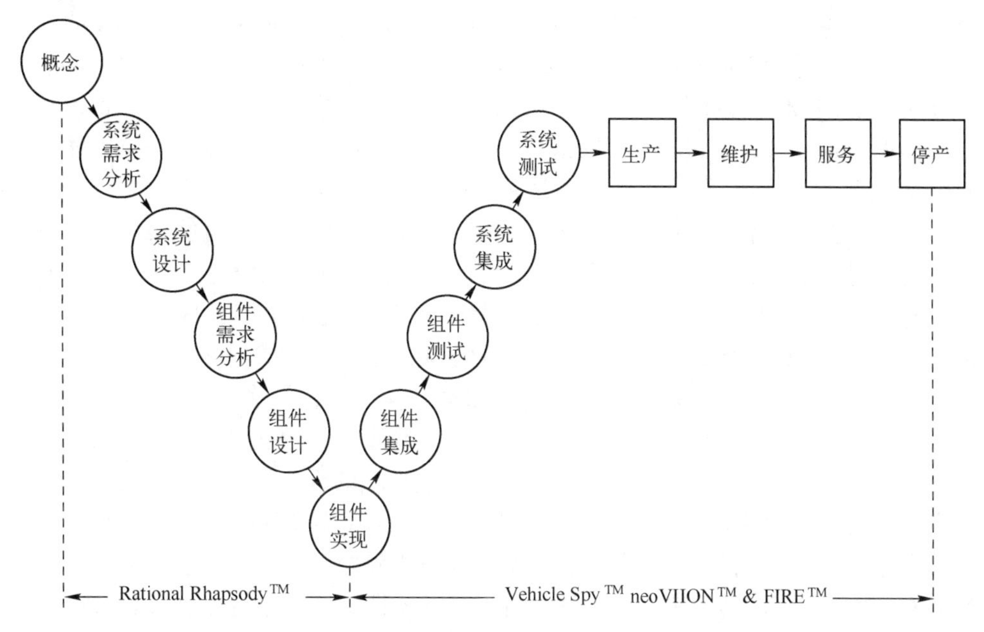

图 1-6　某网络产品的生产过程和各阶段所使用的网络和数据记录工具

值得注意的是，与机械系统相比，安全关键性电子系统更难被公众理解。一旦电子系统功能对以往由用户和机械系统控制的安全关键性系统形成影响，就会引发用户担忧或产生不信任感，甚至导致法律诉讼。导致这种情况的一个重要原因在于，当出现故障时，与机械系统不同，安全关键性电子系统的软件和硬件不会留下物理证据。因此，当用电子解决方案替代传统的机械解决方案时，工业电子领域的产品制造商或零部件供应商都应该更加谨慎，所提供的电子解决方案必须更加安全。这使工业电子系统的开发和测试必须有新的要求，而这些要求对于消费电子制造商来说可能是不存在的或根本不重视的。

在很多情况下，安全关键性实时系统的设计必须获得独立认证机构的批准。认证机构若对以下方面感到信服，则可以简化认证过程。

① 安全关键性子系统受到故障抑制机制的保护，系统的其余部分不可能向这类子系统传播错误。

② 从设计角度看，负载和故障假设所覆盖的情形都可依据规范进行处理，无须参考概率参数。

③ 系统架构支持模块化认证过程，可对各个子系统进行单独认证。在系统层面，只有新出现的属性必须经过确认。

1.3 电磁兼容性

电磁兼容性（ElectroMagnetic Compatibility，EMC）是指设备或系统在其电磁环境中按要求运行并不对其环境中的任何设备产生无法承受的电磁干扰的能力。EMC 包括两方面的要求：一方面，在正常运行过程中，设备或系统对环境产生的电磁干扰不能超过一定的限制值；另一方面，设备或系统对所在环境中存在的电磁干扰具有一定程度的抗扰度，即电磁敏感性。所谓电磁干扰（ElectroMagnetic Interference，EMI）是指任何能使设备或系统性能下降的电磁现象，而电磁敏感性（ElectroMagnetic Susceptibility，EMS）是指由于电磁能量造成设备或系统性能下降的难易程度。

EMC 这个术语的含义非常广泛，如同盲人摸象，你摸到的可能与实际情况还有很大区别。习惯上，与设计意图相反的电磁现象都被看成 EMC 问题。电磁能量的检测、抗电磁干扰性试验、检测结果的统计处理、电磁能量辐射抑制技术、雷电和地磁等自然电磁现象、电场磁场对人体的影响、电场强度的国际标准、电磁能量的传输途径、相关标准及限制等均包含在 EMC 之内。

欧洲经济区将电子设备分为 A、B 两类，按类给出了 EMC 规范。拟用于商业、工业或实验室环境的设备属于 A 类，拟用于居住环境的设备属于 B 类。实际上，在某些应用（如汽车）中的电子产品必须符合比 A 类或 B 类设备更严格的 EMC 规范。

实时通信网络是高速运行的，慎重处理 EMC 问题十分必要。若网络没有遵守其相关 EMC 规范，则不仅可能无法正确实现其预期功能，还可能导致其他设备发生故障。嵌入式系统实时通信网络一般从两个方面同时解决 EMC 问题：一是限制每个设备或系统产生的噪声量；二是规定每个设备或系统在正常运行时必须能够承受的、来自其他设备的噪声总量。下面的两节将描述 EMC 的这两个方面，并针对某些情况对它们与 A 类和 B 类设备的 EMC 规范进行比较。

请读者注意，下列讨论中使用的标准能够很好地表示汽车等设备的需求，但其他设备的标准可能略有不同。

1.3.1 放射测试

放射测试（Emission Testing）测量设备产生并放射到环境中的电磁噪声量，其中包括两项测量：辐射放射（Radiated Emission）测量和传导放射（Conducted Emission）测量。

1. 辐射放射测量

辐射放射在超过 30 MHz 的频率下进行测试，因为高于此阈值的波长足够短，潜在的“天线”可以存在于连接到设备的信号线束中。在此测试中，将设备的线束与设备相连，并使用天线来测量系统的放射。

A类非汽车电子设备不允许干扰30 m之外的其他产品，但可对30 m之内的其他产品产生干扰，必须确保相关设备的位置不会引起任何不必要的干扰。B类设备旨在用于任何地方，包括居民区，因此限制更为严格：B类设备不得干扰10 m以外的其他产品。选择这个数字的依据是：邻里之间使用的设备至少是这个距离；在10 m以内，设备干扰其他产品是可以接受的，但前提是在这个范围内受影响的其他产品属于同一家庭。如果在此范围内发生干扰，那么应由设备拥有者选择最佳处理方案，如关闭设备电源或改变其位置。

空气中的射频（Radio Frequency，RF）信号损失可用下式计算：

$$\mathrm{FSPL} = 20\lg d + 20\lg f - 27.55 \tag{1-1}$$

式中，FSPL表示RF信号损失，单位为dB；d表示距离，单位为m；f表示频率，单位为MHz。

假设频率f是1000 MHz，各类电子模块在其限定范围内的信号损失可用下列式子计算。

A类模块的代表性距离为30 m：

$$\mathrm{FSPL} = 20\lg 30 + 20\lg 1000 - 27.55 = 62(\mathrm{dB}) \tag{1-2}$$

B类模块的代表性距离为10 m：

$$\mathrm{FSPL} = 20\lg 10 + 20\lg 1000 - 27.55 = 52(\mathrm{dB}) \tag{1-3}$$

在汽车、飞机和工业机器中，一个模块与另一个模块可能仅相距1 m：

$$\mathrm{FSPL} = 20\lg 1 + 20\lg 1000 - 27.55 = 32(\mathrm{dB}) \tag{1-4}$$

鉴于3 dB表示信号强度加倍或减半，相距1 m的模块所产生的噪声比相距10 m大约高100倍，比相距30 m高1000倍。

A类和B类模块与汽车模块的辐射放射限制如图1-7所示。国际无线电干扰特别委员会在其制定的EMC标准CISPR11（IEC 55011，GB 4824）中规定了A类和B类模块在10 m测试场地的辐射放射限制值，该图利用CISPR11给出的公式，将10 m范围的限制值转换成了1 m范围的限制值，以便与基于1 m测试场地的福特汽车EMC测试规范（Ford EMC-CS-2009.1）进行对比。汽车类模块的限制值包括福特一级和二级限制值，在没有指定二级限制值的频率上，图中给出的是一级限制值。

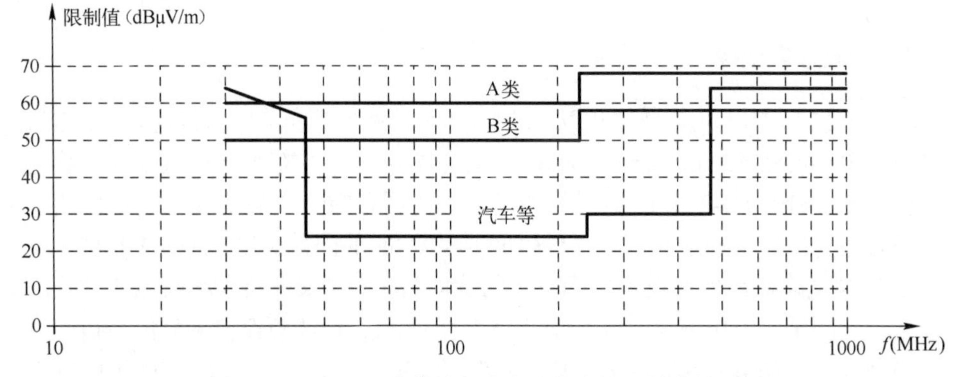

图1-7　A类和B类模块与汽车类模块的辐射放射限制

2. 传导放射测量

测量传导放射是为了寻找在长波、中波（AM）和调频（FM）波段产生的噪声。在这些较长的波长上，噪声倾向于沿着由电源线形成的“天线”传导，通过线路耦合很容易测量这类噪声。在进行测试时，首先将节点的电源线接入仿真网络（Artificial Network，AN），由该网络模拟被测设备在其预期环境中所连接系统的阻抗，然后，将频谱分析仪连接到测量端口，并通过仿真网络为设备供电。这样做既可以为被测设备提供指定的负载阻抗，又可以将设备与电源隔离。

A 类和 B 类模块与汽车类模块的传导放射限制如图 1-8 所示，A 类和 B 类模块的限制源自 CISPR11；汽车类模块的限制取自福特汽车 EMC 测试规范。由图可知，在频率进入 FM 波段之前，A 类和 B 类模块的限制值与汽车类模块的要求非常接近。在 FM 波段不再指定 A 类和 B 类模块的限制值，但汽车类模块的要求仍然存在。

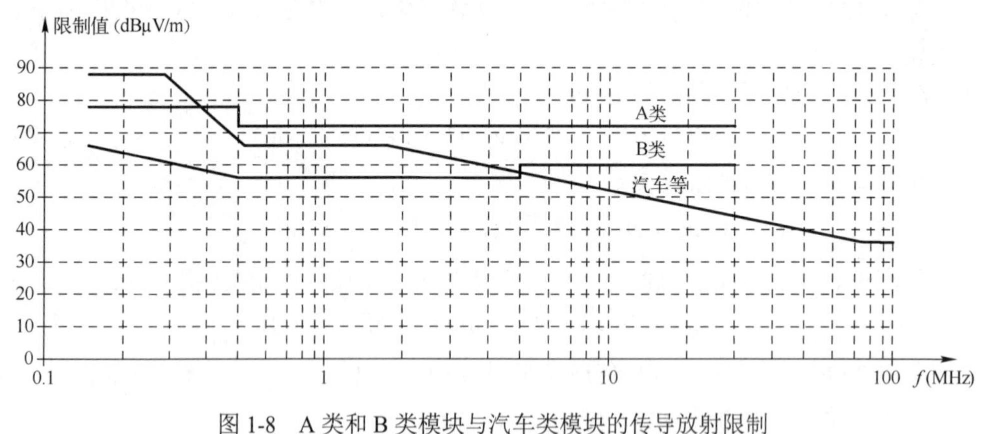

图 1-8　A 类和 B 类模块与汽车类模块的传导放射限制

1.3.2　抗扰度测试

抗扰度（或敏感性）测试是检验被测设备在仿真电磁环境下的状况。在测试过程中，该仿真环境模拟设备预期运行的电磁环境。下面将讨论模块可能需要通过的几项测试。

1. 静电放电抗扰度

具有不同静电电位的物体相互靠近或直接接触所引起的电荷转移现象称为静电放电（ElectroStatic Discharge，ESD）。通常情况下，所有电子模块都需要静电放电保护。IEC 61000-4-2 标准是国际电工委员会颁布的一个静电放电抗扰度测试标准，适合各种电气与电子设备。IEC 61000-4-2 对应的国内标准是 GB/T 17626.2。

ESD 测试模拟在处理设备期间发生的静电放电，要求在通电和断电两种状态下对设备进行测试。断电测试模拟安装前的放电，通电测试模拟安装后的放电。

商用设备（如 IEC 61000-4-2 中指定的设备）和汽车设备所用 ESD 规范是不同

的，其主要区别体现在使用的 RC 网络和测试电压方面，IEC 61000-4-2 和 Ford EMC 中针对通电设备的 ESD 测试规范如表 1-3 所示，表中的等级是 IEC 61000-4-2 针对被测试设备的安装与环境条件定义的严酷度等级，1 级和 2 级设备处于受控的防静电环境中，3 级设备是偶尔被处理的设备，而 4 级设备是不断被处理的设备。等级高的设备可以用在等级低的场合，反之则不可以。

表 1-3　IEC 61000-4-2 和 Ford EMC 中针对通电设备的 ESD 测试规范

测试电压	IEC 61000-4-2		Ford EMC	
	RC 网络（330 Ω，150 pF）		RC 网络（2 kΩ，330 pF）	
	接触放电	空气放电	接触放电	空气放电
2 kV	1 级	1 级	—	—
4 kV	2 级	2 级	全部	全部
6 kV	3 级	—	全部	全部
8 kV	4 级	3 级	全部	全部
15 kV	—	4 级	—	①
25 kV	—	—	—	②③

注释：表中，①表示在车辆正常运行期间可触摸的设备；②表示可在车辆外部触摸而不触及车辆的设备（如无钥匙进入、门锁开关、前照灯开关）；③表示所用 RC 网络为 2 kΩ，150 pF。

2．射频电磁场抗扰度

射频（RF）电磁场抗扰度测试模拟设备在运行期间可能遇到的 RF 磁场环境。是否允许设备在受到 RF 磁场影响时降低性能，以及测试期间的磁场强度应该有多大，两者都是由设备的功能决定的。如果设备在受到预期的 RF 影响时不发生故障非常重要，那么可以使用更强的磁场进行测试。

汽车的辐射抗扰度测试仅针对预期的车内和车外射频源，这些射频源可能不包括典型商业认证测试（如 CE 测试）所涉及的某些射频源（依据 IEC 61000-4-3/61000-4-6），但汽车测试的磁场强度通常更大。较低频段测试（商业频段低于 80 MHz，Ford EMC 频段低于 400 MHz）使用电流探针来感应磁场。与辐射放射测试类似，较低的频率最容易耦合到模块线束上，而较高的频率则利用天线感应磁场。

3．电瞬变脉冲抗扰度

每当切换负载时都会产生瞬变现象。若切换的是电感性负载，则会产生电弧和触点颤动。在这方面，商用设备规范（IEC 61000-4-4）与汽车设备规范之间存在差异，部分原因是汽车设备通过附加波形来模拟车辆配电系统中的瞬变，而且用于模拟环境的外部电路也不尽相同。

测试规范规定了波形、波形之间的时间、持续时间和用于测试的特定电路。在测试前、测试中和测试后都要监视被测设备功能。在某些测试期间，被测设备可不执行其功能，但决不能干扰其他设备。Ford EMC-CS-2009.1 规范附录 D 中的瞬变波形示例如图 1-9 所示。

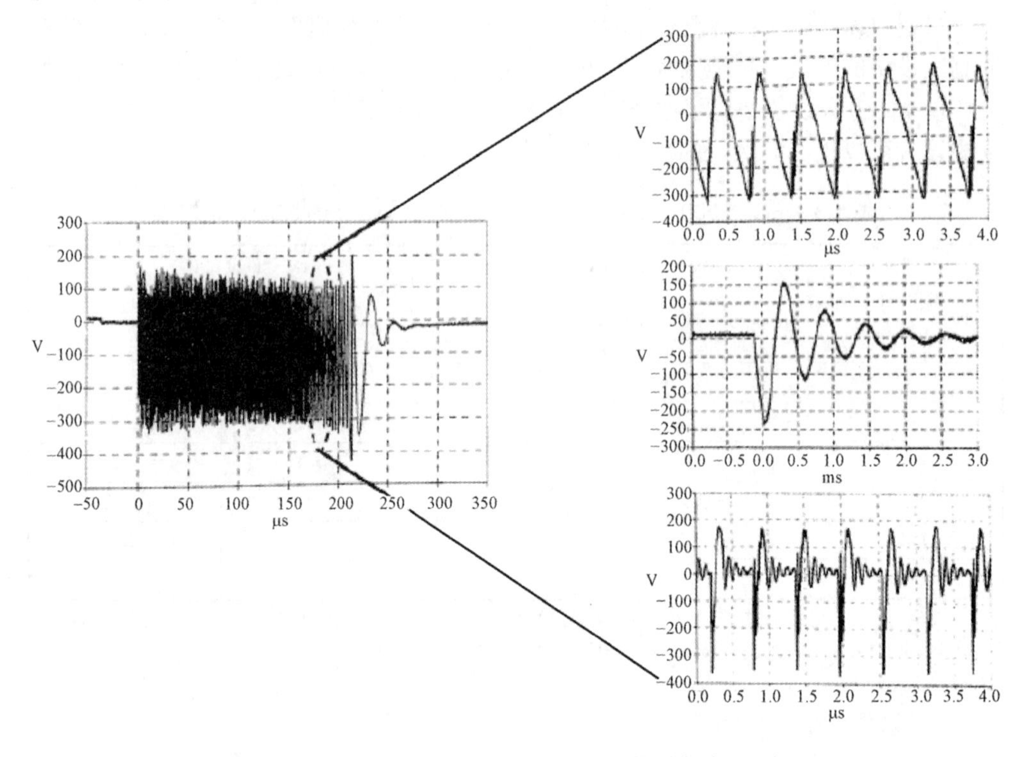

图 1-9　Ford EMC-CS-2009.1 附录 D 中的瞬变波形示例

4. 磁场抗扰度

磁场抗扰度测试模拟配电产生的磁场。商业认证测试将交流电力线的频率限定为 50 Hz 和 60 Hz。汽车测试还包括内部噪声源（如充电系统）和大电流脉宽调制（Pulse-Width Modulation，PWM）源（如大型 LED 灯和步进电动机），Ford EMC 针对的频率范围为 50 Hz～100 kHz。

IEC 61000-4-8 标准依据设备类型分别定义了磁场抗扰度限制，Ford EMC-CS-2009.1 规范给出了汽车应用中的磁场抗扰度限制，如图 1-10 所示。IEC 61000-4-8 标准中的设备类型定义如下：

第 1 类：在包含其他带电子束设备（如 CRT 监视器或电子显微镜）的环境中使用的设备。

第 2 类：在家庭、办公室或医院等防护良好的环境中使用的设备。

第 3 类：在商业区、小型工厂或高压变电站计算机房等受保护环境中的设备。

第 4 类：在类似于重工业工厂、发电厂或高压变电站控制室的环境中使用的设备。

第 5 类：在重工业工厂或中高压电站的配电场中的设备。

当频率为 50 Hz 和 60 Hz 时，汽车用设备的限制值与 IEC 61000-4-8 标准中的第 3 类设备最接近。只有当设备包含易受磁场影响的组件时，才需要按照要求进行测试，例如，使用磁性传感器的模块、包含磁性隔离器的设备等。

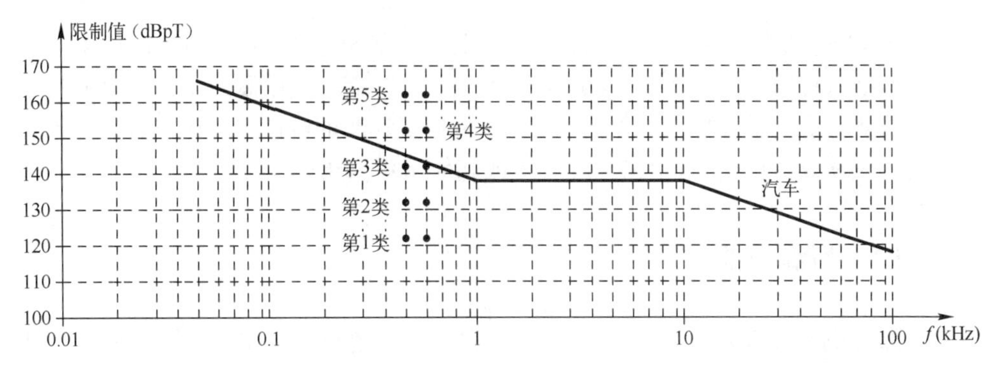

图 1-10 Ford EMC-CS-2009.1 规范和 IEC 61000-4-8 标准中的磁场抗扰度限制

5. 接地电压偏移抗扰度

交流瞬变和接地腐蚀可能导致接地电压偏移。交流瞬变可能是由其他设备的大电流接地回路引起的。接地电压偏移的模拟涉及两种波形：瞬态波形和恒定波形。瞬态波形由衰减正弦脉冲组成，其谐振频率为 100 kHz。针对恒定波形的测试，首先在 2～10 kHz 之间进行，然后在 10～100 kHz 之间进行。进行这项测试的目的是希望设备不受此类干扰的影响。

商业认证测试没有涉及接地电压偏移方面的要求，只有汽车测试与此有关。

6. 电压回动抗扰度

电压回动（Voltage Dropout，又称压降）通常是指设备有望在没有用户干预的情况下从掉电姿态中恢复。当掉电时间极短时，预计设备将在整个测试过程中继续运行。电压回动抗扰度测试涉及的模拟测试内容包括：改变掉电时间长度和重复次数；模拟电压跌落、电池电压缓慢恢复和电压随机反弹。

商业认证中的电压跌落测试（IEC 61000-4-11）最接近电压回动测试，但该商业认证标准仅涉及电压的下跌、下跌量和下跌持续时间。

1.4 工业电子设备的环境要求

大多数设备制造商希望自己的产品能够使用很多年（如汽车至少使用 15 年）。在此期间，产品将经历各种各样的环境条件，例如，温度、湿度和压力的变化；盐、油、焦油等化合物的化学威胁。我国的设备制造商对环境变化带来的问题并不陌生，从南到北，各地的温度和湿度一年四季都不一样。

创建网络节点和进行网络布线的电气工程师必须考虑设计的鲁棒性，以使这些组成部分无论新旧都能适应恶劣的环境。本节将探讨网络节点在产品使用寿命内所承受的一些主要环境负荷，讨论一些用于证明设备耐用性的特定测试，以及这些测试所遵循的标准或规范。

ISO 16750 是国际标准化组织颁布的有关道路车辆电气和电子设备的环境条件和测试标准，标准的第 4 部分 ISO 16750-4 为气候负荷，其中涵盖了大多数工业电子产品需要考虑的重要环境因素，本节下述内容是对其的解读，设计或测试实际设备的人员应获取并遵循 ISO 16750-4 规范或其他相关标准。

1.4.1 恒温条件

大部分电子设备必须能够在−40～85℃温度范围内正常工作。尽管汽车要面对极寒和极热的气候条件，但实践证明，此温度范围同样能够满足其大多数要求。这意味着汽车设计人员可选择大量非汽车专用的电子组件。

然而，对于位于发动机室内或附近的电子设备，温度上限要提高到 125℃。这是一个非常苛刻的要求，必须仔细选择组件。可以承受此限制的组件通常是专门为汽车行业或军事应用而设计的。

根据 ISO 16750-4，网络节点必须在完全运行的情况下进行测试，针对最高工作温度的测试时间为 96 h，针对最低温度的测试时间为 24 h。

为模拟设备在运输和存储期间可能经历的温度，ISO 16750-4 还另外制定了一项测试。在这项测试中，必须断开被测设备的电源，使其不能运行。高温测试要求在 85℃下浸润（将设备放置在特定环境中一段时间，通常出现在汽车测试规范中）48 h，低温测试要在−40℃下浸润 24 h。

1.4.2 温度波动与温度阶跃测试

虽然人们很自然地认为，设备上的最大应力（Stress）是在工作温度最小或最大时产生的，但情况并非总是如此。在工作温度范围的某个小窗中，系统可能由于接触点的膨胀或收缩、机械设计问题或其他原因而出现故障。

温度阶跃测试可检测在整个所需工作温度范围内的某个小窗口中发生的问题。这项测试要求在 20℃的温度下启动设备，然后以 5℃的步长将温度递减至最低工作温度（通常为−40℃），之后再同样以 5℃步长将温度递增至最高工作温度。每一步的持续时间等于被测设备达到新的稳态温度所需的时间。在测试过程中，采用热电偶或其他温度传感器测量温度。图 1-11 给出了工作温度范围为−40～125℃的节点所用温度阶跃测试曲线。

1.4.3 温度循环测试

汽车类工业电子设备不仅要在所需工作温度范围内的任何温度下正常运行，而且必须能够应对工作温度的有规律循环。汽车类产品的使用寿命一般很长，在此期间温度会发生多次变化。由于组件的温度膨胀系数存在差异，而且密封件、连接器等材料容易老化，反复加热和冷却会导致应力和疲劳。

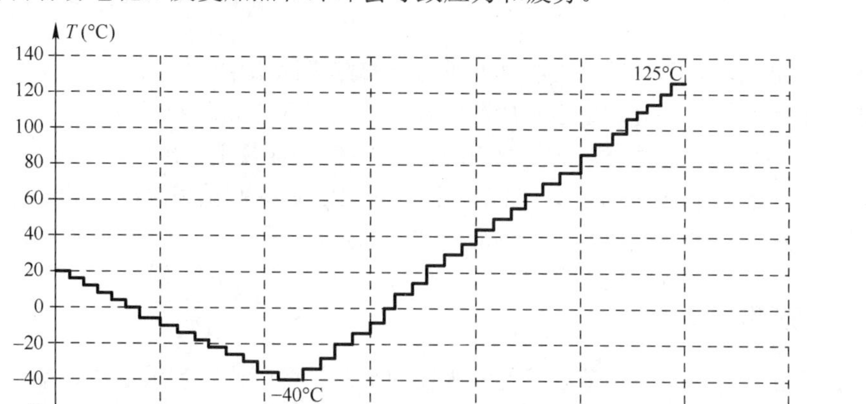

图 1-11　工作温度范围为−40～125℃的节点所用温度阶跃测试曲线

为验证网络节点是否能够承受加热和冷却的变化，ISO 16750-4 指定了两种类型的温度循环测试。一种测试用于确定被测设备在不同温度下的功能，常用温度循环测试曲线如图 1-12 所示，该图展示了具有指定变化率的温度循环和被测设备功能（运行）测试时间，此测试至少需要完成 30 个这样的完整测试循环。

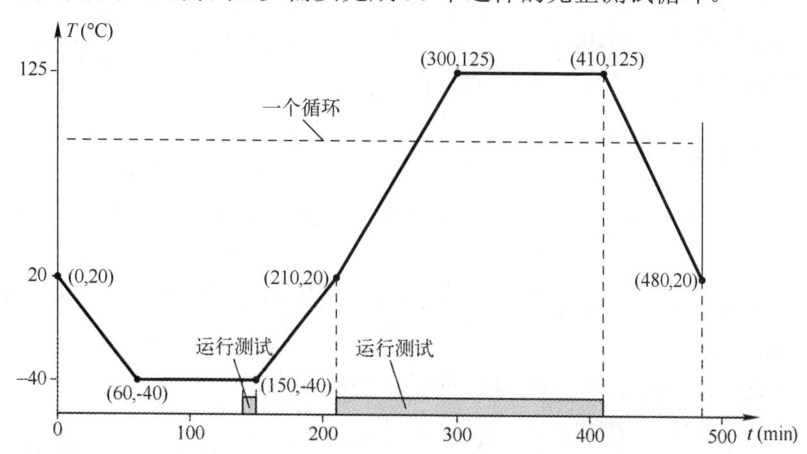

图 1-12　具有指定变化率的温度循环和被测设备功能（运行）测试时间

ISO 16750-4 指定的另一种循环测试称为快速循环测试。此测试模拟被测设备在产品使用寿命内将承受的应力，验证节点在这些应力下是否屈服于疲劳。在此测试中，首先要在不到 30 s 的时间内将被测设备从其最低工作温度升高到最高温度，然后将其保持在该高温下，达到热稳定后再延长一段浸润时间（时间长度由供应商和客户商定）。在这段高温浸润时间结束后，被测设备回到最低温度，并保持相同的浸润时间。发动机室内部和周围的电子设备，无论它们安装在何处，该测试的最小循环次数为 300 次；位于产品其他部位的电子设备，循环次数要达到 100 次。

1.4.4　冰水冲击测试

不在产品的环境防护区域的组件，很可能暴露于冰水中。例如，在冬季，汽车驶过道路上的水坑时就会发生这种情况。若组件正在其最高温度下运行，则难免产生高应力。为了防范这种潜在的情况出现，ISO 16750-4 规范给出了冰水冲击测试。在此规范中，冰水冲击测试的形式有两种：飞溅（Splash）测试和浸没（Submersion）测试。具体采用哪种形式由客户和供应商共同商定。

1．飞溅测试

在此测试中，用符合规范要求的喷水器向被测设备喷水，喷水方式模拟设备安装在具体产品上遭水溅时的情形。测试顺序如下：

① 把被测设备连接至线束但不通电，然后将其加热至最高工作温度，并维持 1 h 或直至温度稳定下来。

② 给设备通电，并使其至少运行 15 min。

③ 使用 ISO 16750-4 规范允许的测试设备，用 3～4 L 温度在 0～4℃之间的水喷溅被测设备 3 s。

④ 喷溅完成后，保持设备通电并继续运行 2 min。

⑤ 重复步骤①～④100 次。

⑥ 测试设备是否仍然可以正常运行。

2．浸没测试

此测试需要将被测设备反复浸没在冰水中。ISO 16750-4 规范建议的测试顺序如下：

① 在设备完全运行的情况下，将被测设备加热到最高工作温度并保持 1 h 或直到温度稳定下来。

② 将设备浸没在温度为 0～4℃的水中 5 min。

③ 重复步骤①～②10 次。

④ 测试设备是否仍然可以正常运行。

1.4.5　盐雾测试

在冬季较冷的气候下常常用盐为道路除冰，暴露在外部环境中的电子组件（如汽车上的某些组件）可能接触高腐蚀性盐水。测试这种情况的主要模式有两种：模式一，检查腐蚀；模式二，检查泄漏和一般功能。盐雾测试是按照 IEC 60068-2-52 标准进行的，步骤如下：

① 仿照电子组件在具体产品上的实际情况，将设备与线束相连接。

② 对设备进行连续 2 h 盐水喷雾。

③ 将设备置于湿度为 93%的环境中 20～22 h。

④ 重复步骤②和③4 次。

⑤ 将设备在温度为 21～25℃、湿度为 45%～55%的环境下存放 3 d。

⑥ 若产品为汽车，则需对位于车轮或悬架上的组件重复步骤①～⑤4 次；对位于发动机舱和变速箱内的或附近的组件，以及暴露在外的其他组件重复步骤①～⑤2 次。

1.4.6　循环湿热测试

湿度加上不断变化的温度可能产生水分（露水），这些水分会凝结在暴露于环境中的组件表面上。这里所说的组件是指连接器、印制电路板和集成电路等电子组件，位于气密外壳内的电子组件除外。ISO 16750-4 建议，任何电子设备（无论安装在何处）都要进行结露（Dewing）测试和一项附加测试。附加测试共有两项，分别为湿热循环测试（Damp Heat Cyclic Test）和复合温度 / 湿度循环测试（Composite Temperature/Humidity Cyclic Test），被测电子设备应该选用哪项附加测试取决于它的安装位置。例如，汽车行李箱舱中的电子设备应进行湿热循环测试，而发动机舱中的电子设备应进行复合温度 / 湿度循环测试。

常规结露测试顺序如下：

① 将被测设备连接至线束并通电，但不能完全运行。换言之，将其置于睡眠模式。

② 将温度为 25℃、相对湿度为 50%作为初始值，按照 ISO 16750-4 规范中定义的曲线将温度提高到 80℃，相对湿度增大到 98%。

③ 按照规范给定的曲线将温度和湿度降回初始值。

④ 重复步骤①～③5 次。

⑤ 测试设备是否仍然可以正常运行。

1.4.7　灰尘测试

当温度上升或下降时，气压会发生变化，从而导致灰尘被吸入或排出电气设备外壳。这很可能成为问题，尤其是在极端干燥的地区。灰尘也可以导电，暴露于其中的电气组件或连接器很可能间歇性地发生故障或失效。

原则上，无论电子设备安装在哪里，它们都应得到充分的保护，只有这样，才能保证它们能够在温度交替变化、灰尘粒度小于 32 μm 的环境中正常运行。ISO 16750-4 规范建议按照 ISO 20653 标准进行灰尘测试。

1.5　业务与成本驱动因素

本节将深入探讨实时通信网络设计和实现背后的一些重要业务和成本驱动因

素。对于工业电子领域的软硬件从业人员来说，这些因素所起的作用同样是不可忽视的。

1.5.1　组件可用性

组件可用性是指在产品设计完成并开始交付给客户之后，可以继续采购产品所用组件的程度。大型电子行业对这个问题的关注度很低，一般只是象征性的，但汽车、机器人和飞机等工业行业却极其重视。主要原因有两个：一是需要为已投入使用产品提供服务，二是希望在产品的后续改进中重复使用经过验证的组件。接下来将解释消费电子和工业电子产品在可用性方面存在巨大差异的原因。

1．消费电子和工业电子产品使用寿命对比

大多数购买新平板电脑或手机的用户，会在其损坏或丢失之前，或者在新版本配备了新功能时做出更换。从购买到更换一般只有几年时间，在某些情况下只有一年。即使有人希望延长设备的使用时间，最终也会遇到各种问题或故障，并且要面对科技界的一个严酷现实——维修设备几乎与购买新设备一样昂贵。

这种情况与汽车等行业形成了鲜明的对比。例如，很少有人会在购买新车时就想着一两年后更换它，因为一辆新车的使用年限一般在 15 年以上。在十年或更长的时间里，这类产品中的任何组件都可能会失效。组件一旦失效，就需进行更换，产品的制造公司必须确保每个组件（包括电子组件）长期可供。例如，大多数汽车公司将这个时间长度定为 10～15 年。

对于为消费和工业产品制造网络设备公司来说，上述区别代表了截然不同的需求。如果一家电子组件制造商希望成为工业产品制造公司（如汽车公司）的供应商，那么该制造商需要证明它的组件至少在十年内都是可以获得的。

2．消费电子和工业电子产品开发周期对比

消费电子产品的使用寿命很短，一个重要原因是，产品制造商为鼓励频繁升级而有意缩短产品开发周期。市场上似乎每个月都有新型智能手机、平板电脑、笔记本电脑和其他小产品出现，为吸引消费者，此类产品通常会有新的功能、更快的运行速度或其他特色。另外，消费电子产品的组件一般为微处理器、固态硬盘和存储芯片等，这些组件的不断发展也为制造商开发新产品提供了理由。为了增加新功能、延长电池寿命和减小尺寸等，大多数新的消费电子产品要进行重新设计，尽管其中也会继续使用某些组件，但这不是产品设计的主要推动力。

然而，汽车等行业却大不相同。例如，大部分汽车制造商每年都会推出一款新车型，但产品设计上的重大变化通常每隔几年才会发生一次。与之前的车型相比，大多数新车型变化不大。虽然款式会更新，功能会增加，但汽车运行的基本原理不会每年都发生很大变化。此外，在汽车等行业产品设计中，引入新技术既会带来风

险，又会增加成本，需要进行大量的测试和验证。因此，业界对电子元件的使用普遍采取“没坏就别修”的态度，常常年复一年地重复使用相同的组件，只有在出现问题时才做出改变。这种情况在一些安全关键性系统（如汽车制动系统、驾驶系统和传动系统等）中尤其明显，在能够“延续”以往设计的情况下，这些系统的设计很可能多年不变。例如，用于防抱死制动系统（Antilock Braking System，ABS）的控制器在过去的二十年中并没有发生太大的变化。这种长期重复使用组件的情况也是产品制造商重视组件可用性的重要原因之一。

表 1-4 列出了影响组件可用性的重要因素，给出了消费电子和工业电子在业务驱动力方面的差异。

表 1-4　消费电子和工业电子在业务驱动力方面的差异

因素	消费电子	工业电子
消费者的升级动机	想要拥有最新、最好的产品。组件是新的或经过改进的，这一点非常重要，并且通常作为卖点	希望质量和可靠性更高。预期使用寿命为 15 年或更长时间，消费者不太注意内部组件
消费者对故障或损坏的应对	常常丢弃旧产品，选择升级版	为使维修成本合理，期望有可替换零部件可用
一般设计方法	组件相对较少。用于增加功能或提高性能的新组件层出不穷。新产品可能全部进行重新设计	组件较多且开发成本更高。全部进行重新设计在经济上几乎是不可行的。经过验证的“继承”设计和组件可使用多年
产品寿命	平均寿命一般为 1.98 年	平均寿命一般为 11.4 年

1.5.2　成本考量

所有行业都很重视产品的开发、制造和维护成本。然而，由于工业电子产品的利润空间很小，始终面临降低零部件（包括电子组件）成本的强大压力，因此成本因素显得更加重要，这里将以汽车为例说明这一点。

1. 产品中的电子成分

如今，驾驶一辆高档新款汽车，就像操作一台拥有 100 多个微处理器的机器。这些微处理器都是联网的，运行多达 1 亿条程序代码。在豪华汽车上，电子设备的软硬件成本已经达到汽车总成本的 45%，即使在普通汽车上，该成本也已在 30%左右。目前，汽车上的电子功能仍在不断增加，也就是说上述占比还在增大。到 2030 年，预计电子设备在各种车辆中的成本占比将达到 50%。图 1-13 显示了车辆中电子产品成本占总制造成本百分比的行业平均值。

就目前情况而言，一辆汽车的成本已经更多地取决于硅而不是钢。汽车的总成本已经在很大程度上与电子设备相关，而且这种趋势还在持续扩大。因此，任何新技术都必须具有成本效益，不仅不应该增加相对于现有选择的成本，而且应该有希望降低成本。例如，嵌入式系统实时通信网络技术之所以具有吸引力，部分原因在于该技术不仅能够增强汽车性能，而且不会导致成本上涨，反而还可能降低成本。

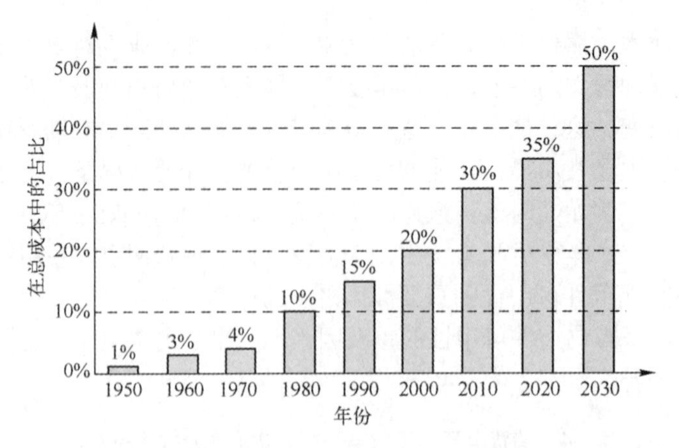

图 1-13　车辆中电子产品成本占总制造成本百分比的行业平均值

2．制造商的利润空间

与华为（Huawei）、谷歌（Google）或苹果（Apple）等大型科技公司相比，跨国大型汽车制造商的利润空间微乎其微。造成这种情况的原因有很多，如广泛的竞争、有限的品牌忠诚度、较长的产品周期和消费者对价格的高度敏感性等。此外，为了扩展业务，传统上只生产高价车的公司现在开始放低姿态进入低端市场，而传统上专注于低价车的公司正努力向高端市场发展，这意味着厂商在市场上的相互渗透程度将越来越高，竞争也会比以前更激烈。目前，大型汽车制造商的利润率约为5%～8%，控制成本至关重要，除非昂贵的新技术能够带来巨大利润，否则将新技术引入汽车的利润空间很小。令人欣慰的是，实时通信网络确实能够带来实质性的好处。

为追求低成本，汽车中的所有东西都要有多个来源。如果拥有或提供汽车关键技术的公司只有一家，那么汽车制造商在价格谈判和未来零部件供应方面会处于不利地位。因此，“单源”是一个汽车行业不太喜欢的词。为确保任何新技术产品可以来自多个供应商，开放技术标准被认为是至关重要的，大多数汽车制造商都支持为新技术制定开放式标准。

3．时代变迁带来网络成本变化

20 世纪 90 年代，克莱斯勒（Chrysler）公司将自己的专利技术 CCD（Chrysler Collision Detection，克莱斯勒故障诊断系统）用于实现其汽车电子控制单元（Electronic Control Unit，ECU）之间的通信，由此引起了许多关于汽车用通信网络方面的讨论。当时的结论是：ECU 所需的处理能力非常有限，为每个 ECU 配备相对昂贵的微处理器来建立网络，需要支付额外的费用，汽车行业利润空间狭窄，无法实现。

自 20 世纪 90 年代以来，汽车行业和科技界都发生了很多变化。在汽车行业，差异化和连通性变得越来越重要，业界开始寻求在电子领域进行创新，甚至不惜增加车辆的成本。与此同时，通信技术、微型计算机技术快速发展，微处理器的能力大幅提高，但其价格却在下降。现在，能够运行车载网络的各种通用或专用嵌入式微处理器的成本仅为过去的一小部分，但其性能却大大提升了，这使实现通信网络的成本降至一个非常实用的水平，为汽车网络的新时代奠定了基础。

1.6　嵌入式系统实时通信网络的形成与发展

长期以来，人们使用现场总线（Fieldbus）这个概念描述测量控制设备之间的双向、串行、多点数字通信系统。由于现场总线在降低成本、提高控制水平等方面具有巨大优越性，许多公司纷纷提出和开发自己的解决方案，由此产生了许多不同的利益团体。各个团体所支持的现场总线解决方案几乎都是“专用的”，差异很大，难以在此基础上创建一个统一的现场总线标准。在这些解决方案中，已经形成国际标准的方案达到 50 多种，最有影响力的现场总线标准包括 FF-H1、FF-HSE、Profibus、ProfiNet、CAN、DeviceNet、WorldFIP、LONwork、ControlNet 和 Interbus 等。为解决类似或几乎类似的应用，其中的很多标准将长期存在。要想在一本图书中阐明全部现场总线的理论基础和标准是不可能的，本书只针对嵌入式实时系统所涉及的现场总线标准或规范，即嵌入式系统实时通信网络。

嵌入式系统实时通信网络已经存在三十多年了，在各种实时控制系统的通信中，它们一直发挥着重要作用。然而，其形成轨迹与住宅、办公室、数据中心甚至其他类型工业环境中使用的网络有所不同，这类网络是为满足汽车、工业机器、航空航天设备和武器装备等工业装置的控制需求而创建的，至今仍处在发展过程中。

本节首先介绍嵌入式系统实时通信网络的形成过程和协议分类，然后在本章所讨论的内容基础上，进一步阐明新方案探索过程中必须考虑的基本功能需求和重要影响因素，最后简要描述实时通信网络发展前景。

1.6.1　嵌入式系统实时通信网络简史

在讨论纯技术问题之前，了解一些嵌入式系统实时通信网络的形成历史是有益的。

1. 早期的串行通信

内部数据通信网络是实时控制系统的一部分，它们出现在用于诊断系统的诊断网络之后，两种网络的通信功能是不同的，有时它们会合为一体，但更多的时候是通过网关分隔开来，用于实时控制系统与诊断系统的网络如图 1-14 所示。

诊断网络的目的是建立测试工具与一个或一组节点之间的通信，用于下载新软件、读取诊断故障码、提供与放射测试有关的信息、采集控制系统参数等。这些用途一般不属于控制系统的功能范畴，也就是说，诊断网络在通信协议和操作方面有自己的世界。

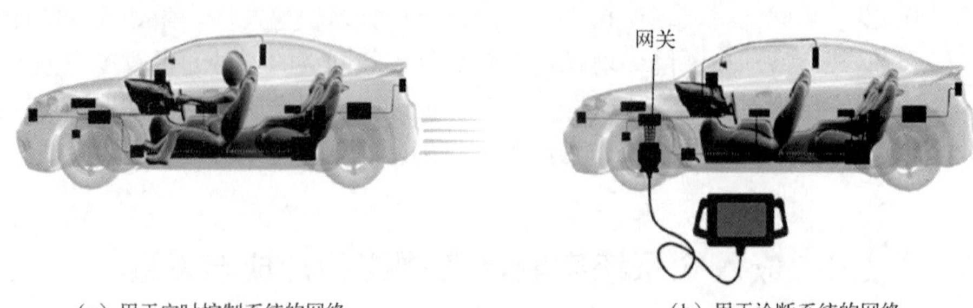

（a）用于实时控制系统的网络　　（b）用于诊断系统的网络

图 1-14　用于实时控制系统与诊断系统的网络

美国通用汽车（GM）公司在 1980 年推出的 ALDL（Assembly Line Diagnostic Link，装配线诊断链路）是最早出现的诊断网络之一。这是一个点对点通信网络，旨在使动力传动系统控制单元能够与工厂的装配线工具进行通信。当时，欧洲的电子市场由博世（Bosch）公司主导，大多数欧洲的原始设备制造商（Original Equipment Manufacturer，OEM）使用 K-Line 诊断网络标准。到了 20 世纪 80 年代中后期，已经有许多设备制造商实现了节点与测试工具之间的通信，只是诊断网络标准有所不同。这些诊断网络的基本特征是：除非外部工具连接到设备，否则网络一般是不活动的。这一点很重要，因为对于在设备正常运行期间处于活动状态的网络，其要求要比非活动状态的网络严格得多。例如，采用双绞线连接的 100 Mbps 以太网无法满足工业设备内部网络的 EMC 需求，长期以来一直用作诊断链路。此外，诸如睡眠和电源模式之类的重要功能不是诊断网络所必需的功能，但却是控制系统网络功能的重要组成部分。

2. 专用实时网络

20 世纪 80 年代末，汽车等设备的复杂性急剧上升，主要推动因素有两个：政府日益严格的排放标准和提高燃油经济性的愿望。为了满足这些需求，要在这些设备的发动机和传动控制系统中引入大量的传感器，导致设备中的电子控制单元（节点）数量不断增多。

在这些设备中，许多电子控制单元需要处理相同的传感器信息，如发动机转速、冷却液温度等。为了防止用于传感器的接线过多，开始引入多路复用（Multiplexed）通信，利用该技术将来自多个源头的信息组合成单个数据流进行传输。在此情况下，网络能通过同一数据线传输来自多个传感器的信息，并由此产生了用于实时控制系统的嵌入式系统实时通信网络雏形。在早期阶段，这些网络主要用于传输执行器和传感器数据。

20 世纪 80 年代后期，几乎所有大型设备制造商都在开发某种形式的多路复用串行数据总线。例如，GM 公司开发了 J1850VPW；福特（Ford）公司研发了 J1850PWM；克莱斯勒（Chrysler）公司创建了克莱斯勒冲突检测（Chrysler Collision Detection，CCD）；标致雪铁龙（PSA）和雷诺（Renault）公司推出了车辆局域网（Vehicle

Area Network，VAN)；宝马公司（BMW）开发了I-Bus；丰田（Toyota）公司支持车体电子局域网（Body Electronics Area Network，BEAN）。

3．形成行业标准CAN

在德国，博世公司开发了一种新的总线，并于1986年在美国底特律市举行的汽车工程师学会（Society of Automotive Engineers，SAE）大会上发表了相关论文——《汽车串行控制器局域网》。当时，大多数人并不清楚此网络会对汽车行业产生多大冲击。到了20世纪90年代初，几乎所有西方国家销售的汽车都配有某种形式的通信网络，而博世公司的总线已经成为全球首个车载网络行业标准，后来被简称为控制器局域网（Controller Area Network，CAN）。

1990年，戴姆勒公司销售了第一辆配备博世公司CAN技术的量产车。此后不久，在博世公司市场影响力的推动下，几乎所有德国的原始设备制造商（OEM）都在其车辆中使用CAN，并且这种情况很快蔓延到整个欧洲。接下来，CAN浪潮穿越大西洋到达美国，在那里Ford、Chrysler和GM将CAN作为自己需要的标准网络。而后，CAN登录亚洲，受到许多日本汽车制造商的青睐。到21世纪初，CAN已经在全球车载网络领域占据主导地位。

越来越多的汽车制造商采用CAN，不仅表明这项技术本身非常成功，而且标志着汽车网络开始从OEM各自为营朝着通用行业标准转变。这种转变反过来又为汽车制造商带来诸多好处，如设备的要求和功能更加清晰、OEM之间的兼容性增强、采购商的选择更多，且成本更低。此后几乎所有新的网络技术都是由某个联盟开发的，目的就是推动其成为受欢迎程度与CAN相媲美的新标准。

4．超越CAN

尽管CAN在业界取得了成功，但没过多久，人们就清楚地认识到，它的有限传输速率（最大只有1 Mbps）和报文时序不确定性难以适应某些应用的需要。20世纪90年代末，宝马、戴姆勒-奔驰（Daimler-Benz）和绿洲硅系统（OASIS Silicon Systems）公司联合成立了面向媒体的系统传输（Media Oriented System Transport，MOST）公司，该公司创建了一个更适合多媒体应用的新网络MOST。MOST具有更高的带宽，并且提供用于流数据和流同步的内置方法，这些都是CAN存在不足的方面。它的首次应用发生在2001年，宝马公司将其作为BMW 7系汽车的一部分。

大约在开发MOST期间，沃尔沃（Volvo）等公司认为在某些应用领域中使用CAN实际上有些浪费，尤其是在车体和舒适系统方面。例如，调整电动后视镜、打开和关闭门锁，以及其他类似的简单操作不需要由CAN这样的网络来完成，可以使用成本更低、更简单的网络。为此，这些公司在1998年创建了本地互联网络（Local Interconnect Network，LIN）。该网络使用极简的单线拓扑结构，借助标准的通用异步收发器（Universal Asynchronous Receiver/Transmitters，UART）进行串行通信，可以很方便地部署在任何一种微处理器上，甚至可以在廉价的8位微处理器上实现。

在欧洲，LIN 越来越受欢迎，由欧洲公司组成的 LIN 联盟已将其标准化。目前，美国也已将 LIN 纳入其 SAE J1602 标准。

在世纪之交，宝马、戴姆勒-克莱斯勒、飞思卡尔（Freescale）和飞利浦半导体（现为恩智浦）等公司认识到，安全关键性控制应用需要鲁棒性更强、速度更快的网络，这种网络不仅要内置冗余，而且要有实时同步能力。当时，所有汽车网络都不提供这些功能，需要设计一个新网络，为此，这些公司成立了 FlexRay 联盟。2006 年，FlexRay 总线首次亮相并应用于 BMW X5 汽车，引起很大轰动。FlexRay 具有 10 Mbps 的传输速率、双冗余网络拓扑结构和同步功能，业内许多人认为 FlexRay 是“下一件大事”，有人甚至预测，FlexRay 将取代 CAN 成为主要的车载网络。

尽管 FlexRay 承诺提供更大的带宽和更好的时序特性，但其缺点也很明显。FlexRay 比 CAN 更复杂且更难实施，正是因为这一点，目前 FlexRay 的采用率远低于预期。

图 1-15 展示了嵌入式系统实时通信网络的发展历程，也是车载网络的发展历程。早期的 OEM 专用网络已被 CAN 取代，CAN 正在推动汽车网络由各种专用标准向全球性标准迈进。在未来的若干年里，CAN、LIN、MOST 和 FlexRay 将在嵌入式系统实时通信网络领域占主导地位。

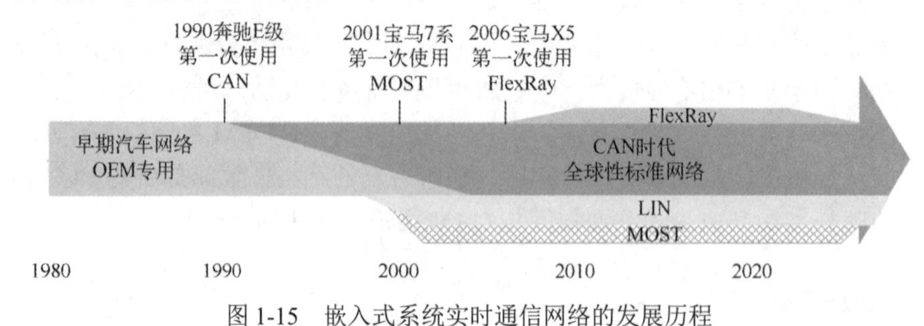

图 1-15　嵌入式系统实时通信网络的发展历程

1.6.2　嵌入式系统实时通信网络分类

随着网络技术的逐渐普及，市场上涌现出的嵌入式系统实时通信网络越来越多，它们都或多或少地与 CAN 相联系，并以协议的形式出现在机动车、航空和工业应用中。现有的实时通信网络协议可分为有线和无线两大类，下面将简单描述其中一些目前较流行的协议或标准。

1. 有线通信网络协议或标准

① CAN：CAN 是由车辆制造商和设备供应商合作完成的一种事件触发通信协议。它的形成与开发基于成熟的专业知识、积极主动的态度和庞大的研发预算。目前已经推出了成熟的高速 CAN（HS CAN）、低速 CAN（LS CAN）和低速容错 CAN（LS FT CAN）协议，而且正在发展和完善具有灵活数据速率的 CAN（FD CAN）协议。HS CAN 的传输速率为 125 kbps～1 Mbps；低速 CAN 和低速容错 CAN 的传

输速率为 10～125 kbps。

② LIN：LIN 被设计者视为 CAN 的子总线，主要用于低速链路（最大传输速率为 20 kbps），目的在于降低节点的成本。

③ TTCAN（Time-Triggered CAN，时间触发 CAN）：TTCAN 在 CAN 的数据链路层之上增加了一个协议层，没有改变 CAN 的数据链路层和物理层结构。设计 TTCAN 的目的是为了确保报文的等待时间为指定值，且该指定值独立于 CAN 网络的负载。

④ TTP/C（Time-Triggered Protocol/C，时间触发协议/C）：TTP/C 是由奥地利维也纳工业大学的 Hermann Kopetz 教授设计和开发的一种时间触发通信协议，其中的“/C”表示符合 SAE 制定的汽车行业 C 类总线标准。尽管 TTP/C 是根据汽车行业的标准设计而成的，但目前其应用主要出现在其他行业。

⑤ FlexRay：FlexRay 是由 FlexRay 联盟最近推出的一种时间和事件触发通信协议，其基本操作原理与广泛使用的 CAN 和其他协议截然不同。FlexRay 不仅将传输速率提高到 10 Mbps（在双通道上可达 2×10 Mbps），而且具有容错能力。

⑥ Safe-by-Wire（线控安全）：用于安全系统的通信协议。在某些应用系统中，通信网络与人身安全直接相关，可靠性必须达到 100%，如矿物提取中的爆管引爆系统、烟花表演中的烟花控制系统、安全气囊触发系统，以及安全带预紧装置等。

⑦ I2C（Inter-Integrated Circuit，集成电路间总线）：I2C 是由 Philips 公司于 20 世纪 80 年代开发的一种简单、双向二线制同步串行总线，它只需要两根线即可在连接于总线上的器件之间传送信息。该总线已经很成熟了，一般用于音频播放系统的控制命令（停止、播放和变轨等）传输。

⑧ D2B（Domestic Digital Bus，家用数字总线）：D2B 为音频、视频及视听系统家用数字总线，也是由 Philips 公司开发的。长期以来，D2B 是将数字音频数据从普通 CD 音频播放器传输到收音机的主要总线。

⑨ MOST：MOST 总线是面向多媒体和导航系统的传输协议，它起源于汽车应用，传输速率最高可达 150 Mbps。

⑩ IEEE 1394：IEEE 1394 总线（又称 FireWire）可以实现与 MOST 总线相同的功能，但它的通信速率更高，且能够在单一有线媒体中传输多个不同音频 / 视频源的数据，如 DVD、GPS 导航设备的数据。

⑪ CPL（Current Power Line，当前电源线）：利用载波技术在电源线路上传输数据和控制命令，主要目的是降低成本。目前该技术面临的问题很多，仍处于应用探索阶段。

2. 无线通信网络协议或标准

① GSM（Global System for Mobile Communication，全球移动通信系统）：GSM 是由欧洲电信标准化组织 ETSI 制订的一个数字移动通信标准，目前仍在继续发展过程中。GSM 移动通信网络最初设定的通信速率为 9.6 kbps，理论最高速率可达

473 kbps。GSM 于 20 世纪 90 年代中期投入商用，现已成为应用最为广泛的移动电话标准。该标准除了提供众所周知的简单移动电话服务，还可提供许多新服务，例如，紧急呼叫；与 GPS 相结合提供位服务等。

② Bluetooth（蓝牙）：Bluetooth 是由瑞典爱立信公司发明的一种低功耗无线通信协议，传输速率最高可达 1 Mbps，以时分方式进行全双工通信，通信距离为 10 m 左右，配置功率放大器可以使通信距离进一步增加。Bluetooth 主要用来实现语音、数据和视频传输，应用范围已从手机、计算机、家电等消费电子产品领域逐步拓展到汽车等工业产品领域。

③ ZigBee：ZigBee 是一种近距离、低复杂度、低功耗、低速率、低成本的双向无线通信技术，传输速率最高可达 250 kbps，通信距离从标准的 75 m 到几百米、几千米，并且支持无限扩展。与 Bluetooth 不同，ZigBee 是为满足工业控制中的数据传输要求而制定的协议。

④ IEEE 802.11x（Wi-Fi）：IEEE 802.11x 是电气电子工程协会（IEEE）制定的一系列无线局域网标准，其中包括 IEEE 802.11a、IEEE 802.11b、IEEE 802.11g 和 IEEE 802.11n 等。IEEE 802.11x 标准是无线局域网的主流标准，也是 Wi-Fi 的技术基础。IEEE 802.11x 针对的应用与 Bluetooth 不同，但两者的应用组合却很常见。

⑤ NFC（Near-Field Communication，近场通信）：NFC 属于无线通信家族的新成员，是由飞利浦和索尼公司共同开发的。它的数据传输速率有 106 kbps、212 kbps 和 424 kbps 三种，允许的通信距离大约为 10 cm。NFC 的这个微小通信距离使其能在移动设备、消费类电子产品、计算机和智能控件工具间进行非接触式的近距离无线通信，简单直观地交换信息。

上述各种协议在传输速率、作用距离、性能和成本等方面都有自己的特点，或多或少地适用于某些特定的应用。显然，如果能够绘制出一张展示其主要特点的表格，那么网络设计师可根据自己的需求很方便地找到正确的解决方案。然而，这样的表格并不容易生成，因为它必须包含大量不同的栏目，以防止因遗漏某个或某些协议的信息而错过正确的解决方案。网络设计师需要根据具体的应用拟定这样的表格，尽可能详细地描述相关解决方案的固有属性。

协议的种类很多，而且新的协议仍在不断地被推出。尽管如此，最终能够一直存在下去的协议不会很多，逐步形成一个或有限个固定的协议是必然的发展趋势。然而，现在就预测上述这些通信协议能持续多久为时尚早，其中一些（如 CAN、LIN 等）肯定会使用多年，在生产智能产品时认真考虑它们的功能是必要的。本书将从教学角度重点讲述 CAN、LIN、FlexRay 和 MOST 等主流网络协议的理论和技术基础，并说明它们可以给企业带来的优势。

1.6.3　功能与影响因素的进一步细化

前面提到的 CAN、LIN、FlexRay 和 MOST 等协议，不仅能够满足机动车、航空器等的众多应用需求，而且在其他应用领域中也展现出强大的适应性。然而，随着时间的推移，这些协议的局限性逐渐显现出来，因此实时通信网络新方案的探索过程仍在继续。

为方便读者理解新方案设计中需要考虑的问题，这里进一步描述一个完善的实时通信网络应具备的基本功能和需要考虑的影响因素。

1．实时通信网络的基本功能

通常情况下，设备内部的通信网络是设备的实时计算机控制系统的一部分，主要用于传感器和执行器数据的传输，把源于信息网络的多路传输技术应用于实时通信网络需要实现以下基本功能。

① 简化布线，降低成本。

② 节点之间能够进行更加简单、快捷的交流。

③ 减少传感器数量，实现信息资源共享。

④ 提高设备运行的总体可靠性。

2．需要考虑的重要因素

在实际应用中，实时通信网络需要面对各种各样的安全、电磁和气候状况，为保证网络在各种情况下稳定运行，同时做到使用方便、操作简单、成本低廉、性能可靠，实时通信网络必须考虑以下重要因素。

① 较高的信息传输速度。

② 苛刻的用电环境。

③ 复杂的电磁兼容性。

④ 严格的信息交流安全性。

⑤ 节点与总线连接头的电气与力学特性及数量。

⑥ 网络结构和应用系统的评估方法和性能检测方法。

⑦ 容错和故障恢复。

⑧ 实时控制网络的时间特性。

⑨ 安装与维护中的布线。

⑩ 网络节点的增加（可扩展性）和软硬件更新。

实际上，从一种网络协议到另一种网络协议，要解决的问题都是一样的，但应用领域的不同特征会改变所涉及参数的等级顺序，并导致新的概念不断被发展出来，以便为遇到的困难找到简单的解决方案。

1.6.4　在两个世界的交集中不断进步

最初，由于需求和侧重点不同（如 EMC 和成本等），消费电子和工业电子是分开的两个世界。在家庭、办公室、数据中心和某些工业环境中使用了几十年的网络通常被认为不适合用于实时性要求很高的设备，如机动车、飞机和工业机器等。但就在刚刚过去的几年里，移动通信革命驱使电子行业快速发展，电子组件的特性发生了重大变化，消费电子产品和工业电子产品的需求有了更多的交集，以至于消费电子网络和工业电子网络出现了相互融合的趋势。

例如，体积小、电池寿命长和经济性是手机必不可少的特征，手机的爆炸式普及不断推动制造商朝着尺寸更小、效能更高和成本更低的方向发展。有趣的是，汽车等产品的制造商同样面临这种趋势，尤其是在燃油经济性日益重要的时代。

另一个典型实例是以太网的应用。以太网早在 40 多年前就诞生了，并且已经在办公自动化等领域得到广泛应用，却因工业自动化领域的需求与前者存在很大不同，一直未能作为实时通信网络的解决方案，但现在这种情况正在发生变化，针对这一领域的以太网已经开始出现了。可以想象，若实时性以太网能够取得成功，则不仅能为工业设备制造企业提供更多的协议和应用选择，还会为这类企业带来更多的人力和技术资源。

毋庸赘言，实时通信网络是高速、多方面通信的基石，正是因为该技术的出现，众多革命性功能才得以引入机动车、飞机和工业机器等。目前，各个行业的新技术革命刚刚拉开帷幕，随着工业电子市场的不断扩大，涉足这一巨大市场的科研人员、设备制造商和网络供应商将越来越多，其参与者将在许多领域获得巨大的利益。

习　　题

1-1　工业电子系统采用串行数字总线的主要动机是什么？

1-2　实时计算机系统的时间要求源自何处？

1-3　弱实时计算机系统与强实时计算机系统之间的主要区别是什么？

1-4　嵌入式实时系统属于实时计算机系统吗？其主要特征是什么？

1-5　试给出嵌入式系统实时通信网络的定义。

1-6　从实时角度解释汽车和手机两种产品的区别。

1-7　从安全性角度解释机动车辆与笔记本电脑的差异。

1-8　试分析汽车中的安全气囊系统与矿物开采中的爆管引爆系统的一致性特征。

1-9　EMC 的一般要求是什么，接地电压偏移抗扰度测试针对哪方面的要求？

1-10　汽车等工业产品所承受的主要环境负荷有哪些？

1-11　影响实时通信网络设计和使用的基本业务驱动因素有哪些？

1-12　诊断网络与控制系统所用网络是否可以是同一网络？

第2章　网络基础知识

网络不仅类型众多，而且其实现技术也多种多样，原因很简单，不同的网络需求需要不同的解决方案。这种多样性的缺点是有太多不同类型的协议和技术需要理解，了解一些网络基础知识可以使理解过程更容易。

嵌入式系统实时通信网络是用于测控领域的网络，尽管其应用环境不同，但在许多方面与其他领域的网络是相同的。本章将首先介绍网络的基本特征、拓扑结构、类型和规模，然后讨论与网络性能有关的一些问题，最后给出ISO/OSI（International Standard Organization/Open Systems Interconnection，国际标准化组织 / 开放系统互联）参考模型。

2.1　网络的基本特征

将分布在不同地点且具有独立功能的多个计算机系统通过通信设备和电路连接起来，在功能完善的软件和协议的管理下进行信息交换，实现资源共享、互操作和协同工作的系统称为计算机网络。计算机网络也可以简单地定义为一个互联的自主计算机集合。

由上述定义可知，计算机网络是具有资源共享和通信功能的计算机系统的集合体。伴随计算机技术的进步，资源共享和网络通信的含义也在不断丰富，如资源共享由数据资源共享、存储系统共享，逐步发展到分布计算以及协同工作。而计算机网络中的“计算机”的概念也不再像以往那样突出，很多网络终端并非传统概念上的计算机或终端设备，它们可能是控制模块或智能传感器。

总线网络侧重于计算机网络的通信含义，在这类网络中，电子控制单元或智能装置（带协议控制器的传感器、执行器或接口）按一定通信协议相连接，通过数字总线将控制信号或传感器信号传送到目标系统。

网络的组成元素主要分为两大类，即网络节点和通信链路。网络节点又分为端节点和转接节点。端节点是指通信的信源和信宿节点，例如，用户主机、用户终端和 ECU 等；转接节点是指在网络通信过程中起控制和转发作用的节点，例如，中继器、路由器和网关等。通信链路是指传输信息的信道，可以是双绞线、同轴电缆、光纤、无线电电路、卫星电路和微波中继电路等。

网络技术涉及的概念众多，本节简单介绍一些基本概念和部分被广泛使用的术语。

2.1.1　网络协议及分层的概念

早期的网络技术采用基本信令和报文系统实现复杂程度较低的基础通信，与现在的标准相比，特殊功能很少，运行速度非常低。由于工作原理简单易懂，因此没有必要使用复杂的机制去解释各种功能的运作方式。

然而，今天的网络大不相同，不仅更加复杂，而且经常需要通过软硬件协作来实现其基本功能。网络设备和程序可以由不同的公司设计和开发，但要求无缝地协同工作。因此，任何个人要想完全理解现代网络都是非常困难的，需要按具体领域进行专业化划分。

正是由于这个原因，网络所需的各种功能被分解到更小的区域，每个区域都有功能的运行和实现规范，以及与其他区域之间的统一接口。将一项非常复杂的技术细化为多个部分，不仅可以降低理解难度，而且有助于创建强大、灵活和低廉的网络系统。

上述网络处理方法涉及 3 个相互联系的重要概念：网络协议、分层结构和体系结构。

1. 网络协议

在一个网络中，有许多相互连接的节点，在这些节点之间要不断地进行数据交换。要做到有条不紊地交换数据，每个节点就必须遵守一些事先约定好的规则。这些规则明确规定了所交换的数据的格式以及有关的时序问题。这些为进行网络中的数据交换而建立的规则、标准或约定就称为网络协议。

一般说来，网络协议主要由以下 3 个部分组成。

① 语法：即数据与控制信息的结构或格式，简单地说是规定通信双方彼此“如何讲”。

② 语义：即需要发出何种控制信息、完成何种动作以及做出何种应答，也可以说是规定通信双方彼此“讲什么”。

③ 时序：即事件实现顺序的详细说明，它确定了通信过程中通信状态的变化。

由此可见，网络协议是任何网络不可缺少的组成部分。

2. 层次结构

在长期的计算机应用过程中，人们得出了一个重要经验：对于非常复杂的网络协议，其结构最好是层次式的。网络中的协议采用层次结构，具有以下好处。

① 各层之间是独立的：每层并不需要知道它下面的一层是如何实现的，仅需要知道该层通过层间的接口所提供的服务。

② 灵活性好：当任何一层发生变化时（例如由于技术的变化），只要接口关系保持不变，则在这层以上或以下的各层均不受影响。此外，某一层提供的服务还可以修改，当某层提供的服务不再需要时，甚至可将该层取消。

③ 在结构上可分隔开：各层都可以采用最合适的技术来实现。

④ 容易实现和维护：这种结构使一个庞大而又复杂系统的实现和调试变得易于处理，因为整个系统已被分解为若干个易于处理的部分了。

⑤ 能促进标准化工作：这主要是由于每一层的功能和所提供的服务都有精确的说明。

3. 体系结构

我们将计算机网络的各层及其协议的集合称为网络的体系结构。换句话说，计算机网络的体系结构就是这个计算机网络及其部件所应完成的功能的精确定义。需要强调的是：这些功能用何种软件或硬件完成，则是一个遵循该体系结构的实现问题。可见体系结构是抽象的，是存在于纸面上的，而实现是具体的，是真正运行的硬件和软件。

世界上第一个网络体系结构是美国 IBM 公司于 1974 年提出的 SNA（Systems Network Architecture，系统网络体系结构）。凡是遵循 SNA 的设备就称为 SNA 设备，这些 SNA 设备可以很方便地进行互连。自此以后，许多公司也纷纷建立了自己的网络体系结构，且分别使用了特殊的名称。例如，Honeywell 公司的 DSA（Distributed Systems Architecture，分布式系统体系结构）；DEC 公司的 DNA（Digital Network Architecture，数字网络体系结构）等。这些体系结构大同小异，都采用了分层技术，但各有其特点，以适合本公司生产的计算机组成的网络。

2.1.2　电路交换与分组交换

在网络中，信息流动的路径取决于数据交换方法，目前普遍采用的方法有两种：电路交换（Circuit Switching）和分组交换（Packet Switching）。

1. 电路交换

电路交换需要在两台设备之间预先建立一条用于通信的电路，该电路可以是始终存在的固定电路，也可以是根据需要创建的电路。一旦电路建立起来，设备之间的所有通信都只能在此电路上进行，不受它们之间可能存在的其他数据传输路径的影响。例如，在图 2-1 中，设备 A 和 B 之间只通过从 A 到 B 或从 B 返回 A 的数据通道（带阴影的黑色实线）实现通信。

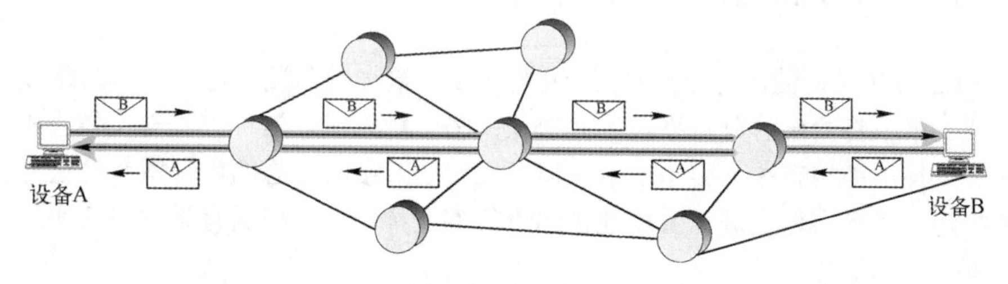

图 2-1　电路交换

电路交换方法既适用于模拟信号，也适用于数字信号。它的特点是，需要建立发送方到接收方的直通路径，电路建立时间长，然而一旦电路建立起来，信息传输延迟时间短。因此，电路交换适于传输实时性信息。

2. 分组交换

在分组交换网络中，设备之间不使用特定路径传输数据，而是将数据分割成被称为分组（Packet）的小块后，通过网络进行发送。各个分组可按不同的路径发送，也可根据需要进行组合或分段。当数据的分组全部到达接收方后，接收方将它们重新组合成原始数据。

分组交换如图 2-2 所示，该图展示了一个分组交换网络实例。图中，A、B 两台设备在发送数据之前不建立电路，数据分组可以通过许多路径从一台设备传输到另一台设备，即使数据分组来自同一文件或通信，情况也一样。

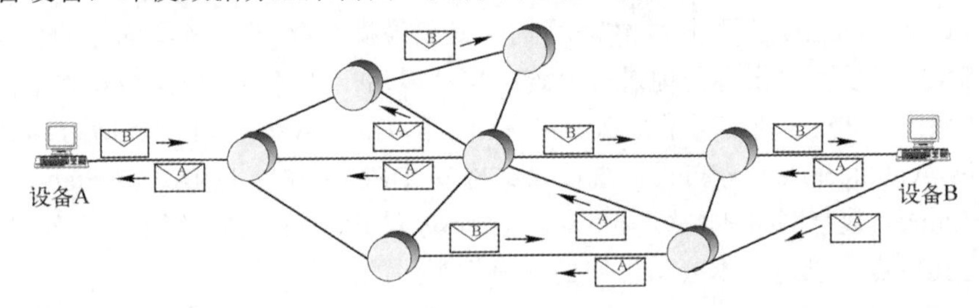

图 2-2　分组交换

分组交换将数据分成许多分组，来自多台设备的信息可以组合起来，实现资源的有效共享，功能十分强大。采用这种方法，网络上的许多设备可以相互通信，轮流发送报文，而不是由一对设备主导整条链路。

分组交换的另一个重要优势是：它允许在数据发送和接收方式上有更大的灵活性。数据可以通过多条路径并行发送，还可以根据负载模式和硬件故障情况改变路径，以确保尽可能快地传输数据。

由于所有数据在设备之间不会采用相同的、可预测的路径传输，因此某些数据分组可能会在传输过程中丢失，或者以错误的顺序出现。然而，这些问题可以通过特殊机制来解决。

2.1.3　面向连接协议与无连接协议

2.1.2 节从是否使用专用路径（或电路）发送数据的角度讲述了一种网络技术区分方式。本节将给出区分网络技术和协议的另一种方式，这种方式与实体（Entity）之间是否使用连接有关。实体表示任何可以发送或接收信息的硬件或软件进程，连接是指两个对等实体为进行数据通信而进行的一种结合。根据有无逻辑连接，网络协议可分为如下两大类。

1. 面向连接协议

面向连接协议要求在传输数据之前，必须先建立逻辑连接。一旦成功地建立了连接，实体之间就可以传送数据。当数据传输结束后，应终止该连接。图 2-3 表示了面向连接协议的三个阶段。

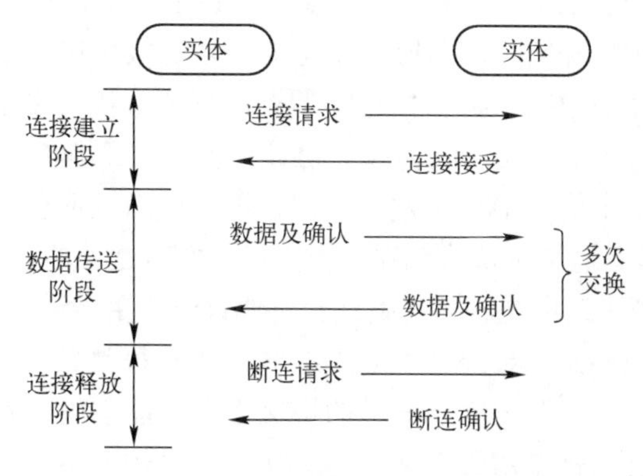

图 2-3　面向连接协议的三个阶段

在连接建立阶段，必须给出源用户和目的用户的全地址。但在数据传送阶段，就可以使用一个连接标识符，它比一个全地址的长度要短得多。在连接建立阶段还可以协商服务质量以及其他任选项目。当被叫用户拒绝连接时，连接即告失败。

面向连接协议通常提供可靠的报文序列服务。这就是说，在连接建立之后，每个用户都可以发送可变长度（在某一最大长度限度内）的报文，这些报文按顺序（即按一定序号）发送给远端的用户。报文的接收也是按顺序完成的。在某些情况下，用户也可以发送一个很短的（1 至 2 字节的数据）报文（即紧急数据），该报文可以不按序号而优先发送，如发送中断信号。

面向连接协议比较适合于在一定期间内要向同一目的地发送许多报文的情况。对于很短的零星报文，采用面向连接协议的开销较大。

若两个用户长期需要通信，则可建立永久逻辑连接，这样可免除每次通信时的连接建立和连接释放过程。

由于面向连接协议的三个阶段（连接建立阶段、数据传送阶段和连接释放阶段）以及数据的按序传送特性，和电路交换的许多特性相似，因此面向连接协议又称为虚电路协议。

2. 无连接协议

在无连接协议中，两个实体之间的数据传输不需要先建立一个连接，只要一个实体有要发送给另一个实体的数据，就会立即发送该数据。

无连接协议的一个重要特征是，它不需要两个通信实体是同时活跃的（即处于激活态）。当发送端的实体正在发送时，它才必须是活跃的，此时接收端的实体并不一定要是活跃的，只有当接收端的实体正在接收时它才必须是活跃的。

无连接协议的优点是灵活方便且较为迅速，但它不能防止报文的丢失、重复或失序。由于每个报文都必须提供完整的目的地址，因此开销较大。可见无连接协议适合于传送少量零星的报文。

无连接协议可分为以下三个类。

① 数据报（Datagram）协议：其特点是发完了即可，对方不做任何响应。数据报的服务简单，额外开销少，但服务不可靠。数据报协议特别适合传输冗余度较大或实时性要求较高的数据。数据报也很适合广播或多播（多地址的传输）。

② 确认交付（Confirmed Delivery）协议：又称可靠的数据报协议。这类协议对每一个报文产生一个确认消息给发方用户，不过该确认消息不是来自对应用户而是来自提供服务的层。这种确认只能保证报文已经发给远方的对应节点，但并不能保证对应用户已经收到了该报文。因此确认交付协议一般用于通信网络的层间传输。

③ 请求应答（Request Reply）协议。接收方用户每收到一个报文，即向发送方用户发送一个应答报文。但是双方发送的报文都有可能丢失。若接收方发现报文有错误，则响应一个表示有差错的报文。这类协议适合短的事务处理（Transaction）。

3. 面向连接与电路交换的关系

术语电路交换和面向连接有时可互换使用，因为它们在概念上有些相似。然而，虽然电路需要连接，但连接不一定需要电路。许多协议是面向连接的，却根本没有使用基于电路的网络。

现代网络体系结构的分层特性能够将面向连接的高层协议与基于分组的低层协议相结合。面向逻辑连接的协议能够在分组交换网络上实现。如果较低层的数据发送机制使用了分组，那么更高层协议可以利用分组中的信息来创建逻辑连接，在保留分组交换技术优点的同时，实现类似电路交换的功能。

2.1.4 报文

在网络中，通常把在实体之间传输的数据项（Data Item）称为报文（Message）。为适应不同的语境，许多网络技术会使用不同的单词来表示报文，前文所讲分组交换中采用的分组一词只是其中之一。

采用不同的单词有时是非常有用的。在某些情况下，仅从报文使用的名称就可以判定报文包含的内容。例如，在后面将要讲到的OSI参考模型中，不同的报文名称通常与在特定层运行的协议和技术相关联，使用不同的名称有助于讨论不同层中的协议。

遗憾的是，这些单词的用法并不统一，有时也会引起混淆。有些人非常严谨，只将特定的报文名称应用于约定俗成的地方，而有些人则可能交替地使用这些单词。更糟糕的是，有些通常只与特定OSI参考模型层相关联的报文名称被用在了其他的层，难免让人感到困惑。

无论怎样，“报文”仍然是网络通信数据的最通用术语，使用范围很广，并且经常与其他术语结合使用。其他常用于表示报文的名称如下。

① 分组：这个词能够最准确地表示 OSI 参考模型的网络层所发送的报文。然而，这个词也用于泛指任何类型的报文，十分常见。

② 数据报：该术语基本上是“分组”的同义词，也用于 OSI 参考模型的网络层技术。但是，它也常常被用于表示 OSI 参考模型的更高层所发送的报文，甚至比“分组”更常用。

③ 帧：该术语与 OSI 参考模型的较低层（物理层和数据链路层）所传输的报文密切相关，经常出现在各种网络技术的讨论中。例如，CAN 标准使用“帧”来描述其报文。之所以使用帧这个名称，是因为它的创建需要获取更高层的分组（或数据报），并使用较低层所需附加的信息。

值得注意的是，在 OSI 参考模型中，报文的正式名称是协议数据单元（Protocol Data Unit，PDU）和服务数据单元（Service Data Unit，SDU），关于这两个术语的详细解释见第 2.5 节。

2.1.5　报文格式

每个协议都使用一种特殊的格式化方法来确定它所使用的报文结构。通常情况下，不同的协议采用不同的报文结构，即报文的格式完全取决于使用它的技术的性质。尽管如此，各类报文的整体结构基本上是一致的。报文格式如图 2-4 所示。

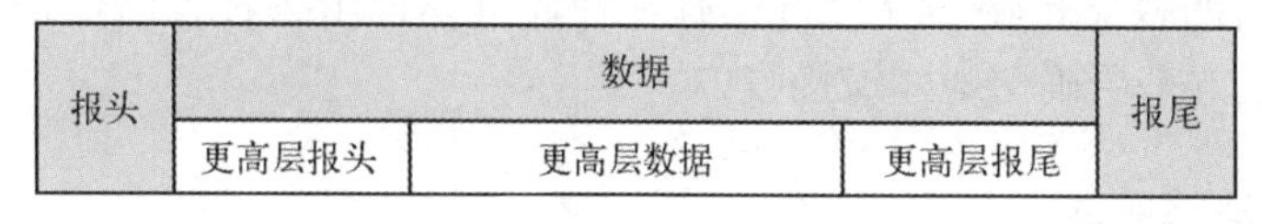

图 2-4　报文格式

一般而言，每个报文包含以下三个基本元素（见图 2-4）。

1. 报头（Header）

位于实际数据之前的信息。报头包含几字节的控制信息，用于传递报文所包含数据的重要事实，以及如何解释和使用这些数据。对于不同节点的协议元素之间的通信和控制，报头能够起到链接作用。在某些情况下，报头还用于共享信道的访问控制和管理，以及报文发送位置的控制等。

2. 数据

报文要传输的实际数据，又称为报文的有效负载（Payload）。一般情况下，报文要包含某种形式的数据，但也有一些报文实际上不包含任何数据，仅用于控制和通信，例如，用于建立或终止逻辑连接的报文。

3. 报尾（Trailer）

可选项，放在数据之后的信息。与报头一样，报尾通常包含控制信息。

由图 2-4 可知，数据（有效负载）位于报头和报尾之间，在某个网络协议中发送的任何特定报文，其数据（有效负载）本身也是一个经过封装的更高层报文，同样包含报头、数据和报尾。大多数协议报文带有报头，而报尾只在某些协议报文中出现。

既然报头和报尾都可以包含控制信息，那么有个报头就可以了，为何要增加一个单独的报尾呢？原因之一是某些类型的控制信息是根据数据本身的值计算得出的。有时候，在发送有效负载时执行此计算，然后在有效负载之后的报尾中发送结果，这样做更加有效。在报尾中经常出现的是错误检测码，如循环冗余校验（Cyclic Redundancy Check，CRC）码。错误检测码要求接收方在读取了有效负载之后使用，因此最好放在报文的末尾而不是开头。

一般而言，任何特定的协议只关心它自己的报头和报尾，不太注意报文的数据部分是什么，就像快递员只关注将包裹送给收件人，而不太在意包裹里装的是什么。

2.1.6 报文的传输和寻址方法

确保报文成功传输的一个基本任务是寻址（Addressing），即在报文中放入信息，以便网络知道报文的目的地。另一个基本任务是传输报文，即将报文发送给接收方。

用于网络的报文传输和寻址方法有多种，具体使用哪种方法取决于报文的功能，以及发送方是否确切地知道接收方。

1. 报文传输方法

为更好地理解各种方法，这里将从一个现实生活中的例子讲起。

假设一个大厅内正在举行一场有 300 人参加的社交活动，参与人员相互交谈，话题多种多样。在此背景下可能发出不同类型的消息，如同在网络中发送不同类型的报文一样。

由上述比喻可知，网络中可能包括三类报文：单播报文、广播报文和多播报文。

① 单播报文：从一个节点发送到另一个特定节点的报文称为单播报文。单播报文有点类似于在社交活动中你把遇到的某个朋友拉到一边私聊。当然，在这种情况下，其他人仍有可能无意中听到你们的谈话，甚至有人偷听你们的谈话。网络中同样如此，将报文发送到特定节点并不能保证其他节点不读取该报文，只是其他节点通常不会这样做。

② 广播报文：广播报文是指要发送给网络中的每个节点的报文。当发送节点需要将信息发送给网络中的每个节点，或将信息发送给某个接收节点但却不知道其地址时使用这类报文。例如，假设一个刚来参加社交聚会的人看到停车场里有一辆车还开着灯，他不知道这是谁的车，因此无法直接联系车主。他联系车主的最佳方

式是通过广播，让聚会主持人发布一个描述这辆车状态的通知，这样一来，包括车主在内的大楼里的每个人都能听到。在网络中使用广播报文的目的与之类似。

③ 多播报文：多播报文介于上述两类报文之间，这类报文要发送到一组满足特定条件的节点。这些节点通常以某种方式相互关联，例如，服务于一个公共功能，或者被设置为一个特定的组。回到前面的比喻，这有点像一群朋友聚在一起私聊。读者也可以想象 3 到 4 名安保人员使用对讲机进行通话时的情形。

根据上述报文分类，网络节点之间的报文传输方法可分为三种：单播、广播和多播。这些方法与上述单播报文、广播报文和多播报文相对应。在单播传输中，一个发送方对应一个接收方；在广播传输中，一个发送方对应多个接收方，并且发送方不关心接收方是否都需要发送方所发送的报文；而在多播传输中，一个发送方同样对应多个接收方，但接收和处理发送方所发出报文的接收方数量是限定的。多播是这三种方法中最复杂的一种，因为需要用特殊的技术来明确谁属于预期接收组的成员。报文传输方法及特征如表 2-1 所示。实时通信网络最常用的报文传输方法是广播和多播。

表 2-1　报文传输方法及特征

方法	特征
单播	一个发送方，一个接收方
广播	一个发送方，潜在的多个接收方
多播	一个发送方，确定的多个接收方

2．报文寻址方法

实际上，上述报文传输方法是根据接收节点的数量来区分的，这些方法与报文寻址方法密切相关。

① 单播寻址：单播寻址是要把报文发送给特定接收方，必须标明接收方的地址。这是最常见的报文寻址方法，几乎所有协议都有这种功能。

② 广播寻址：广播寻址一般通过为该功能预留的特殊地址来实现。每当节点收到发送到该地址的报文时，就明白“这个报文是发送给所有节点的”。

③ 多播寻址：此方法需要采用某种机制来识别由多个预期接收方形成的组。这样的组通常有多个，各组中的成员可以部分重叠，也可以不重叠。

2.1.7　网络运行模式和角色

一般而言，将一系列节点彼此链接的目的有两个：交换信息和共享资源。这里所说的资源，可以是硬件设备、软件程序、数据库或数据集等。

如何在网络上共享信息和资源取决于网络及其组成节点的运行配置，也就是说，网络设计者必须决定节点是用于管理资源，发出信息请求，还是响应信息请求。在一些网络中，所有节点在这方面都被平等对待，而在另一些网络中，各个节点所起的作用是不同的。在网络中，通常把决定节点之间如何交互的不同方法称为运行模式（Model）。为便于理解，人们有时将网络节点比作戏剧演员，将节点所负责的工作（Job）称为角色（Role）。

1．对等模式

在严格的对等（Peer-to-Peer）网络设置中，网络中的各个节点都是平等的或对等的。每个节点均不指定角色，都可拥有与其他节点共享的资源，能够发送请求或对请求做出响应，运行的软件相差无几。

对等模式具有设置简单和成本低廉等优点，常用于小型网络，如办公环境中的网络。

2．客户端 / 服务器模式

在采用客户端 / 服务器（Client/Server，C/S）模式的网络中，节点的角色是指定的，少量节点被设置为中央服务器，其任务是向更大量的节点（即客户端）提供服务。服务器通常是功能更多、处理能力更强的节点，有权使用网络上的重要数据。客户端通常是功能较少、处理能力较弱的节点，有些数据和功能需要依靠服务器提供。

客户端 / 服务器这个术语也用于表示由配套的互补组件设计而成的协议和软件。通常，服务器软件在服务器硬件上运行，客户端软件在连接到这些服务器的客户端计算机上使用。网络上的大多数交互发生在客户端和服务器之间，而不是在客户端之间。

客户端 / 服务器（C/S）模式如图 2-5 所示，其运行原理介绍如下：图中垂直线表示通信节点（或 ISO/OSI 参考模型的相应层），垂直线之间的带箭头直线表示通信运行符号。图中描述了 C/S 模式的一对一通信关系（单播法），其中包含 4 个运行阶段：请求（Request）、指示（Indication）、响应（Response）和确认（Confirm）。请求一方为客户端，响应请求一方为服务器。

C/S 模式采用应答方式通信，如果网络要向多个节点传送数据，则需要对这些节点分别进行“呼”“应”通信，即使是同一数据，也需要传送多次，从而增加了网络的通信量，造成网络带宽的浪费和网络效率的降低，但这种模式的可靠性较高。

C/S 模式在性能、可伸缩性、防护性和可靠性方面有优势，但其设置比较复杂，成本较高，因此比较适合大型网络，例如，它是世界上的最大网络（Internet，因特网）所使用的主要模式，我们常用的网络浏览器（Web Browser）实际上是网络客户端（Web Client）的另一个名称，而网站（Web Site）实际上是网络服务器（Web Server）。

即便如此，随着时间的推移，C/S 网络稳步发展，甚至已经用于较小的网络上。例如，在诊断设备与汽车连接中，诊断设备充当客户端，负责向内部设备（如 ECU）发送请求信息，而内部设备针对请求信息给出响应，相当于服务器。由此可见，一台设备可根据具体情况扮演多种角色。在这个例子中，ECU 在汽车内部网络中可能充当对等体（Peer），而在被诊断设备探测时则扮演服务器的角色。

3. 生产者 / 用户模式

生产者 / 用户（Producer/Consumer，P/C）模式的最大特点是它采用了以数据为中心的编码方式（其他网络运行模式采用的是以节点地址为中心的编码方式），数据生产者在网络上发出一个含有该数据的报文后，用户便可根据其中的标识符（ID）来判断是否消费该数据。

生产者 / 用户（P/C）模式如图 2-6 所示，其运行原理介绍如下：图中描述了 P/C 模式的一对多通信关系（广播或多播法），每个生产者对应的用户可能多于一个。

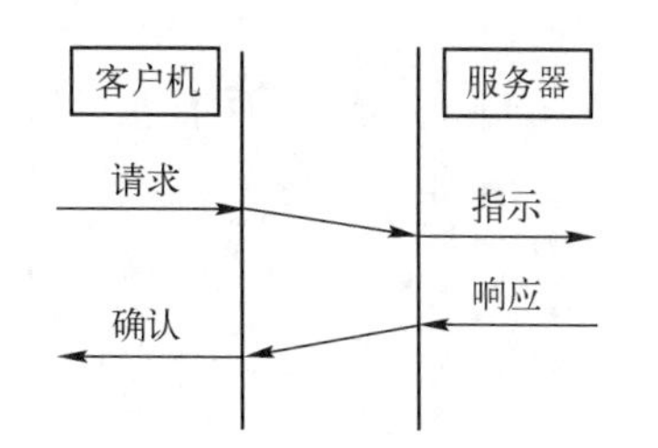

图 2-5　客户端 / 服务器（C/S）模式

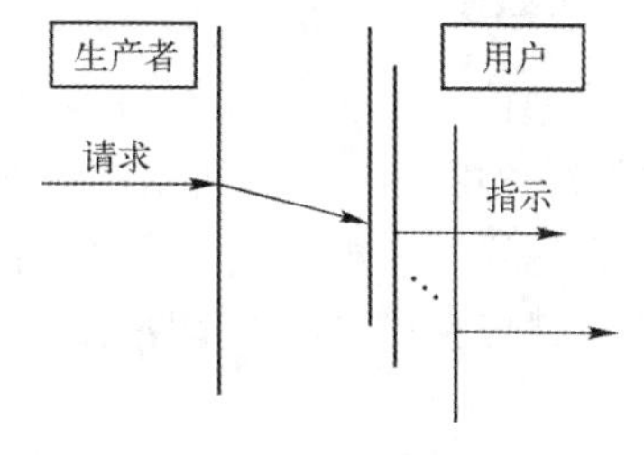

图 2-6　生产者 / 用户（P/C）模式

在 P/C 模式下，当一个节点欲给其他多个节点发送同一信息时，该节点只需要发送一次数据，其他节点便都能接收到该数据，不需要重复发送，从而可节省大量的时间，提高了网络效率。另外，在这种模式下，允许网络上的所有节点同时从单个数据源获取相同的数据，节点可以精确地实现同步。

在工业领域，大多数网络采用 P/C 模式或对等模式。尽管网络上的设备类型和功能多种多样，但在网络操作方面它们通常是对等的，所有设备都能发送和接收信息，没有集中式服务器。在嵌入式系统应用中，CAN 是依据 P/C 模式和对等模式运行的一种实时通信网络。

4. 主 / 从模式

在采用主 / 从（Master/Slave）模式的网络中，特定的节点被指定为主节点，其他节点都为从节点。从节点何时可以传输报文由主节点负责，在未得到主节点许可的情况下，从节点不应该进行任何发送操作。

主 / 从模式网络的布局在概念上类似于客户端 / 服务器网络，但主 / 从网络中的主节点扮演的角色比客户端 / 服务器网络中的服务器更正式和集中。主节点不仅向其他节点提供服务，而且控制整个网络的运行。在某些情况下，为了减小规模和降低成本，从节点可能相对简单一些，该做什么以及何时做几乎完全听命于主节点。另一个重要的区别是，在客户端 / 服务器网络中，请求通常是由客户端发起的，而响应是由服务器发送的；而在主 / 从网络中，所有通信由主节点管理，从节点不能发起传输，只有在其被提及的时候才能进行传输操作。

与其他三种运行模式相比，主 / 从模式的应用较少。该模式最适合小型的、极其简单的网络，有利于集中网络的整体“智能”。在传统计算机网络中根本不使用这种模式，它只是偶尔出现在计算机内部组件的操作中。在嵌入式系统应用中，LIN是根据主 / 从模式专门设计的一种实时通信网络。

2.1.8 网络设备之间的基本通信方式

数据传输是有方向性的，根据电路的传输能力，通信电路上的数据交换可以有以下三种不同的方式，即单工、半双工和全双工通信方式，如图 2-7 所示。

1. 单工通信

在单工通信中，通信电路上的数据始终在一个方向上传送，而不进行与此相反方向的传送。如图 2-7（a）所示，数据信息总是从发送器 A 传输到接收器 B。这种情况可以跟无线电广播类比，信号只在一个方向上传播，电台发送，收音机接收。当然，单工通信也可以比作道路系统的单行道。

2. 半双工通信

在半双工通信中，数据流可在两个方向上传输，但同一时刻只限于一个方向传输。如图 2-7（b）所示，通信的双方都具有发送器和接收器，信息可以从 A 传至 B，或从 B 传至 A。由于两个方向的传输使用的是同一信道，要实现双向传输，必须交替改换信道方向，也就是说，A 方向和 B 方向的信息发送必须交替进行，可以把它比喻为一座单车道的双向桥。

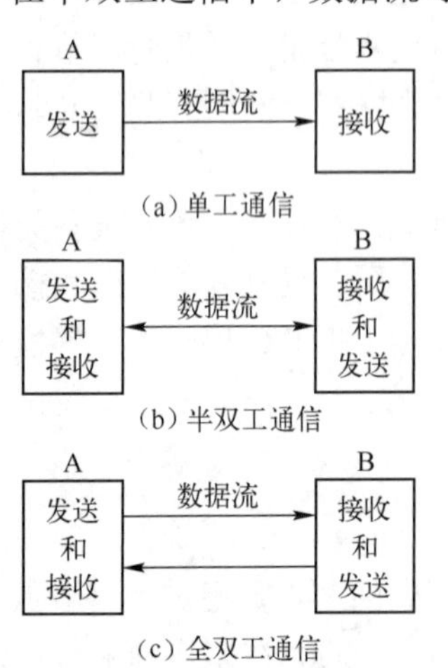

图 2-7 单工、半双工和全双工通信方式

请注意，虽然“半双工”一般用于描述一对设备的行为，但更多时候是指任意数量的相连设备轮流进行传输，尤其是通过总线一类的共享媒体相连的设备。例如，CAN 总线被认为是半双工的，其上所连接的任何设备都能进行传输，并采用一种特殊的仲裁方案来确保一次只有一台设备传输数据。

3. 全双工通信

在全双工通信中，数据流可以在两个方向上同时传输。如图 2-7（c）所示，它相当于把两个相反方向的单工传输组合在一起。这种双向同时传输的方式可被看作一座双车道的双向桥。显然，对于数字设备之间的数据交换，全双工传输比单工和半双工传输效率高，控制简单，但结构较复杂，系统造价高。

不难看出，只要条件允许，优先选用全双工方式是合理的。然而，如上所述，只要存在共享网络媒体，就无法以全双工方式运行，由此排除了在 CAN、LIN、FlexRay 和非交换式以太网等总线上采用该方式的可能性。

由于存在数字信号和模拟信号之分，因此只根据物理电路配置来分辨上述三种通信方式有时十分困难。对于数字信号传输，全双工操作需要两条独立的传输信道，而单工和半双工则只需要一条传输信道。模拟信号的传输与频率有关：如果站点的发送和接收都使用同一个频率，那么在无线传输中它必须以单工或半双工传输方式操作；而在有线传输中，如果使用两条独立的传输路线，那么使用同样的频率也能以全双工方式操作。如果一个站点在发送时使用一个频率，而在接收时使用另一个频率，那么它就可能在无线传输中实现全双工方式的操作；在有线传输中，这种情况只需要一条电路就可以实现全双工通信。

2.2　网络拓扑结构

将节点组成网络的方式是将它们连接在一起，由此引出了一个直接且重要的设计问题——如何连接。显然，若只有两个节点，则没有太大的困难，因为只能将一个节点连接到另一个节点。当节点数量增大后，配置选项会随之增多。为便于理解，通常用拓扑结构来描述网络节点的连接方式及网络的整体形状和结构。

网络节点如何设置、如何进行布线、是否需要特殊互连节点、网络上可以有多少节点、节点之间的距离多大等都是由拓扑结构决定的。拓扑结构不仅会对网络性能产生重要影响，而且严重影响协议的逻辑特征，如报文格式和访问方法。实时通信网络中使用的拓扑结构有 7 种，分别为点对点形拓扑、总线形拓扑、菊花链形拓扑、星形拓扑、环形拓扑、树形拓扑和网形拓扑，如图 2-8 所示。

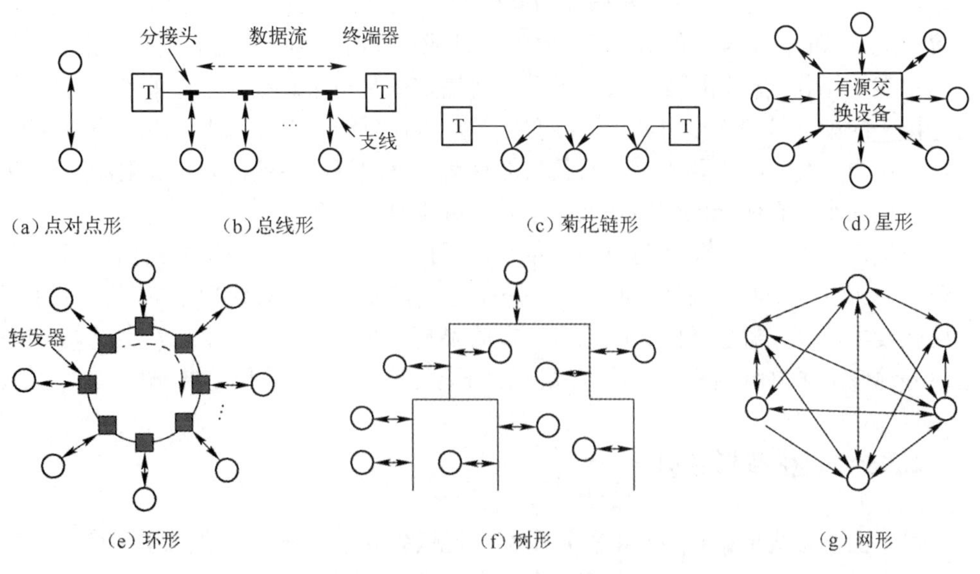

图 2-8　拓扑结构种类

2.2.1 点对点拓扑

最简单的拓扑结构只涉及两个节点，显然必须直接相互连接，如图 2-8（a）所示。这类拓扑结构有许多不同的名称，如点对点拓扑、直连拓扑和端口拓扑等，但都没有被作为“正式”名称。点对点拓扑这一名称有时出现在某些正式协议中，如 TCP/IP 点对点协议（Point-to-Point Protocol，PPP），该协议被用来管理彼此直接连接的两台设备之间的网络。有人认为端口拓扑是一个好名称，因为计算机和网络设备上的连接点通常称为端口。

端口拓扑只能将两个节点连接在一起，正是由于这个明显的局限性，它没有像其他拓扑结构那样备受关注。然而，在某些情况下非常需要这种拓扑。例如，有时可以直接使用端口拓扑将两台计算机连接在一起，从而为短期文件传输创建一个临时网络。类似地，大多数家庭都有一个用于访问因特网的调制解调器，该设备与因特网服务提供商的设备之间通常采用直接连接方式。

事实上，端口拓扑十分重要，因为把直接连接的设备对组合起来，可以创建更大、更强的网络。

2.2.2 总线形拓扑

将多个节点连接在一起形成一个网络，最简单的方法是建立一条共享的媒体，并将所有节点连接到该媒体上。由于每个节点都与该媒体连接，即所有节点共享一条公用的传输电路，因此，每次只能由一个节点发送信息，信息由发送它的节点向两端扩散，其他节点都能接收。这就如同广播电台发射的信号向空间扩散一样。所以，这种形式的网络又称为广播式网络。某节点发送信息之前，必须保证总线上没有其他信息正在传输，即需要通过某种媒体访问控制方式，确定可以发送信息的节点。信息是按分组发送的，达到目的节点后，经过地址或标识符识别，将信息复制下来。

总线形拓扑结构如图 2-8（b）所示，传输媒体是一条总线，工作节点通过被称为分接头的硬件接口接至总线上。终端器是连接在总线末端或末端附近的阻抗匹配元件，每个总线段上需要两个，而且只能有两个终端器。终端器采用反射波原理使信号变形最小，它所起的作用是保护信号，减少衰减与畸变。

总线形拓扑的突出特点是电路简单、便于扩充。通常，使用这种结构的网络是无源的，所以当采取冗余措施时，并不增加系统的复杂性。总线形结构对总线的电气性能要求很高，对总线的长度也有一定的限制，通信距离不能太长。实时通信网络很好地应用了这种结构，最具代表性的例子就是 CAN 总线和 LIN 总线。

2.2.3 菊花链形拓扑

对于上述总线形拓扑，若不将每个节点连接到共享电缆或其他信息管道上，也可以将它们依次连接，即用电缆把一个节点依次连接到下一个节点，一直到最后一个节点和终端器为止，由此形成了所谓的菊花链形拓扑结构，如图 2-8（c）所示。这种拓扑结构也可以认为是支线长度为零的总线形拓扑结构。

菊花链形拓扑结构可以降低总的电缆长度和节点连接费用。在采用这种结构时应注意，每台设备上的进线和出线应连接在一起，以免脱落时造成链路中断。当一个节点从其所在位置取下来时，该节点前后两个区域可能失去连接，这将导致许多节点失效和潜在的过程停顿。

2.2.4　星形拓扑

在星形拓扑结构中，每个节点都通过点对点方式连接到中央节点，任何两个节点之间的通信都要经过中央节点，如图 2-8（d）所示。一个节点要传送数据，首先向中央节点发出请求，要求与目的节点建立连接。连接建立后，该节点才能向目的节点发送数据。这种拓扑结构采用集中式通信控制策略，所有通信均由中央节点控制，中央节点必须建立和维持许多并行数据通路，因此中央节点的结构显得非常复杂，而其他节点的通信处理负担很小，只需要满足点对点链路的简单通信要求。

星形结构采用电路交换，可实现数据通信量的综合，适用于低速率设备。由于这种结构的网络终端只需要承担很小的通信处理任务，很适合用在要求终端密集的地方。但是，中央节点的构造比较复杂，一旦发生故障，整个通信系统就会瘫痪。因此，这种结构的可靠性较低。

2.2.5　环形拓扑

在环形拓扑结构中，网络由形成封闭环路的、点对点链路连接的转发器构成，如图 2-8（e）所示。转发器是一种较为简单的设备，它能接收其前端发送来的数据，并以原来的速率逐位地从另一条链路发送出去，而且不带任何缓存。节点通过转发器连到环形网上，由转发器向网上发送或接收数据。需要发送信息的节点将信息发送到环上，信息在环上只能按某一确定的方向（顺时针或逆时针）传输。当信息到达接收节点时，若节点发现信息中的目的地址与自己的地址相同，就将信息取出，并加上确认标记，以便由发送节点清除。节点发送数据是分组进行的，数据被拆成分组加上控制信息发送到环上，传送给目标节点。由于多个节点共享环路，需要有媒体访问控制，以确定节点何时能向环上插入分组。

由于传输是单方向的，不存在确定信息传输路径的问题，这可以简化链路的控制。当某一节点发生故障时，可以将该节点旁路，以保证信息畅通无阻。为了进一步提高可靠性，某些系统采用双环，或者在发生故障时支持双向传输。环形拓扑的主要问题是在节点数量太多时会影响通信速率；另外，环是封闭的，不便于扩充。

2.2.6　树形拓扑

树形拓扑结构是从总线形拓扑结构演变而来的，形状像一棵倒置的树，从顶端的根向下分支，每个分支可以延伸出多个分支，一直到最后的终端设备，便是树叶，如图 2-8（f）所示。与总线形拓扑一样，来自任一节点的一次信息传输，会将信息传遍整个媒体，并被所有其他节点接收。

树形结构的网络易于扩展、适应性强，对网络节点的数量、速率和数据类型等没有太多限制。适用于现场设备密度较高情况下的系统升级，即在电缆、接线盒和设备安装就位的情况下，以较低的成本实现新设备的添加。这种结构的网络在发生故障时，可以方便地将故障节点或分支与网络脱离，从而隔离故障。但网络的可靠性与星形结构相似，根部的可靠性对全网的工作有很大的影响。

2.2.7　网形拓扑

如图 2-8（g）所示，网形结构的网络没有主控节点，控制功能分散在网络的各个节点上，网上的每个节点都可以有多条路径与网上的其他节点相连。所以即使一条电路出现故障，经路由选择，通过其他通路，网络仍能正常工作。因此，网形结构的网络具有可靠性高、便于扩充等特点；但是网络控制和路由选择比较复杂，网络的设计和管理都比较困难，这种拓扑结构主要应用于广域网。

组建一个网络到底采用哪种拓扑结构，要根据实际需要和应用环境而定。点对点形拓扑、总线形拓扑、星形拓扑和环形拓扑结构较适合于构建简单网络，而树形拓扑和网形拓扑的结构复杂，组网较难，但有较高的可靠性和完整性，适用于组织大型的信息处理系统。在实际应用中，常常将以上几种拓扑结构结合起来，形成混合型拓扑结构。

请读者注意，网络拓扑结构与 2.1 节介绍的网络运行模式两者的设计依据是不同的，前者指的是节点之间如何连接，而后者指的是节点的行为和交互方式。虽然一些运行模式较适合某些拓扑结构，但是，将节点角色和拓扑结构相结合，可以创建任何网络。

2.3　网络类型和规模

网络类型众多，要想了解所有的网络是件很困难的事。当人们谈到网络时，很可能是指室内连接在一起的两台计算机，或拥有数百万个节点的全球性实体等。就某个大型产品而言，网络既可以是单个子系统的一小组简单设备，也可以是涵盖整个产品的大型综合网络。

为了能够更好地理解网络技术之间的巨大差异，本节首先讨论网络的类型以及它们之间的区别，然后探讨与网络规模相关的一些术语。

2.3.1　网络分类

按照网络的地理分布范围和传输媒体，可以将计算机网络分为三大类：局域网（Local Area Network，LAN）、广域网（Wide Area Network，WAN）和城域网（Metropolitan Area Network，MAN）。

1．局域网

局域网是指在有限距离内，由各种设备相互连接，并向这些设备提供信息交换手段的通信网络。LAN 的范围较小，通常是在一栋楼或一个房间内，有些局域网的跨度甚至只有几毫米。由于绝大多数局域网使用电缆连接，因此当人们谈到 LAN 时，一般是指有线局域网。常用的 LAN 技术很多，如办公自动化领域的以太网，测控领域的 CAN、H1 和 Profibus 等。

然而，有些 LAN 不采用电缆连接，而是通过射频或红外线进行连接，这类 LAN 称为无线局域网（Wireless LAN，WLAN）。虽然 WLAN 可以是完全无线的，但大多数 WLAN 既存在无线连接，也存在有线连接。由于受到无线技术方面的限制，WLAN 中的设备通常彼此非常接近，一般不超过几百米。较流行的 WLAN 技术包括 IEEE 802.11（也称为 Wi-Fi）、蓝牙和 ZigBee 等。

2．广域网

广域网是指覆盖地理范围较大，需要使用公共信道，并且至少有一部分依靠电信公司建立的电路进行传输的网络。WAN 将远程设备或 LAN 彼此连接，范围大于 LAN。如果设备之间的距离要以千米为单位测量，那么通常使用 WAN 而不是 LAN 技术来链接它们。

目前，WAN 技术的应用多种多样。例如，某家公司在两个城市设有办事处，通常会在每个办事处建立一个 LAN，然后用 WAN 将它们连接在一起。大多数因特网访问都可以认为是某种类型的广域网应用，实际上，整个因特网本身就是一个巨大的 WAN。

采用无线通信的 WAN 有时称为无线广域网（Wireless WAN，WWAN）。然而，与使用 LAN 时的情况不同，在实际应用中，很少对 WAN 进行有线和无线方面的区分。

3．城域网

城域网表示规模和范围介于 LAN 和 WAN 之间的网络。顾名思义，MAN 通常是指用于为一座城市或一个较小区域（如社区）提供网络连接的技术。从概念上讲，MAN 可视为扩展板 LAN 或微缩版 WAN。然而，根据 MAN 的需求定义专门的技术是有益的。实际上，IEEE 802 LAN/MAN 标准化委员会正在制定这方面的技术标准。

在网络世界中，LAN、WLAN、WAN 和 MAN 之间的界限很模糊。如前所述，无线局域网通常不是完全无线的，也可能包含有线元素。同样，试图把某个网络完全认定为局域网或广域网一般是不可能的。WAN 连接也常常出现有线技术和无线技术并存的情况。

花费太多精力去精确地区分网络类别是毫无意义的。在某些情况下，决定采用何种技术的因素不是定义，而是你拥有哪种网络技术。由于某些协议是为广域网设计的，如果你使用它们，那么采用该技术的所有设备即使彼此靠近，很多人也会说你的网络为 WAN。另外，某些局域网技术允许使用长达数千米的光缆，尽管可能跨越WAN的距离，但大多数人仍然会将数千米长的以太网光纤链路视为LAN连接。

实际上，大型设备（如大型车辆）相对于建筑物来说是很小的，因此几乎所有的嵌入式系统通信网络都是局域网。CAN、LIN、FlexRay 等众所周知的网络都属于 LAN。

WLAN 不用于设备内部的基本连接，造成这种情况的原因是存在与 WLAN 相关的各种技术问题，如电磁干扰、通信可靠性和安全性等。但请注意，有些设备中的确存在无线技术应用，例如，智能手机等设备与车载信息娱乐系统的连接就采用了蓝牙射频通信技术。

设备内部网络一般不涉及 WAN，但 WAN 技术可用于设备（如车辆）与外部世界通信。例如，一些公司在汽车上配备了使用卫星或蜂窝电话网络的紧急呼叫系统，这两种网络都采用了 WAN 技术。

2.3.2　常用网络规模术语

网络如此强大的原因之一是它们不仅可以将节点连接在一起，而且可以将多组节点连接在一起。因此，网络连接存在多个层级，一个网络可以连接到另一个网络，而这两个网络又可作为一组网络连接到另一组网络，以此类推。毫无疑问，最好的例子就是因特网，它是一个巨大的网络集合。

较大的网络可以看作是由数个较小网络（或网络部分）组成的，反过来说，利用数个小的网络或它们的一部分可以构建更大的实体。随着时间的推移，网络世界中出现了一系列描述网络相对规模的术语，了解这些术语有助于更好地理解网络协议，尤其是 CAN 总线等局域网技术。

1. 网络

在本书提到的术语中，网络是最不具体的一个。从根本上讲，网络的规模可大可小，节点数可以从两个到几千个。然而，当网络变得非常大，而且当显然是由连接在一起的较小网络组成时，一般不再将它们称为网络，而是称为互联网络（Internetwork）。尽管如此，人们还是经常将企业网等称为网络，很明显，企业网中包含了成千上万台计算机。

由于网络是最通用的规模术语，因此在未获得更详细信息的情况下，不应该对网络的规模做任何假设。

2. 子网

子网（Subnetwork）是指网络的一部分，或互联网中的一个网络。不难看出，子网也是一个相当主观的术语，当它作为某个庞大网络的一部分时，可能非常大。

3. 网段

网段（Segment）是网络的一小部分，通常比子网更小。然而，在某些情况下，网段等同于子网，两者可互换使用。

在嵌入式系统实时通信网络中，网段被定义为一段共享的通信媒体。有时，该术语也用于表示由一组电气连接的电缆所形成的单一共享媒体（被称为冲突域）。

4. 簇

簇（Cluster）通常是指用于执行特定功能的一组设备（如一组 ECU）。簇在概念上类似于子网，差异在于，不同的子网往往是同质的（采用相同的 LAN 技术），而不同的簇可以是不同质的。许多产品所用的网络是由多个簇集合而成的，这些簇既可能相互连接，也可能独立运行。原则上，簇的定义不仅包括节点和用于连接这些节点的网络技术，而且包括以网络描述文件或网络数据库形式提供的附加信息。

5. 互联网

互联网通常是指将较小的网络连接在一起而形成的较大网络结构。在不同的网络技术中，这个术语的含义同样存在差异。在一些技术中，互联网只是一个将网络作为组成部分的大型网络；而在另一些技术中，互联网与网络两者被根据设备之间的连接方式区分开来。例如，在 TCP/IP 技术中，网络通常是指使用以太网等技术和互连设备（如集线器、交换机），在 OSI 参考模型的第 2 层连接的一组机器；当第 2 层网络使用路由器和第 3 层协议（如 IP）在第 3 层链接在一起时，就认为形成了互联网。

描述网络规模的术语很多，最基本的术语是网络，它几乎是通用的，但通常是指利用 OSI 参考模型第 2 层技术连接的一组设备。子网与网段一样，都是网络（或互联网）的一部分，后者在实时通信网络中往往具有更具体的含义。在实时通信网络中，簇与子网类似，都表示一组互连的节点。互联网通常是指非常大的网络，或者利用路由器在 OSI 参考模型的第 3 层连接的一组 LAN。

2.3.3　因特网、内联网和外联网

因特网（Internet）是互联网中的王者，它不仅将世界范围内的计算机相互连接，还提供一整套的服务和功能。不仅如此，因特网还定义了个人与企业之间共享信息和资源的具体方法，以至于对许多人来说，因特网已经成为一种生活方式。

因特网的使用始于 20 世纪 90 年代，随着其不断普及，越来越多的人意识到，

因特网上使用的技术可以运用到公司内部网络，由此产生了内联网（Intranet）。实际上，大多数内联网属于互联网。

内联网是公司私有的网络，只允许内部访问，如果它被“扩展”至也允许公司之外的人或团体访问，那么此时的内联网称为外联网（Extranet）。因此，外联网是一种不完全属于内部的私有因特网，或者说，它是一种运作方式像因特网一样的、扩展的内联网。外联网由私立组织控制，不对公众开放，但也不是完全私有的。

如你所见，因特网、内联网和外联网之间的界限并不十分清晰，随着整个计算世界变得更加紧密地集成在一起，这些概念正在快速地融合起来。例如，即使完全私有的内联网，也需要连接到因特网，这样才能与“外部世界”进行通信，获取因特网上的资源。而且，外联网的一部分可以通过公共的因特网基础设施和虚拟专用网络（Virtual Private Networking，VPN）之类的技术来实现。

将这些概念结合在一起的关键是它们都使用因特网技术，而因特网技术这个术语本身就有些模糊，它通常是指 TCP/IP 协议族的应用，该协议族定义了因特网和一组可在因特网上获得的服务。

虽然这些概念与实时通信网络的关系不是很大，但现在某些设备（如汽车）的信息娱乐系统、导航系统等已经与因特网或其他大型互联网相连接。随着时间的推移，设备内部网络与外部技术的结合会越来越多，因此理解这些概念非常重要。

2.4　网络性能及相关概念

性能是所有网络的最重要特征之一，但这个主题既难以理解，又时常令人困惑，正确认识与网络性能有关的一些重要问题是十分必要的。

2.4.1　性能度量术语和单位

在网络世界中，用于描述性能因素的度量术语有多个，如吞吐量和带宽。它们不仅意义不同，而且度量单位也不完全一致。由于其中一些术语看起来非常相似，在应用中出现错误是常有的事。为正确地理解各种术语的真正含义，这里将简单讨论 4 个最常见的性能度量术语：速率（Rate）、带宽（Bandwidth）、吞吐量（Throughput）和等待时间（Latency）。

1. 速率

速率表示单位时间内可以通过一个通道的数据位数（比特数），其大小由通道的物理特性所决定。例如，在汽车一类的恶劣环境中，由于 EMI 的限制，双绞线通道的速率较低，而光纤通道的速率较高。

速率是应用最广、含义最模糊的网络性能术语，可以代表的意义很多，最常见的用途是表示特定网络技术的标称传输速率。

标称传输速率常用于标记硬件设备和网络技术，但在使用时必须注意一个问题：标称传输速率仅仅是个理论数字，将这些数字视为实际“网络传输速率”并不完全准确。在具体应用中，任何网络技术都无法完全以标称传输速率运行，实际传输速率通常远低于其标称值。

在速率单位方面，人们的认识相当统一，一般以每秒比特（bps）为单位，而不是每秒字节（Bps）。例如，FlexRay 的标称传输速率为 10 Mbps（每秒 10 兆比特）。

2. 带宽

带宽是一个广泛使用的术语，通常是指网络或数据传输媒体的数据承载能力，用于表示单位时间内从一个点传递到另一个点的最大数据量。

带宽这个术语源自电磁辐射研究领域，在该领域中，它指的是用于传送数据的频带宽度。应当引起注意的问题是：通信设施是昂贵的，并且一般说来通信设施的带宽越宽，所花费用就越高。更进一步说，任何实际应用的传输信道都是有限带宽的，带宽的限制是由传输媒体的物理特性决定的，或者可能是人为限制了发送器带宽，以防止其他干扰源的干扰。人们希望能够尽可能地有效利用给定的带宽，对数字数据来说，这意味着希望在给定的带宽条件下尽可能地提高速率，同时又将误码率限制在某个范围内。限制我们达到这种高效率的主要不利因素是噪声。

传输数据的带宽是指在发送器和传输媒体的特性限制下的带宽，单位为赫兹（Hz）或每秒周数。例如，使用语音信道通过 MODEM 来传送数字数据时，其带宽为 3100 Hz。

时至今日，带宽仍有两种解释：数据容量和频带宽度。很明显，这是两个迥然不同的概念，在很多情况下，对它们做出区分是必要的。例如，某以太网使用的物理层技术理论上能够以 100 Mbps 的速率传输数据，但它使用的实际频带宽度要低得多，大约为 33 MHz。

3. 吞吐量

网络、信道或接口在单位时间内能够发送的数据量一般采用吞吐量来度量。像带宽一样，吞吐量也有多种不同的含义，在使用该术语时必须格外小心。

很多时候，吞吐量用于衡量单位时间内可以传输的最大数据量。例如，某以太网的吞吐量为 100 Mbps。准确地说，这个数字实际上是该技术的理论吞吐量，即吞吐量的上限，实际运行中并不一定能达到该数值。理论与实际吞吐量之间的差异取决于许多因素，如设计技术和现实情况等。

吞吐量的标准单位是每秒比特（bit/s），通常缩写为 bps 或 b/s。然而，有些软件应用（如网络浏览器）把字节作为吞吐量的单位，而不是比特，字节吞吐量的单位是每秒字节（Byte/s），其缩写为 Bps 或 B/s。

请注意，速率、带宽和吞吐量这三个术语实际上并不完全相同，但经常互换使用。

4. 等待时间

等待时间是指数据在网络上的传输时间，又称为延迟。这是一个非常重要的术语，却常常被忽视。从严格意义上讲，等待时间是指从发出数据请求到包含该数据的响应到达所花费的时间。然而，该术语也被广泛用于表示设备对发送给它的数据的时间控制程度，以及网络是否可以被安排为允许在持续的时间段内一致地传送数据。

对于许多实时应用来说，等待时间的重要程度远远远超过原始带宽，可以从因特网访问方法的对比中清楚地看到这一点。

假定你住在乡村地区，可供选择的因特网访问方法有两种：老式的模拟电话调制解调器和新式的卫星因特网链接。卫星连接速率比普通拨号上网快 10 倍甚至 100 倍，销售卫星连接的公司会把这一点作为非常重要的卖点，若不考虑成本，让用户选择卫星连接是件轻而易举的事情。然而，事实未必如此，使用卫星连接意味着每个数据请求必须上传到卫星、下传到地面站并路由到因特网上的相应服务器，然后再将响应发送回地面站、返回卫星，最后才回传给用户。由于卫星远离地面，这个过程可能需要一秒钟才能完成。因此，虽然卫星连接的吞吐量肯定比拨号连接大，但卫星连接的等待时间实际上要大得多。鉴于这种情况，卫星因特网可能比拨号上网更适合于下载大型文件和网上冲浪，但是，它的数据发送和接收延迟使其不适合任何类型的交互式应用，“较慢”的拨号上网可能是更好的选择。

上面讲述了 4 个网络性能度量术语，具体应该使用哪个术语来描述性能，并没有严格的规定，多数情况下因人而异。比较常见的情况是，多个术语被混为一谈。有人甚至认为可以根据网络的标称传输速率判断网络能够处理的数据流，这显然是个虚假的结论。更糟糕的是，传输速率以每秒比特数表示，而吞吐量可能以每秒比特数或字节数表示。

带宽和吞吐量表示数据在网络中移动的速度，而等待时间则描述了数据传递方式的本质。等待时间通常用于描述请求数据的时间与数据到达时间之间的延迟。对某些应用而言，吞吐量大且等待时间长的网络技术，可能比吞吐量小但等待时间短的网络技术更差。

注意：对于大多数网络技术来说，每秒比特这个单位太小，常常代之以每秒千比特（kbps）、每秒兆比特（Mbps）或每秒吉比特（Gbps）。然而，这种表示法导致了一个很微妙的问题：上述单位中的 k（kilo，千）、M（Mega，兆）和 G（Giga，吉）存在十进制和二进制两个版本。这个问题源于一个巧合，2^{10}（即 1024）约等于 10^3（即 1000），两者都可以表示“k”，差异不大。但 “M”这个前缀的二进制形式是 2^{20}（即 1048576），而十进制形式是 10^6（即 1000000），差异几乎是 5%。同理可知，“G”的差异超过 7%。随着数值的增大，情况变糟了。因此，在网络中这些缩写通常都为十进制形式。例如，CAN 的标称吞吐量 1 Mbps 是指每秒传输 1000000 比特，而不是每秒 1048576 比特。同样，FlexRay 的传输速率 10 Mbps 表示每秒传输 10000000 比特，而不是每秒 10485760 比特。

2.4.2　影响网络实际性能的主要因素

网络的理论性能与实际性能之间始终存在差异，造成这种情况的原因有很多，一般可分为三大类：网络开销（Overhead）、网络外部限制和网络配置。

1．网络开销

每个网络都有一定程度的自然开销，无法将所有带宽都用于有效数据。例如，某以太网技术每秒能够发送 100000000 比特数据，这并不意味着所有这些比特都表示有效数据。有些比特将用作数据的报头和报尾，或者用于管理网络操作的控制信息。像每个人必须纳税一样，这种网络开销是不可避免的。

除此之外，还有其他开销问题。任何网络事务处理都涉及许多不同的硬件和软件层，每层都需要开销。即使不考虑其他因素，仅因为多个层的报头、报尾和控制信息就能使任何 LAN 技术的额定速度降低至少 10%。

2．网络外部限制

许多与技术本身无关的因素同样会对网络的实际性能形成限制。在 LAN 的早期阶段，对性能造成约束的因素一般为网络设备实际处理数据的能力。然而，在当今的网络上，网络设备是否有能力处理快速移动的数据，已经不太重要了。

当两台设备之间存在多条链路时，速率最慢的链路会影响整体性能。小型网络一般不存在这个问题，但复杂网络就不同了，这个问题变得非常重要。

环境问题也可能影响数据传输质量，降低网络运行效率。例如，在电磁干扰较强的区域，数据被损坏的可能性大增，导致更多数据必须重传，从而降低了整体网络性能。

3．网络配置

除上述问题外，对网络性能产生负面影响的问题还有很多，其中包括设备或子网能力不足、布线质量差、硬件或软件配置不合理以及各种故障等。在最坏的情况下，整体网络性能可能下降 90%，甚至更多。

许多因素常常会使上述问题进一步恶化，如网络管理员经验不足、需要处理的软硬件众多、终端用户不遵从指导，以及频繁更改网络结构或网络设备等。幸运的是，在工程设计中，这些因素的影响程度不大，因为专家们会非常谨慎地进行初始网络设计和测试，并确保每处更改都经过深思熟虑。

2.4.3　影响网络性能的关键非性能特征

性能对任何网络都至关重要，人们常常会因为过多地关注网络性能而忽视其他网络特征。对于某些网络设备而言，这些特征可能与网络性能一样重要，甚至更重要。不仅如此，这些非性能（Non-performance）特征常常会与性能相冲突，有时必须在两者之间找好平衡点。测控领域已经对此形成了很好的认识。为了说明这一点，下面列出了网络设计人员必须考虑的基本非性能指标，以及它们与性能的关系：

① 成本：在几乎所有应用中，成本都是一个重要因素，也是不利于性能的主要因素。通常情况下，速率越快，成本越高。原因有两个：第一，更快速率的实施成本更高；第二，提升速率意味着改变，而改变需要花钱。

② 质量：网络的质量取决于所用组件的质量和安装方式。由于质量会对可靠性、可维护性和性能等产生影响，因此它是一个重要指标。质量与性能之间没有直接关系，可以设计高质量、高性能的网络，但在预算有限时两者存在竞争。在其他条件相同的情况下，实现高质量、高速率网络的成本比高质量、低速率网络高得多。这意味着，强调质量高于性能是完全正确的，实时通信网络行业经常这样做。

③ 标准化：网络协议和硬件的设计要么满足普遍接受的标准，要么自成一体。标准化设计总是受欢迎的，因为这会使互操作、升级、技术支持和培训更容易。专用设计可能有利于提高性能，但会增加成本和管理难度。当然也有例外，某些专用标准（如 CAN）随着时间推移逐渐流行起来，以至于成为事实上的行业标准，上述问题就不再存在了。

④ 可靠性：在许多应用中，网络的可靠性至关重要。就性能而言，有时改变会受到抵制，原因在于改变可能意味着用尚未成熟的新技术取代"久经考验的"解决方案。此外，虽然速率较低的网络并不一定比速度较高的网络更可靠，但要使高速网络像低速网络一样可靠地运行，高速网络的实现难度更大且成本更高。

⑤ 可维护性：与性能较低的网络相比，维护性能更高的网络需要的精力和资源更多，当出现问题时也可能更难解决。

⑥ 实施难度：一般而言，建立高速网络的难度大于建立低速网络。高速网络在电缆长度、拓扑结构和所需要的互连设备等方面存在更多限制，可能使有些技术不适用于某些应用，或者导致选择难度增加。在测控领域，尽管网络技术已经有了巨大进步，但许多简单的传统网络技术一直沿用至今，一个重要原因就在于此。

在多数情况下，网络的成本、质量、可靠性、可维护性和简单性等特征与整体性能之间是相互制约的。网络运行速率越高，就越难确保其他属性保持在足够高的水平上。测控领域的工程师采用的方法一般比较保守，更多倾向于确保"完成工作"所需的性能，而不是"尽可能快地完成工作"。

2.5　开放系统互联参考模型

模型能够通过解释各种技术所扮演的角色以及它们之间如何相互作用，帮助我们理解困难的概念和复杂的系统。网络中最常用的模型是开放系统互联（OSI）参考模型，通常简称为 OSI 参考模型。

在本节中，我们将讨论 OSI 参考模型中的若干基本概念。有了这些基本概念（尽管相当抽象），对于更好地理解后面各章内容，或进一步阅读相关文献，都会有很大帮助。

2.5.1　模型的分层

分层虽然是一个处理复杂事物的好办法，但分层本身并不是很简单的工作。目前，还不存在一个最佳的层次划分方法，下面是 Zimmerman 在 1980 年提出的几个主要分层原则。

① 在需要抽象出不同层次的情况下，应当建立层次。

② 每一层应完成一个明确定义的功能，功能的选择要有助于定义国际化标准协议。

③ 层与层之间的分界应使穿过层次间接口的信息量最少。

④ 层次的数目要足够多，以便把明显不同的功能放置在不同的层次中，而层次的数目又不宜过多，以便使制定的网络体系结构不致变得过于庞杂。

经过反复研究，在 OSI 参考模型中采用了如图 2-9 所示的 7 个层次的体系结构。最下面的是第 1 层，最上面的是第 7 层，各层的名称如图所示，从低到高依次为物理层、数据链路层、网络层、传输层、会话层、表示层和应用层，对应的编号为 1～7。

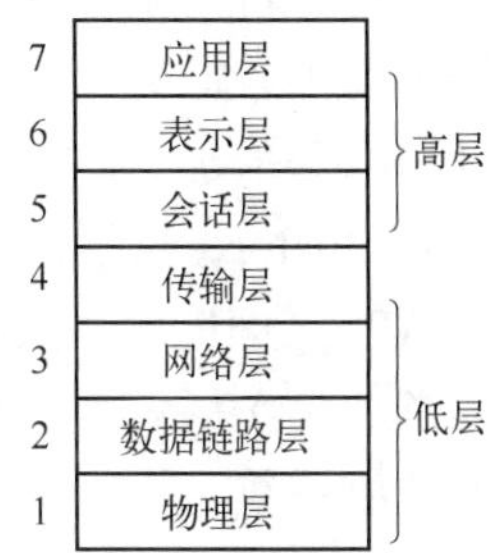

图 2-9　OSI 参考模型

从第 1 层到第 7 层，抽象程度逐层提高，也就是说，随着层编号的增大，概念的具体性（与硬件关联性）越来越弱，逻辑性（与软件关联性）越来越强。第 1 层是最具体的，因为它涉及实际网络硬件，以及从一台设备向另一台设备传输比特流的具体方法。第 7 层是最抽象的，因为它只关注定义网络的应用，并依赖较低层来执行使其工作所需的任务。

为便于理解，这里将这些层分为两组：

（1）低层：包括第 1～4 层，分别为模型的物理层、数据链路层、网络层和传输层。低层主要涉及网络数据的格式化、编码和传输，不太关心数据内容和用途，只关心如何移动数据。这些层要通过硬件和软件来实现，从硬件到软件的过渡是从第 1 层到第 4 层逐渐发生的。

（2）高层：包括第 5～7 层，分别为会话层、表示层和应用层。高层主要涉及网络应用的实现，对数据如何从一个地方发送到另一个地方的关注相对较少，这方面的服务需要依赖低层。在计算机上，这些层几乎都用软件来实现，而在微处理器之类的设备上，通常用固件（Firmware）来实现。

某些 OSI 层彼此之间具有十分紧密的关系，尤其是第 1 层和第 2 层以及第 3 层和第 4 层。例如，大多数人将以太网说成是第 2 层技术，但以太网规范实际上涉及第 1 层和第 2 层。类似地，第 3 层和第 4 层也常常成对出现，TCP/IP 就是最好的证明，这个套件包括了传输层和网络层的主要协议。

在某些方面，各层之间的联系非常紧密，以至于它们之间的界限变得很模糊，尤其是较高的层。如 TCP/IP 将 OSI 参考模型第 5～7 层的功能全部集中在一个厚层中。

2.5.2　开放系统互联环境

要学习 OSI 参考模型，先要弄清它所描述的范围，这个范围被称为 OSI 环境。设有两个实系统通过一个子网络（例如，经过两个交换节点）进行互联，开放系统互联环境如图 2-10 所示。在开放系统中，常把交换节点称为中继开放系统，将通信子网外部的开放实系统称为末端开放实系统。从图 2-10 中可以看出，末端开放实系统又可分为两部分，即与互联无直接关系的实系统（即本地系统环境）和与互联直接有关的开放系统（这部分在 OSI 环境内）。整个 OSI 环境如粗线方框所示。需要注意的是，连接节点的物理媒体不在 OSI 环境之内。

下面讨论一下开放系统与实系统之间的关系。假设应用进程 AP_A 要发信息给应用进程 AP_B。由图 2-10 可以看出，应用进程 AP_A 和 AP_B 显然是处在各自的本地系统环境中，即处在 OSI 环境之外。AP_A 首先要通过实系统中的本地系统管理模块（LSM）启动一个能够调用 OSI 环境所提供的服务模块，此模块被称为实现模块（Effectuator，执行器）（图中未给出）。这一机制就生成了相应的协议，因而使 AP_A 和 AP_B 之间能够完成通信。在图 2-10 中还画出了信息传递的示意路线。在发送端，信息从第 7 层依次被传到第 1 层，然后通过物理媒体被传到某个中继开放系统（中继开放系统一般只有 3 层，有的甚至更少）。当上升到中继开放系统的第 3 层时，信息完成路由选择功能，再返回到第 1 层及物理媒体，最后到达目的站，从第 1 层依次上升到第 7 层，到达 AP_B。

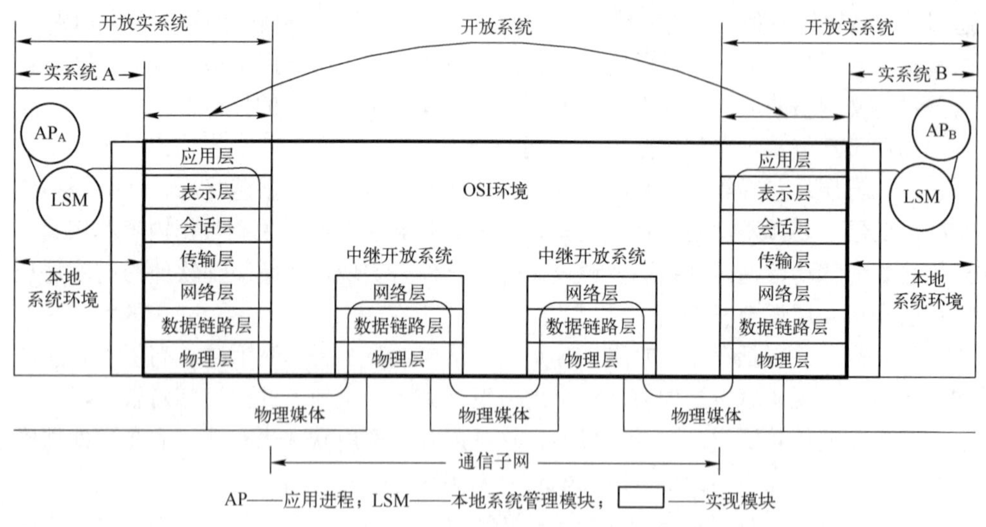

图 2-10　开放系统互联环境

需要注意的是，在互联过程中，每个用户（或其应用进程）能够看见自己、自己的本地系统管理模块和实现模块。此外，还可通过第 7 层看到对方用户的映象。有许多东西用户是看不见的，如数据格式的匹配、流量控制、差错控制、传输速率的匹配、路由选择以及传输媒体的选择等，这些都是 OSI 提供给用户的功能。

OSI 环境中的数据流如图 2-11 所示，该图表示应用进程的数据是怎样逐层传递的。为简单起见，图中省去了中继开放系统。应用进程 AP_A 将其数据交给第 7 层，第 7 层加上若干比特的控制信息就变成了下一层的数据单元。第 6 层收到该数据单元后，加上本层的控制信息，再交给第 5 层，成为第 5 层的数据单元，以此类推。不过到了第 2 层（数据链路层）后，控制信息被分为两部分加到数据单元的首部和尾部，而第 1 层（物理层）由于是传送比特流的，所以不再加控制信息。

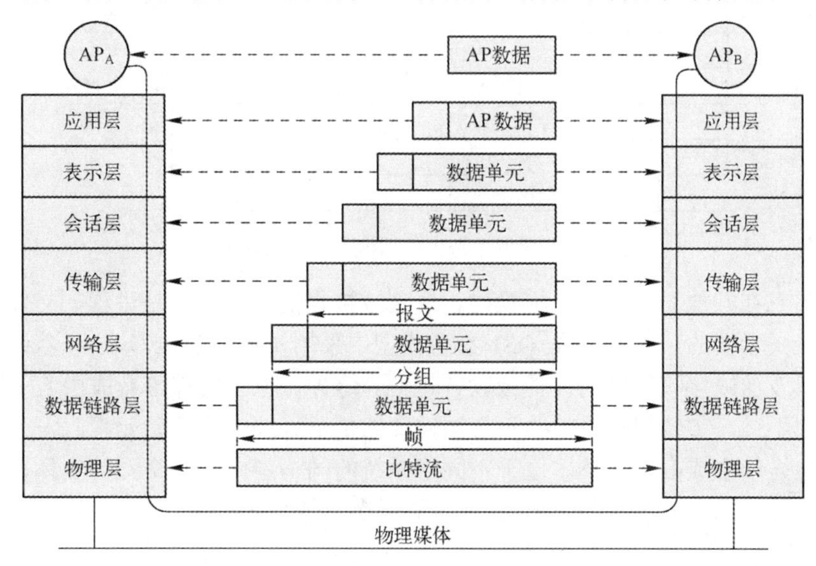

图 2-11　OSI 环境中的数据流

当一连串的比特流经物理媒体到达目的节点时，再从第 1 层依次上升到第 7 层，每一层根据控制信息进行必要的操作，然后将控制信息剥去，把数据单元上交给更高一层，最后，将应用进程数据交给目的节点的应用进程 AP_B。

虽然应用进程数据要经过如图 2-11 所示的复杂过程才能送到对方的应用进程，但这些复杂过程都被屏蔽掉了，以致让人觉得应用进程 AP_A 好像是直接把数据交给应用进程 AP_B 的。这就是图 2-11 最高的一条水平虚线的意思。虚线两头的箭头表示这样的通信可以是双向的。同理，任何两个同样的层次（例如第 3 层和第 3 层）之间，也好像如同图 2-11 中水平虚线所示的那样，可以直接把数据（数据单元加上控制信息）传递给对方。这就是所谓的“对等层”之间的通信。针对各层的协议，实际上就是在各个对等层之间传递数据的各项规定。

2.5.3　协议、服务与服务访问点

OSI 参考模型中采用了协议、服务和服务访问点这三个重要概念，在介绍它们之前，有必要先了解一下层次的一般表示法。

1. 层次表示法

当几个开放系统互联在一起时（如图 2-12 中的 A、B 和 C），除最高或最低层

外的任何一层均可称为(N)层，其相邻的高层和低层，则分别称为(N+1)层和(N-1)层，对每一个开放系统，则再做7个划分，其中每一个划分就称作一个子系统。

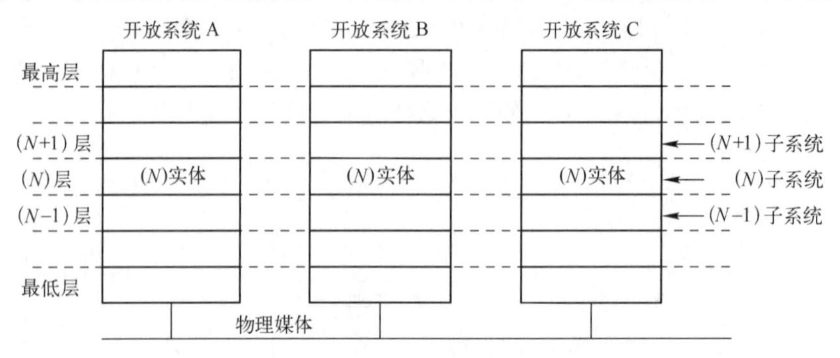

图2-12　开放系统中的层次、子系统和实体

当信息在开放系统中进行交换时，发送或接收信息的究竟是进程、文件还是终端，是无关紧要的。因此，在OSI参考模型中采用实体（Entity）这一名词来表示任何可以发送或接收信息的硬件或软件进程。这样，每一层都可看成由若干个实体所组成。不过，实体和子系统并不等同，实体是子系统中的活动元素，一个子系统内可以包含一个或多个实体。位于不同子系统的同一层内相互交互的实体，就构成了对等实体。图2-12展示了开放系统中的层次、子系统和实体。

2. 协议与服务

图2-13表示协议与服务的概念。前面已讲过，在不同的开放系统中的对等实体之间，可以直接进行通信。我们将控制两个对等（N）实体进行通信的规则的集合称为（N）协议（见图2-13中两个（N）实体之间的虚线）。协议语法方面的规则定义了所交换的信息的格式，而协议语义方面的规则则定义了发送者或接收者所要完成的操作。例如，在何种条件下，数据必须重发或丢弃。

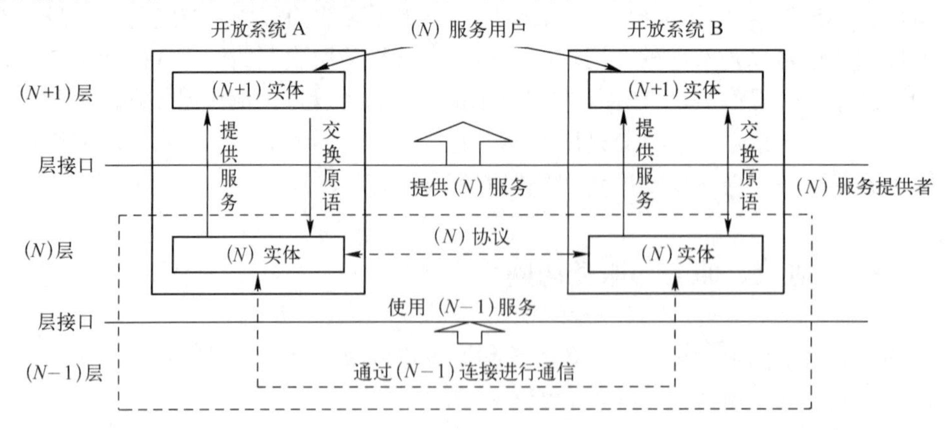

图2-13　协议与服务的概念

两个（N）实体间的通信［在（N）协议的控制下］，使（N）层能够向上一层

提供服务。这种服务就称为（*N*）服务。接受（*N*）服务的是上一层的实体，即（*N*+1）实体，它们又称为（*N*）用户。需要注意的是，虽然（*N*）实体借助于和另一个（*N*）实体的通信向（*N*+1）实体提供（*N*）服务，但（*N*）实体要实现（*N*）协议还要使用（*N*−1）实体提供的（*N*−1）服务。这在图 2-13 中，用一条经过（*N*−1）层的虚线表示，而这条逻辑连接通路即称为（*N*−1）连接。这表明两个对等（*N*）实体不是直接“水平地”进行通信的，而是通过（*N*−1）层进行的。同理，两个（*N*−1）实体间的通信，又要通过（*N*−2）连接来进行。

我们还应强调指出，并非在（*N*）层内完成的全部功能都称为（*N*）服务。只有那些能够被高一层看得见的才能称为“服务”。当高层服务用户向下面一层请求服务时，可通过服务原语（在本节最后一部分内容中讨论）中的参数进行说明。

3. 服务访问点

同一系统相邻两层中的实体进行交互之处，通常称为服务访问点（Service Access Point，SAP）。因此，（*N*）服务是由一个（*N*）实体作用在一个（*N*）服务访问点上来提供的。（*N*）服务访问点实际上就是（*N*）实体和（*N*+1）实体的逻辑接口。服务访问点很像我们的邮政信箱，有时也可称为端口（Port）。

这样一来，任何相邻两层之间的关系可概括为图 2-14 所示的那样。我们再强调一下，一个（*N*）实体向上一层所提供的服务由 3 部分组成，即（*N*）实体自己提供的某些功能；从（*N*−1）层及其以下各层以及从本地系统环境得到的服务；通过与处在另一系统中的（*N*）实体的通信而得到的服务。

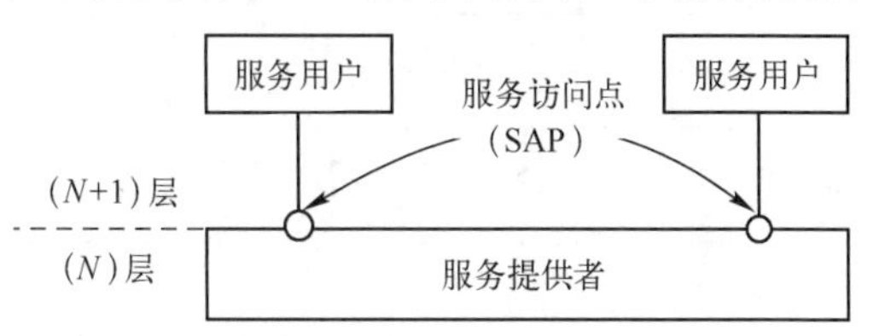

图 2-14　相邻两层之间的关系

目前，大多数服务有一个服务提供者和两个服务用户。但超过两个服务用户的情况也是有的，尤其是在本书所讲的实时通信网络系统中。其实这就是多端点连接和广播通信的情况，在这些情况下，信息从一个源点发出，可到达多个终点。

顺便指出，两层之间可以允许有多个服务访问点。一个（*N*）服务访问点只能被一个（*N*）实体所使用，并且也只能为一个（*N*+1）实体所使用。但是，一个（*N*）实体（如图 2-15 中的 C）可以向多个（*N*）服务访问点提供服务，而一个（*N*+1）实体（如图 2-15 中的 D）也可以使用多个（*N*）服务访问点。图 2-15 展示了服务访问点与上、下两层实体的关系。

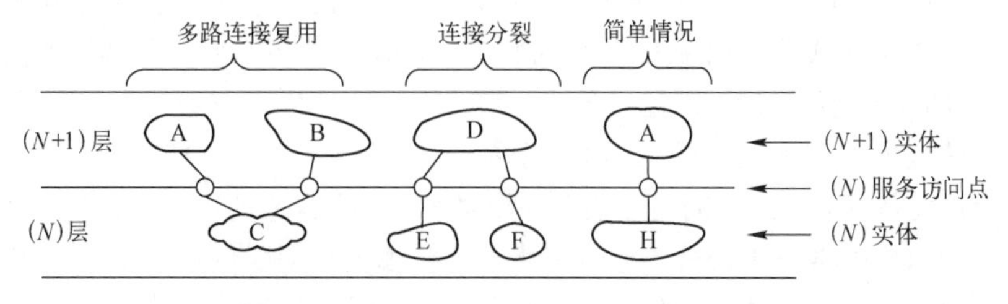

图 2-15　服务访问点与上、下两层实体的关系

4. 服务原语

当（N+1）实体向（N）实体请求服务时，服务用户与服务提供者之间要进行一些交互。为此，OSI 规定了如下每一层均可使用的 4 个服务原语（Service Primitive）类型。

① 请求（Request）。

② 指示（Indication）。

③ 响应（Response）。

④ 确认（Confirm or Confirmation）。

图 2-16 展示了这 4 种服务原语的相互关系的两种表示方法。图 2-16（a）是空间表示法，即纵坐标代表层次，这样容易看出是哪一层发出什么原语，图中小圆圈中的数字则表示原语发送的顺序。

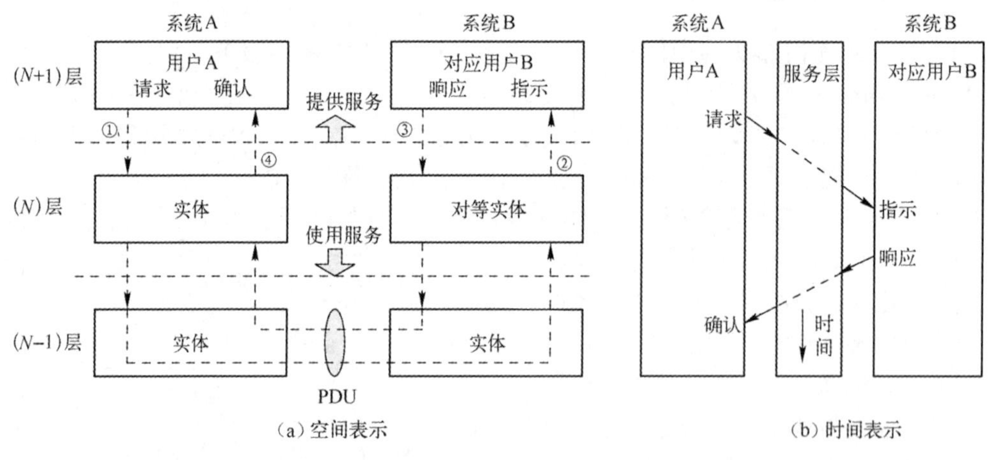

图 2-16　服务原语的相互关系

这里假定系统 A 的用户 A 要和系统 B 的对应用户 B 进行通信，于是系统 A 的服务用户 A 发出请求原语，为的是调用服务提供者的某个过程。结果，服务提供者［现在是（N）实体］向对方发出一个协议数据单元（Protocol Data Unit，PDU，在 2.5.4 中讨论），系统 B 的服务提供者（即对等实体）收到对方发过来的 PDU 后，就向其服务用户（即对应用户 B）发出指示原语。这通常对应于：系统 B 的用户 B 应当调用一个适当的协议过程，或者服务提供者已经调用了一个必要的过程。

然后用户 B 发出响应原语，用以完成刚才指示原语所调用的过程。这时协议产生一个 PDU，通过网络到达系统 A。接着系统 A 的服务提供者［（N）实体］发出确认原语，表示完成了先前由系统 A 的服务用户发出的请求原语所调用的过程。

图 2-16（b）所示的意思是一样的，它特别表示出原语发送的先后顺序。两个系统中间的服务层实际上包括 A、B 两个系统在内。

需要注意的是，上面讲的是原语的 4 个类型。一个完整的原语应包括原语名字、原语类型和原语参数三大部分。原语名字指出是哪一层提供的何种服务。例如，当传输层的用户（会话实体）要利用传输服务建立传输连接时，它的请求建立连接的原语如下：

T-CONNECT.request（原语参数），其中 T 就是传输层的缩写名。原语参数是在标准中规定好的，例如，源地址、目的地址以及服务质量（Quality of Service，QoS）等。这些具体细节就不在此讨论了。

2.5.4 信息传送单元

在 OSI 参考模型中，信息传送单元（即各种数据单元）主要有以下两种。

1. 协议数据单元（PDU）

在不同节点的对等实体之间所交换的信息，都是按照相应的协议进行的。因此，这样的信息传送单元被称为协议数据单元（PDU），而第 *N* 层的协议数据单元记为（*N*）PDU。

如图 2-17 所示，（*N*）PDU 由两部分组成，即：

① 本层的用户数据，记为（*N*）用户数据。

② 本层的协议控制信息，记为（*N*）PCI（Protocol Control Information）。

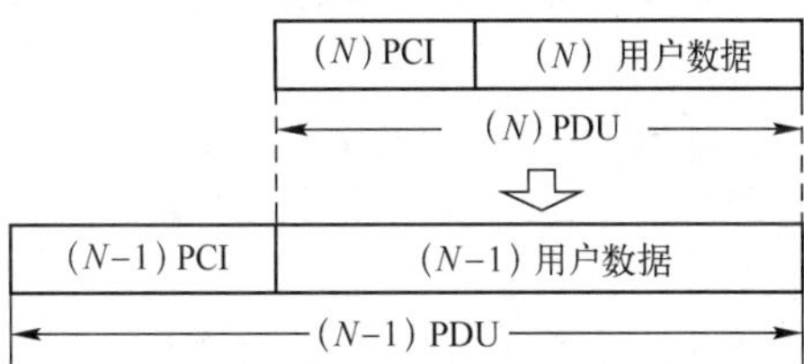

图 2-17 协议数据单元 PDU

（*N*）PCI 一般作为首标（Header，报头）加在用户数据的前面，但有时也可作为尾标（Trailer，报尾）加在用户数据的后面。为了将（*N*）PDU 传送到对等实体，必须将（*N*）PDU 通过（*N*−1）服务访问点交给（*N*−1）实体。此时，（*N*−1）实体就把整个（*N*）PDU 当作（*N*−1）用户数据，再加上（*N*−1）层的 PCI，就组成（*N*−1）层的协议数据单元，即（*N*−1）PDU。有时，一个 PDU 只作为控制信息使用，这时，在 PDU 中就只有 PCI 而没有用户数据这一项。

2. 服务数据单元（SDU）

为了完成（*N*+1）实体所请求的功能，（*N*）实体所需要的数据单元被称为（*N*）层的服务数据单元（Service Data Unit，SDU），或写为（*N*）SDU，如图 2-18 所示。它也是当两个（*N*+1）实体建立一个（*N*）连接时，从这个（*N*）连接的一端到另一端一直都保持不变的（*N*）接口数据。所以（*N*）SDU 就是（*N*）服务所要传送的逻辑数据单元。

在最简单的情况下，某一层的服务数据单元 SDU 和上一层的 PDU 是对应的[见图 2-18（a）]。因此，（*N*）SDU 就相当于（*N*）层的用户数据。

但是，当（*N*）SDU 较大而（*N*）协议所要求的数据单元较小时，就要对（*N*）SDU 进行分段处理［见图 2-18（b）]，在本例中一个 SDU 对应于 2 个 PDU 中的用户数据。若 PDU 要求的长度比 SDU 的大，也可将几个 SDU（及其相应的 PCI）合并，成为一个 PDU。这就是“组块”。这时，每一个 PDU 中的用户数据显然已不是对应于一个 SDU 了。

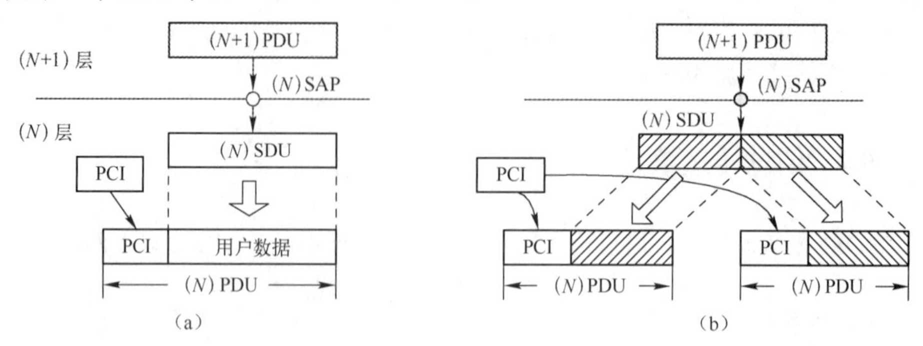

图 2-18　服务数据单元 SDU

2.5.5　间接设备连接与报文路由

到目前为止，我们主要讨论了网络设备直接通信的机制，然而现代网络最强大的特征之一是可以创建互联网，即网络的网络，这类网络允许各个设备之间进行间接连接。

当报文在不同网络中的设备之间发送时，只有通过网络之间的传递，才能使报文最终到达目的地。将报文从一个网络传输到另一个网络的过程称为转发（Forwarding），而跨网转发的整个过程称为路由（Routing）。对于包括因特网（Internet）在内的所有互联网络来说，这些概念至关重要。随着时间的推移，转发这个词的使用越来越少，而路由则常常用来指代两个网络间的传输，以及整个跨网传输过程。

在 OSI 参考模型中，路由是发生在网络层（第 3 层）及其以下各层的活动。首先，设备上的高层应用要把发送的数据报（Datagram）进行打包，并针对最终的目标设备进行编址，然后通过始发设备上的各层垂直向下传递，所经过的每一层都要按层协议的要求封装数据。然而，当报文到达网络层时，其本地传递不直接指向最终目的地，而是指向一个中间设备，该报文将获得该中间设备的数据链路层地址，并经由物理层发送到该地址。

中间设备（常称为路由器）首先将报文向上传递到它的数据链路层，在那里对报文进行常规处理，然后把最终得到的分组（Packet）向上发送到网络层。在网络层，路由器要确定目标设备是否在其本地网络上，或者是否要将报文转发到另一台路由器。此后，将报文重新打包，并根据需要发送到相应的接口。报文可能在路由器间转发多次。

当报文最终到达与目标设备位于同一网络的路由器时，该路由器会将报文发送给接收方，并在接收方按层垂直向上传递，直至达到合适的进程为止。图 2-19 给出了报文路由过程的示意图，该图清楚地展示了 OSI 参考模型中的报文路由。

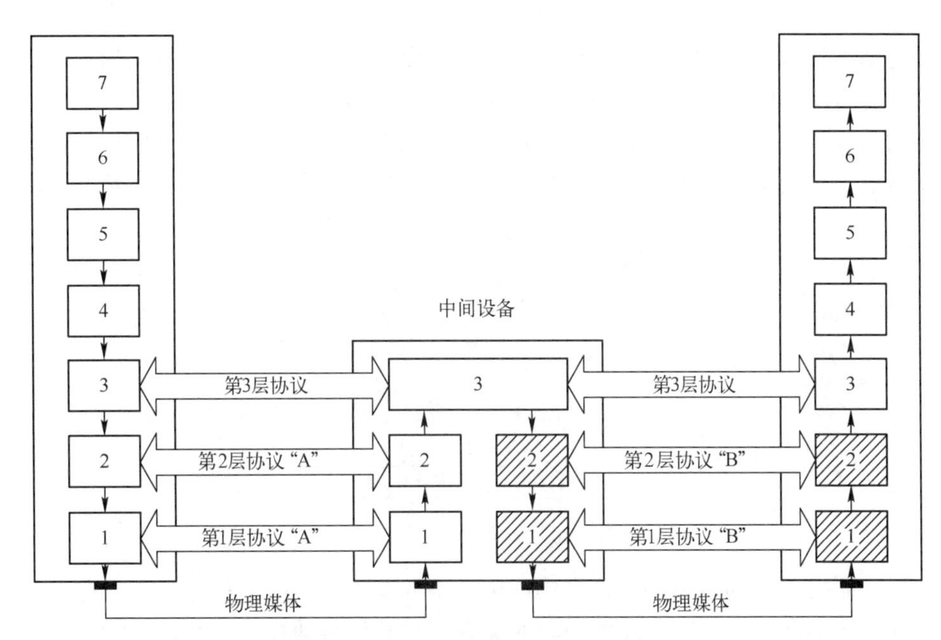

图 2-19　OSI 参考模型中的报文路由

请注意，第 3 层（网络层）使用的协议必须是跨网通用的，但每个单独的网络可以互不相同。这一点也展现了分层的好处——通过分层可使大不相同的物理网络连接在一起，并且在这些网络之间可通过更高的概念层传送报文。

在图 2-19 所示的简化示例中，报文发送方和接收方的网络通过中间设备相连接。当传输数据时，先将数据向上传递到中间设备（路由器）的网络层，在此进行重新打包，然后向下传递，展开下一段旅程。值得注意的是，中间设备连接着两个网络，实际上拥有两套不同的第 1 层和第 2 层实现。

2.5.6　各层的主要功能及其交互

在讨论了 OSI 参考模型背后的重要概念之后，接下来我们将更深入地描述模型中各层的功能及其与相邻层的交互。

1. 物理层

OSI 参考模型的底层是物理层，即第 1 层。与模型的其他层相比，该层十分特殊，因为它是唯一一个通过网络接口对数据进行物理移动的层。

物理层这个名称，以及数据通过电缆或其他媒体传输的事实，常常使人错误地认为物理层只与硬件有关。事实上，稍后将会看到，这一层的含义绝不只是设备和电缆那么简单。另外，把所有网络硬件都划归物理层的想法也不完全准确，尽管所有硬件都与物理层存在某种联系，但网络设备也常常用于实现第 2 层、第 3 层，甚至更高层的功能。图 2-20 展示了以太网的体系结构。

在早期的网络技术中，物理层十分简单，通常只涉及读取来自第 2 层的比特流，并使用基本编码方法将它们发送到电路上，所用的编码方法是将 0 编码为某一电压模式，而将 1 编码为另一电压模式。然而，在过去的三十年中，人们不断追求更快的传输速率和更多的布线选择，从而导致物理层的复杂性急剧增加。例如，以太网已将其最大理论吞吐量增加了一万倍，可供选择的布线和连接器方案多达几十种。

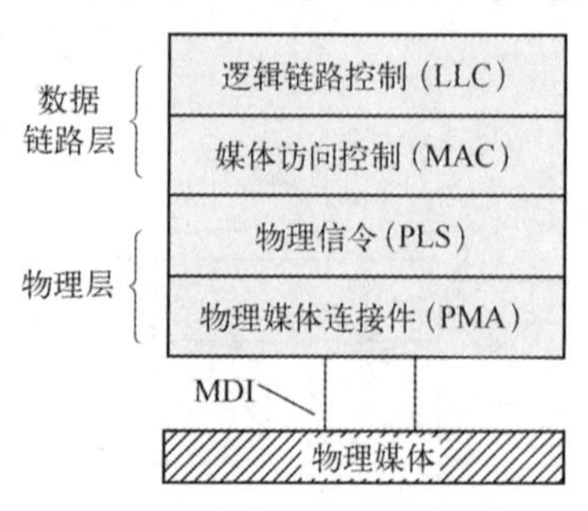

图 2-20　以太网的体系结构

为了能够重复利用那些在许多实现中通用的功能，网络工程师们认为有必要更好地分清和定义很多物理层功能之间的关系并将它们模块化。因此，有些网络的物理层常常被进一步划分为几个子层。例如，在以太网标准（IEEE 802.3）中，物理层分为两个子层，分别是物理信令（Physical Layer Signaling，PLS）子层和物理媒体连接件（Physical Medium Attachment，PMA）子层，见图 2-20。PLS 子层向媒体访问控制子层提供服务，并负责比特流的曼彻斯特编码与解码和载波监听功能。PMA 子层向 PLS 子层提供服务，它完成冲突检测、超长控制以及发送和接收串行比特流功能。媒体相关接口（Medium Dependent Interface，MDI）与传输媒体的特定形式有关，它定义了连接器以及电缆两端的终端负载的特性，是设备与总线的接口部件。

（1）物理层的功能

OSI 参考模型中物理层的主要功能如下。

① 拓扑结构和物理网络设计：许多与硬件相关的网络设计事项属于物理层所涉及的范围，如 LAN 的拓扑结构。

② 硬件规格定义：电缆、连接器、收发器、网络接口卡等硬件设备的操作细节通常是在物理层定义的。不过，也有一部分操作细节要在数据链路层定义，后文将给出说明。

③ 编码和信令：物理层负责将数据位转换成可传输信号，以及将信号恢复为原始数据，其中包括调制、电路编码和数字信号处理等功能。

④ 数据收发：经过适当编码之后的数据，实际上是由物理层进行发送和接收的。

物理层技术属于底层技术，专门处理通过网络发送的二进制数 1 和 0，至于由 1 和 0 组成的比特流代表什么意思，不是物理层所关心的问题。最简单的网络互连设备（如中继器）仅在物理层运行，这类设备并不关注报文的内容，只是接收输入信号然后将其作为输出信号发送出去。更智能的互连设备（如交换机或路由器）既在物理层运行，也在更高层运行，对这类设备来说，数据不仅仅是电信号或光信号。

（2）物理层与数据链路层的关系

从理论上讲，数据链路层是独立的层，但它要与实际网络相契合，就会涉及与物理层之间的相互作用。使用标准化接口可以将第 1 层和第 2 层实现结合起来，但一般只能在特定的技术系列内进行。例如，以太网标准描述了数据链路层技术的逻辑操作、多种不同的物理层实现，以及它们一起使用的方式。

另请注意，某些技术在物理层执行的任务，传统上与数据链路层相关联。例如，组帧和错误处理之类的任务传统上被认为是数据链路层的工作，但有时是在物理层完成的。一些与共享媒体访问相关的功能都涉及第 1 层和第 2 层，如检测传输是否正在进行。

2. 数据链路层

数据链路层（DLL）是 OSI 参考模型的第 2 层。由于第 2 层被认为是大多数 LAN 标准的“驻留”之处，因此 CAN、以太网和 Wi-Fi 等技术有时也被称为第 2 层技术，尽管这些 LAN 标准实际上同时指定了第 2 层和第 1 层的操作。

在数据链路层连接的一组设备通常被认为是简单网络，而不是互联网络（或互联网）。大多数以这种方式连接的网络使用单一的 DLL 技术类型，使用不同 DLL 技术的情况很少。

一般情况下，数据链路层又细分为媒体访问控制（Media Access Control，MAC）和逻辑链路控制（Logical Link Control，LLC）两个子层。事实上，这种划分源自以太网体系结构（见图 2-20），而不是 OSI 参考模型，主要目的是使数据链路层功能中与硬件有关的部分和与硬件无关的部分分开，降低不同类型数据通信设备的研制成本。MAC 子层是与硬件相关的部分，与 LLC 子层之间通过 MAC 服务访问点相连接。

（1）数据链路层功能

在数据链路层执行的主要任务如下。

① 逻辑链路控制（LLC）：LLC 子层向更高的层（如网络层）提供一个或多个逻辑接口（或称为服务访问点）。LLC 支持无应答的无连接服务和面向连接的服务，负责帧的发送和接收，并具有帧顺序控制、错误控制和流量控制等功能。

② 媒体访问控制（MAC）：MAC 是指设备用于控制共享网络媒体（如总线）访问的方法（Procedure）。例如，在 IEEE 802.3 以太网 MAC 子层中，媒体访问控制采用了带有冲突检测的载波监听多路访问（Carrier Sense Multiple Access with Collision Detection，CSMA/CD）方法。

③ 低层数据成帧：数据链路层将更高层的报文封装成要在物理层发送的帧。

④ 本地设备寻址：在 OSI 参考模型中，涉及寻址的层有多个，数据链路层是最低的一个层，它使用特定的目标位置标记信息。网络上的每个设备都有一个唯一的编号，通常称为硬件地址或 MAC 地址，用于确保将数据传送到正确的地方。

⑤ 差错检测和处理：通常情况下，数据链路层负责检测（也可能校正）由物理层传输所导致的差错。常用的技术是使用 CRC 字段。

⑥ 虚拟 LAN（Virtual LAN，VLAN）实现：许多 VLAN 功能是在数据链路层实现的。

⑦ 服务质量：某些 QoS 方面的功能是在此层实现的。

（2）物理层要求的定义

由于物理层和数据链路层之间关系密切，因此物理层的要求常常作为数据链路层规范的一部分。

注意，有些网络互连设备被认为是在第 2 层运行的，它们通过查看第 2 层的帧来决定如何处理接收到的数据，其中最重要的互连设备是网桥（Bridge）和传统交换机（第 2 层交换机）。

3. 网络层

OSI 参考模型的第 3 层是网络层。如果说数据链路层定义了网络的边界，那么网络层定义了互联网络的运作方式。在 OSI 参考模型中，关注将数据从一台计算机移动到另一台计算机的层有多个，网络层处理的是网络（甚至远程网络）之间的数据传输，而数据链路层只涉及单个网络的本地设备之间的数据传输。

（1）网络层功能

通常由网络层执行的具体任务如下。

① 逻辑寻址：每台网络设备都与一个逻辑地址相关联，这个逻辑地址有时被称为第 3 层地址。例如，在因特网上，IP 是网络层协议，每台机器都有一个 IP 地址。

注意，第 3 层使用的逻辑地址和第 2 层使用的硬件地址是有区别的。前者用于所有相连接的网络，在整个互联网络中必须是唯一的；后者用于本地网络，仅在该网络内具有唯一性。

② 数据报封装：网络层将从更高层收到的报文封装成带有该层报头的数据报（也称为分组）。

③ 路由：在一系列互联网络之间移动数据是网络层的指定功能。路由器从各种来源获取分组后，首先确定它们的最终目的地，然后确定下一步需要将它们发送到何处。

④ 分片和重组：某些 DLL 技术有报文长度限制，因此太长的数据报必须在第 3 层拆分成片之后进行发送。当这些分片到达目标设备上的网络层后，它们将被重新组合起来。

⑤ 诊断与支持：网络层使用特殊协议来实现所支持的功能，如检查其他设备的状态，确定可以沿电路发送的分组的大小，以及传递差错状态等。

（2）网络层服务

理论上，网络层协议应该能够提供面向连接的或无连接的服务。但在实际网络中，网络层协议一般只提供无连接的服务，而面向连接的服务通常由第 4 层（传输层）提供。例如，在 TCP/IP 中，IP（第 3 层）是无连接的，而 TCP（第 4 层）是面向连接的。

最常见的网络层协议非 IP 莫属，IP 是因特网的主干协议，也是 TCP/IP 协议套件的基本组成部分。IPsec、IP NAT 和移动 IP 等也是在网络层使用的协议，它们与 IP 直接相关。ICMP（Internet 控制报文协议）是主要的差错处理协议，与 IP 一起使用，用于传输出错报告控制信息。

路由器通过相互通信来确定使用路由协议发送流量的最佳电路，该过程非常复杂，可能涉及性能优化以及处理问题条件，超出了本书的讨论范围。第 3 层交换机是用于网络互连的另外一种设备，它结合了传统交换机（第 2 层交换机）和路由器的功能。

总之，网络层负责将各个网络链接到一起，形成互联网络。网络层的功能包括网络级寻址、路由、数据报封装、分片和重组，以及某些类型的差错处理和诊断。网络层和传输层彼此密切相关。

4．传输层

OSI 参考模型的第 4 层是传输层，它是一个过渡层。从概念上讲，该层下面各层面向硬件，比较具体，上面各层面向软件，比较抽象。第 1、2 和 3 层关注数据的打包、寻址、路由和传递，而第 4 层要在确保设备之间数据的准确传递方面发挥作用，需要依靠较低层来完成大部分工作。

传输层提供了在一个设备上运行的应用与在另一个设备上运行的应用进行通信的方法。因此，有时可以认为传输层负责端到端（或主机到主机）的传输。

要实现进程之间的通信，需要第 4 层协议跟踪来自每个应用的数据，然后将这些数据组合成一个流向较低层的流，该技术称为复用（Multiplexing）。接收信息的设备必须反向操作，即对数据进行解复用（Demultiplexing），并将每个应用的数据传送到相应的接收进程。为了应对应用数据过多时的情况，传输层还定义了采用较小的块（由大量应用数据划分而成）进行传输的方式。

前面已经提到，面向连接的服务理论上可以由网络层提供，但实际上这类服务通常在传输层实现，这种方式有助于提高灵活性。例如，TCP/IP 既包括面向连接的传输层协议 TCP（Transmission Control Protocol，传输控制协议），又包括无连接的传输层协议 UDP（User Datagram Protocol，用户数据报协议），可以适应不同的需求。

另外，传输层也提供与数据传输质量有关的功能。第 1～3 层一般采用“尽力而为”范式发送数据，但这种范式不能保证交付，丢包（分组）或数据交付顺序错误等问题需要由传输层协议来处理。在需要进行可靠通信的应用中，传输层协议能够降低这些“缺陷”的影响。此功能非常重要，以至于常常被视为定义传输层的目的所在。然而，正如并非所有应用都需要连接一样，可靠交付也不总是必需的。因此，上述 TCP/IP 所包括的第 4 层协议提供了两个常用的协议：具有可靠性和流量控制功能的 TCP 以及不需要这些特性的 UDP。

（1）传输层功能

下面详细列出了通常由传输层完成的功能。

① 进程寻址：第 2 层的寻址识别本地网络上的硬件设备，第 3 层的寻址识别逻辑互联网络上的设备。传输层也会涉及寻址，但这里的寻址被用于区分软件程序。例如，TCP/IP 中的 TCP 和 UDP 端口机制。

② 复用和解复用：传输层协议使用进程地址（如端口）对数据进行复用和解复用。

③ 分段（Segmentation）与重组：传输层在源设备上将来自更高层的大量数据划分成较小的段，然后在目标设备上再将它们重新组合起来。该功能在概念上类似于网络层的分片（Fragmentation）功能，第 3 层通过将报文分片以适应第 2 层的限制，而第 4 层将报文分段以满足第 3 层的要求。

④ 连接的建立、管理和终止：传输层的面向连接协议负责建立连接所需的交换，在发送和接收数据时维护连接，以及在完成数据传输后终止连接。

⑤ 确认和重传：如上所述，确保数据可靠交付的方法是在传输层实现的。在这些方法中，接收方使用确认消息告知发送方数据已正确接收；若发送方没有收到确认消息，则重传数据。

⑥ 流量控制：传输层不仅能够提供可靠的数据交付，还能实现流量控制功能。该层允许设备通过调节（Throttle）传输速率来应对发送方和接收方之间的性能不匹配。

（2）传输层与网络层之间的关系

如前文所述，将数据链路层与物理层进行区分的理论意义大于实际意义。与此类似，传输层和网络层协议通常彼此紧密地联系在一起。这一点也反映在一些协议名称中。例如，TCP/IP，该套件由最常用的第 4 层和第 3 层协议组合而成。同样，名为 IPX/SPX 的 Novell NetWare 套件也源自第 3 层（IPX）和第 4 层（SPX）协议。在同一个网络中，传输层协议和网络层协议一般不会出自不同的套件。

5. 会话层

OSI 参考模型中的第 5 层是会话层。从模型的第 1 层到第 7 层，会话层是第一个不再处理与数据寻址、打包和传递有关的实际问题的层。这一层和其上面两层（第 6 层和第 7 层）主要关注软件应用问题，而不是网络实现的细节。在这 3 个层中，数据传送的单位都没有另外再取名字，一般统称为报文。

会话层这个名称已经体现了其设计目的：建立和管理软件进程之间的会话。会话是两个软件应用进程的持久逻辑链接，允许它们在很长一段时间内交换数据。会话有时也称为对话，因为它们大致类似于人与人之间的对话。

一旦进入会话层，层与层之间的边界就开始变得非常模糊，这使我们很难对第 5 层的内容进行分类。有些协议的模型甚至没有尝试区分第 5～7 层，如 TCP/IP

协议套件。

会话这个词本身就有些模糊，由此造成的结果是：在哪些具体功能属于会话层和某些协议是否属于会话层两个方面始终存在分歧。更糟糕的是，连接和会话之间的区别也模糊不清。连接通常属于第 4 层的功能，但可以持续相当长的一段时间。例如，TCP 连接，该连接的持久性使其难以与会话区分开来，以至于一些人觉得，TCP/IP 的主机到主机传输层实际上跨越了 OSI 参考模型的第 4 层和第 5 层，有人甚至说 TCP 本身就属于这两个层。

还要注意的是，虽然存在理论上位于第 5 层的特定协议，但较常见的情况是，某些会话层实现是工具集，而不是特定协议。这些实现一般通过命令集提供给更高层协议，而这些命令集被称为应用程序接口（Application Program Interfaces，API）。常见的 API 包括 NetBIOS、TCP/IP 套接字（Socket）和 RPC（Remote Procedure Call，远程过程调用）。有了这些 API，应用程序可利用标准化服务轻松地在网络上完成某些高级通信。

6. 表示层

表示层位于 OSI 参考模型的第 6 层，与其他层的不同之处主要体现在两个方面：首先，该层的功能比其他层更具体，因此更容易描述；其次，它的使用频率远低于其他层。

与会话层一样，表示层的命名也很好地描述了该层的主要功能。具体而言，第 6 层负责处理不同设备在应用层面进行数据通信时可能产生的问题，即解决用户信息的语法表示问题。表示层将数据从适合于某一用户的语法（抽象语法）变换为适合于 OSI 系统内部使用的传送语法（Transfer Syntax）。有了这样的表示层，用户就可以把精力集中在他们所要交谈的问题本身，而不必更多地考虑对方的某些特性，如使用什么样的语言。

表示层最常涉及的数据处理问题有如下三个。

① 转换（Translation）：网络能够将类型迥异的计算机和设备连接在一起，如个人计算机、服务器、大型机和微处理器等。表示层用于处理机器之间的数据差异。

② 压缩（Compression）：为提高网络吞吐量而进行的数据压缩（和解压缩）可在表示层完成。

③ 加密（Encryption）：为增强防护性（Security，也称安全性）而进行的某些类型的加密（和解密）是在表示层完成的。此功能也常常由 OSI 参考模型的较低层实施。

表示层通过上述操作将数据从一种表示法转换为另一种表示法。在具体网络中，网络层的应用并不普及，原因包括两个方面：第一，在许多情况下，网络通信并不需要这些功能；第二，这些功能可以（作为应用层的一部分）由应用层完成。

7. 应用层

OSI 参考模型的顶层是第 7 层，即应用层，它是网络应用所使用的一个层。实际上，当用户通过网络来完成各种任务时，所执行的操作是由这些网络应用来实现的。

应用层确定进程之间通信的性质以满足用户的需要（这反映在用户所产生的服务请求方面）；负责用户信息的语义表示，并在两个通信者之间进行语义匹配。也就是说，应用层不仅要提供应用进程所需要的信息交换和远程操作，还要作为互相作用的应用进程的用户代理（User Agent）来完成一些为进行语义上有意义的信息交换所必需的功能。

请注意，这里所说的“用户”不一定是指人，也可以是尝试完成某类工作的高级软件进程。同样，OSI 参考模型所谓的“应用” 并不完全等同于人们通常理解的“应用”。在 OSI 参考模型中，应用层为用户应用提供服务，但这些服务和用户应用并不相同。举例来说，当你使用网页浏览器时，该程序是在计算机上运行的一个应用，它并不真正驻留在 OSI 参考模型的任何一层，但它利用了在应用层运行的协议［如超文本传输协议（HyperText Transfer Protocol，HTTP）］所提供的服务。这种区别是微妙的，但很重要。

目前，应用层的协议有几十种，能够实现这一层的各种功能，但相关内容几乎都超出了本书的范围，不过本节末尾的汇总表还是列出了其中一些协议。

应用层是 OSI 参考模型中唯一一个不向上层提供服务的层，原因在于它没有上层。然而，如上所述，它需要向那些使用网络的程序提供服务。请注意，TCP/IP 协议套件的顶层也叫作应用层，但该层几乎涵盖了 OSI 参考模型第 5、6 和 7 层的所有或部分功能对应的协议。

2.5.7　OSI 参考模型各层的主要特点汇总

为了帮助读者快速比较 OSI 参考模型的各个层，了解它们之间的相互关系，我们提供了一个汇总表，如表 2-2 所示。该表列出了每个层的名称和编号，描述了各层的主要职责，并且讨论了各层通常处理的数据类型和每个层的大致范围。另外，该表还列出了与每个层相关的一些比较常见的协议，尤其是与实时通信网络相关的协议。

表 2-2 是一个简化的汇总表，实际网络并不一定严格遵循这个层次结构，有些协议甚至会跨越多个层。特别要记住，大多数数据链路层技术包括了与其相关的物理层实现规范。

表 2-2　OSI 参考模型层汇总

层组	编号	层名称	主要职责	处理数据类型	范围	常见协议和技术
低层	1	物理层	拓扑和物理设计；硬件规范；编码和信令；数据发送和接收	位	本地设备之间发送的电或光信号	数据链路层列出的大部分技术对应物理层
	2	数据链路层	逻辑链路控制；媒体访问控制；数据组帧；本地设备寻址；差错检测和处理；VLAN 实现；服务质量；物理层定义	帧	本地设备之间的低层数据报文	IEEE 802.2 LLC、IEEE 802.3；IEEE 802.11(Wi-Fi)；CAN；LIN；FlexRay；AVB

续表

层组	编号	层名称	主要职责	处理数据类型	范围	常见协议和技术
低层	3	网络层	逻辑寻址；数据报封装；路由；分片和重组；差错处理和诊断	分组 / 数据报	本地或远程设备之间的报文	IP；IPV6；IP NAT；IPsec；Mobile IP；ICMP；路由协议
	4	传输层	进程寻址；多路复用与解复用；连接管理；分段与重组；确认与重传；流量控制	段 / 数据报	本地或远程设备上的软件进程之间的通信	TCP 和 UDP
高层	5	会话层	会话的建立、管理和终止	会话	本地或远程设备之间的会话	Sockets；NetBIOS；RPC；API
	6	表示层	数据的转换、压缩和加密	经过编码的用户数据	应用数据表示	SSL；Shells and Redirectors；MIME；XDR
	7	应用层	用户应用服务	用户数据	应用数据	HTTP；FTP；DNS；NFS；DHCP；SNMP；ROMN；SMTP；POP3；IMAP；NNTP

习　题

2-1　根据题 2-1 图所示的分层模块，描述一下比萨饼外卖时的预订和送货过程，并指出层与层之间的交互动作。

2-2　A、B 两国总理需要通过电话达成一致意见，但是双方都不会讲对方的语言，甚至双方当时都没有会讲对方语言的翻译在场。不过，两位总理的工作人员中都有英语翻译。请为当时的情况绘制出类似题 2-1 图的结构图，并描述各层之间的交互动作。

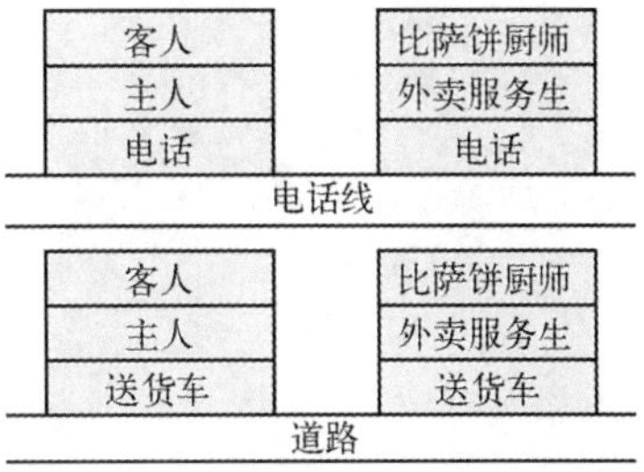

客人　主人　电话　|　比萨饼厨师　外卖服务生　电话

电话线

客人　主人　送货车　|　比萨饼厨师　外卖服务生　送货车

道路

题 2-1 图

2-3　在题 2-2 中，现在假设 A 国总理的翻译只会翻译日语，而 B 国总理有一个德语翻译。在德国有一位通晓德语和汉语的翻译。请再画一幅示意图来表示这时该怎么办，并描述一下假想的电话交谈过程。

2-4　网络协议的组成要素是什么？试举出自然语言中的相对应要素。

3-5　什么是网络体系结构？

2-6　开放网络技术的一种新的解决方案是采用生产者 / 用户网络运行模式，请解释这种模式，并与客户端 / 服务器模式做比较。

2-7　设想一个由 N 个节点组成的网络，并以如下拓扑结构相连接。

① 星形：一个不连接任何端点的中心节点，其他所有节点都与该中心节点相连接。

② 环形：每个节点都与其他两个节点相连接，形成一个闭合环。

③ 完全连接：每个节点都与其他所有节点直接连接。

对以上各种情况，计算节点与节点之间的平均跳数。

2-8　总线形拓扑结构是否适合于广域网？为什么？

2-9　OSI 参考模型包括哪些层，每层的主要功能是什么？试描述通信时信息的流动过程。

2-10　路由器的作用是什么？

2-11　“网络”与“互联网”有何区别？说明局域网（LAN）属于“网络”的原因。

第 3 章　媒体访问控制技术

通过前面内容的学习我们知道，媒体访问控制（MAC）协议是实时通信网络的重要组成部分，也是节点共享网络媒体的基础。MAC 的效率、确定性、优先级设置等直接影响网络的通信性能。

现有的各种实时通信网络标准使用了多种类型的 MAC 协议。为了深入理解其中的差别，本章将围绕几种主要的媒体访问控制技术展开讨论，通过分析节点对共享媒体的不同访问控制方法，了解各种 MAC 协议的基本性能和优缺点。

3.1　媒体访问控制技术概述

各种实时通信网络标准都要使用媒体访问控制技术，与该技术相关的网络层次是数据链路层和物理层。

1．多用户的网络连接方法

网络在工作时，经常会遇到许多用户要同时与网络相连（即访问网络）的问题，使用的连接方法一般分为如下三种。

① 每个用户独立地与网络连接。这种方法有时要消耗较多的通信资源。

② 通过集中器与网络连接（见图 3-1）。采用这种方法，每个用户有一个单独到集中器的访问线路，通过专用端口与网络连接。集中器按顺序不断扫描各端口，或采用中断技术接收用户发来的信息。

③ 通过公用信道或媒体，使所有用户能够访问网络。在图 3-2 中，所有用户通过公用信道与主机连接，在这种情况下，必须使各用户与主机的通信不要互相冲突和干扰。有时整个网络就是一条总线［见图 2-8（b）］或一个环［见图 2-8（e）］，而各用户（也就是节点）平等地连接到网络上。在这种情况下，用户之间的通信显然需要有一个彼此都遵守的协议。

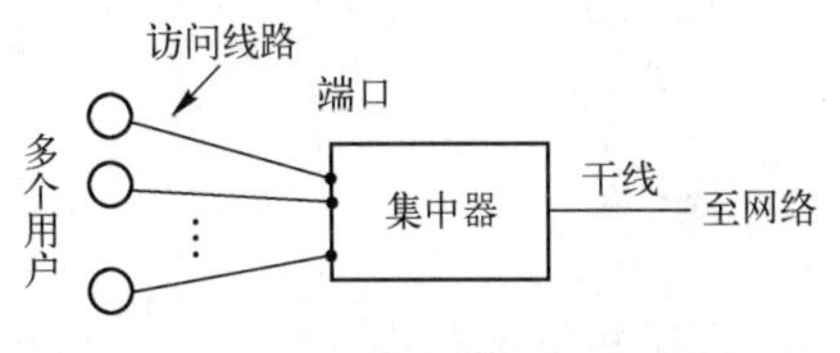

图 3-1　通过集中器与网络连接

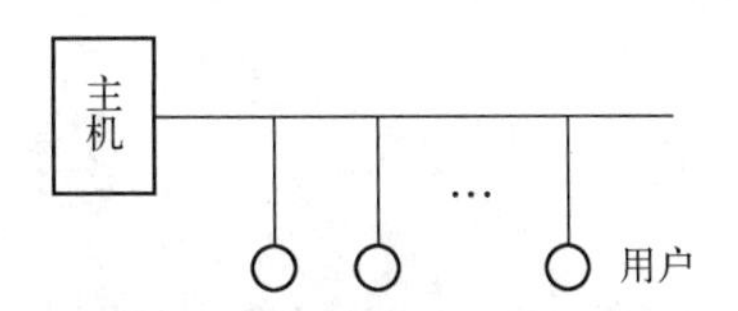

图 3-2　通过公用信道与主机连接

上述的方法③常采用媒体访问控制技术，公用信道允许多个用户来访问，而一个用户也可以访问其他的多个用户。

2. 媒体访问控制技术分类

媒体访问控制技术可划分为两大类：一类是受控访问，另一类是随机访问。

（1）受控访问

所谓受控访问，就是用户访问网络不能是随意的，必须服从网络的控制。受控访问又可分为集中控制方式和分散控制方式。集中控制的代表是轮叫探询（Roll-Call Polling），例如，在图 3-2 所示的网络中，主机作为网络的控制中心，依照预先确定的顺序逐个询问各用户有无信息发送。分散控制的代表是时分多路访问（Time Division Multiple Access，TDMA）。这是一种时控方法，它通过为发送信息的用户设计建立在同一时基上的时间窗来实现媒体访问控制。

受控访问技术的控制逻辑较为简单，基本上排除了多个用户同时访问总线的情况，连接到公用通道上的多个用户，可以有条不紊地工作，但鲁棒性较差。

（2）随机访问

随机访问即用户可以根据自己的意愿随机发送信息，允许多个用户同时访问共享媒体［如图 2-8（b）所示总线］。当两个或更多的用户同时发送信息时，就会产生冲突，因此必须找出解决冲突的办法。目前已经研究出了多种解决冲突的网络协议，实时通信网络主要采用了带有冲突检测的载波监听多路访问（Carrier Sense Multiple Access with Collision Detection，CSMA/CD）法和带有冲突避免的载波监听多路访问（Carrier Sense Multiple Access with Collision Avoidance，CSMA/CA）法。CSMA/CD 法通过在发送之前先进行载波监听、边发送边监听、强化冲突，采用冲突退避算法来消解冲突；CSMA/CA 法则以完全消除冲突为目标，每当发送信息时都要发送所谓“优先级仲裁段”。在发生多个用户同时争抢总线访问权时，通过对仲裁段的位值进行比较，可以检测出用户的优先级，低级别的用户将从总线上撤回，而获得“胜利”的用户在仲裁结束后不必再重发报文，因此，该方法也称为“无损仲裁”法。

随机访问实际上就是竞争访问，只有竞争胜利者才能获得总线（通信通道）使用权，并成功地发送信息，因此系统的行为缺少确定性。

各种实时通信网络标准所使用的媒体访问控制技术一般是不同的，有些标准可能只采用一种技术，而更多的标准往往将多种技术组合起来使用。

3.2 轮叫探询法

轮叫探询表示主机轮流呼叫各节点，询问有无数据要传送（当然，主机也可主动将数据发给各节点）。如有，则被询问的节点就立即发送信息；如无，则轮到下一个节点。主机控制整个轮询过程。轮叫探询法一般用于图 3-2 所示的网络，也可用于有控制站的总线形拓扑结构［见图 2-8（b）］或树形拓扑结构［见图 2-8（f）］。

3.2.1　轮叫探询法工作原理

轮叫探询法工作原理如图 3-3 所示。不难看出，轮叫探询法的网络拓扑由 N 个节点连接而成，主节点按顺序从节点 1 开始逐个询问。节点 1 如有数据即可发给主机，如无数据则发送控制报文给主机，表示没有数据可发。然后主机询问节点 2……当询问完节点 N 以后，又重复询问节点 1，如此循环。由于当主机向各节点发送数据时，数据报文都带有各节点的地址，所以不会出现混乱现象（每个节点不接收发往其他节点的数据）。因此在这里不必讨论主机怎样向各节点发送数据，而是集中精力研究各节点怎样按顺序将数据发给主机。

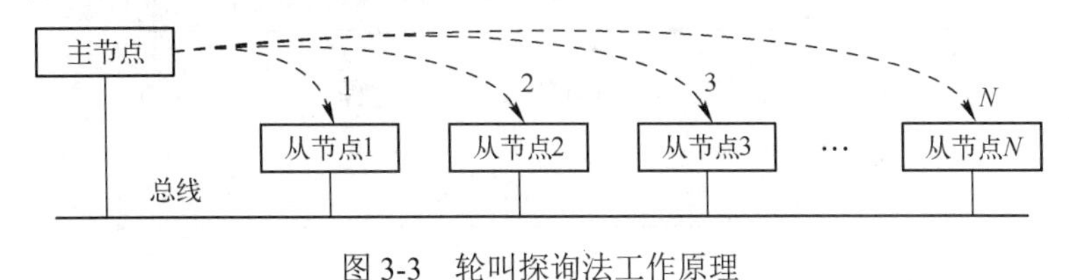

图 3-3　轮叫探询法工作原理

3.2.2　轮叫探询法性能

节点的数据发送过程如图 3-4 所示，为分析轮叫探询法的性能，图 3-4 着重画出了节点 1 和 2 的情况。设 t=0 时节点 1 刚把所存的报文发完，于是主机开始询问节点 2，而节点 1 则变为等待状态。此时，到达节点 1 的报文将被存放在缓冲区中。图中缓冲区所存储的报文数随时间阶梯般地增长。报文的到达是随机的。当主机再次轮询到节点 1 时，节点 1 即开始以全速发送所存放的全部报文。用排队论的术语就是服务开始（图中这一时刻用大黑点表示）。为便于画图，这里设报文长度为定长，等于 $1/\mu$ bit（采用 $1/\mu$ 是排队论中的习惯表示方法），信道数据传输速率为 C bps，因此每发送 1 个报文需要时长为 $1/(\mu C)$（s）。节点 1 从开始发送报文到报文全部发完，共需时 t_1 s。显然，t_1 取决于缓冲区中存储的报文数，是随机变量。

节点 1 发完数据并且经过一定的传播时间后，主机就向节点 2 发出探询报文。再经过一定的传播时间，探询报文到达节点 2。节点 2 要识别该探询报文（即根据探询报文的地址捕捉该探询报文），则又需要一些时间。上述这几种时间之总和即为 ω_2，它代表节点 1 把发送权转交给节点 2 所需的时间；ω_2 也称为行走时间（Walk Time）。这样，轮询全部节点一周所用的时间，就是各节点的发送时间 t_i 与行走时间 ω_i 的总和，如图 3-5 所示，我们将该时间称为循环时间，记为 t_c。

$$t_c = \sum_{i=1}^{N} \omega_i + \sum_{i=1}^{N} t_i \tag{3-1}$$

显然，ω_i 和 t_i 都是随机变量，因而 t_c 也是随机变量。

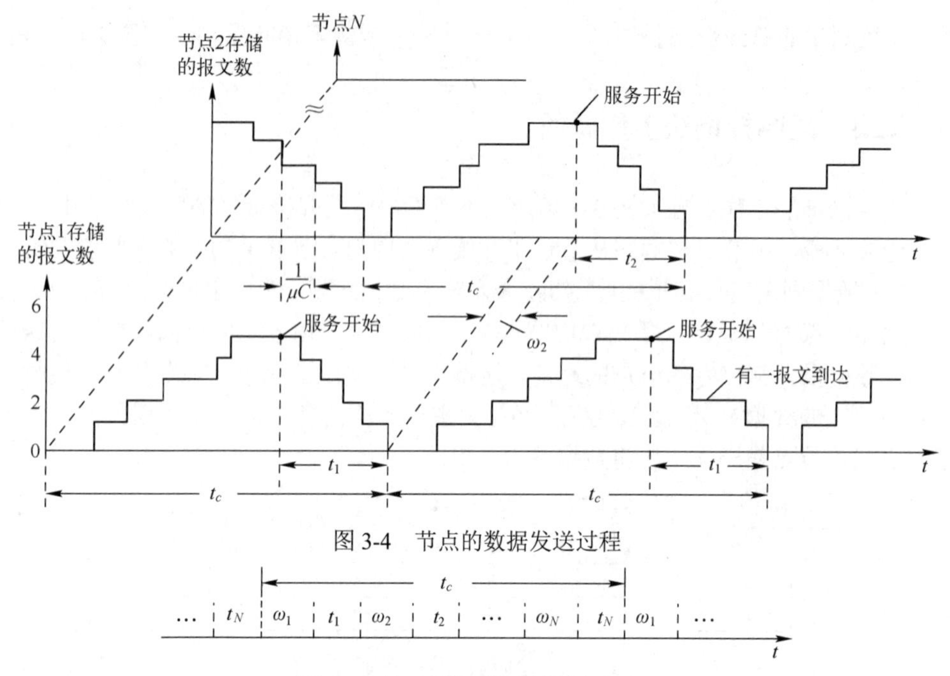

图 3-4　节点的数据发送过程

图 3-5　轮叫探询系统的循环时间 t_c

我们关心的是循环时间的平均值 $\overline{t_c}$（简称平均循环时间），以及一个报文平均要等待多长时间才能被发往主机。

1. 平均循环时间

$\overline{t_c}$ 可理解为在轮叫循环过程中某给定节点连续两次获得发送权的平均时间间隔。设整个探询系统的行走时间 L 是各节点的行走时间的平均值之和，即

$$L = \sum_{i=1}^{N} \overline{\omega}_i \tag{3-2}$$

这样，将式（3-1）两端求平均值，得

$$\overline{t_c} = L + \sum_{i=1}^{N} \overline{t_i} \tag{3-3}$$

设节点 i 的报文平均到达率为 λ_i（pkt/s，每秒报文数，pkt 为 packet 的缩写），报文的平均长度为 $1/\mu_i$（bit），则在循环时间 $\overline{t_c}$ 内共有 $\lambda_i \overline{t_c}$ 个报文到达节点 i，因此节点 i 的服务时间的平均值 $\overline{t_i}$ 应为

$$\overline{t_i} = \lambda_i \overline{t_c} / (\mu_i C) = \rho_i \overline{t_c} \tag{3-4}$$

这里 $\rho_i = \lambda_i/(\mu_i C)$是节点 i 的通信量强度。将式（3-4）代入式（3-3），得

$$\overline{t_c} = L / (1 - \rho) \tag{3-5}$$

其中，

$$\rho = \sum_{i=1}^{N} \rho_i \tag{3-6}$$

ρ 是整个探询系统的通信量强度。

从式（3-5）可看出，要使整个探询系统是稳定的，必须使 $\rho<1$。当没有报文到达各节点时，$\rho=0$，这时 $\overline{t_c}=L$，即循环时间等于系统的行走时间。

2. 平均等待时间

报文的平均等待时间 W，是一个报文从到达节点起，到该节点开始发送这一报文时所经历的平均时间。一个报文的平均等待时间 W 可以进一步分为两部分，如图 3-6 所示，一部分是 W_1，即报文到达节点到该节点开始发送报文的时间；而另一部分是 W_2，是从节点开始发送报文，到该报文移动到发送队列的最前头所需的时间。这里所提到的时间都指的是平均时间。

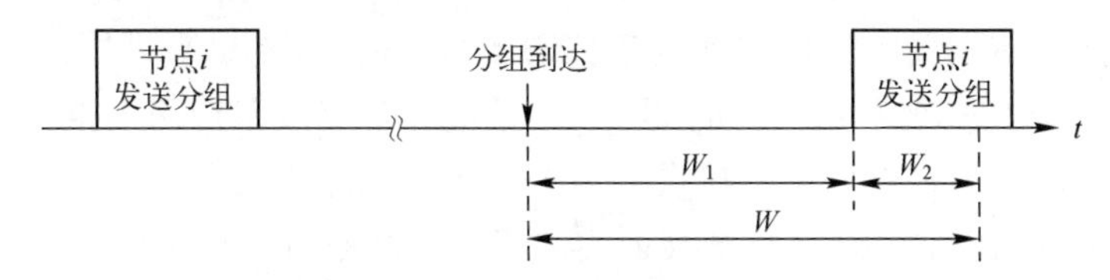

图 3-6　一个报文的平均等待时间

因为任何一个节点的平均发送报文时间是 $\rho\overline{t_c}/N$，所以任何一个节点的平均空闲时间是$(1-\rho/N)\overline{t_c}$。显然，W_1 应为这个时间的一半，即

$$W_1=(1-\rho/N)\overline{t_c}/2 \tag{3-7}$$

将式（3-5）代入上式，得：

$$W_1=\frac{L}{2}\cdot\frac{(1-\rho/N)}{(1-\rho)} \tag{3-8}$$

W_2 的计算稍麻烦一点，还须做些假定。设各节点的报文到达率相等，都是 λ（pkt/s）。可以将整个探询系统假设为一个排队系统，该排队系统没有原系统中的行走时间，而只有一个队列，其报文到达率是原系统的总到达率 $N\lambda$。显然，W_2 就是一个报文进入这样的排队系统的平均等待时间。若报文的到达服从泊松过程，则可利用附录 A 中的 M/G/1 系统的式（A-35），此公式的右端第 2 项为排队等待时间。不过在代入式（A-35）时应注意，原公式中的 λ 应换为 $N\lambda$，而对服务时间的方差 σ_b^2 需要做些变换。设报文长度（变量）为 l，则服务时间（即报文的发送时间）的方差应为

$$\sigma_b^2=\text{服务时间的 2 阶矩}-(\text{服务时间的均值})^2=\overline{(l/C)^2}-[1/(\mu C)]^2 \tag{3-9}$$

这里 $1/\mu$ 为报文的平均长度。

将式（3-9）代入式（A-35）的右端第 2 项，并考虑到现在 $\rho=N\lambda/(\mu C)$，得出：

$$W_2=\frac{N\lambda\overline{l^2}}{2C^2(1-\rho)} \tag{3-10}$$

这样最后得出报文的平均等待时间为

$$W = W_1 + W_2 = \frac{L(1-\rho/N)}{2(1-\rho)} + \frac{N\lambda\overline{l^2}}{2C^2(1-\rho)} \tag{3-11}$$

当报文为定长时，$\overline{l^2}=(1/\mu)^2$，式（3-11）变为

$$W = \frac{L(1-\rho/N)}{2(1-\rho)} + \frac{\rho}{2\mu C(1-\rho)} \tag{3-12}$$

当报文长度为指数分布时，$\overline{l^2}=2(l)^2=2/\mu^2$，式（3-11）变为

$$W = \frac{L(1-\rho/N)}{2(1-\rho)} + \frac{\rho}{\mu C(1-\rho)} \tag{3-13}$$

式（3-12）和式（3-13）就是我们所要推导的报文延迟公式。现在剩下的问题就是探询系统的行走时间 L 的具体计算。

设主机向各节点发出的探询帧为定长的（如帧长为 48 bit），则探询帧的发送时间 t_{p} 亦为定长的，N 个节点共需时间 Nt_{p}；又设每个节点识别探询报文平均需要时间 t_{s}，N 个节点共需要时间 Nt_{s}；再设各节点沿多点线路均匀分布，而主机到最远的节点 N 的单程传播时间为 τ，则不难证明，整个探询系统的行走时间 L 为（见本章习题 3-2）：

$$L = Nt_{\mathrm{p}} + Nt_{\mathrm{s}} + (N+1)\tau \tag{3-14}$$

【例 3-1】假设 N=10，节点间的距离为 400 km，传播延迟为 10 μs/km，t_{s}=10 ms，数据传输速率 C=2400 bps，探询帧长为 48 bit。试求整个探询系统的行走时间 L。当报文长度服从指数分布，其平均长度 l/μ=1200 bit 时，计算当 ρ=0 时和 ρ=0.5 时的 W。

解　根据已知条件，得主机到最远的节点 N 的单程传播时间 τ=400×10×10^{-5} (s) = 40 ms。这时，整个系统的传播延迟为 (10+1)×40=440 ms。

由传输速率 C 和探询帧长度，可得

$$t_{\mathrm{p}}=48/2400\ (\mathrm{s})=20\ \mathrm{ms}$$

代入式（3-14）算出

$$L=740\ \mathrm{ms}=0.74\ \mathrm{s}$$

若报文长度服从指数分布，由式（3-13）可得：

当 ρ=0 时，

$$W=L/2=370\ \mathrm{ms}=0.37\ \mathrm{s}$$

当 ρ=0.5 时，

$$W=0.74\times(1-0.5/10)/[2\times(1-0.5)]+1200\times0.5/[2400\times(1-0.5)]=1.2\ \mathrm{s}$$

式（3-5）、式（3-11）和式（3-14）明确地表示了传播距离和传输速率对传输性能的影响，当传输速率 C 增大时，可以减小报文平均等待时间 W 和循环时间的平均值 $\bar{t}_c$；当节点间距离减小时，传播延迟相应减小，这就使系统的行走时间 L 减小。

从前面的讨论中不难发现，轮叫探询存在的一个较大的缺点是：探询报文不停地循环往返在多点线路上，并且产生了相当一部分开销，增加了报文的等待延迟。为了克服这一缺点，可以采用传递探询的办法，有兴趣的读者可参考作者编写的《现场总线技术与应用》一书。

3.3　时分多路访问法

3.2 节介绍的轮叫探询法在计算机通信中获得了广泛的应用，这种多路访问技术简单且容易实现，但有一个明显的缺点，那就是整个网络由单一主机控制，风险过于集中。一旦主机发生故障，将导致整个网络全面瘫痪。本节讨论的时分多路访问（TDMA）法属于时控法，不采用中央控制主机，能够有效避免上述情况的发生，但相对复杂一些。

3.3.1　时分多路访问原理

TDMA 法可以工作在总线形网络中，也可工作在无线信道中。为了讨论其工作原理，可以采用如图 3-7 所示的结构，这个结构既可代表总线形网络，也可代表无线信道的情况。

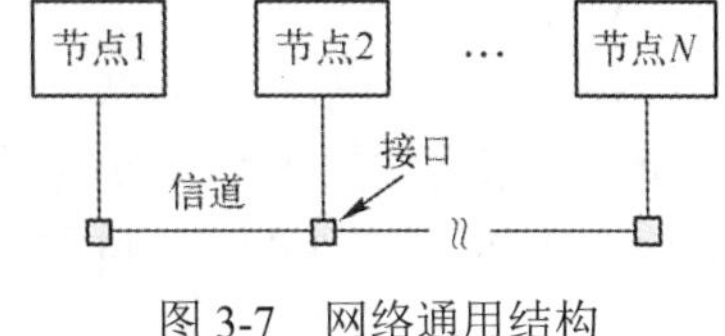

图 3-7　网络通用结构

采用 TDMA 的网络是确定性的多主网络，它通过支持时间触发报文传递方式使同步传输成为可能。这里出现了触发和时间触发两个新概念，在深入讲述 TDMA 法之前，简单了解一下这些概念的意义是必要的。

1．触发和时间触发

在计算机中，触发是引起某些动作（如执行任务、发送报文）启动的事件。实时系统中的每个节点都有启动通信和处理活动的触发机制，若这些活动是由周期性出现的预定时钟节拍启动的，即系统利用行进中的时间启动所有的活动，则系统是时间触发的，又称为时间触发系统。例如，在时间触发电梯控制系统中，按动按钮操作被存储在本地，计算机定期（如每秒 1 次）查询所有按钮的状态，按状态启动电梯动作，系统的控制流程由时间进行管理。

在分布式时间触发系统中，每个节点只有一个中断，即周期性的时钟中断，所有节点的时钟被同步到一个全局时间（Global Time）。本书第 4 章将详细阐述实现时钟同步的方法。

2．总线访问权确定方法

在 TDMA 法中，每个节点（或报文）被分配一个时间窗（有上下限的时间段，也称为时隙），各个节点周期性地访问总线。该方法的时序如图 3-8 所示，图中引入了 4 个时间窗，字母 A、B、C、D 表示不同的报文，每个报文所占据的时间窗是固定的，网络节点可以在确定的时间点发送它的报文。在大部分网络设计中，各个时间窗是等长的。

图 3-8 展示了 TDMA 原理。不难理解，若每个报文在一个已定义好的时间点被传送，则可以实现精确定时方面的要求。这种方法不仅能够真正实现时间确定性数

据传输，而且有助于描述系统的基本特征，如一个调节子系统的特征。

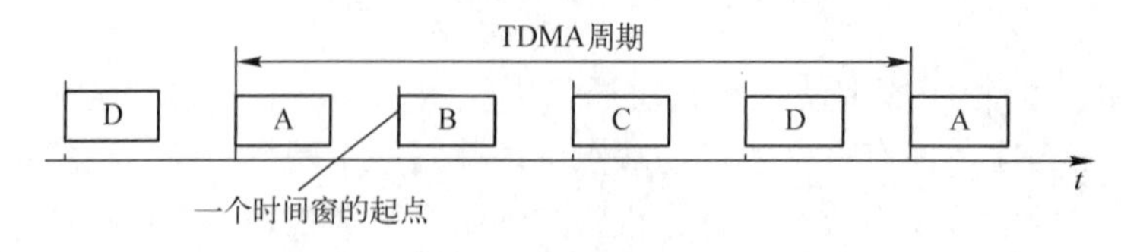

图 3-8　TDMA 原理

3.3.2　时分多路访问性能

在采用 TDMA 的实时通信网络中，从报文到时隙的分配通常基于离线执行的算法，拥有报文的节点有权在分配给它的时隙内进行网络传输。

设系统的总节点数为 N；每个节点按泊松过程产生新报文（记为 pkt），报文长度固定为 $1/\mu$，单位为 bit（采用 $1/\mu$ 是排队论中的习惯表示方法，在排队理论中，用 $1/\mu$ 表示报文的平均长度）；各节点的平均报文到达率为 λ，单位为 pkt/s；信道数据传输速率为 C，单位为 bps；传播延迟很小，可忽略。

1．循环时间

在传输报文的过程中，循环周期由 N 个时间窗（即时隙）组成，每个时间窗的时间长度等于一个报文的传输时间，即 $1/(\mu C)$，即每个节点需 N 个时间窗才传输一个报文。因此，报文循环时间（t_c）为一个周期的长度

$$t_c = N/(\mu C) \tag{3-15}$$

2．平均延迟

这里定义 TDMA 报文平均延迟为自一个报文到达的时间开始至该报文被成功接收的平均时间间隔。设各个节点具有相同的报文到达率，都是 λ，显然，整个 TDMA 系统可以被看作一个排队系统。若报文的到达服从泊松过程，则可利用附录 A 中的 M/G/1 系统的 P-K 公式计算报文平均延迟。

令报文平均延迟为 D_{TDMA}，则有

$$D_{\mathrm{TDMA}} = D_{\mathrm{q}} + D_{\mathrm{s}} + D_{\mathrm{a}} \tag{3-16}$$

式中，D_{q} 表示在节点上的平均排队延迟；D_{s} 表示报文传输服务平均延迟；D_{a} 表示平均媒体访问延迟。

为计算 D_{q}，可以将整个 TDMA 系统假设为一个排队系统，这个排队系统没有原系统中的传输服务延迟和媒体访问延迟，而只有一个队列，其报文到达率是原系统的总到达率 $N\lambda$。如此，D_{q} 就是一个报文进入该排队系统的平均排队等待时间。

根据附录 A，式（A-35）右端第 2 项即排队等待时间（请注意，原公式中的 λ 应换为 $N\lambda$）。

$$D_{\mathrm{q}}=\frac{\rho+N\lambda\mu C\sigma_b^2}{2\mu C(1-\rho)} \tag{3-17}$$

由假设可知，报文长度固定，因此服务时间的方差 $\sigma_b^2=0$，$D_{\mathrm{s}}=1/(\mu C)$。

在 TDMA 中，即使某个报文排至队列最前面，仍不一定能立即被传输，还必须等待扫描到自己的时间窗才能被传输，该等待时间间隔就是访问延迟。在最好的情况下，访问延迟等于零；在最坏的情况下，要等待一个周期 $N/(\mu C)$，平均访问延迟可取 $D_{\mathrm{a}}=N/(2\mu C)$，代入式（3-16），可得

$$D_{\mathrm{TDMA}}=\frac{\rho}{2\mu C(1-\rho)}+1/(\mu C)+\frac{N}{2\mu C} \tag{3-18}$$

式中，通信量强度 $\rho=N\lambda/(\mu C)$。

注意，有些 TDMA 协议把节点要传输的报文都指定到了时间窗，如 FlexRay 总线的静态段。此法便于离线生成调度表，并在整个开发过程中确保系统的性能。

3.3.3　柔性时分多路访问

TDMA 的一个衍生版本称为柔性时分多路访问（Flexible TDMA，FTDMA）。在这个衍生版本中，每个网络节点上都有时隙（Slot）计数器，该计数器通过循环发送信号方式实现同步和启动。计数器状态表征了一个报文的标识符（ID）。例如，若时隙计数器的值为 4,5,6,…，则对应的报文 ID 为 4,5,6,…。报文 ID 是离线设置的，而计数器的值是按规则在线变化的。对于拥有报文的节点来说，只有当报文的 ID 与时隙计数器的值相等时，节点才有权发送该报文，即该报文将获得总线访问权。一旦报文被发送，时隙计数器将停止计数。如果没有再发送请求，那么经过一个很短的时间间隔后，时隙计数器进入下一个计数器状态。这种动态和灵活的方式具有很大的优越性，有利于实现时间非确定性数据传输。

FTDMA 的总线访问控制用到了时隙数，时隙数的计数规则是：每当通信循环开始时，时隙计数器被初始化；每当一个时隙结束时，时隙计数器加 1。然而，值得注意的是，这里所说的时隙，其长度不是固定的，而是随报文的长短变化的，需要有标志时隙起点和终点的方法。为满足这一需要，FTDMA 引入了微时隙（Minislot）概念。时隙的长度一定大于或等于微时隙（Minislot），通常是微时隙长度的整数倍。每个循环中的微时隙个数是离线确定的，且微时隙的长度维持不变。例如，某网络选择的循环周期为 1.9 ms，微时隙长度为 6.875 μs，时隙长度为微时隙长度的 1～38 倍。事实上，使用微时隙既解决了时隙计数器的计数问题，又可预知报文传输的等待时间。

FTDMA 原理如图 3-9 所示，该图简要描述了 FTDMA 法的时隙计数器运行规则，图中每个 FTDMA 循环周期包括 14 个微时隙，m、m+1、…、m+6 表示时隙数，当一个微时隙没有被用到时，时隙数将加 1，该时隙被标记为未用时隙；当时隙数与报文 ID 相等时，报文将被传输且覆盖一定数量的微时隙；当传输完后出现下一

个自由微时隙时，时隙数又加 1。按此规则，报文的发送次序取决于报文 ID（与报文优先级对应），报文 ID 越小（优先级越高），发送越早。FTDMA 法能够较好地利用一个循环周期中的空间，但循环周期是个有限的时间值，当报文的 ID 较大（即优先级较低）时，必须等待较长的时间才能访问总线，有时甚至需要延后到下一个循环周期。为确保满足低优先级报文的时间约束，网络设计者需要研究和提出动态报文优先级（报文 ID）的分配方法。

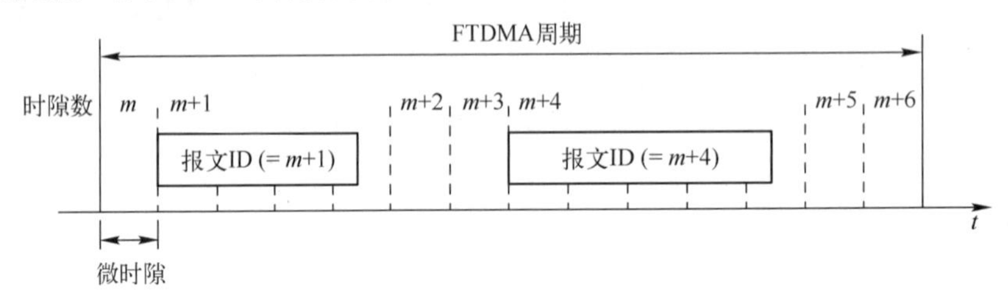

图 3-9　FTDMA 原理

FTDMA 法的性能分析涉及通信可调度性方面的知识，超出了本书范围，这里不做介绍。

3.4　CSMA/CD 法

前面讲述的 TDMA 法解决了网络风险集中问题，但使用这种方法的前提是系统使用同一时基，涉及复杂的时钟同步问题。另外，当网络的通信量较小时，TDMA 系统的工作效率较低，原因在于，在这种情况下，尽管各节点基本上没有什么数据可发送，但每个循环周期里的时间窗一直存在。因此，我们会问：这种方法能否让节点摆脱对时基的依赖而自由地发送数据？事实上，在网络通信量不大的情况下，节点之间发生冲突的概率较小，只要适当处理好冲突问题，各个节点根据自己的意愿自由地发送信息是可行的。目前，可以实现这一目标的方法有多种，如 ALOHA、CSMA 和 CSMA/CD，应用最多的是 CSMA/CD。

CSMA/CD 法起源于著名的 ALOHA 系统。在 ALOHA 系统中，工作节点发送信息完全是盲目的，因而发生冲突碰撞的概率较大，造成信道的利用率较低，因此后来提出了载波监听多路访问（CSMA）方法。由于在 CSMA 方法中使用了附加的硬件装置，每个节点都能在发送前监听其他节点是否在发送报文（即在发送报文之前进行载波监听）。如果其他节点正在发送报文，这个节点就暂时不发送数据，从而减少了发生冲突的可能性。这样就提高了整个系统的信道利用率。然而，由于存在传播延迟，冲突还是不可避免的。在发生冲突的情况下，CSMA 法难以及时确定发送过程中有无冲突，也就不能及时停止发送让出信道，这就浪费了信道带宽。CSMA/CD 比 CSMA 增加了一个功能——边发送边监听，只要监听到发生冲突，则冲突的双方都停止发送，这样，信道很快地进入空闲期，从而使信道的利用率得到更大提高。这种边发送边监听的功能称为冲突检测。

3.4.1　CSMA/CD 工作原理

CSMA/CD 可以工作在无线信道，也可工作在总线形网络中。为了讨论其工作原理，这里仍然可以采用图 3-7 所示的结构。图 3-10 为 CSMA/CD 过程流程图，图的右边画了两个粗线条方框，表示两种载波监听信息使用方法。若分别用这两个方框中的一个去替换左边的载波监听策略方框，则可以得到不同的协议。下面将从载波监听、冲突检测和冲突退避三个方面分析 CSMA/CD 的工作原理。

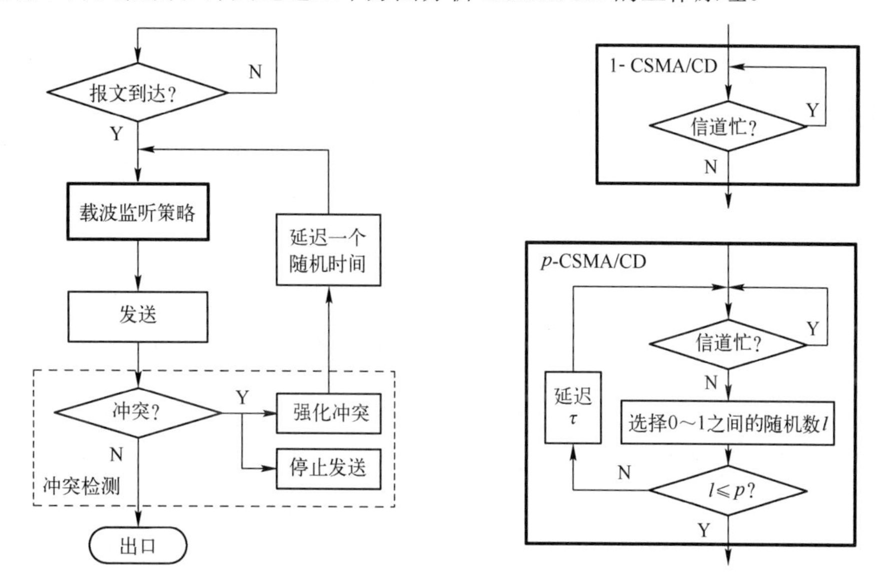

图 3-10　CSMA/CD 过程流程图

1．载波监听

应当指出，在早期的 ALOHA 系统中，无线电发射机工作在超高频（UHF）波段，因此各节点可以监测到其他节点发出的载波。但后来当发展到局域网时，如用基带传输（节点输出的二进制“1”或“0”的电压原样信号被直接送到传输电路的传输），则已没有载波了。但各节点仍可检测到其他节点所发送的二进制代码。习惯上人们仍称这种检测为载波监听。

当一个报文到达节点准备发送时，该节点即开始监听信道。在监听到信道忙时，仍坚持听下去，一直坚持听到信道空闲为止。这时可以采取两种不同的策略。一种是当听到信道空闲就立即发送报文，载波监听策略使用图 3-10 右上方的方框。这种策略的出发点是抓紧一切有利时机发送数据。但如果有两个或更多的节点同时在监听信道，一旦信道空闲就必然使这些同时发送的报文互相冲突，从而影响信道利用率的提高。于是就有了第二种折中的策略，就是当听到信道空闲时，以概率 p 发送报文，而以概率（$1-p$）延迟一个时间 τ（τ 通常是信道上的最大端到端单程传播延迟），重新监听信道，如图 3-10 右下方的方框所示。采用第 2 种策略的 CSMA/CD 被称为 p-CSMA/CD，而与前一种策略对应的名称为 1-CSMA/CD，因为该策略在监听到信道空闲时，以概率 p=1 发送报文。

在采用第 2 种载波监听策略时，概率 p 是事先给定的，l 是一个 0～1 之间的随机数，若 $l \leqslant p$，则发送报文，否则延迟时间 τ 后再重新监听信道。p-CSMA/CD 可根据信道上通信量的繁忙情况设定不同的 p 值，因而可以使信道的利用率更高。

需要指出的是：由于网络中的各节点有的距离较近，有的则较远，因此各节点之间的传播延迟的大小是不相等的。为方便起见，统一取网络中靠两端的两个端点间的延迟 τ（通常称为端到端单程延迟）作为传播延迟的数值，也就是说，协议考虑的是最坏的情况。

上述两种载波监听策略各有优缺点。第 1 种策略容易在信道刚刚转入空闲期时的这段时间产生冲突；第 2 种策略可以在一定程度上克服这些缺点，但却无法选择一个能适用于各种通信量强度的 p 值。在实用网络中常选择第 1 种策略，它相对简单一些。

2. 冲突检测

节点在开始发送报文后，仍在继续监听信道，其目的是为了进行冲突检测。实现冲突检测的方法有多种，最简单的方法是比较接收到的信号的电压大小。在基带传输系统中，当两个报文的信号叠加在信道上时，电压摆动值要比正常值大一倍。因此只要接收到的信号的电压摆动值超过某一最大门限，则可认为发生了冲突。当然，若两个节点离得很远，以致信号在传播时衰减了很多，则有可能叠加信号的电压摆动值并不超过规定的门限。由此可见，采用这种基于模拟技术的冲突检测方法对节点间的最大距离有一定的限制。

数字信号的曼彻斯特编码如图 3-11 所示，当采用曼彻斯特编码时，电压的过零点是在每一比特的正中央。当发生冲突时，叠加的电压的过零点将在其他地方出现。根据过零的位置的变化，也可以判断是否发生了冲突。还可以在发送报文的同时进行接收，将收到的信道上的信号逐比特地与发送的比特流相比较。若有不符合的，说明有冲突存在。总之，可以在增加一些硬件的情况下进行冲突检测。在实际网络中，为了使每一个节点都能清楚地断定发生了冲突，往往采取一种叫作强化冲突的措施，这就是当发送报文的节点一旦发现发生冲突时，除了立即停止发送，还要再继续发送若干比特的干扰信号（Jamming Signal），以便向所有用户表明现在已经发生了冲突。

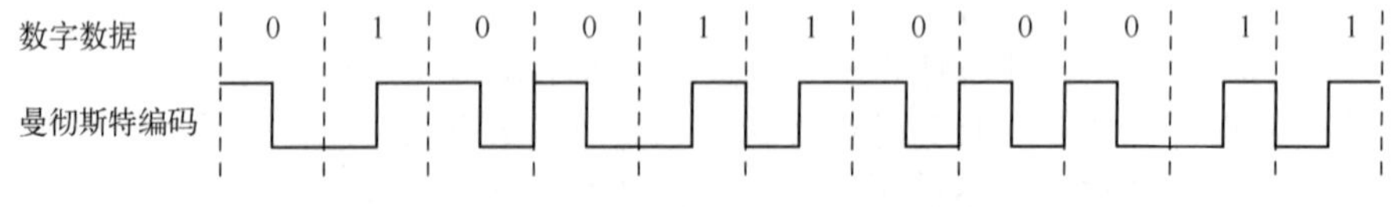

图 3-11　数字信号的曼彻斯特编码

下面讨论在 CSMA/CD 的情况下，节点争用信道的竞争时隙长度是多少。设总线两端有 A、B 两个节点，A 节点先发送一个报文，B 节点在 A 节点发出报文后一段时间 Z（$Z<\tau$）监听信道，发现信道空闲，就发送自己的报文，如图 3-12 所示，

该图给出了 CSMA/CD 产生冲突的时间，图中的 C 点代表最初发生冲突的时间与地点，而两个水平方向的箭头分别指出了 A 节点和 B 节点知道冲突已经发生的时刻。当 A 节点和 B 节点得知冲突已经发生时，便立即停止发送报文，同时各自都发送一个强化冲突的干扰信号（其持续时间为 T_j）。从图 3-12 可看出，只要发生一次冲突，对每个节点来说，共浪费时间 $2\tau+T_j$，可是从整个系统来看，信道被占用的时间是 $Z+2\tau+T_j$，这一时间即整个信道的竞争时隙 T_{slot}。

$$T_{\text{slot}} = Z + 2\tau + T_j \tag{3-19}$$

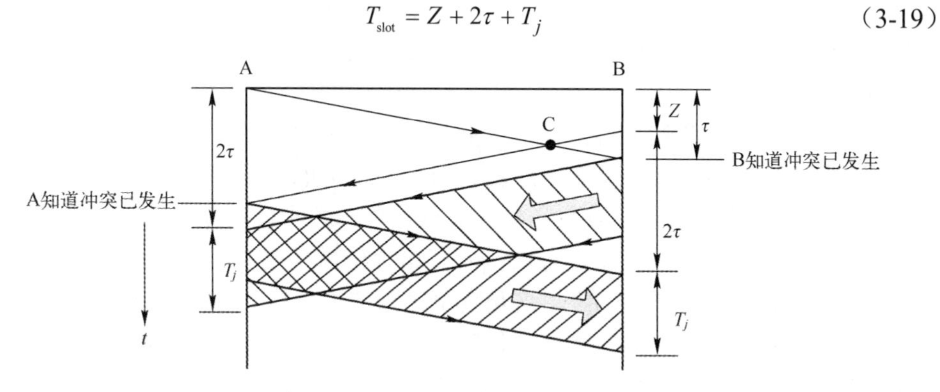

图 3-12　CSMA/CD 产生冲突的时间

显然，竞争时隙越小于一个报文的发送时间，CSMA/CD 的优越性就越显著。相反，对于传播延迟较大的卫星信道，其竞争时隙可能比一个报文的发送时间还长，因此不宜采用 CSMA/CD。

3．冲突退避

当检测出冲突后，就要重发原来的数据报文。冲突过的数据报文的重发又可能再次引起冲突。为避免此情况的发生，经常采用错开各节点重发时间（见图 3-10，延迟一个随机时）的办法来解决，重发时间的控制问题就是冲突退避算法问题。

最常用的退避算法是以太网所采用的截断二进制指数型（Truncated Binary Exponential Type）算法。这种算法是找出一个整数 γ，而所需的延迟时间就是 γ 倍的基本退避时间（基本退避时间另外确定，如取为 2τ）。γ 是从离散的整数集合{0, 1, 2, ⋯, 2^{k-1}}中随机地任取的一个数，而 k=min{重发次数,10}。当重发若干次（如以太网中规定为 16 次）仍不能成功时，则丢弃该报文并向高一层报告。像这样的退避算法，由于延迟的时间随冲突重发次数增加而增大（也称为动态退避），所以即使采用 1-CSMA/CD 的策略，整个系统也仍是稳定的。

CSMA/CD 法的主要特点是：原理比较简单，技术上较易实现，网络中各工作节点处于同等地位，不需要集中控制。但这种方法不能提供优先级控制，各节点争用总线，不能满足远程控制所需要的确定延迟和绝对可靠性的要求。此方法效率高，但当负载增大时，发送信息的等待时间较长。

3.4.2　CSMA/CD 性能分析

在使用 CSMA/CD 法的网络中（网络结构见图 3-7），信道可处于竞争状态、发送状态（或传输状态）或空闲状态三种状态之一。当某个节点刚完成了一个报文的发送时，任何有报文要发送的节点都可发送。若同时加入发送的节点多于一个，就存在冲突。冲突的节点将等待一个随机延迟时间后再试发，可能经过若干次冲突、竞争，最后在某一时刻有一个节点竞争成功，这就结束了竞争期而开始一个发送期。可见，网络的工作期可以认为是由竞争期和发送期组成的。在所有的节点都没有信息要发送时，就处于空闲期。

为了简化推导，我们来讨论在恒定重负载下网络的性能。恒定重负载是指网络的所有节点都总是准备好报文要发送的情形，暂不考虑空闲期的出现。

设 N 为总线上的工作节点数（N 个节点总是发送就绪）；T_0 为报文平均发送时间（是有用部分）；τ 为总线上的最大端到端单程传播延迟。取竞争时隙 T_{slot} 为 2τ，即式（3-19）中的 Z 和 T_j 均为零，这是竞争时隙的最小值。这样，一个报文从开始发送，经冲突重发数次，到发送成功且信道转为无信号状态时为止，共需的时间 t_V 如图 3-13 所示，该图展示了发送一个报文所需要的时间。

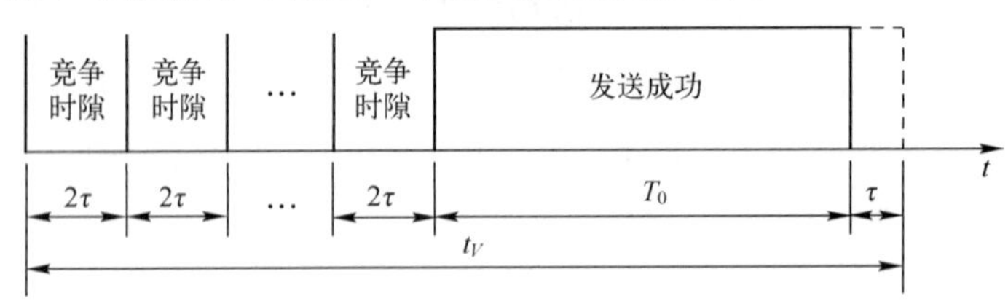

图 3-13　发送一个报文所需要的时间

在上述条件下信道利用率 E 可定义为

$$E = T_0 / (T_0 + \tau + T_c) \tag{3-20}$$

式中，T_c 表示每个成功发送的平均竞争时间（是因竞争信道的额外开销）。当由该式计算 E 时，T_0 可由报文长度及数据传输率求得，故只许求出 T_c。

$$T_c = N_c \times 2\tau \tag{3-21}$$

设竞争时间为 j 个竞争时隙的概率是 P_j，平均竞争时间所包含的竞争时隙个数 N_c 为

$$N_c = \sum_{j=1}^{\infty} j \cdot P_j \tag{3-22}$$

根据定义，P_j 实际上是指前面 j 个竞争时隙都没有节点能成功取得信道，而在第（j+1）个竞争时隙有某个节点取得了信道的概率。如果在一给定竞争时隙内某节点取得信道的概率为 A，那么 P_j 可用下式表示

$$P_j = (1 - A)^j \cdot A \tag{3-23}$$

代入式（3-22），得

$$N_c = \sum_{j=1}^{\infty} j \cdot (1-A)^j \cdot A = (1-A)/A \tag{3-24}$$

代入式（3-21），得

$$T_c = 2\tau(1-A)/A \tag{3-25}$$

按定义，A 表示在某一给定的竞争时隙内（N-1）个节点不发送报文而仅有某个节点发送报文的概率，即

$$A = N(1-p)^{N-1} \cdot p \tag{3-26}$$

式中，p 为在给定竞争时隙内某节点取得信道的概率。将上式对 p 求极大值可得，当 p=1/N 时可使 A 等于其极大值 A_{max}。

$$A_{max} = (1-1/N)^{N-1} \tag{3-27}$$

当 $N\rightarrow\infty$时，A_{max}=e^{-1}≈0.368。实际上，只要有十几个节点，A_{max} 就接近于 0.368 这个极限值了。

由式（3-25）可知，A 的极大值相应于最短的竞争时间开销 T_c。把 A_{max}=e^{-1} 代入式（3-25）中替换 A，可求得这个最小的开销为 $T_c = 2\tau(e-1) = 3.44\tau$。

将 T_c=3.44τ 代入式（3-20），可得到 CSMA/CD 在恒定重负载下的最大信道利用率为

$$E_{max} = \frac{T_0}{T_0 + 4.44\tau}, \qquad N \to \infty \tag{3-28}$$

由此可见，在 τ 不变的情况下，信道利用率随报文的发送时间 T_0（或报文长度）增大而增大，当 T_0>>τ 时，即信道端到端传播延迟比报文发送时间小得多时，信道利用率趋近于 1。

由式（3-28）可知，传播延迟 τ 出现在性能参数公式中，它代表了网络内任何两个节点之间的最长距离对性能的影响。信道电缆越长（即相距最远的两个节点之间的距离越大），传播延迟 τ 越大；τ 越大，网络的平均竞争时间越长，由此产生的额外开销也越大，网络性能必然下降。因此，式（3-28）直接体现了通信性能随传输距离增大（或电缆长度增长）而下降的关系。

顺便指出，在一些文献或图书中的类似公式中，传播延迟 τ 前面的系数可能不是 3.44。读者应自己找出为什么会有这个差别。

3.5　CSMA/CA 法

CSMA/CA 法是由前文介绍的 CSMA/CD 法发展而来的，两者都是为解决随机访问中的冲突问题而开发的。在使用 CSMA/CD 法时，若多个节点在总线空闲时同时访问总线，就会检测到报文争用，此刻需要所有节点停止数据传输，然后再次尝试访问网络。从理论上讲，争用期间的数据传输被取消也会降低网络的承载能力。在高峰时

段，网络甚至可能完全被阻塞。当网络被用于所谓的“实时”应用时，这是不可接受的。

鉴于上述问题，本节将仔细探讨 CSMA/CA 法，该方法通过为每个被传送的报文分配一个优先级来避免总线访问冲突，节点的争用过程不是发生在尝试访问总线时，而是发生在数据位（比特）层面上（按位争用——在位持续时间内进行冲突管理）。

CSMA/CA 的基本原理与 CSMA/CD 类似，因此，在接下来的讨论中，着重描述 CSMA/CA 的独特之处。

3.5.1 CSMA/CA 工作原理

CSMA/CA 源自 CSMA/CD，这里仍然采用 CSMA/CD 所用的网络结构。CSMA/CA 法与物理信道的描述参数密切相关，需要在物理信号表示和网络长度等方面引入一些约束。

1. 信号表示与位争用

为了让网络中优先级较高的位能够擦除优先级较低的位，总线上的物理信号必须是显性的（Dominant）或隐性的（Recessive），并且规定，当一个显性位和一个隐性位同时在总线上传输时，总线上产生的状态必须是显性状态。

① 显性状态：例如，有电压、电流、光线或电磁辐射。

② 隐性状态：例如，无电压。

基于“线与”机制的总线电平实现原理如图 3-14 所示，总线上的电平以及节点所发信号的电平都用“显性”和“隐性”表示，“显性”表示逻辑数值“0”，而“隐性”表示逻辑数值“1”。总线电平是根据各节点电平，通过“线与”机制来获得的，若所有节点的晶体管均被关闭，则总线处于隐性状态，此时总线的平均电压由具有高内阻的每个节点的电压源产生。

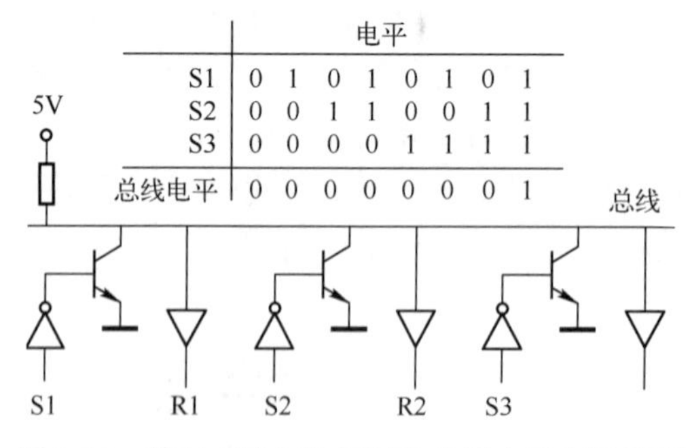

图 3-14　基于“线与”机制的总线电平实现原理

2. 位速率与网络长度

我们知道，光在真空中的传播速度约为 300000 km/s，而电磁波在电缆和光纤中的传播速度接近光速的 2/3，即电磁波传播速度 v_{prop} 大约为 200000 km/s。换言之，一个电磁波传输 1 m 大约需要 5 ns，或以 200 m/μs 的速度进行传播。

在总线上，如果用 t_{bus} 表示信号传播时间（往返传播时间为 $2t_{bus}$），L 表示总线形网络的最大长度，那么 t_{bus} 与 L 的关系如下：

$$t_{bus} = L/v_{prop} \tag{3-29}$$

例如，若 $L = 40$ m，则 $t_{bus} = 200$ ns。

在网络中，单位时间内通过信道传输的比特数称为位速率（或比特率、传输速率），与位的表示方法无关。理论上，在一个通过位争用运行的系统中，一个位可能会在被检测发现之前，已经从网络的一端传播到另一端。另外，在这个位到达其目的地之前，其他节点也可能因为看不到任何东西到达其终端而发起朝着另一个方向的传输，这时冲突就不可避免了。

为了使发送初始位的节点能够管理冲突，位的持续时间（称为位时间或比特时间，用 t_{bit} 表示）必须大于 t_{bus}。另外，位所到达的节点要对位进行采样和处理，位时间还必须把这些操作所需的时间考虑进去。因此，在估算网络的最小位时间 $t_{bit-min}$ 时有必要考虑以下因素，最小位时间示意图如图 3-15 所示。

① 向外传播延迟 t_{out}。

② 向内传播延迟 t_{in}。

③ 同步导致的延迟 t_{sync}。

④ 时钟容差导致的相位差 t_{clock}。

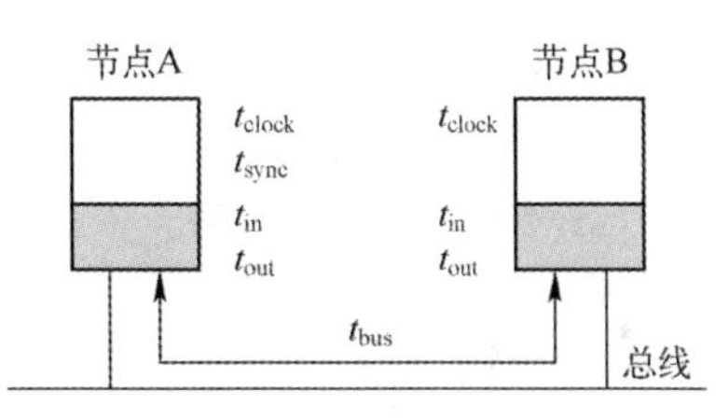

图 3-15　最小位时间示意图

在位争用网络中，通常要求节点能够确认自己发送的位是否被其他节点成功接收。若要在一个位时间内实现这一目的，则位时间必须考虑信号的往返传播问题。不难理解，此类网络的最小位时间 $t_{bit-min}$ 如下：

$$t_{bit-min} = 2t_{bus} + 2t_{out} + 2t_{in} + t_{sync} + t_{clock} \tag{3-30}$$

【例 3-2】 设某采用位争用网络的位速率为 100 kbps，试确定网络长度。

解　已知位速率为 100 kbps，由此可知位时间为

$$t_{bit} = 1/(10^2 \times 10^3) = 10\ \mu s$$

$$\because \quad t_{bit-min} = 2t_{bus} + 2t_{out} + 2t_{in} + t_{sync} + t_{clock} \leqslant t_{bit}$$

$$\therefore \quad t_{bus} < t_{bit}/2 = 5\ \mu s$$

由式（3-29）可得：

$$L < t_{bus} \times v_{prop} = 5\ \mu s \times 200\ m/\mu s = 1000\ m$$

由于前面的求解过程忽略了许多因素，实际上，可以实现的网络长度一般不会超过 900 m。

3．报文标识符

CSMA/CA 网络运行模式为第 2 章所讲的生产者 / 用户模式，这种模式不基于报文的源地址和目标地址，而基于报文本身的内容。这里有两个含义：

① 报文必须传输到网络中的所有其他节点。

② 在每个节点通过所谓的“接收过滤”来执行对被传输报文的选择处理。

为了实现这个目的，用标识符 ID_i 标记报文，且每个节点把要接收的报文以列表形式保存起来，报文内容存储如图 3-16 所示。这个列表包含报文的 ID_i 和指向通信缓冲区的地址指针 AP_i，因此报文的内容可以被存储在该缓冲区。这样一来，在整个网络上，所有报文被同时接收，确保了分布式控制系统的数据一致性，并且每个节点通过检查接收到的报文是否属于该列表，就可以决定其取舍（报文过滤）。

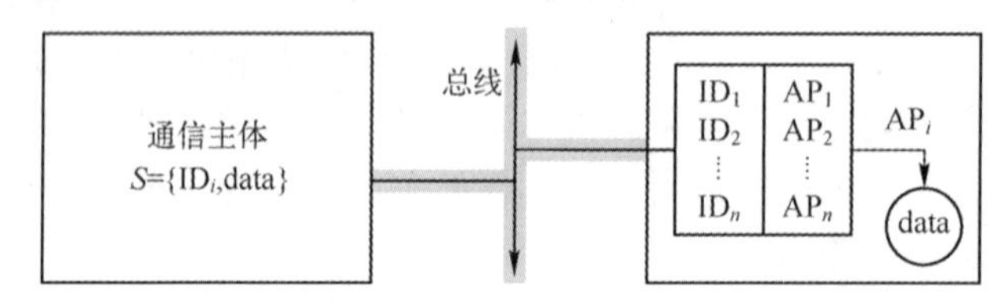

图 3-16　报文内容存储

4．报文优先级

报文标识符通常用二进制数表示，其数值的大小同时体现了报文的优先级。具有不同标识符的两个报文，标识符的值越小，报文的优先级越高。显然，标识符为 0 的报文具有最高的优先级。

CSMA/CA 规定：在一个系统内，每条信息必须具有唯一的标识符。

5．总线仲裁

有了上述讨论，就很容易解释 CSMA/CA 的基本工作原理了。CSMA/CA 法以完全消除冲突为目标，每个总线用户，要对总线状态进行检测（载波监听），只要一定时间内总线未被占用（即空闲），就可以发送报文，同时监视总线。在发送过程中，每个节点首先发送同步信号和报文优先级仲裁段（即标识符）。当多个节点一起开始发送时，只有发送具有最高优先级报文的节点变为总线主节点。这种解决总线访问冲突的机理基于上述位的争用仲裁。在仲裁期间，每个发送器将自身发送的位信号同总线上检测到的物理信号进行比较，若相等（同为显性或隐性），则节点可以继续发送。当送出一个隐性信号（逻辑“1”），而检测到的信号为显性信号（逻辑“0”）时，表明节点丢失仲裁，并且不应再发送更多的位；当送出显性信号，而检测到的信号为隐性信号时，表明节点检测出位错误。由于拥有高优先级的报文具有较小的标识符，其仲裁段以更多的显性比特开始，因此会保留在总线上，且数据并不被损坏（冲突避免）。优先级较低的报文从总线上被撤回后，仍然可以参与下一次新的发送尝试。

图 3-17 给出一个 CSMA/CA 法仲裁过程实例，图中节点 1、2 和 3 分别发送报文 A、B 和 C，3 个报文的优先级关系为 $ID_B>ID_A>ID_C$。这些节点在①点同时开始仲裁过程，节点 3 在②点失去总线访问权，而节点 1 在③点失去总线访问权，而且

节点 3 和节点 1 分别转成接收模式；在仲裁阶段结束点④，只有节点 2 拥有总线访问权，并继续向总线发送报文。

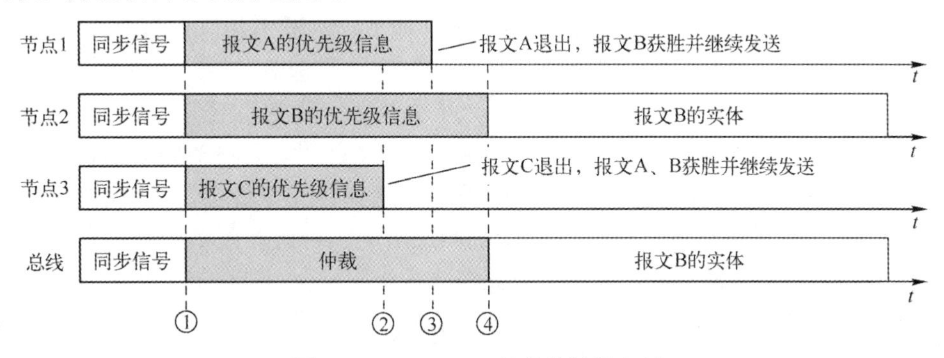

图 3-17　CSMA/CA 法仲裁过程实例

在 CSMA/CA 系统中，网络通信阶段主要由零星的（Sporadic）、随机的（Random）和可能的（Probable）事件发起，因此这类系统具有很强的面向事件（Event-oriented）取向。本质上，CSMA/CA 没有实时取向，或者说缺乏面向时间（Time-oriented）取向。这是因为，在具有面向时间取向的网络中，通信阶段是由时钟、日期或固定时刻的函数发起的，能够精确预测传送报文的时刻。为了能在保持 CSMA/CA 基本特征的同时，使其具有面向时间取向，人们做了大量的工作，但目前仍处在理论和实验研究阶段。

3.5.2* CSMA/CA 性能分析

在 CSMA/CA 系统中，所有节点随机、独立地生成与各自任务相关的报文。为能够访问总线，传输请求相互竞争，导致报文等待时间（Latency）是变化的而不是恒定的。为了简单起见，这里暂且将报文等待时间定义为请求传输时刻与开始实际传输时刻之间的时间。

在按位争用总线的情况下，具有最高优先级的报文总是能够访问总线。显然，报文等待时间将明显取决于选择和分配给它的优先级。

报文优先级的分配通常是在系统的总体设计阶段离线进行的。目前可用于实现这一目的的手段一般基于单处理器系统的任务调度算法，如单调速率（Rate Monotonic，RM）算法、最早截止时间优先（Earliest-Deadline-First，EDF）算法和最高优先级优先的固定优先级（Fixed Priority with Highest Priority First，FP）算法等。据此，我们要把网络视为处理器，而把报文视为任务，这样才可利用上述算法来确定通信报文的优先级。

在实践中，CSMA/CA 系统的通信报文周期和截止时间之间没有明显的联系，或优先级是强加给报文的，且一旦报文获得总线访问权后，其他报文不能抢占总线，因此一般采用非抢占式 FP 算法来确定报文优先级。FP 算法是以计算报文的最大响应时间为基础的，该算法检查当前报文组是否有一个可调度的报文，若有，则把当前优先级分配给它；若没有，则这个问题没有解决方案。

就 CSMA/CA 而言，具有较小标识符值的报文具有较高的优先级，优先级最高的报文的传输不受干扰（因为在仲裁过程中其他节点将退出并停止传输），整个过程是不间断的。节点必须等待总线空闲的最长时间是发送报文的最长时间，我们称此时间为报文阻塞时间（Blocking Time），用 B 表示。通常情况下，一个网络中的最大报文长度和传输速率是已知的，很容易计算 B。因此，不难理解，最高优先级报文的最坏情况响应时间为 B 与发送报文所花费时间之和。然而，对于优先级较低的报文，不可能如此容易地获得最坏情况响应时间。由此产生的一般性问题是，CSMA/CA 只可能确保最高优先级报文获得总线访问机会，有必要对所有报文（包括最低优先级报文）的响应时间上限进行分析（可调度性分析）。我们正是根据这种分析来确定优先级分配的合理性的。

在展开分析之前，首先简要讨论报文在节点内部的排队方式。节点的主处理器与通信处理器之间的典型端口如图 3-18 所示，这类接口通常为处理器之间共享的双端口存储器。存储器被分成多个用于存放报文的插槽，插槽的编号与报文标识符相对应，由小到大排列，由此形成了图中所示的报文队列。在图 3-18 中，主处理器正在将一个报文排列到标识符为 1 的插槽中；标识符为 4 的插槽已经被另一个报文占用。当总线接下来变成空闲时，通信处理器将尝试发送报文 1。在给定的插槽内部不存在报文队列，如果在报文被发送期间有另一个具有相同标识符的报文被放入插槽，那么插槽中的报文将被覆盖或破坏。这一点很重要，因为这暗示了周期性排队的报文的截止时间：必须先发送已经排队的报文，然后才能将下一个周期的报文放入队列。例如，为避免包含汽车行驶速度的报文被对应于下一次测量的报文内容所覆盖，该报文必须在 100 ms 内传送出去。实际上，任何报文的传输都有截止时间：一个报文必须在其后续报文排队之前发送（当然，报文的截止时间可能比周期短得多）。

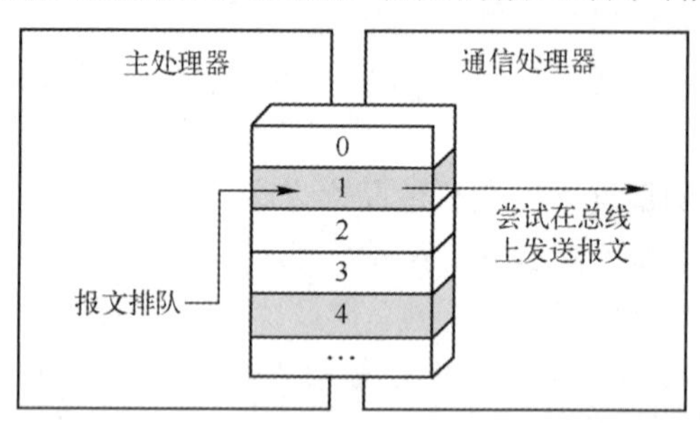

图 3-18　节点的主处理器与通信处理器之间的典型接口

实际上，报文到达后不会立即被释放到通信系统中，可能存在一个有限的时间延迟。这里把报文从到达至被放入发送队列（即释放）之间的时间变化称为释放抖动（Release Jitter）。假设将给定报文循环地排队（即每隔一段时间，在报文源将大小和标识符都相同的报文排队），抖动窗口属于该报文所在的节点，且窗口之间具有最小时间间隔（报文不必是严格周期性的，可以是零星的，但报文实例之间必须有个最短时间），周期性报文排队如图 3-19 所示。

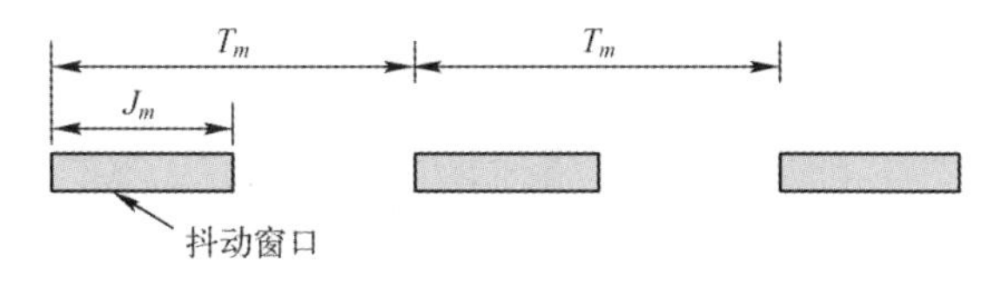

图 3-19　周期性报文排队

为便于定量分析，这里用一些简单的符号来表示某些参数。设给定报文为 m，则

① 报文 m 的周期：用 T_m 表示，是连续到达的报文 m 之间的时间下限。如果 m 是一个周期性报文，那么该下限也是上限，即周期是固定的，等于 T_m。

② 报文 m 的抖动：用 J_m 表示，是报文 m 到达后，等待排队所花费的最大时间（即抖动窗口长度）。若报文到达时刻即为排队时刻，则 $J_m=0$。

③ 报文 m 的最坏情况物理传输时间：用 C_m 表示，是在运行时，假设对 m 的一次发送可能需要从 0～C_m 的任何传输时间。C_m 是报文字节数的函数，不包括总线争用所造成的时间延迟。

④ 报文 m 的截止时间：用 D_m 表示，是报文 m 的最后期限要求（如果已定义），该时间是相对于报文 m 的排队时刻而言的。请注意，这里要求 $D_m \leqslant T_m$。

⑤ 报文 m 的最坏情况响应时间：用 R_m 表示，是报文从开始排队至最终到达目标节点所花费的最长时间。

根据可调度性定义，当且仅当下列条件成立时，一个报文被认为是可调度的：

$$R_m \leqslant D_m$$

为防止报文被覆盖，对于最坏情况响应时间存在这样一个约束：已排队的报文必须在其下一个排队之前被发送，即下式成立：

$$R_m \leqslant T_m - J_m$$

由此可以看出，报文抖动窗口必须小于报文的周期。

最坏情况响应时间 R_m 可以被定义为排队延迟和传输延迟之和。对于在节点中排队的报文 m，总线上正在发送的其他优先级较高和较低的报文会使其发送被延迟，我们把由此造成的最长延迟定义为排队延迟（也称为媒体访问延迟），用 t_m 表示。传输延迟是在总线上实际发送报文所花费的时间，如前所述，这个时间用 C_m 表示。因此，R_m 可用下式表示：

$$R_m = t_m + C_m \tag{3-31}$$

排队延迟 t_m 本身又由两部分组成：任何较低优先级报文可能占用总线的最长时间，以及在报文 m 最终被传输之前所有优先级较高的报文可能用于排队和占用总线的最长时间。前一个时间就是前文所定义的阻塞时间 B，后一个时间称为干扰。根据早期的调度理论（见附录 B）可知，在持续时间间隔 t 期间来自较高优先级报文的干扰为

$$\sum_{\forall j \in hp(m)} \left\lceil \frac{t + J_j}{T_j} \right\rceil C_j$$

其中，集合 $hp(m)$ 由系统中优先级高于报文 m 的所有报文组成。从上面的描述可以

看出，排队延迟由下式给出：

$$t_m = B + \sum_{\forall j \in hp(m)} \left\lceil \frac{t_m + J_j}{T_j} \right\rceil C_j \tag{3-32}$$

遗憾的是，上述方程不能通过重新排列来给出 t_m 的解。然而，令 t_m^n 为 t_m 的真实值的第 n 个近似值，利用下列递归关系求解上述方程是可能的。

$$t_m^{n+1} = B + \sum_{\forall j \in hp(m)} \left\lceil \frac{t_m^n + J_j}{T_j} \right\rceil C_j \tag{3-33}$$

因为上述递归关系在 t_m 内是单调递增的，所以需要以某个 t_m^0 值作为迭代的起始值，此值要小于满足式（3-32）的 t_m 的最小值。选择起始值为 0 是合适的，但是，更好的值（即导致更短迭代的值）是选择 t_s 的值，这里 s 是比 m 优先级更高的报文。

【例 3-3】 某网络采用了 CSMA/CA 法，参与网络传输的 3 个报文时间参数如表 3-1 所示，为报文 1、报文 2 和报文 3 选择的报文 ID 依次为 5、6、9，试判断报文 2 的可调度性。

表 3-1　报文时间参数

报文（m）	传输延迟（C）	周期（T）	截止时间（D）	抖动（J）
1	3	12	6	0
2	5	20	15	0
3	6	25	18	4

解　根据报文阻塞时间 B 的定义，$B = C_3 =6$，由式（3-33）得：

$$t_2^{n+1} = B + \sum_{\forall j \in hp(2)} \left\lceil \frac{t_2^n + J_j}{T_j} \right\rceil C_j$$

报文标识符的值越小，报文优先级越高。优先级比报文 2 高的报文只有报文 1。令 $t_2^0 = 0$，则

$$t_2^1 = B + \left\lceil \frac{t_2^0 + J_1}{T_1} \right\rceil C_1 = 6 + \left\lceil \frac{0+0}{12} \right\rceil \times 3 = 6$$

$$t_2^2 = B + \left\lceil \frac{t_2^1 + J_1}{T_1} \right\rceil C_1 = 6 + \left\lceil \frac{6+0}{12} \right\rceil \times 3 = 6 + 1 \times 3 = 9$$

$$t_2^3 = B + \left\lceil \frac{t_2^2 + J_1}{T_1} \right\rceil C_1 = 6 + \left\lceil \frac{9+0}{12} \right\rceil \times 3 = 6 + 1 \times 3 = 9$$

该方程已收敛，因此 $t_2 = 9$。

由式（3-31）可得最坏情况响应时间为

$$R_2 = t_2 + C_2 = 9 + 5 = 14$$

由于 $R_2 < D_2$=15，因此报文 2 是可调度的，或者说，报文 2 的 ID 选为 6 是合理的。

在具体系统设计中，一般将上述排队延迟 t_m 作为报文的等待时间。对于强实时应用来说，这个时间只是个限制值，不是充分确定的，原因在于，无法精确预测报文在 CSMA/CA 系统中的发送时刻。

习　　题

3-1　定义并比较三个变量：行走时间、循环时间及传播延迟时间。

3-2　计算第 3.2 节中的行走时间 L。

3-3　一个探询网络采用集中探询法的结构，各项技术指标如下：

① 传播时间可忽略不计。

② 向前信号为 2 字节（每字节为 8 bit）。

③ 传播向前信号的同步时间为 10 ms。

④ 平均数据分组长度为 100 bit。

⑤ 各工作节点的平均输入速率——1 个数据分组 / 分钟。

⑥ 工作节点总数为 300 个。

问：

① 行走时间是多少？

② 网络正常工作需要的信道传输速率是多少？

③ 当信道的传输速率为 C=1200 bps 时，平均传播延迟时间是多少？（提示：求出近似值即可）。

3-4　FDMA（频分多路访问）和 TDMA（时分多路访问）协议的排队系统如题 3-4 图所示，假定：

① 系统总节点数为 M。

② 每个节点按泊松过程产生新报文，报文长度固定为 b，单位为 bit，平均报文产生率为 P，单位为 pkt/s。

③ 信道数据传输率为 W，单位为 bps。

④ 传播延迟很小，可忽略。

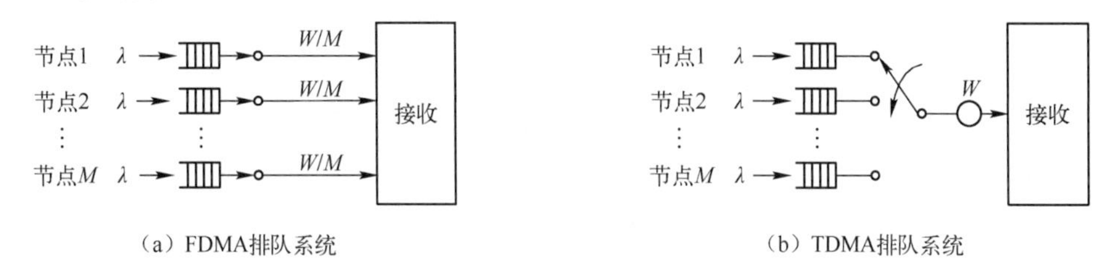

题 3-4 图

试利用 M/G/1 的 P-K 公式计算 FDMA 协议的报文平均延迟，并与 TDMA 协议的报文平均延迟进行比较。

3-5　在 IEEE 802.3 以太网中，最常用的计算重发时间间隔的算法就是二进制指数退避算法，它本质上是根据冲突的历史估计网上信息量而决定本次应等待时间。按此算法，当发生冲突时，控制器延迟一个随机长度的间隔时间，如下式所示：

$$T_k = R \times S(2^k - 1)$$

式中，T_k 为退避时间；R 为 0～1 的随机数；S 是时间片（可选总线上最大的端到端单程传播延迟时间的 2 倍）；k 是连续冲突的次数。试计算：

① 每个帧在首次发生冲突时的退避时间 T_1。

② 当重复发生一次冲突时的最大退避时间。

3-6 试解释在 CSMA/CA 系统中，为什么把报文阻塞时间定义为任何较低优先级报文可能占用总线的最长时间。

第 4 章　全局时间同步

在实时通信网络中，每个节点都有自己的时钟，环境温度变化、电压波动等因素会使时钟源（如晶振）产生偏差。即便所有节点的内部时基最初是同步的，在运行一段时间后，也一定会出现偏差。然而，时间触发控制类网络（如 FlexRay）的一个最基本的前提条件是：一个簇中的每个节点具有大致相同的全局时间（Global Time），即任意两个节点的全局时间之差都在规定的偏差范围内。这个基本前提需要通过极其复杂的全局时间同步机制来实现，在学习实时通信网络的运行原理之前，了解一些与时间同步相关的概念是非常必要的。

4.1　时间顺序与标准

在日常生活中，时间是个极其普通的物理概念。可以根据时间回忆过去发生的事，或想象将要发生的事。在许多自然现象的模型（如牛顿力学模型）中，时间是个独立变量，被用来区分自然现象的顺序。为此人们定义了时间的基本物理学常数——秒，时间触发实时通信网络的全局时基（Global Time Base）也用秒作为度量标准。

在典型实时应用中，分布式计算机系统同时执行多个不同的功能，如监视实时实体的值和变化率、检测报警条件、向操作人员显示观测结果、执行控制算法、进行容错处理和传输数据等。通常这些功能是在不同的节点上实现的。为了使分布式系统的行为保持一致，所有节点必须以一致的顺序处理全部事件，这个顺序最好是被控对象的事件发生时序。合适的全局时基有利于在事件时间戳（Timestamp）基础上建立这样的一致时序。

4.1.1　时间顺序

在人们的认知里，时间从过去一直流向未来，像射出的箭一样一去不复返，可以将这个特性具象为一条总是不断向前延伸的时间线。顺序的含意是顺理而有序，和谐而不紊乱。时间顺序这个概念有助于按照事物或事理的内部联系，形成对事物或事理的认识。

牛顿时间的连续区可以用无限时刻集$\{T\}$组成的有向时间轴模型化。时刻集$\{T\}$具有下列性质。

① $\{T\}$是一个有序集。假设 p 和 q 是$\{T\}$中任意两个时刻，它们之间的关系可能是以下三种互斥的情况之一：p 和 q 是同一时刻、p 超前于 q、p 落后于 q。我们

把时间轴上的时刻的顺序叫作时间顺序，简称时序。

② $\{T\}$是一个密实集。假设 p 和 q 是$\{T\}$中任意两个时刻，若 p 和 q 不是同一时刻，则它们之间至少存在一个 z 时刻。

两个不同时刻之间的时间轴称为持续时间（Duration）。在我们所关心的实时系统中，事件是在时刻上发生的，没有持续时间。时间轴、事件发生时刻和持续时间的描述如图 4-1 所示。若两个事件发生在同一个时刻，则称这两个事件为同步事件。时刻是完全有序的，而事件只可能是部分有序的，因为同步事件没有顺序关系。只有为同步事件引入另外的判据，事件才能是完全有序的。例如，在分布式计算机系统中，将发生事件节点的编号用于同步事件的排序，可能使事件完全有序。

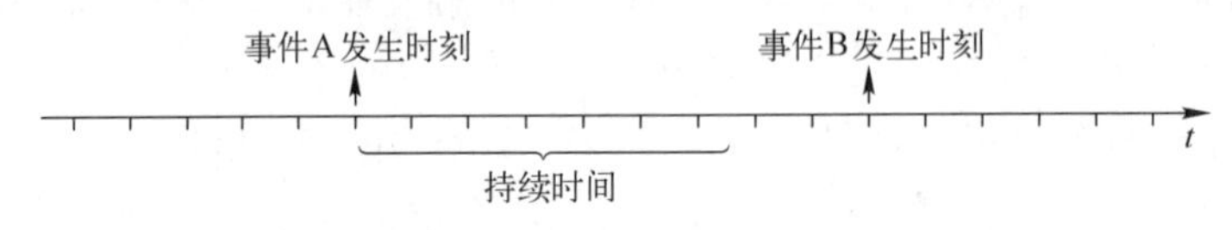

图 4-1　时间轴、事件发生时刻与持续时间

4.1.2　时间标准

在已达成共识的时间基准起点（纪元）上建立事件的相对位置，能够测量事件之间的时间差。过去的几十年里，人们已经提出了许多不同的时间标准，如格林尼治时间（Greenwich Mean Time，GMT）、国际原子时（International Atomic Time，TAI）和协调世界时（Universal Time Coordinated，UTC）。在分布式实时计算机系统的设计中，GMT 不是很实用，设计人员主要关注两个时间标准：TAI 和 UTC。

1．格林尼治时间（GMT）

格林尼治时间（GMT）也称为世界时，它是以地球自转等相关天文原理为基础的时间计量体系。由于其时间计算的起点位于英国首都伦敦南部的格林尼治天文台，因此被称为格林尼治时间。提出格林尼治时间最初的目的是为了统一英国各地混乱的时间表，以利于铁路的正常运行，后来渐渐被更多国家所接受，逐步发展成了全球性时间标准。

在提出以地球自转为基础的格林尼治时间概念时，人们误以为地球自转是均匀的，然而随后的科学证明，事实并非如此。因此，格林尼治时间实际上是一种不均匀的时间体系，正是由于这个原因，后来它逐渐被更为精确和先进的时间体系所取代。

2．国际原子时（TAI）

为了精确测量时间，科学家发明了原子钟，这种时钟通过铯 133 原子的跃迁计时，不受地球旋转和振动的影响。原子时钟把秒定义为铯 133 原子做 9192631770 次跃迁所用的时间。之所以选择这个跃迁次数是为了让原子秒与引入原子秒那一年的天文观测秒保持一致。目前，世界上大约有 50 个实验室拥有铯 133 时钟，每个实验室都定期向位于法国巴黎的国际时间局（Bureau International de l'Heure，BIH）报告其时钟的滴答次数，BIH 用这些值的平均值产生国际原子时（TAI）。TAI 的纪元始于格林尼治时间 1958 年 1 月 1 日 00:00。TAI 是在实验室里产生的时间标准，不仅没有时间间断（如闰秒），而且极其稳定。

全球定位系统（Global Positioning System，GPS）的时间基准是以 TAI 为基础的，其纪元始于 1980 年 1 月 6 日 00:00。GPS 是个高度专业化的分布式系统，总计使用了 29 颗卫星，所有卫星在高度约为 20000 km 的轨道上运行，每颗卫星使用了多达 4 个原子时钟，这些时钟由地面上的特定基站进行校准。卫星不断地广播其位置和时间戳，每个信息都带有它的本地时间。这种广播使地面上的接收器能够精确地计算出本身所处位置。

3. 协调世界时（UTC）

1972 年，TAI 标准定义的原子秒时间长度获得了国际认可。但是，正与前文所述，地球的旋转是不均匀的，稍微有些不规律，随着时间的推移，天文观测秒会出现轻微变化，而原子秒是固定不变的，这就带来了一个问题，即 86400 个 TAI 秒（即 24 小时）现在比一个天文观测日少 3 ms（因为平均太阳日越来越长）。应用 TAI 计时将意味着多年以后中午会出现得越来越早，直至最终会出现在凌晨。

BIH 通过引入闰秒解决了该问题，即当 TAI 计时和天文观测计时之间的差增加到 800 ms 时使用一次闰秒。这种修正产生了一种时间系统，该时间系统基于恒定长度的 TAI 秒，但却和太阳的运动保持一致，它被称为协调世界时（UTC）。从 1972 年起，UTC 取代 GMT，成为国际时间标准。UTC 和 TAI 的值在 1958 年 1 月 1 日 0 点是相同的，从那刻之后，UTC 已经偏离 TAI 大约 30 s。向 UTC 插入闰秒的时间点由 BIH 决定并公布于众，因此 UTC 和 TAI 之间的偏差是众所周知的。由于 UTC 需要闰秒，所以是间断的。

UTC 现在已是挂钟的时间基准，然而，出于节约能源的需要，不同时区的政府会使用不同的夏令时，这也决定了当地挂钟时间和 UTC 之间可能存在众所周知的偏差。

大多数电力公司将 UTC 作为其 60 Hz 或者 50 Hz 时钟的计时基础。因此，当 BIH 宣布闰秒后，电力公司把它们使用的频率分别从 60 Hz 或者 50 Hz 增加到 61 Hz 或者 51 Hz，以使分布在各个地区的时钟前拨。

对于实时系统，1 s 是一个相当大的时间间隔。要求在几年间保持精确时间的操作系统，必须有专门的软件根据闰秒的定义来计算闰秒（除非使用电力线的频率来计时，而这种计时方法通常很粗糙）。

4.2 时　　钟

在古代，测量两个事件之间的时间差基本上依靠人的主观判断。随着现代科学的出现，人们发明了利用物理时钟测量时间进展的客观方法。在网络中，微处理器是网络节点的经典配置，它由板上的时钟来实现驱动和定时。

4.2.1 物理时钟

物理时钟是用来测量时间的设备，它包括物理振荡机构和计数器。振荡机构周期性地产生使计数器增值的事件，这个周期性事件称为时钟微节拍（Microtick），两个连续微节拍之间的时间间隔称为时钟粒度（Granularity）。要想测量一个时钟的粒度，用于测量的时钟必须具有更小的粒度（或者说，具有更高的分辨率）。在时间测量中，数字时钟的粒度会引入数字化误差（Digitalization Error）。

日常生活中也有模拟时钟（如日晷），这种时钟没有粒度，本书只考虑数字时钟。

网络节点所使用的物理时钟是由优质石英晶体驱动的本地时钟，通常情况下，它们的容差（Tolerance）不大，温度和元件老化所导致的漂移（Drift）也很小，甚至可以做到对电源变化不敏感。因此，本地时钟能够建立专用于所考虑节点的本地时间。

本地时钟是独立运行的。很显然，每个网络节点的运行独立于其他节点。众所周知，石英晶体一旦被焊接到印制电路板上，就很难使其改变频率值。简而言之，它的频率是固定的。然而，在拥有多个节点的网络上，由于种种原因（环境温度的变化等），片刻之后，所有时钟不仅在一定程度上偏离它们的初始值，而且彼此之间也会偏离开来，即使开始时它们是同步的，情况也是如此。

下面以网络节点中的时钟为例，列出了直接或间接影响信号时间值的各种电气和技术参数。

（1）容差

网络的位速率是预先定义的，位时间为位速率的倒数，但这只是一个理想值，在开始时难以确保所有节点的本地时钟都能构建出这个位时间。例如，某网络的位速率为 10 Mbps，位持续时间恰好是 100 ns，一开始就让所有节点的位时间都为 100 ns 是困难的。主要原因在于，时钟是由各个节点的石英晶体驱动的，存在容差。为了能够依据拓扑结构的灵活性和信号最小残留的不对称性获得最佳效果，高质量石英晶体的容差通常在±250 ppm（对应上例的位速率为 9.999750～10.000250 Mbps）范围内。

（2）采样频率抖动

网络节点有时使用过采样（Oversampling）技术测量和确认位时间，采样频率（大于节点的本地时钟频率，如 80 MHz）是在石英晶体的输出频率（如 20 MHz）基础上应用锁相环（Phase Locked Loop，PLL）获得的。在这种情况下，相位控制环的轻微不稳定都会导致采样频率的抖动，也就是说，采样频率会围绕中心值（不一定是标称值）快速且无规律地变化。

（3）相对和绝对相位

即使所有的时钟值严格相同，它们仍然必须全部锁定到彼此相关的相位上，以使它们不仅是同步的（Synchronous），而且变成完全等时的（Isochronous）。因此，节点之间的同步有必要考虑相位（偏差）修正和速率修正。

（4）漂移

时钟除了存在精密度（Precision）、容差和抖动问题，还存在时间漂移问题。时间漂移主要是由温度和老化效应引起的，直接影响时钟的内在品质。

（5）温度

所有节点都会受到典型环境温度变化（−40～+70℃）的影响。节点在网络中所处的地理位置取决于其功能，这些位置的热性质不会完全相同（如机动车辆的机罩下、飞机机翼外部等），这意味着为更大的温度范围做准备是必要的，如从−60～125℃。

（6）老化

即使在相同的温度下，老化现象也会造成时间漂移。

不难看出，与数字时钟有关的术语和参数很多，为方便起见，接下来的讲述将把时钟编号和微节拍编号用自然数 $1,2,\cdots,n$ 表示。在表示时钟属性时，用上标表示时钟编号，下标表示微节拍编号或节拍编号。如时钟 k 的第 i 个微节拍表示成 microtick_i^k。

4.2.2　参考时钟

假定存在一个精密的外部观测器，它能够在给定情形下（忽略相对论的影响）观测所有感兴趣的事件。该观测器只有一个完全符合国际时间标准的参考时钟 r，时钟频率为 f^r，参考时钟拥有与国际时间标准一样的计数器。我们将 $1/f^r$ 称为时钟 r 的粒度 g^r。例如，f^r 为每秒 10^{15} 个微节拍，那么粒度 $g^r = 1$ fs（飞秒，$1\text{ fs} = 10^{-15}$ s）。参考时钟的粒度非常小，在下面的分析中忽略其数字化误差。

精密观测器无论何时观察到事件 e 发生，立即把参考时钟的当前状态记录下来，以此作为事件 e 的发生时间，并为事件 e 生成一个时间戳 $r(e)$。如果 r 是系统的唯一参考时钟，那么可将 $r(e)$ 看作事件 e 的绝对时间戳。

通过记录两个事件之间的参考时钟微节拍数，能够算出它们之间的时间间隔。由此可以看出，一个给定时钟 k 的粒度 g^k，可由参考时钟 r 在时钟 k 的两个微节拍之间所记录下的标称微节拍数 n^k 给出。

发生在参考时钟 r 的两个连续微节拍之间（在参考时钟粒度 g^r 中）的事件，它们的时序不可能根据绝对时间戳重建，这使时间测量具有局限性。

4.2.3 时钟漂移

长期运行的物理时钟，其性能可能发生变化，描述这种现象的术语是时钟漂移。将某物理时钟 k 在第 i 和第 i+1 个微节拍之间的时钟漂移，定义为时钟 k 与参考时钟 r 在 k 的第 i 个微节拍时的频率比。用参考时钟 r 测量时钟 k 在第 i 和第 i+1 个微节拍之间的粒度长度，将所得参考时钟微节拍数除以时钟 k 的标称微节拍数 n^k，可以确定时钟 k 的漂移：

$$\text{drift}_i^k = [r(\text{microtick}_{i+1}^k) - r(\text{microtick}_i^k)] / n^k \tag{4-1}$$

正常情况下，时钟漂移接近于 1，为了表示方便，引入漂移率 ρ_i^k：

$$\rho_i^k = 1 - [r(\text{microtick}_{i+1}^k) - r(\text{microtick}_i^k)] / n^k \tag{4-2}$$

由上式可以看出，理想时钟的漂移率是 0。真实时钟的漂移率会因环境影响有所变化，例如，环境温度的变化、晶振器电压的变化或晶体老化。在规定的环境参数下，振荡器的漂移率被限制在最大漂移率 $\rho_{\max}^k$ 内，振荡器手册中会注明这个数据。典型的最大漂移率一般在每秒 10^{-2}～10^{-7} s 范围内，或者更好一点。每个时钟都有非零漂移率，自由振荡的多个时钟，即从未进行重同步的多个时钟，运行一定的时间后，就会偏离限定的相对时间间隔。即使开始时它们是完全同步的，情况也一样。

例如，在 1991 年海湾战争期间的 2 月 25 日这天，美国军队的爱国者导弹防御系统因拦截一颗飞毛腿导弹失败造成了灾难性事故。当时导弹系统的运行时间超过 100 h，因时钟漂移较大，跟踪情况出现了 678 m 的跟踪误差，以至于爱国者导弹不仅未能拦截入侵导弹，而且击中了己方在沙特阿拉伯的达兰军营，最终造成 29 人死亡，97 人受伤。导弹系统原来的运行时间要求是 14 h，即在 14 h 内的时钟漂移是可处理的。

4.2.4 时钟的失效模式

物理时钟失效模式有两种，如图 4-2 所示。

① 故障使计数器值出现错误。

② 时钟节拍开始加快或变慢，导致时钟漂移率偏离指定的漂移率范围（偏离图 4-2 所示的阴影部分）。

在网络中，各个节点拥有独立的时钟，时钟之间可能出现的一般性问题，如相位差与速率差，如图 4-3 所示。

① 节点的时钟以相同的速率变化，所指示的时间值是不相同的，这些时钟之间存在状态（相位）差，如图 4-3（a）所示。

② 不同时钟的起始相位相同，但时钟之间存在速率（速度）差，如图 4-3（b）所示。

如果所有节点的时钟速率与参考时钟（基准时钟）保持严格一致，那么代表不同节点时钟变化的直线应该是斜率为 45°的直线。节点的时钟如同手表一样有快慢

之分，没有相同的速率，因此上述情况永远不会出现。

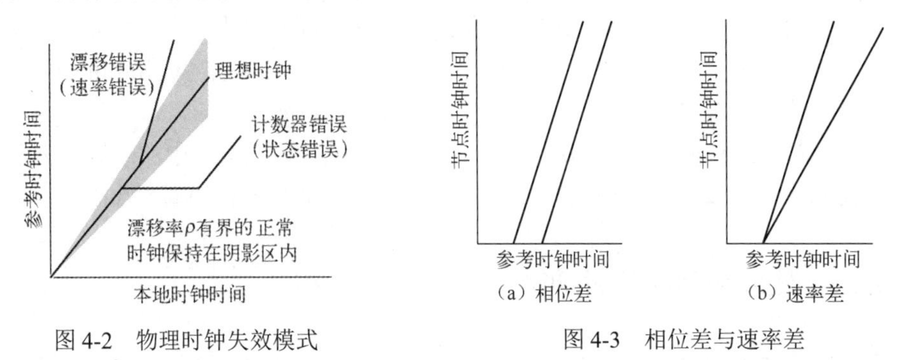

图 4-2　物理时钟失效模式　　图 4-3　相位差与速率差

4.2.5　时钟精密度与准确度

时钟精密度（Precision）和时钟准确度（Accuracy）是表征数字时钟行为和质量的两个重要参数。在描述它们之前，首先给出时钟偏差（Offset）的定义。

1．时钟偏差

时钟偏差是指具有相同粒度的两个时钟在相应微节拍上的时间差，即

$$\text{offset}_i^{jk} = \left| r(\text{microtick}_i^j) - r(\text{microtick}_i^k) \right| \tag{4-3}$$

式中，offset_i^{jk} 为时钟偏差；j、k 为时钟编号；i 为微节拍；$r(\text{microtick}_i^j)$ 、$r(\text{microtick}_i^k)$ 分别表示时钟 j、k 在第 i 个微节拍上对应的参考时钟微节拍数。

2．时钟精密度

在指定的微节拍上，时钟集合$\{1,2,\cdots,n\}$的任意两个时钟之间的最大时钟偏差被定义为时钟集合在该微节拍的时钟精密度，即

$$\Pi_i = \max_{\forall 1 \leqslant j,k \leqslant n} \left\{ \text{offset}_i^{jk} \right\} \tag{4-4}$$

式中，Π_i 为时钟集合在第 i 个微节拍的精密度。一般情况下，我们关心的时间长度有限，通常把有限时间间隔上的最大 Π_i 称为时钟集合的精密度，用 Π 表示。精密度是时钟集合中任意两个时钟在所关心时间段内的最大偏差。

物理时钟容易产生漂移，时钟集合中的时钟若不周期性地进行重同步，它们将逐渐产生偏离。利用时钟相互重同步可使时钟集合维持一个有界的精密度，这种同步过程称为内部同步（Internal Synchronization）。

3．时钟准确度

时钟 k 相对于参考时钟 r 在微节拍 i 的偏差称为准确度，用 accuracy_i^k 表示。在所有被关心的微节拍上出现的最大偏差称为时钟 k 的准确度，用 accuracy^k 表示。准

确度表示在所关心的时间段内给定时钟与外部参考时钟的最大偏差。

一个时钟与参考时钟之间的偏差要想保持在一定的间隔内，它就必须与参考时钟周期性地进行重同步，这种同步过程称为外部同步（External Synchronization）。

如果一个时钟集合中的所有时钟是外部同步的，准确度为 A，那么集合也被内部同步了，对应的精密度不会超过 $2A$，反之则不成立。如果集合中的时钟从未与外部时基重同步，那么即使该时钟集合是内部同步的，最终也将偏离外部时间。

4.2.6　实际应用中的时钟微节拍

在分布式实时系统中，每个节点各自建立自己的微节拍，这种构成方式使任何外部同步机制都不会影响或改变微节拍的粒度，即周期。然而，粒度与本地时钟密切相关，一定会受到本地振荡器的容差和漂移的影响。

如果本地时钟的振荡频率足够高，那么微节拍可直接通过分割石英时钟来生成（提取分谐波频率）。如果不能使用这个解决方案（如节点上的微处理器功耗太大），那么可通过锁相环（PLL）或分数 PLL 型锁相器件来提高频率，然后将其分割，以获得应用所需要的微节拍。例如，在负责管理 FlexRay 协议的微处理器上往往有一个 PLL 器件，专门用于提高 FlexRay 部分的频率（如从 20 MHz 提高到 80 MHz）。

分频器和锁相环的应用如表 4-1 所示，该表给出了一个利用分频器和锁相环改变本地时钟频率的例子。

表 4-1　分频器和锁相环的应用

节点 i	石英晶体 / MHz	实现方法	本地时钟 / MHz
	40	分频器：2	20
	20	PLL×4	80

从时钟定时 / 驱动角度看，每个网络节点由两部分组成，分别为微处理器 CPU 部分和通信网络部分。通常，两者所采用的时钟频率并不一致，需要分别建立。如果微处理器 CPU 部分的时钟周期为 P，那么通信网络部分的微节拍粒度为 P 的整数倍或分数倍。

时钟应用如表 4-2 所示，该表给出了两个时钟应用实例。FlexRay 节点通常使用该表中后一个例子所给出的方法，微处理器 CPU 部分的时钟频率一般选为 80 MHz（周期为 12.5 ns），该时钟经 2 分频后形成通信网络部分的时钟频率 40 MHz（周期为 25 ns）。

表 4-2　时钟应用

节点的微处理器部分				节点的 FlexRay 部分		
石英晶体 / MHz		本地时钟 / MHz	本地时钟周期 / ns	微节拍分频器	微节拍时钟 / MHz	微节拍周期 / ns
40	分频器：2	20	50	2	10	100
20	PLL×4	80	12.5	2	40	25

不言而喻，在同一网络上，各个节点的微节拍是不同的，它们都有具体的粒度值，然而在节点本地，粒度一般被假定为一个常数。

4.3 时 间 测 量

在分布式系统中，如果所有实时时钟都与参考时钟 r 完全同步，每个事件都加盖了时间戳，那么，即使通信延迟的变化对传递顺序造成了影响，也可以很方便地测算出两个事件之间的时间间隔，重建事件的时间顺序。然而，分布式系统是松散耦合的，每个节点都使用自己的物理振荡器，难以做到紧密的时钟同步，需要引入一个较弱的通用参考时间——全局时间。

4.3.1 全局时间

在网络中的某些节点可能因功能需要而一起工作，即形成一个节点簇或节点集，为使系统正常运行，将这些节点整合在同一时间衡器里是必要的。一旦做到了这一点，簇中所有节点将在一个共同的全局性时间单位下运行。一组网络节点（簇）所独有的全局性时间称为网络范围全局时间，简称全局时间。

由上可知，全局时间表示一组参与者（簇）对时间参数的一种一般性共同看法，属于网络层面的时间。值得特别提醒的是，实时通信网络协议本身并不包含全局时间基准（Reference）或绝对时间，每个节点对全局时间有不同的定义。

由此看来，全局时间是一个抽象的非物质性实体。因此，本地时间与全局时间之间存在潜在冲突和深刻的矛盾。一方面，本地时间专用于节点，拥有一成不变的粒度值；另一方面，全局时间是个别时间的全局性、灵活性和适应性综合，全局时间值是从这些个别时间衍生出来的。

为了在本地时间和全局时间这两个实体之间创建缓冲，这里引入了一个新的概念——宏节拍（Macrotick），它具有作为网络常数和网络特有时间单位的功能。

假定存在一个节点集，其中每个节点都有自己的本地物理时钟，形成的时钟集合为$\{1,2,\cdots,n\}$，其中，时钟 k 的粒度为 g^k，$k=1,2,\cdots,n$。如果全部时钟是内部同步的，精密度为 Π，即任意两个时钟 j、k，在第 i 个微节拍满足

$$\left| r(\text{microtick}_i^j) - r(\text{microtick}_i^k) \right| < \Pi \tag{4-5}$$

那么，通过选取本地时钟的微节拍子集，可在本地实现全局时间。这里将选取本地微节拍作为全局时间的宏节拍或节拍（Tick）。例如，将本地时钟的每 10 个微节拍作为该时钟的一个全局时间宏节拍。某个时钟 k 的宏节拍通常用 t_i^k 表示。

单个事件的时间戳如图 4-4 所示，图中虚线表示宏节拍之间的对应关系，时钟 j、k 每隔 10 个微节拍形成一个宏节拍。全局时间是个抽象概念，它是通过从同步的本地物理时钟集合中选择适当的微节拍数来近似的。

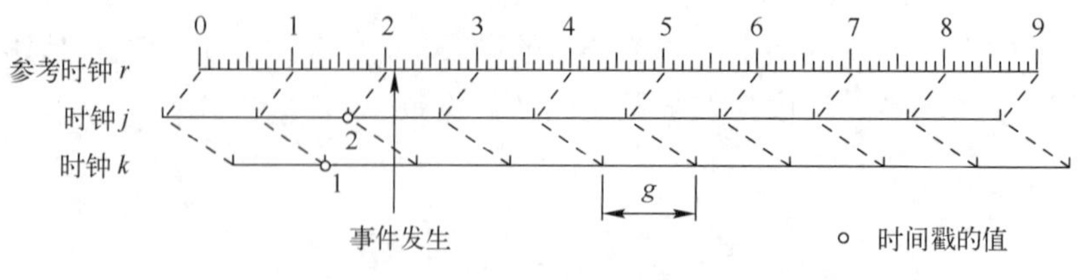

图 4-4　单个事件的时间戳

全局时间是一个逻辑上存在的时间，也可以理解为节点簇内所有节点对时间的概念达成共识的时间。对簇内每个节点来说，宏节拍的粒度都是等长的。但是，由于各个节点的宏节拍由本地的时钟微节拍组成，而每个节点的微节拍不一定具有相同的粒度，因此不同的节点即使宏节拍粒度相同，对应的微节拍个数也可能存在差异。

当确定全局时间时，每个节点需要计算本地的时钟与其他节点的时钟之间的偏差，并据此调整宏节拍所包括的微节拍个数。利用全局时间，可使分布式系统内各个节点实现内部时钟同步，在讲述具体的同步方法之前，有必要讨论与偏差测量相关的一些问题。

1. 合理性条件

如果全局时间的所有本地实现满足下述条件，那么全局时间 t 是合理的。

$$g > \Pi \tag{4-6}$$

式中，g 表示全局时间的粒度，也称为宏粒度，见图 4-4；Π 为内同步时钟集合的精密度。这个合理性条件确保同步错误被限制在一个宏粒度内，即两个宏节拍之间。

当合理性条件得到满足时，通过时钟集合中的任意两个时钟 j、k 对单个事件 e 进行观测，所得全局时间 $t^j(e)$、$t^k(e)$满足

$$\left|t^j(e) - t^k(e)\right| \leqslant 1 \tag{4-7}$$

式（4-7）表示单个事件的全局时间戳最多相差一个宏节拍，这是能够获得的最好结果。由于难以做到时钟完全同步，并且数字时间是粒度化的，总有可能出现以下事件序列：时钟 j 变化，然后事件 e 发生，接下来时钟 k 变化。在这种情况下，通过时钟 j 和 k 对单个事件 e 标注的时间戳相差一个宏节拍，如图 4-4 所示，时钟 j 对 e 加注的时间戳为 2，而 k 加注的时间戳为 1。

2. 相差一个节拍的事件

在拥有合理全局时间的分布式系统中，假定发生了两个事件，两个不同的节点分别观测到其中一个事件，两个事件的全局时间戳相差一个宏节拍，我们能够判别两个事件的时序吗？

相差一个节拍的两个事件的时序如图 4-5 所示，该图描述了发生上述情况的 4 个事件，各个事件用参考时钟的微节拍表示，分别写成事件 17、42、67 和 69。从图中可以看出，事件 17 和事件 42 之间相差了 25 个微节拍，而事件 67 和事件 69

仅差 2 个微节拍，但是，两个间隔导致了同样的测量偏差，都是一个宏粒度。虽然事件 69 发生在事件 67 之后，但事件 69 的全局时间戳比事件 67 的小。由于同步错误和数字化错误的积累，不可能重建全局时间戳相差一个宏节拍的两个事件之间的时序。然而，事件的时间戳若相差两个宏节拍，时序还是有可能重建的，这是因为同步错误和数字化错误之和总是小于 2 个宏粒度。

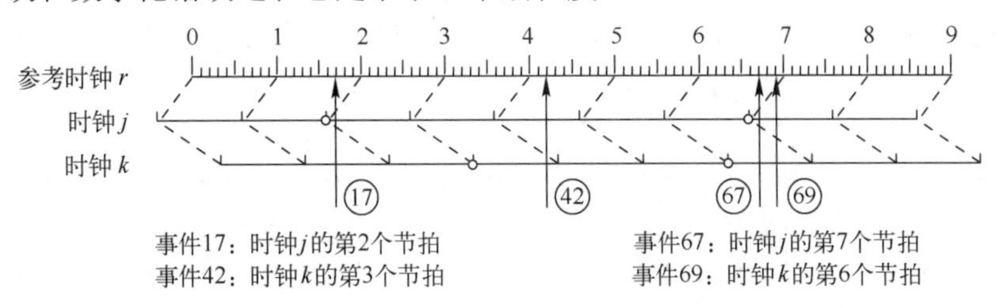

图 4-5 差一个节拍的两个事件的时序

4.3.2 时间间隔测量

时间间隔是以两个事件分界的，一个是间隔的起始事件，另一个则是间隔的结束事件。两个事件彼此之间关系的测量，受到同步错误和数字化错误的影响。在满足合理性条件的情况下，两种错误造成的误差之和小于 $2g$。由此可见，时间间隔的真实持续时间受到下式的限制，即

$$(d_{obs}-2g) < d_{true} < (d_{obs}+2g) \tag{4-8}$$

式中，d_{true} 表示真实时间间隔；d_{obs} 是起始事件和结束事件之间的时间差的观测值。

对于真实长度相同的时间间隔，若起始事件和结束事件的观测节点是不同的，则可能得到不一样的观测值。间隔观测错误如图 4-6 所示，该图中给出了两对事件，一对事件是事件 17 和 42，另一对事件是事件 72 和 97，它们的真实时间间隔同为 25 个微节拍，观测节点赋予事件的全局节拍用小圆圈标出。由图中可以看出，用时钟 j、k 分别观测起始事件 17 和结束事件 42，得到的时间间隔为 1 个宏节拍；而用时钟 k、j 分别观测起始事件 72 和结束事件 97，得到的时间间隔为 4 个宏节拍。

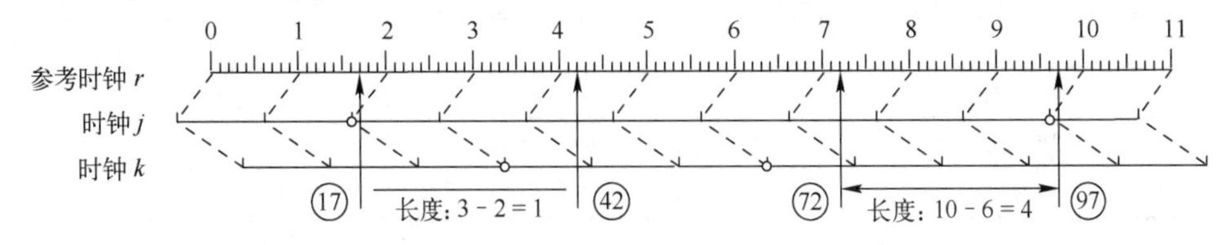

图 4-6 间隔观测错误

4.3.3 π/Δ-领先

某分布式系统包括 j、k 和 m 三个节点，每个节点都支持全局时间，并分别在全局时间点 1、5、9 各产生一个事件。通过精密的外部观测器，能够看到图 4-7 所

示的情形。

在每个全局时钟节拍上，所有本地产生的事件都将在时间间隔 π 中出现，$\pi \leqslant \Pi$，Π 是时钟集合的精密度。发生在不同时钟节拍处的事件至少相隔 Δ。精密的外部观测器将 π 内的事件当作是同一时刻出现的，不能对它们进行排序。但是，发生在不同节拍的事件应该能被排序，那么，事件子集之间应该相隔多少个静默粒度，才能保证外部观测器（或另外的簇）复原出发送簇想要的时序呢？在回答这个问题之前，需要引入 π/Δ-领先（π/Δ-precedence）这个概念，如图 4-7 所示。

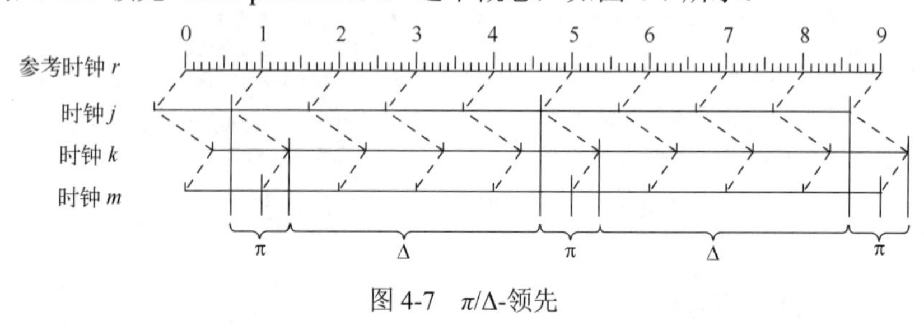

图 4-7　π/Δ-领先

假定事件集为$\{E\}$，两个时间间隔为 π 和 Δ，$\pi \ll \Delta$，这个事件集中的任意两个元素 e_i 和 e_j 满足下列条件：

$$\left[\left|r(e_i)-r(e_j)\right| \leqslant \pi\right] \vee \left[\left|r(e_i)-r(e_j)\right| > \Delta\right] \tag{4-9}$$

式中，r 为参考时钟。满足上述条件的事件集是 π/Δ-领先的。π/Δ-领先意味着，几乎同时发生（紧凑地发生在 π 间隔内）的事件子集与另外一个事件子集分开一定的间隔（至少为 Δ）。如果 π 为 0，那么 $0/\Delta$-领先事件集的任意两个事件，要么同一时刻发生，要么至少相隔 Δ。

假设分布式系统的全局时间粒度为 g，系统中发生了两个事件 e_1 和 e_2，且被两个节点各观测到一个，被观测事件的时序如表 4-3 所示，该表中给出了在不同 $0/\Delta$-领先情况下，事件时间戳之间的最小差别。

表 4-3　被观测事件的时序

事件集	两个非同步发生事件的时间戳	是否可重建事件时序
$0/1g$ 领先	$\lvert t^j(e_1)-t^k(e_2)\rvert \geqslant 0$	否
$0/2g$ 领先	$\lvert t^j(e_1)-t^k(e_2)\rvert \geqslant 1$	否
$0/3g$ 领先	$\lvert t^j(e_1)-t^k(e_2)\rvert \geqslant 2$	是
$0/4g$ 领先	$\lvert t^j(e_1)-t^k(e_2)\rvert \geqslant 3$	是

根据时间戳建立事件的时序，至少需要两个节拍的差别。因此，$0/3g$ 领先的事件集能够依据时间戳建立时序。

4.3.4　时间测量的基本限制

由以上分析可知，拥有粒度为 g 的合理全局时基的分布式实时系统，其时间测量受到下列限制：

① 两个不同节点观测同一个事件，时间戳可能相差一个节拍。两个事件的时间戳相差一个节拍，根据事件的时间戳重建时序是不够的。

② 观测到的时间间隔为 d_{obs}，则真实的时间间隔 d_{true} 受到式（4-8）的限制。

③ 时间戳的差别大于或等于 2 个节拍的事件，可以根据时间戳恢复其时序。

④ 事件集至少为 0/3g 领先，才能根据事件时间戳恢复它们的时序。

4.4　密集时基与稀疏时基

假定$\{E\}$是特定情况下的一个有意义的事件集。$\{E\}$可能是所有时钟的宏节拍，或报文发送和接收事件。如果允许这些事件在时间轴上的任意时刻发生，那么时基是密集的。如果这些事件的发生被限定在长度为ε的一些活动间隔内，并且任意两个活动间隔之间有长度为 Δ 的静默间隔，那么时基是ε/Δ-稀疏的（ε/Δ-sparse），ε/Δ-稀疏常简写成稀疏，稀疏时基如图 4-8 所示。如果系统基于稀疏时基（Sparse Time Base），那么某些时间间隔内不允许有重要事件发生。仅在活动间隔内发生的事件称为稀疏事件（Sparse Event）。

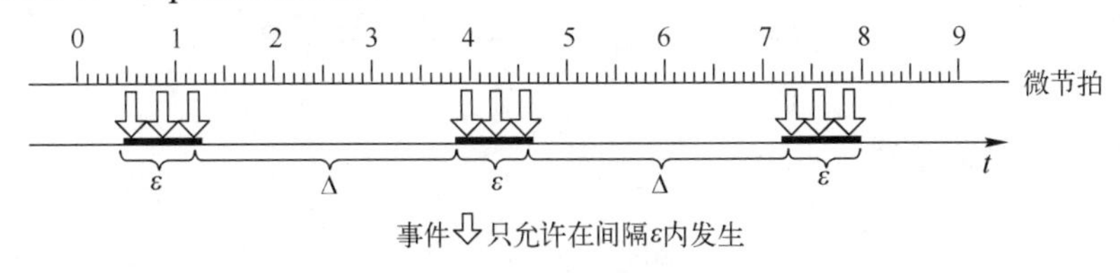

图 4-8　稀疏时基

很显然，只有系统能够控制的那些事件，其发生时间才能受到限制，也就是说，稀疏事件必须在系统的控制范围之内。例如，在分布式计算机系统中，报文发送可被限制在特定时间间隔内，禁止进入其他一些时间间隔。系统控制范围之外发生的事件不受限制，这些外部事件基于密集时基（Dense Time Base），不能强行使其成为稀疏事件。

4.4.1　密集时基

假设两个事件 e_1、e_2 发生在密集时基上，两个事件的时间间隔小于 3g，g 为全局时间粒度，不同的节点为两个事件标注了时间戳。如果不应用约定协议，建立两个事件的时序是困难的，甚至连建立一致的顺序都不可能。

例如，在图 4-9 所示的情形中，事件 e_1、e_2 相隔 2.5g，节点 j 观测事件 e_1 发生在时间 2，节点 m 则观测其发生在时间 1；节点 k 观测事件 e_2 发生在时间 3，并把这个观测结果报告给节点 j 和 m，节点 j 根据时间戳进行计算，得知两个事件的时间差为一个节拍，认为事件几乎同时发生，不能分辨顺序；而节点 m 根据时间戳计算所得两个事件的时间差为两个节拍，认为 e_1 一定发生在 e_2 之前；节点 j 和 m 对事件发生的顺序产生了不一致的看法。

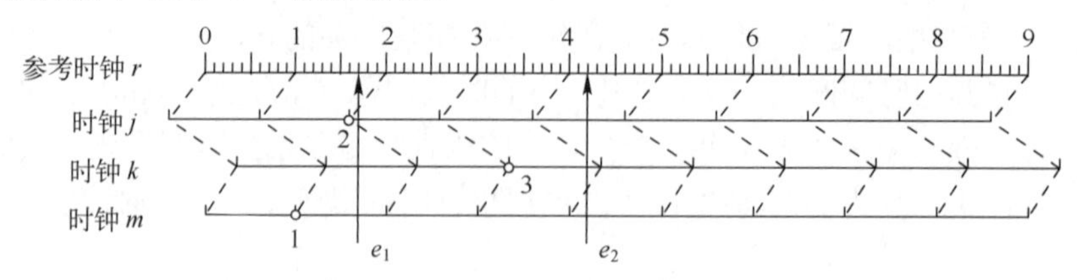

图 4-9　事件 e_1 和 e_2 的不同观测顺序

为了对事件的顺序有一致的看法，节点必须执行约定协议。在约定协议的第一阶段，分布式系统的节点之间进行信息交换，其目的是让每个节点从其他节点获得对同一状态的不同看法。第一阶段结束后，每个节点拥有相同的信息。在约定协议的第二阶段，每个节点应用确定的算法处理信息，从而得到公认值。在没有故障的情况下，约定协议需要进行一轮额外的信息以及用于执行约定算法的资源交换。

使用约定算法是有代价的，不仅增加了通信和处理需求，而且给控制回路引入了额外的延迟。因此，寻找无须付出这些附加代价，又能解决排序问题的解决方案是有益的。下面将要介绍的稀疏时间模型是常用的解决方案。

4.4.2　稀疏时基

设某分布式系统包括 A、B 两个簇，簇 A 产生事件，簇 B 观察这些事件，每个簇的时间都是内部同步的，粒度为 g，但是两个簇之间的时基是不同步的。现在要讨论的问题是，在什么情况下，观察簇 B 中的节点可以不通过执行约定协议，重新建立事件的本来时序。

假设节点 j 和 k 属于簇 A，它们在同一个簇节拍 t_i 上各产生了一个事件，即在节拍 t_i^j 和 t_i^k 产生了事件，两个事件之间最多相隔 Π，$\Pi<g$。在簇 A 的同一簇节拍上发生的事件，不需要排时序，观测簇 B 不应该为大约同一时间发生的事件建立时序。另外，在簇 A 的不同节拍上发生的事件，观测簇 B 需要重新建立它们的时序。如果簇 A 产生 1g/3g-领先的事件集，也就是说，在每个允许产生事件的簇节拍之后都有至少 3 个粒度的静默时间，这个条件是否足以判别事件的时序呢？

如果簇 A 产生了 1g/3g-领先的事件集，那么簇 A 的同一簇粒度 g 上发生的两个事件，有可能被簇 B 加上相差 2 个节拍的时间戳。由于这两个事件发生于簇 A 的同一簇粒度内，观测簇 B 不应该为它们排序（虽然可以）。簇 A 在相隔 3g 的不同簇粒度上发生的事件，也可能被簇 B 赋予相差 2 个节拍的时间戳，但簇 B 应该给予排序。因此，仅依据事件的时间戳相差 2 个节拍，簇 B 无法确定是否该为事件排序。为了解决这个问题，簇 A 必须产生 1g/4g-领先的事件集。簇 B 不为时间戳之差≤2 个节拍的两个事件排序，但为时间戳之差≥3 个节拍的两个事件排序，从而重建发送方本来的时序。

4.4.3　时空点阵

1*g*/4*g*-领先的事件集如图 4-10 所示，可将全局时钟的节拍看作图 4-10 中的时空点阵，节点可以在黑点处产生事件，如发送报文，而在白点处必须是静默的。这个规则可以让接收方在不执行约定协议的情况下，建立事件的一致时序。尽管发送方在产生一个事件之前可能要等待 4 个时钟节拍，但是这仍然要比执行约定协议快得多（假定全局时基的精密度足够高）。在稀疏时间点阵的黑点处产生的事件属于稀疏事件。

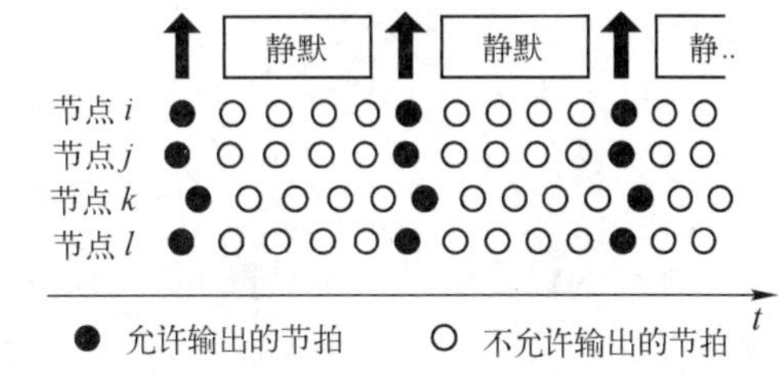

图 4-10　1*g*/4*g*-领先的事件集

在计算机系统的控制域之外产生的事件发生在密集时基上，不属于稀疏事件，难以限制在稀疏时基上。当分布式计算机系统的多个节点观测被控对象发生的事件时，为了对事件有一致的看法，在计算机系统与被控对象之间的接口上执行某个约定协议是不可避免的。这里所使用的约定协议，可以将非稀疏事件转化为稀疏事件。

4.4.4　时间的循环表示形式

许多技术和生物过程是循环的。循环过程的基本特征是行为有规则，每个循环都在重复一组类似的动作模式。例如，在典型的控制系统中，时间被分割成控制循环序列，控制过程的一般步骤如图 4-11 所示，该图展示了控制系统时间的直线和循环表示形式。在每个控制循环里，首先读取被控对象的状态变量，然后执行控制算法，最后在微机系统与被控对象之间的接口上，将新的设定点输出到执行器。

在时间的循环表示形式中，线性时间被划分为持续时间相等的循环。每个循环用一个圆环表示，循环内的时刻由圆环上的相位表示，即用时刻与循环开始时间之间的角位移表示。因此，循环和相位代表了循环表示形式中的时刻。在稀疏时间的循环表示形式中，圆环的周线不是实线，而是虚线，虚线点的大小和距离是由时钟同步精密度决定的。

连续的处理和通信动作序列是相位匹配的，一个动作结束，下一个动作立即开始。如果每个实时处理的各个动作是相位匹配的，那么实时处理的总持续时间被最小化。

在图 4-11 所示的例子中，典型控制回路仅在每个循环的 B 和 D 段时间（阴影部分）内要求通信服务。B 和 D 的时间间隔越短越好，因为这样可以减小控制回路的死区时间。这一要求会导致脉冲式数据流，在时间触发系统中，尽可能宽的通信带宽被周期性地分配给时间段 B 和 D，而在循环的其余时间段，可将通信带宽分配给其他请求。

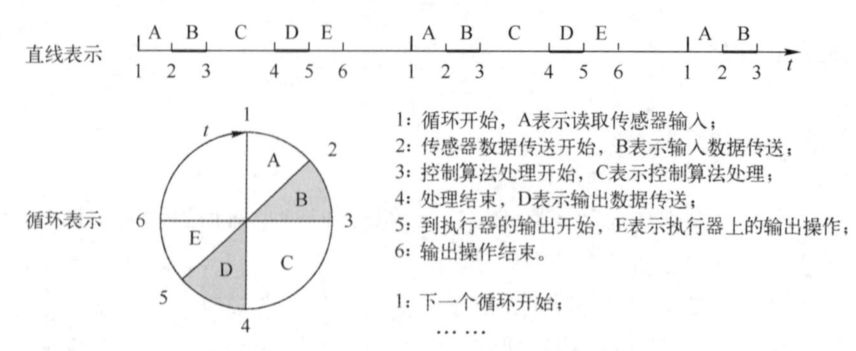

图 4-11　控制系统时间的直线和循环表示形式

时间的螺旋表示形式是循环表示形式的延伸，它通过引入第三个轴描绘循环的线性进展。

4.5　内部时钟同步

每个节点都有本地实时时钟，这些时钟的漂移率是不同的，对它们实施内部时钟同步的目的，是为了保证正常节点的全局时间节拍在指定的精密度 Π 内产生。在分布式实时系统的运行过程中，全局时基的可用性至关重要，时钟同步不应该只依赖单个时钟的正确性，还要有容错能力。

几乎所有节点的时钟都使用了本地晶振，晶振的物理参数决定了晶振微节拍的频率。一个节点的全局时间节拍（宏节拍）是本地晶振的微节拍的子集，节点的全局时间计数器负责为全局时间节拍计数。

4.5.1　同步条件

节点的全局时间节拍必须周期性地与集合中的其他节点重同步，以确保全局时基的精度维持在一个特定的范围内，这个重同步周期称为重同步间隔（Resynchronization Interval）。在每个重同步间隔的末尾调整时钟，可使节点的时钟之间有更好的一致性。这里，我们用收敛函数 Φ 表示重同步之后马上形成的时间值偏差，如图 4-12 中的深黑色小框所示。经调整之后的时钟会再次漂移、分散，直到一个重同步间隔 R_{int} 结束后被重同步，如图 4-12 中的浅色阴影区所示。图 4-12 给出了同步条件。

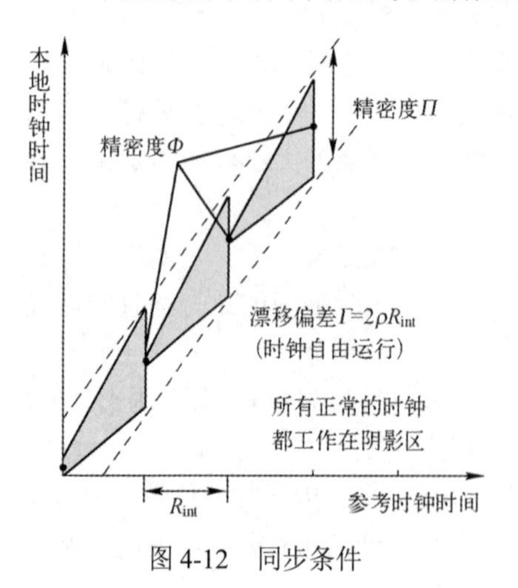

图 4-12　同步条件

设漂移偏差 Γ 表示重同步间隔 R_{int} 内任意两个正常时钟之间的最大发散量，很显然，Γ 的大小取决于重同步间隔 R_{int} 的长度以及时钟

的最大漂移率 ρ。

$$\Gamma = 2\rho R_{\text{int}} \tag{4-10}$$

时钟集合只有满足下式给出的同步条件，才能实现同步，即

$$\Phi + \Gamma \leqslant \Pi \tag{4-11}$$

式（4-11）描述了时钟集合同步时收敛函数 Φ、漂移偏差 Γ 和精密度 Π 之间的关系。在重同步间隔的末尾，时钟偏离到了精密度间隔 Π 的边缘，如图 4-12 所示。上述同步条件表明，同步算法必须让时钟值尽量靠近，以保证下一个重同步间隔中产生的时钟发散量不会超出精密度范围。

恶劣的应用环境有时会造成严重的节点故障，导致节点出错或失效。有些发生故障的节点会随机地发送各种错误数据，使正常工作的节点因无法获得正确的信息而做出错误的判断，这种情况必然会对时钟同步造成影响。

时钟发生拜占庭（Byzantine）故障是内部时钟同步中可能遇到的最坏情况。为了解释这个问题，先看一个例子。假设某个集合是由三个节点组成的，每个节点都有一个时钟，分别用 A、B 和 C 表示，各个节点利用收敛函数将时钟设置为该集合的平均值。如果 A 和 B 是正常时钟，而 C 是“两面性”的恶性时钟，那么 C 会干扰其他两个时钟，使它们不能满足同步条件，难以实现同步，恶性时钟行为如图 4-13 所示。

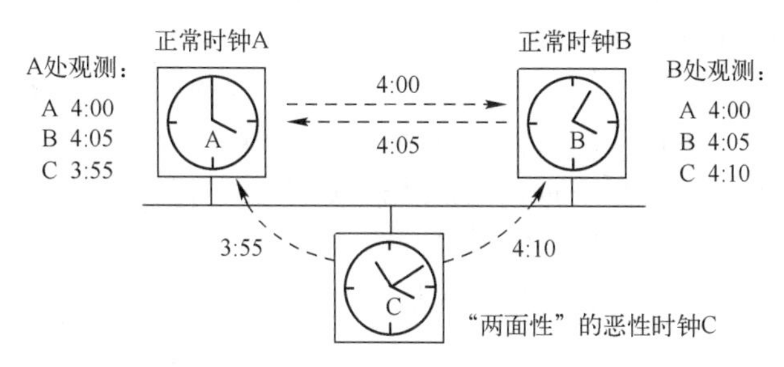

图 4-13　恶性时钟行为

这种恶意的“两面性”行为有时称为恶性错误，或拜占庭错误。在同步报文交换期间，拜占庭错误可能导致集合内的节点对时钟状态持有不同的看法。为了处理这种不一致信息，人们提出了多种算法。交互式一致性算法是比较特别的一类，这类算法通过插入附加的信息交换回合，形成对所有节点时间值的一致看法。这些附加的信息交换回合提高了时钟同步的精密度，但同时也加大了通信开销。其他处理不一致信息的算法是为不一致性引入的最大错误设立界限，如容错平均（Fault-Tolerant-Average，FTA）算法，本节后面会讲到这种算法，该算法表明：若 x 个时钟出现拜占庭错误，只有时钟总数 $N \geqslant (3x+1)$时，才能保证时钟同步。

4.5.2　中央主节点同步算法

中央主节点同步算法是一个简单的非容错同步算法，已被很多协议采用。中央

主节点是独一无二的节点，它周期性地向从节点发送带有其时间计数器值的同步报文，为从节点提供精确的当前时间。从节点一旦从主节点收到同步报文，立刻记录本地时间计数器的值，然后计算该时间值与同步报文中包含的主节点时间计数器值的差值，从所得差值中去除报文传输时间，即可获得主节点与从节点的时钟偏差。从节点根据这个偏差修正其时钟，使主 / 从节点的时钟保持一致。

在向集合中的节点传输报文时，各个节点收到同步报文的时间存在差异。节点集合中有最早和最晚收到同步报文的从节点，它们之间的时间差决定了中央主节点算法的收敛函数 Φ，也就是说，主节点的读取时钟值事件和同步报文到达所有从节点事件之间的延迟（Latency）抖动 ε 决定了收敛函数 Φ。

根据式（4-11）给出的同步条件，中央主节点算法的精密度 Π_{central} 为

$$\Pi_{\text{central}} = \varepsilon + \Gamma \tag{4-12}$$

中央主节点同步通常用于分布式系统的启动阶段，算法简单，但没有容错能力。一旦主节点失效，重同步终止，自由震荡的从节点时钟很快就会偏离精密度范围。该算法的一个变体是多主策略，其特点如下：一旦活动的主节点失效，影子主节点能够根据本地的超时情况检测发现该问题，其中一个影子主节点将会承担起活动主节点的作用，继续重同步操作。

4.5.3　分布式容错同步算法

分布式容错时钟重同步通常分为以下三个阶段。

第一阶段：每个节点通过报文交换获得其他节点的全局时间计数器值。

第二阶段：各个节点分析收集到的信息，检查是否有错误，然后执行收敛函数，得出本地全局时间计数器的修正值，若某个节点利用收敛函数计算出来的修正项大于集合的规定精密度，则节点自动停用。

第三阶段：节点根据修正值调整本地时间计数器。

分布式同步算法有多种，它们之间的差别主要表现在以下几个方面：① 从其他节点收集时间值的方式不同；② 应用的收敛函数类型不同；③ 修正值应用于时间计数器的方式不同。

1．读取全局时间

在局域网中，时间报文把当前时间值从一个节点带到所有其他节点，影响同步精密度的最重要因素是时间报文的抖动。当时间报文在两个节点之间传送时，已知的最小延迟可以通过事先知道的延迟补偿项进行补偿，该补偿项不仅弥补报文在传输通道上的延迟，而且弥补报文在接口电路中的延迟。延迟抖动的大小主要取决于同步报文被封装和释义的系统层次，例如，如果封装和释义发生在系统架构的高层（如应用软件层），那么调度器、操作系统、协议软件中的队列、报文重传策略、媒体访问延迟、接收方中断延迟和接收方调度延迟等都会引起随机延迟，累积时间误

差，从而降低时钟同步精度。在不同的系统层次中，可以预期的同步报文的抖动近似值如表 4-4 所示。

表 4-4　同步报文的近似抖动

同步报文的封装和释义	抖动近似值
在应用软件层	500 μs～5 ms
在操作系统内核中	10～100 μs
在通信控制器硬件上	< 10 μs

要想获得高精密度的全局时间，非常重要的一点就是减小抖动，为此，人们已经提出了许多相应的方法。其中，克里斯蒂安（Cristian）提出的方法应用最多，他使用概率技术降低应用软件层的抖动：节点利用请求-响应（Query-Response）处理查询另一个节点的时钟状态，所用时间由请求的发送方计算，可从另一个节点得到当前时间，如图 4-14 所示。

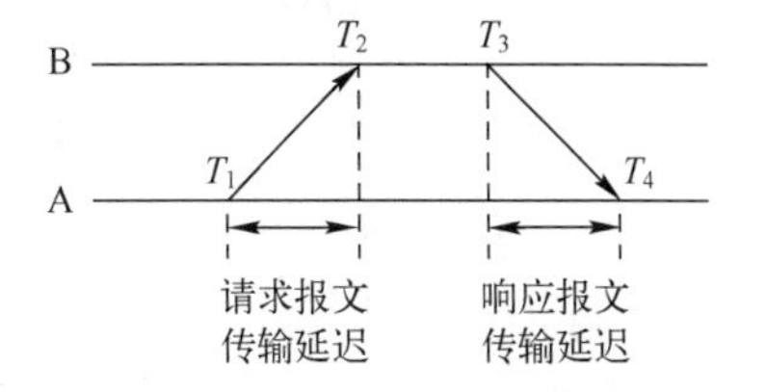

图 4-14　从另一个节点得到当前时间

在图 4-14 中，节点 A 在时间 T_1 发送一个请求给节点 B，节点 B 会依据自己的时钟记录接收时间 T_2，并在时间 T_3 返回一个响应报文，T_3 肯定大于 T_2。最后，节点 A 记录下响应报文到达时间 T_4。假设从节点 A 到节点 B 的传输延迟与从节点 B 到节点 A 的大致相同，即 $T_2-T_1 \approx T_4-T_3$。这样，节点 A 就可以计算出与节点 B 的时间偏差：

$$\text{offset}^{\text{AB}} = T_3 - \left[T_4 - \frac{(T_2 - T_1) + (T_4 - T_3)}{2}\right] = \frac{(T_2 - T_1) + (T_3 - T_4)}{2} \tag{4-13}$$

式中，T_1 和 T_4 都由发送节点 A 给出，$[(T_2-T_1)+(T_4-T_3)]/2$ 项是一次请求-响应处理所用传输时间的一半，节点 A 的时间 $T_4-[(T_2-T_1)+(T_4-T_3)]/2$ 与节点 B 的时间 T_3 相对应。

另外，Kopetz 教授提出的时间触发架构（TTA）使用了另外一种减小抖动的方法，这种方法采用了一种特殊的时钟同步单元（CSU），可在硬件层面支持同步报文的分段和封装，从而将抖动减少至几个微秒。由硬件加盖时间戳的方法有助于限制抖动，新的时钟同步标准 IEEE 1588 利用了这一方法。

延迟抖动对内部同步的影响，可以用不可能性结果（Impossibility Result）这个概念来描述。根据这一概念，如果集合是由 N 个节点组成的，那么内部同步时钟的精密度不可能好于

$$\Pi = \varepsilon\left(1 - \frac{1}{N}\right) \tag{4-14}$$

式中，ε 为延迟抖动。即使每个时钟都有理想的晶振，即所有本地时钟的漂移率为 0，上述结论同样成立。

2．收敛函数

各种容错时钟同步算法的收敛函数是不同的，下面将以分布式容错平均（FTA）

算法、容错中值（Fault-Tolerant Midpoint，FTM）算法为例，说明收敛函数的构造方法。

（1）FTA 算法

FTA 算法是一种单轮（One-Round）算法，能够处理不一致的信息，限制由不一致性引入的错误。

假设系统是由 N 个节点组成的，要求时钟同步算法能够容忍 x 个拜占庭故障。在此情况下，FTA 算法的实现过程是：首先，每个节点收集本地时钟与其他节点的时钟之间的时间偏差，得到 $N-1$ 个时间偏差，加上自身的时间偏差（0），总计拥有 N 个时间偏差。然后，将这些时间偏差由大到小排序，去除偏差序列中的 x 个最大偏差和 x 个最小偏差（假定错误的时间值大于或小于余下的时间值）。最后，根据定义，剩余序列中的 $N-2x$ 个时间偏差位于精密度窗口内(因为只有 x 个值被假定是错误的，并且错误的值大于或小于正确值)，它们的平均值就是节点时钟的修正项。

【例 4-1】 某集合由 9 个节点组成，要求容忍 2 个拜占庭故障，其中一个节点与其他 8 个节点的时间偏差为 −3、15、11、9、8、13、−5 和 6，该节点时钟的修正项为多少？

解　考虑到节点本身的时间偏差为 0，所有时间偏差由大到小排序后的偏差序列为

$$\text{zlist} = \{15, 13, 11, 9, 8, 6, 0, -3, -5\}$$

已知，$x = 2$，去除 2 个最大偏差和 2 个最小偏差后的偏差序列为

$$\text{zlist}' = \{11, 9, 8, 6, 0\}$$

根据 FTA 算法的定义，节点时钟的修正项（省去小数位）为

$$\text{zCorrectValue} = (11+9+8+6+0)/5 = 6$$

在最坏情形下，所有正常时钟的时间偏差都在精密度窗口 Π 的两端，一个节点与拜占庭时钟的时间偏差位于时间差序列的末端，另一个节点的情况正相反，即与拜占庭时钟的时间偏差位于前端，这种情形的一个实例如图 4-15 所示。图中所示的集合共包括 7 个节点，1 个节点的时钟呈现拜占庭式行为。Δt 表示时间差，正常节点与拜占庭时钟的时间偏差用实心箭头表示，与正常时钟的时间偏差用空心箭头表示，实线框中的箭头表示被 FTA 算法拒绝的偏差。FTA 算法利用图中的 5 个被接受的偏差值求取平均值，节点 j 的计算结果为 Π，节点 k 的计算结果为 $4\Pi/5$，拜占庭故障导致两者产生了 $\Pi/5$ 的偏差。

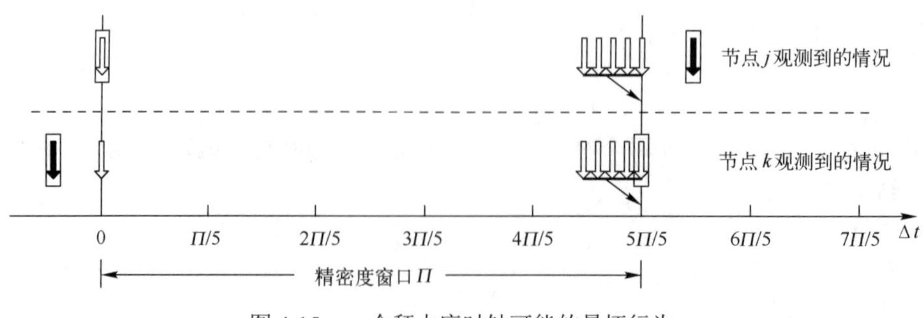

图 4-15　一个拜占庭时钟可能的最坏行为

假设分布式系统是由 N 个节点组成的，每个节点都有自己的时钟（时间值的单位为秒），最多有 x 个时钟出现拜占庭式行为。现在，我们来分析在此情形下 FTA 算法的精密度。

在出现单个拜占庭时钟时，不同的两个节点根据 FTA 算法计算所得两个均值之差为

$$E_{1-B} = \Pi/(N-2) \tag{4-15}$$

因此，在最坏情形下，x 个拜占庭时钟造成误差为

$$E_{x-B} = x\Pi/(N-2x) \tag{4-16}$$

考虑到同步报文的抖动因素，FTA 算法的收敛函数由下式给出：

$$\Phi(N,x,\varepsilon) = x\Pi/(N-2x)+\varepsilon \tag{4-17}$$

将式（4-11）表示的同步条件和式（4-17）相结合，可得

$$x\Pi(N,x,\varepsilon,\Gamma)/(N-2x)+\varepsilon+\Gamma = \Pi(N,x,\varepsilon,\Gamma) \tag{4-18}$$

变换后可得

$$\Pi(N,x,\varepsilon,\Gamma) = \frac{N-2x}{N-3x}(\varepsilon+\Gamma) = \mu(N,x)(\varepsilon+\Gamma) \tag{4-19}$$

式中，$\Pi(N, x, \varepsilon, \Gamma)$为 FTA 算法的精密度，$\mu(N, x) = (N-2x)/(N-3x)$ 称为拜占庭错误项，如表 4-5 所示。

表 4-5　拜占庭错误项 $\mu(N, x)$

拜占庭节点数 x	集合中的节点数 N							
	4	5	6	7	10	15	20	30
1	2	1.5	1.33	1.25	1.14	1.08	1.06	1.03
2	—	—	—	3	1.5	1.22	1.14	1.08
3	—	—	—	—	4	1.5	1.27	1.22

$\mu(N, x)$表示由拜占庭错误所产生的不一致而导致的精密度损失。在真实的环境中，单轮同步预计最多发生一次拜占庭错误，因此，在经过妥善设计的同步系统中，拜占庭错误造成的后果并不严重。

（2）FTM 算法

FTM 算法起源于传统的平均技术，其实现过程与 FTA 算法基本一致，主要不同之处在于，FTM 算法不使用节点自身的时间偏差，从偏差序列中去除的最大和最小值个数 x 是一个系统参数，要根据偏差值的个数来确定，而不是拜占庭故障数。修正值计算方法是：首先去除时间偏差序列中的 x 个最大和 x 个最小值，然后取出剩余序列中的最大值和最小值，将其平均值作为修正值，FTM 算法如表 4-6 所示，表中，zCorrectValue 为修正值；zlist 为时间偏差由大到小排序后的序列；length 为序列的长度，即偏差值的个数。由于这种算法有利于简化硬件设计和克服某些不稳定故障（故障时钟运行过快或过慢）的影响，现已被 FlexRay 总线采用。

表 4-6 FTM 算法表

时间偏差值的个数	x	修正值计算
1~2	0	zCorrectValue = (zlist(1) + zlist(length)) / 2
3~7	1	zCorrectValue = (zlist(2) + zlist(length − 1)) / 2
>7	2	zCorrectValue = (zlist(3) + zlist(length − 2)) / 2

【例 4-2】 某集合的组成和时间偏差与【例 4-1】相同，试用 FTM 算法确定时钟修正项。

解 根据 FTM 算法，时间偏差由大到小排序后的偏差序列为

$$\text{zlist} = \{15, 13, 11, 9, 8, 6, -3, -5\}$$

时钟偏差值的个数 length = 8，查表 4-6 可知，$x = 2$，去除 x 个最大值和 x 个最小值后的剩余序列为

$$\text{zlist}' = \{11, 9, 8, 6\}$$

节点时钟的修正项（省去小数位）为

$$\text{zCorrectValue} = (11 + 6) / 2 = 8$$

4.5.4 速率修正与状态修正

收敛函数计算出来的修正项可以立即应用于本地时间值的修正（简称状态修正），也可应用于时钟速率的修正（简称速率修正）。修改时钟速率能让时钟在下一个重同步间隔（R_{int}）中加速或减速，从而使它与时钟集合中的其余时钟更好地保持一致。

状态修正简单适用，但它的缺点是在时基中产生了不连续性。另外，时间流逝是一个不可逆的单向过程，而修正项是带符号的数值，若该值为负，表示时钟要往回调，同样的标称时间值会出现两次，在实时软件内可能产生恶性失效。因此，常用的方法是采用时钟漂移最大值有界的速率修正方式，以便限制时间间隔测量中的错误。这样做尽管要重新同步，但由此产生的全局时基仍然保持着计时属性。在数字域中，通过改变某些宏节拍中的微节拍数可以实现速率修正；在模拟域中，通过调整晶振器的电压可以实现速率修正。为了避免整个时钟集合出现共模漂移，所有时钟速率修正项的平均值应当接近于 0。

从理论角度看，若只进行时钟速率修正，则时钟之间将一直存在状态差，而且由于速率修正需要时间且效果不可能达到理想的无速率差的状态，该状态差会随着时间的流逝而慢慢增大；如果只进行时钟状态修正，那么随着时钟漂移率的变化，在达到下一个重同步间隔前，时钟之间的差值将越来越大，甚至超过状态修正算法的偏差假设，从而失去同步的可能性。因此，在实际系统中，可将速率修正和状态修正结合起来使用。Kopetz 教授已经证明，两者结合使用不仅可以做到互不干扰，而且能够有效提高节点间内部同步的精密度。然而，这种方法对系统架构有一定的要求，我们将在 FlexRay 总线一章详细分析其实现技术。

4.6　外部时钟同步

外部时钟同步是将簇内的全局时间与外部标准时间相联系。为了达到这个目的，访问时间服务器是必要的。时间服务器是一个外部时间源，它以时间报文形式周期性地播报当前的基准（Reference）时间。时间报文要在簇内指定节点上引发一个同步事件（如提示音），并依据约定的时间标度（Time Scale）标识此同步事件。这个时间标度必须基于广泛接受的测量时间，如物理时间秒，并且要把同步事件与已定义的时间起源（纪元）联系起来。时间服务器的接口节点被称为时间网关。

4.6.1　运行原理

全球定位系统（GPS）在世界范围内提供时间测量标准，GPS 接收器的准确度（Accuracy）好于 100 ns，而且具有长期稳定性。假设时间网关与 GPS 接收器相连，与该网关相连的簇可将 GPS 接收器作为时间服务器（外部时间源）。此外，外部时间源也可以是一个带温度补偿的晶体振荡器，它的漂移率好于 1 ppm（百万分之一），即漂移偏差小于 1 μs/s。例如，漂移率数量级为 10^{-12} 的铷钟，每 10 天产生的漂移偏差约 1 μs。时间网关周期性地播报包含同步事件的时间报文，以及这个同步事件的 TAI 标度信息，将其所在簇的全局时间和从外部时间源接收到的时间进行同步。这种同步是单向、不对称的，可以用于调整时钟速率，而且无须关心不稳定性带来的影响，外同步过程如图 4-16 所示。

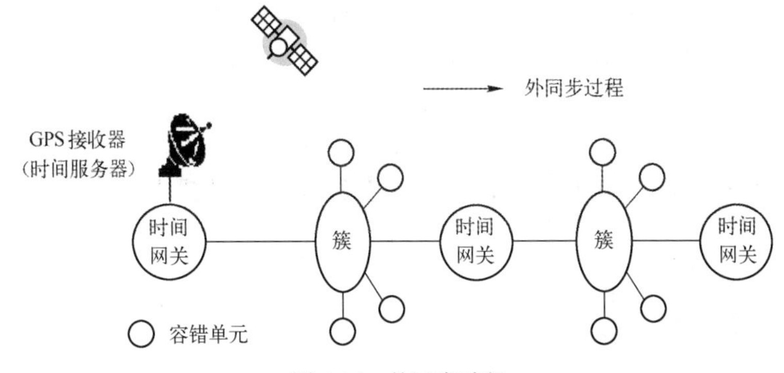

图 4-16　外同步过程

如果另外一个簇通过二级时间网关连接到原始簇，那么单向同步以相同的方式运行。次级时间网关将原始簇的同步时间作为自己的基准时间，并同步次级簇的全局时间。

内部同步是由簇中所有成员协作完成的活动，而外部同步则是一个独裁过程：时间网关将自己对外部时间的观测强加给下属。从容错角度看，这种独裁方式带来了一个问题：如果独裁者发送了一个错误报文，那么所有顺从的下属都将呈现不正常行为。然而，对于外部时钟同步来说，借助于时间的惯性，可以控制这种情况的发生。一旦时钟簇已经实现了同步，簇的容错全局时基就充当起时间网关的监视器。

只有外部同步报文的内容与时间网关对外部时间的看法充分接近时，时间网关才会接收这个报文。时间网关修正一个簇的时间漂移率的权力是有限的，一般情况下，为了减小相关时间测量的误差，最大共模修正速率（Correction Rate）应当小于某个值（如 10^{-4} s/s），并由簇内节点的软件负责检查。

外部同步实现方式必须确保错误的外部同步不会干扰内部同步的正常运行，即不妨碍簇内全局时间的生成。若外部时间服务器发生恶性故障，则可能出现最坏的失效情形，导致全局时间以允许的最大偏离率偏离外部时基。在设计合理的同步系统中，这种源自外部时基的漂移不会影响簇的内部同步。如果采用 GPS 作为时间服务器，发生这种失效的概率很低。

4.6.2 时间格式

在过去的几年里，人们提出了许多用于外部时钟同步的外部时间格式，其中 Internet 网络时间协议（Network Time Protocol，NTP）中推荐的时间格式是最重要的时间格式之一，如图 4-17 所示。这个时间格式共由 8 字节组成，分成两个字段：第一个字段表示秒数，占 4 字节，这里的秒数是根据 UTC 时间标准给出的；第二个字段表示秒的分数，以二进制形式表示，分辨率大约为 232 ps（皮秒，1 ps=10^{-12} s）。1972 年 1 月 1 日 00:00 时的 NTP 时钟被设定为 2272060800.0 s，也就是从 1900 年 1 月 1 日 00:00 时起的秒数。这个时钟可运行至 2036 年，即 NTP 时间格式的循环时间为 136 年。

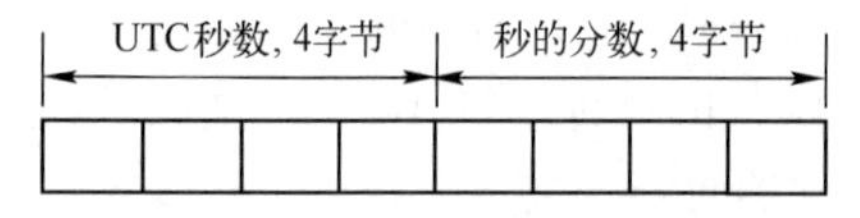

图 4-17 NTP 的时间格式

NTP 时间是基于 UTC 的，因此是不连续的。偶尔在 UTC 时间中插入的闰秒，一定会干扰时间触发实时系统的连续运行。

IEEE 1588 标准推荐了另一个时间格式。在这个时间格式中，时间起源（纪元）始于 1970 年 1 月 1 日 00:00 时，或用户自定义。该格式根据 TAI 计算秒数，秒的分数对应的时间单位是 ns（纳秒，1 ns=10^{-9} s）。

4.6.3 时间网关

时间网关必须以下列方式控制其所在簇的计时系统：

① 以当前的外部时间初始化簇。

② 周期性地调整簇的全局时间速率，使其与外部时间和时间测量标准（秒）保持一致。

③ 将当前外部时间通过时间报文周期性地传送给簇中的节点，使恢复通信的节点能够重新初始化其外部时间值。

时间网关通过周期性地发送带有速率修正字节的时间报文完成上述任务。时间网关中的软件负责计算速率修正字节。首先，利用网关节点的本地时基（微节拍）

测量相关重要事件发生时间之间的差值，例如，时间服务器内整秒的准确开始时间和簇内全局时间整秒的准确开始时间之间的差值，然后计算出必要的速率修正值。请记住，速率修正值不能大于规定的最大速率修正值。该限制的目的是将簇内相关时间测量的最大偏离限制在约定阈值之内，避免时间服务器故障影响到簇。

习　题

4-1　试写出时间顺序、因果顺序和传递顺序之间的差别，哪两个顺序之间存在包含关系？

4-2　怎样利用时钟同步找出警报的主事件？

4-3　UTC 和 TAI 的区别是什么？TAI 为什么比 UTC 更适合作为分布式实时系统的时基？

4-4　给出偏差、漂移、漂移率、精密度和准确度的定义。

4-5　内部时钟同步和外部时钟同步的区别是什么？

4-6　时间测量的基本限制是什么？

4-7　什么情况下事件集是 ε/Δ-领先的？

4-8　什么是约定协议？为什么实时系统中要尽量避免使用约定协议？什么情况下不得不使用约定协议？

4-9　什么是稀疏时基？稀疏时基怎样帮助我们避免使用约定协议？

4-10　用实例说明，在一个由三个时钟组成的集合中，一个拜占庭时钟能够干扰其他两个正常时钟，导致违反同步的条件。

4-11　设给定时钟同步系统的精密度为 90 μs，全局时间的合理粒度为多少？当时间间隔为 1.1 ms 时，观测值的范围是多少？

4-12　收敛函数在内部时钟同步中的作用是什么？

4-13　假设延迟抖动为 20 μs，时钟漂移率为 10^{-5} s/s，重同步周期为 1 s，中央主节点算法能够达到怎样的精密度？

4-14　拜占庭错误对分布式 FTA 算法的同步质量产生什么影响？

4-15　假设延迟抖动为 20 μs，时钟漂移率为 10^{-5} s/s，重同步周期为 1 s，10 个时钟中有 1 个可能是恶性的。在这个系统中，FTA 能达到怎样的精密度？

4-16　FlexRay 中的时钟同步算法（FTM）是否能够处理时钟拜占庭错误？

4-17　某系统由 7 个节点组成，要求容忍 1 个拜占庭故障，其中一个节点与其他 6 个节点的时间偏差为-5、10、12、9、8 和 16，试用 FTA 算法确定该节点时钟的修正项。

4-18　讨论外部时钟同步错误可能造成的影响。

第 5 章　控制器局域网

所谓控制器局域网（通常称为 CAN 总线），实际上是一种为汽车控制系统开发的多路传输网络协议或系统，带有典型的行业特征。尽管如此，它却在汽车行业和其他工业与专业领域都取得了巨大的成功。究其原因，正如 ISO 标准所描述的那样，“CAN 是一种能够以较高安全等级有效支持实时命令分发的串行通信协议，比较适合于那些在低成本多路传输电缆上运行的，与高传输速率、高传输可靠性有关的网络应用。”

CAN 总线不是一蹴而就的，是长期研究和实验的成果。本章在描述这一协议的具体细节之前，首先简单介绍该协议的发展历程和主要特征，让读者对其新颖性有一个初步了解。

5.1　CAN 的形成及主要特点

在汽车领域，为解决系统之间的连接和通信问题，众多汽车公司纷纷提出了自己的解决方案。这些方案所要达到的目标实质上是相似的或相关的，但它们几乎都是“专用的”且与各个公司的利益密不可分，由此导致的结果是，市场严重分化，对车载系统管理和未来发展造成了严重阻碍。

另外，就像在普通微处理器中看到的那样，最初的车载通信也是借助 UART 来完成的。但人们很快发现，尽管 UART 拥有非常优越的性能，但它只能实现车辆的部分通信功能，且主要集中于车辆的乘客区域。这种通信管理形式不支持多主站通信，或提供的支持很差，而且存在传输速率和传输安全性方面的不足。

鉴于上述情况，一些汽车制造商和与工业应用有关的公司开始对微处理器之间实时通信感兴趣，设计和开发了多个开放的、互可操作的、多点的数字通信系统，CAN 总线是最具代表性的一个。

5.1.1　CAN 的形成背景

1983 年，汽车零部件的全球领导者之一德国博世公司决定将 I2C 非对称总线（按位仲裁）和 D2B 对称总线（差分对）的某些性能结合起来，开发一个面向分布式系统的通信协议，期望该协议不仅能够实时运行，而且能满足公司的所有要求。CAN 的开发就是这样开始的。

当时，博世公司的管理层打破了行业中的等级关系，以目标客户直接参与的方式推动这一项目的研究，其结果是博世公司的主要客户在 1984 年初就了解了项目的进展状态。

然而，博世公司仅凭这样一个理念不可能达到任何目的，需要与大学、知名集成电路制造者建立伙伴关系。该公司通过与卡尔斯鲁厄大学（University of Karlsruhe）、布伦瑞克应用科技大学（Fachhochscule Braunschweig）、美国芯片巨头英特尔公司以及飞利浦半导体公司的合作，既保证了项目的顺利进行，又有力推动了该技术在美国和欧洲的推广。实际情况是，从 1985 年起就有很多零部件制造商纷纷跟进该项目，如西门子（Siemens）、英飞凌（Infineon）、摩托罗拉（Motorola）、飞思卡尔（Freescale）、NS、TI、MHS、Temic、Atmel 和大多数远东生产商等，使该项目的研究力量不断增强。

1986 年的春天，终于到了向全世界揭示新系统的时候了。第一次关于 CAN 的介绍是在美国底特律（Detroit）召开的汽车工程师协会（Society of Automotive Engineers，SAE）会议上发表的，参会对象都来自 SAE 的著名成员单位。在此之后，人们都聚焦于 ISO，要求将 CAN 设立为国际标准。

1987 年中期，第一批功能性芯片开始投放市场，1991 年第一辆运用 CAN 总线的顶级车在德国驶下生产线（该总线系统配备了 5 个电子控制单元，其速率为 500 kbps）。在同一时期，其他领域的实业家创建了国际性组织 CiA（CAN in Automation），该组织与汽车行业的 SAE 和 OSEK（Open Systems and the Corresponding Interfaces for Automotive Electronics，汽车电子开放系统及其接口）一起，积极推动了 CAN 的内部（针对汽车应用）和外部（针对工业应用）推广。因此，CAN 这个概念是由汽车行业引入的，是汽车行业的引擎，但其典型工业应用并不局限于汽车市场，现已经成为用于快速本地网络的高效系统。

时至今日，CAN 已经近 40 岁了，其发展历程如表 5-1 所示。

表 5-1 CAN 的发展历程

年份	主要工作
1983	博世公司开始开发 CAN
1985	博世公司发布 CAN V1.0 规范，并开始与集成电路制造商接触
1986	ISO 启动标准化工作
1987	推出第一个 CAN 集成电路样品
1989	开始第一次工业应用
1991	形成扩展协议规范 CAN 2.0： ① CAN 2.0A—标识符为 11 位； ② CAN 2.0B—标识符为 29 位。 S 级奔驰车成为应用该协议的第一款车，共配有 5 个 CAN 单元，通信速率为 500 kbps
1992	用户组织“自动化中的 CAN（CiA）”成立
1993	“汽车电子开放系统及其接口（OSEK）”组织成立。 CiA 发布了 CAN 的第一个应用层（CAL）协议
1994	完成第一个 ISO 标准，即所谓的高速和低速 CAN。 PSA（Peugeot and Citroen，标致和雪铁龙）和雷诺（Renault）公司加入 OSEK
1995	汽车工程师协会（SAE）建立特别工作组

续表

年份	主要工作
1996	在欧洲的高档车辆中，大部分发动机控制采用了 CAN
1997	所有大型芯片制造商都提供了 CAN 组件。CiA 具有 300 家企业会员
1998	发布围绕 CAN 的新 ISO 标准集（诊断、合规性等）
1999	时间触发 CAN（Time-Triggered CAN，TTCAN）网络进入开发阶段
2000	在汽车和工业应用中，涌现出大量通过 CAN 连接的设备
2001	工业领域推出实时、时间触发 CAN 网络，即 TTCAN 网络。 美国和日本开始采用 CAN
2008	全世界年产 6500 万～6700 万辆汽车，每辆车平均使用 10～15 个 CAN 节点
2012	博世公司发布 CAN-FD 1.0 总线规范
2015	ISO 正式认可 CAN-FD

5.1.2　CAN 总线的体系结构

在现代汽车电子产业中，用来实现开环、闭环控制任务（引擎管理、ABS 防抱死制动控制、舒适性电子工业等）的 ECU 数量很多。控制单元间的大量数据交换是在极其严重的电磁干扰环境下完成的，交换次数频繁且每个报文的数据量极低（循环发送过程数据，如引擎速度）。CAN 总线技术规范在很大程度上满足了这类信息通信的需要。

CAN 总线的体系结构基于 ISO/OSI 参考模型，但两者的覆盖范围存在明显差异，如图 5-1（a）所示。CAN 总线的体系结构没有包括 OSI 参考模型的全部 7 层，只涉及 OSI 参考模型整个第 2 层（数据链路层）和第 1 层（物理层）的一部分。CAN 标准并未定义应用层，现有的应用层协议是由特定工业组织或用户定义的，目前使用的应用层协议主要有 3 个：自动化用户组织（CiA，CAN in Automation Users Group）定义的 CANopen；Allen Bradley 公司推出的 DeviceNet；Honeywell 公司开发的 SDS（Smart Distributed Systems）。这些标准化的应用层与通信过程几乎完全分离，所以这里不对其进行深入介绍。

为了达到设计透明、实现灵活，CAN 协议将数据链路层进一步划分为逻辑链路控制（LLC）子层和媒体访问控制（MAC）子层，将物理层划分为物理信令（PLS）子层和物理媒体连接件（PMA）子层，以及与传输媒体形式有关的媒体相关接口［见图 5-1（b）］。

LLC 子层涉及报文过滤、超载通知和错误恢复管理。MAC 子层是 CAN 协议的核心，它把接收到的报文提供给 LLC 子层，并接收来自 LLC 子层的报文。MAC 子层负责报文成帧、仲裁、应答、错误检测和出错标定。MAC 子层由称为故障界定的管理实体负责监督，该实体具有自检机制，用于区分短期故障和永久性故障。

物理层指定了信号的传输方式，因此它的作用是根据系统的属性（电气的、电子的和光学的等）确保不同节点之间位的物理传输。显然，在单个网络中，每个节点的物理层必须相同。理论上，这一层的任务是：位表示（编码、定时等）、位同步、信号的电学和光学定义，以及传输媒体的定义。然而，CAN 标准并没有定义物理层的驱动器 / 接收器特性，因此可以针对给定应用优化传输媒体和信号电平。

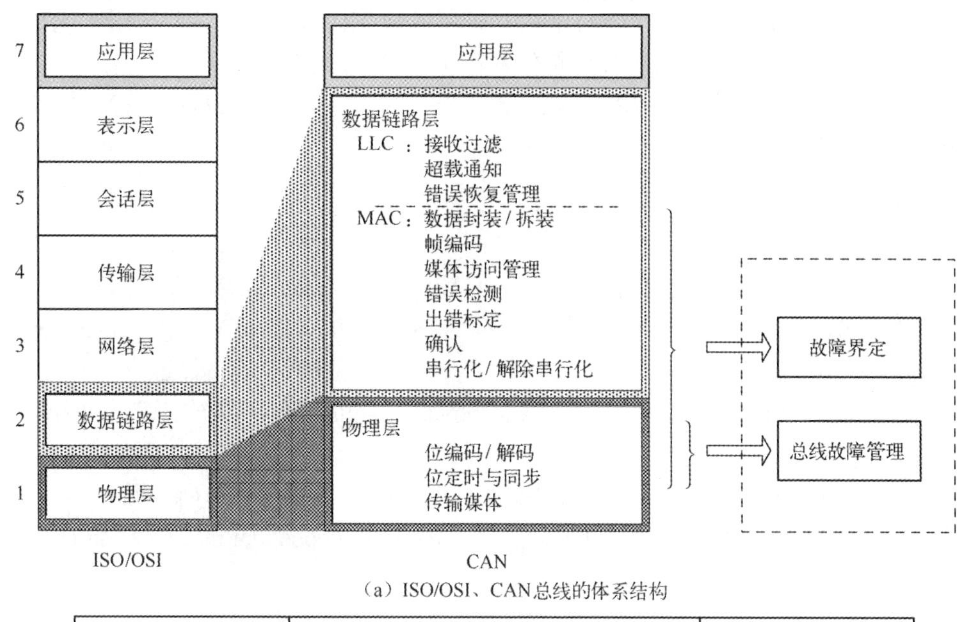

（a）ISO/OSI、CAN总线的体系结构

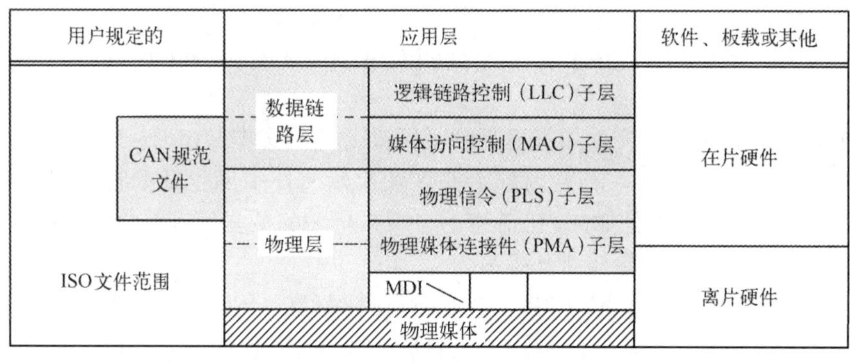

（b）CAN规范、ISO 11898标准及其实现

图 5-1　CAN 总线的体系结构

5.1.3　CAN 的原始文件和标准

CAN 的原始文件指明了在使用 CAN 时必须遵守的条款及其定义。目前，CAN 已经成为一个被广泛接受的局域网标准，既保证了市场的规模，又实现了多家设备的相互通信。

1. 原始文件

博世公司于 1991 年 9 月发布的原始文件由两部分组成，分别称为 CAN 2.0A 和

CAN 2.0B。

① CAN 2.0A：规范定义了标准的CAN报文格式，该报文仅支持11个标识符位。

② CAN 2.0B：规范定义了标准的和扩展的报文格式。对于某些应用来说，11个标识符位可能不够用，可将标识符位数从11个扩展到29个。

上述规范本身不是一个国际标准，但其描述基本上是按照ISO/OSI参考模型的不同层进行划分的。

2. ISO标准化

经过多年的发展，CAN 的原始文件不断被充实，已经逐步实现了标准化。至2007年，ISO已颁布的主要CAN国际标准为ISO 11898（Road Vehicles-Interchange of Digital Information，道路车辆—数字信息交换），由以下5个文件组成。

① ISO 11898-1：Data link layer and physical signalling（数据链路层和物理信令）。

② ISO 11898-2：High-speed medium access unit（高速媒体访问单元）。

③ ISO 11898-3：Low-speed fault-tolerant medium-dependent interface（低速容错媒体相关接口）。

④ ISO 11898-4：Time-Triggered CAN（时间触发CAN）。

⑤ ISO 11898-5：High-speed CAN and Low-power Applications（高速CAN和低功耗应用）。

上述第①和第②个文件如实地复制了博世公司的文本（LLC、MAC和PLS），并补充了一些其他材料，补充内容主要涉及原始文件中未包括的物理层媒体部分（PMA）；第③个文件也是如此，它描述了与媒体有关的某些形式的总线功能异常（导线短路、连接到电源和导线断开等）。

CAN技术规范2.0A 和2.0B以及CAN国际标准（ISO 11898）是设计CAN应用系统的基本依据，也是应用设计工作的基础规范。其他许多非ISO文件都与这些文件相关联，尤其是那些与应用层（如CANopen、SDS和DeviceNet等）及特定连接有关的文件。

5.1.4　CAN的主要特点

CAN能灵活有效地支持具有较高安全等级的分布式控制。在汽车电子行业里，一般将 CAN 安装在车体的电子控制系统中，诸如电子门控单元、车灯控制单元、电气车窗、刮雨器等，用以代替接线配线装置；也使用 CAN 总线连接发动机控制单元、传感器、防滑系统等，其数据传输速率可达1 Mbps。

由于CAN总线采用了许多新技术，与其他类型总线相比，它在许多方面具有独特之处，主要表现在以下几个方面。

① 采用面向报文优先级的控制方式，用标识符定义静态的报文优先级。

② 采用短帧格式，总线上的报文以不同的固定报文格式发送，但长度受限。

③ 采用非破坏性的总线仲裁多主系统。当总线空闲时，任何节点都可以开始发送报文，报文优先级较低的节点会主动退出发送，而报文优先级高的节点可以最终获得总线访问权，不受影响地继续传输数据。

④ 通信服务简便，阻隔期短。

⑤ 错误检测和错误处理机制先进。为了获得最安全的数据发送，CAN 的每一个节点均设有错误检测、错误标定及错误自检等措施。

⑥ 整个系统范围内保持数据一致性。CAN 采用生产者 / 用户（P/C）运行模式，接收或使用报文的节点可以是一个、全部或没有。

⑦ 延迟时间短，出错恢复快。

⑧ 总线驱动电路决定总线可连接节点数，目前可达 110 个。

⑨ 通信距离与传输速率有关，最短为 40 m，相应的传输速率是 1 Mbps；最长可达 10 km，相应的通信速率在 5 kbps 以下。不同的系统，CAN 的传输速率可以不同。可是，在一个给定的系统里，传输速率是唯一的，并且是固定的。

5.2　CAN 报文格式

CAN 系统中，总线上携带的报文以指定格式发送，且最大长度有限。用于报文传输的帧有 5 种，分别为数据帧、远程帧、出错帧、超载帧和帧间空间。其中，数据帧将数据由发送器传至接收器；远程帧用于请求发送与该帧的标识符相同的数据帧；出错帧用于通知总线上的节点有错误发生；超载帧用于在前一帧和后续数据帧（或远程帧）之间提供附加延迟；帧间空间用于将数据帧和远程帧与前面的帧隔开。

5.2.1　数据帧

CAN 用数据帧发送数据。标准数据帧格式如图 5-2 所示。其核心部分是使用标识符确定报文的优先级而不是定义接收器的地址。

	帧起始	仲裁场		控制场		数据场	CRC场		ACK场		帧结束
		标识符	RTR	扩展保留	DLC		CRC序列	CRC界定符	ACK间隙	ACK界定符	
位数	1	11	1	2	4	0…64	15	1	1	1	7

图 5-2　标准数据帧格式

数据帧发送特定的由标识符描述的报文。每个参与者对收到报文的标识符进行检验以辨别是否与其相关（接收过滤）。报文的接收过滤原则还可以使报文被所有或多个节点一次接收。这一功能对包括应用进程同步在内的许多情况非常有用。

数据帧由 7 个不同的位场组成，它们是：帧起始、仲裁场、控制场、数据场、CRC 场、ACK 场和帧结束。数据场的长度可以为 0。

1．帧起始（标准格式和扩展格式）

帧起始（Start Of Frame，SOF）标志数据帧和远程帧的起始位，仅由一个显性位组成，在 CAN 总线中，规定显性位为“0”。只有当总线为空闲状态时，才允许节点开始发送报文，所有的节点必须同步于首先开始发送报文的那个节点的帧起始上升沿（见 5.4.3 节中的硬同步）。

2．仲裁场

仲裁场由标识符和远程发送请求（Remote Transmission Request，RTR）位组成。标识符的长度为 11 位，按由高到低的顺序发送，依次为 ID_{10}，ID_9，…，ID_0，其中最高 7 位（ID_{10}～ID_4）不能全为隐性位，即不应全为“1”。RTR 位在数据帧中必须是显性位，而在远程帧中必须为隐性位。

3．控制场

控制场由 6 位组成，其中 4 位用来指出数据场字节个数，用数据长度代码（Data Length Code，DLC）表示，另 2 位是用于未来 DLC 扩展的保留位。在定义保留位功能之前，发送器必须按显性位发送，但是接收器认可显性位和隐性位的组合。

DLC 的长度可以为 0，数据帧允许数据字节数目范围为 0～8，DLC 表示的数据字节数编码如表 5-2 所示，该表中规定数值以外的其他数值不能使用。

表 5-2　DLC 表示的数据字节数编码

DLC				数据的字节数
DLC_3	DLC_2	DLC_1	DLC_0	
0	0	0	0	0
0	0	0	1	1
0	0	1	0	2
0	0	1	1	3
0	1	0	0	4
0	1	0	1	5
0	1	1	0	6
0	1	1	1	7
1	0	0	0	8

4．数据场

数据场包含待传输的数据，它可以为 0～8 字节，每字节包括 8 位，首先发送的是最高位。

5．CRC 场

CRC（循环冗余码）场包括 CRC 序列和其后的 CRC 界定符。CRC 序列由循环冗余码求得的帧检查序列组成，最适用于位数小于 127 位（BCH 码）的帧。CRC 序列的计算采用下列多项式除法：

$$\frac{x^{15}f(x)}{G(x)}=Q(x)+\frac{R(x)}{G(x)} \tag{5-1}$$

式中，$G(x)$为 CRC 的生成多项式；$f(x)$是依据帧的位流形成的多项式；$Q(x)$为商式；$R(x)$为余式。

CAN 采用的 $G(x)$为

$$G(x)=x^{15}+x^{14}+x^{10}+x^{8}+x^{7}+x^{4}+x^{3}+1 \tag{5-2}$$

多项式 $f(x)$ 的系数由帧起始、仲裁场、控制场、数据场（如果存在）在内的无填充的位流给出。将 $f(x)$的系数序列后附加 15 个 0，即可得到新多项式 $x^{15}f(x)$。对于二进制乘法来说，$x^{15}f(x)$的意义是将要传输的数据位序列左移 15 位。余数多项式 $R(x)$的系数是用于检错的 CRC 序列。

在网络应用中，CRC 码的生成与检验过程可以用软件或硬件方法实现。目前，许多通信芯片可以很方便地实现标准 CRC 码的生成与检验功能，并不需要为其设计专用程序。

CRC 序列之后是 CRC 界定符，仅由一个隐性位构成。

6．ACK 场

ACK 场又称确认场，长度为 2 位，分别用 ACK 间隙和 ACK 界定符表示。发送节点在 ACK 场中送出 2 个隐性位。在 ACK 间隙内，所有接收到匹配 CRC 序列的节点，以显性位改写发送器的隐性位送出一个确认消息。ACK 界定符为 ACK 场的第二位，其必须是隐性位，因此，ACK 间隙被 2 个隐性位（CRC 界定符和 ACK 界定符）所包围。

请注意，如果发送节点收到确认消息，那就意味着网络中至少有一个节点已经完整无误地收到了报文。但给出确认消息并不表示接收方对报文的内容感兴趣，可以从中得到的唯一信息是，上述接收方已经在其终端上物理地接收到一个可能有用的正确报文。

连接到网络的所有接收方，在没有检测发现任何类型的错误时，必须通过网络发送确认消息。否则，该报文将被视为无效，并且接收方不会返回确认消息。

7．帧结束

每个数据帧和远程帧均由 7 个隐性位组成的标志序列界定。应该指出的是，帧结束（End Of Frame，EOF）位场的结构是固定的，禁止在其编码（发送中）和解码（接收中）过程中使用位填充逻辑（见第 5.4.1 节）。

5.2.2 远程帧

在 CAN 总线上，节点完全盲目地发送信息，并不知道所发送的信息对哪些参与者有用。如果某个节点在执行任务时需要某种信息，但却接收不到这种信息，那么该节点需要通过发出远程帧，请求另一个节点发送相关数据。

在需要数据的节点通过远程帧请求另一节点发送相应的数据帧时，数据帧的标识符要与相应的远程帧相同。

远程帧由 6 个不同的位场组成：帧起始、仲裁场、控制场、CRC 场、ACK 场、帧结束。远程帧格式如图 5-3 所示。

帧起始	仲裁场	控制场	CRC 场	ACK 场	帧结束

图 5-3　远程帧格式

与数据帧相反，远程帧的 RTR 位是隐性位，即数值为“1”。远程帧中没有数据场，DLC 的数值是不受约束的，远程帧的其他位场与数据帧的相应位场相同。

5.2.3 出错帧

出错帧包括 2 个位场。第一个位场由来自各个节点的错误标志叠加而成，第二个位场是错误界定符。报文在传输过程中，检测到任何一个节点出错，即于下一位开始发送出错帧，通知发送端停止发送。出错帧格式如图 5-4 所示。

错误标志叠加	错误界定符

图 5-4　出错帧格式

为了正确地终止出错帧，一种错误认可节点可以使总线处于空闲状态至少 3 个位时间（如果错误认可接收器存在本地错误）。因此，总线的载荷不应为 100%。

1. 错误标志叠加

错误标志具有两种形式：主动错误标志（Active Error Flag）和被动错误标志（Passive Error Flag）。前者由 6 个连续的显性位组成，后者由 6 个连续的隐性位组成。被动错误标志的各位可被来自其他节点的显性位改写。

检测到出错条件的错误激活节点通过发送一个主动错误标志进行标注。这一出错标注形式是发送 6 个连续的显性位，违背了适用于由帧起始至 CRC 界定符所有位场的位填充规则（见下文），或者破坏了 ACK 场或帧结束场的固定形式。因而，总线上所有其他的节点也将检测到出错条件并发送新的出错标志（发送主动错误标志还是发送被动错误标志取决于它们各自的状态）。这样，在总线上被监控到的显性位序列是由各个节点单独发送的出错标志叠加而成的。为防止总线因连锁反应而被无限制地阻塞，该序列的总长度在最小值 6 与最大值 12 位之间变化。

一个检测到出错条件的错误认可节点会尝试发送一个被动错误标志进行标注，该错误认可节点以被动错误标志开始处为起点，等待 6 个相同极性的连续位，当检测到 6 个相同的连续位后，被动错误标志即完成标注。注意，被动错误标志的 6 个隐性位可能被其他节点发送的显性位“压扁”，但被动错误标志不会中断总线上已存在的报文传输。

2. 错误界定符

错误界定符包括 8 个隐性位。错误标志发送后，每个节点都送出隐性位并监控总线，直到检测到隐性位。然后开始发送其余的 7 个隐性位。

5.2.4　超载帧

超载帧的目的是表明某个节点已经超载了一段时间。

超载帧包括 2 个位场：超载标志和超载界定符，超载帧格式如图 5-5 所示。超载标志由 6 个显性位组成，超载界定符由 8 个隐性位组成。

超载标志	超载界定符

图 5-5　超载帧格式

导致发送超载标志的情况有三种：第一是当接收器内部要求对下一数据帧或远程帧进行延迟；第二是在间歇场的第一和第二位检测到一个显性位；第三是 CAN 总线节点在错误界定符或超载界定符的最后一位采样到一个显性位。

由第一种超载情况引发的超载帧起点，只允许在期望间歇场的第一个位时间开始，而由后两种情况引发的超载帧在检测到显性位的后一位开始。

1. 超载标志

超载标志的全部形式对应于主动错误标志形式。由于超载标志的形式破坏了间歇场的固定形式，因此，所有其他的节点都将检测到一个超载条件，并且由它们开始发送超载标志。如果有节点在间歇场的第 3 位期间检测到显性位，则这个位将被视为帧的起始位。

2. 超载界定符

超载界定符和错误界定符具有相同的形式。发送超载标志后，节点就一直监视总线，直到检测到一个由发送显性位到发送隐性位的变化，即出现显性位到隐性位的跳变。此时，CAN 总线上的每一个节点均完成了超载标志的发送，并开始同时发送其余 7 个隐性位。

5.2.5　帧间空间

数据帧、远程帧通过帧间空间与前面的帧（不管它们的类型是数据帧、远程帧、出错帧还是超载帧）隔开。与此相反，超载帧和出错帧前面不存在帧间空间，并且多个超载帧之间也不用帧间空间分隔。

帧间空间格式如图 5-6 所示。帧间空间包括间歇场、总线空闲场，而对于先前帧已发送错误认可的节点，其帧间空间除了间歇场和总线空闲场，还包括暂停发送场，如图 5-6（a）和（b）所示。

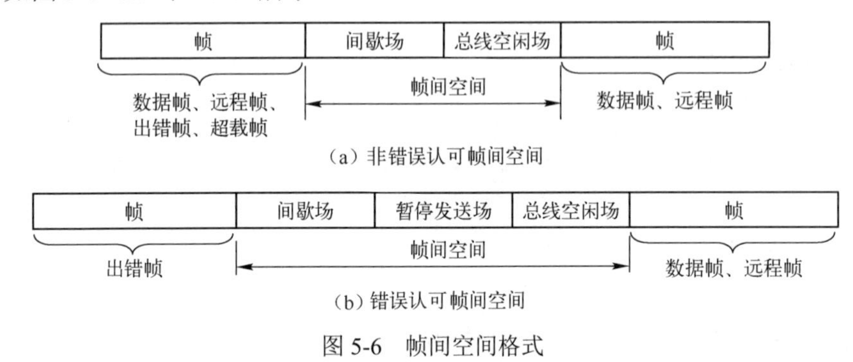

图 5-6　帧间空间格式

1．间歇场

间歇场由 3 个隐性位组成。在间歇场期间，不允许任何节点发送数据帧或远程帧，唯一可能的活动是标注超载条件。

注意，如果 CAN 总线节点有一报文等待发送并且节点在间歇场的第三位采集到一显性位，那么此位被解释为帧的起始位，并从下一个位开始发送报文的标识符首位，而不用首先发送帧的起始位或成为接收器。

2．总线空闲场

总线空闲（处于静止、等待状态）时间可以是任意长度。当总线空闲时，任何节点均可访问总线以便发送帧。在其他帧发送期间，等待发送的帧紧随间歇场之后的第一个位启动。如果在总线空闲期间检测到总线上有显性位，可被理解为帧起始。

3．暂停发送场

错误认可节点完成发送帧后，在开始下一次帧发送或认可总线空闲之前，它紧随间歇场后发出 8 个隐性位。如果在此期间其他节点开始发送帧，则本节点将变为帧接收方。

5.3　媒体访问与仲裁

CAN 总线的媒体访问与仲裁采用的是 CSMA/CA 法。根据该方法，报文是按优先级排序的，在总线访问发生冲突的情况下，采用按位仲裁原理可以在多个节点同时发送报文时提供非破坏性仲裁，且总有一个节点能够访问总线（即发送最高优先级报文的节点），并自行完成通信。这种方法的总线访问冲突管理不会造成总线通信容量（总线带宽）丢失。3.5 节已经详细介绍了 CSMA/CA 的工作原理，为方便对 CAN 总线的理解，本节进一步介绍非破坏性仲裁和报文优先级两个概念在 CAN 总线中的具体实现。

5.3.1　非破坏性仲裁过程

CAN 总线是一种载波监听广播总线，基于竞争的仲裁依靠标识符和紧随其后的 RTR 位完成。如果多个节点同时发送报文，并且一个节点发送了一个“0”位，那么监视总线的所有节点将看到一个“0”。相反，只有所有的节点都发送“1”，所有监视总线的处理器才能看到“1”。在 CAN 术语中，“0”位称为显性，“1”位称为隐性。实际上，CAN 总线的作用就像一个大的与门（AND-gate），每个节点都能看到门的输出，这种行为被用于解决冲突。如同以太网一样，每个节点都要等待总线空闲后才能发送报文。当检测总线为空闲状态时，每个节点以帧起始位（“0”）作为同步信号，开始发送其报文队列中保存的最高优先级报文，同时监视总线。如图 5-7 所示，一个帧应由 SOF 场开始逐个位场进行发送，每个场内应首先发送最高有效位。

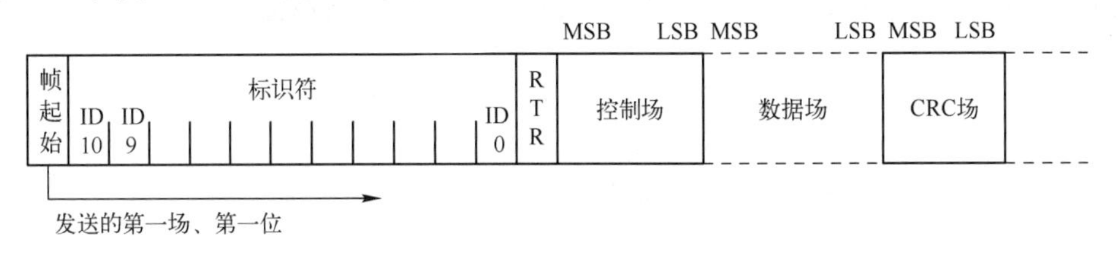

图 5-7　位发送次序

如果节点发送报文标识符的隐性位，但在监视总线时发现一个显性位，那么它检测到了冲突。该节点知道它正在发送的报文不是系统中的最高优先级报文，停止发送，并等待总线空闲。如果节点发送隐性位并在总线上发现隐性位，那么它可能正在发送最高优先级报文，并且继续发送标识符的下一位。因为 CAN 总线要求系统内的标识符都是唯一的，所以，发送标识符的最后一位（最低有效位）但没有检测到冲突的节点，一定正在发送最高优先级的报文，该节点有权发送报文的主体（若标识符不唯一，则尝试发送具有相同标识符的不同报文的两个节点将在仲裁过程结束后导致冲突，并且发生错误）。

仲裁场中的 RTR 位在数据帧中必须是显性位“0”，而在远程帧中必须为隐性位“1”。因此，在数据帧和远程帧标识符相同的特殊情况下，数据帧将最终获得总线访问权。

此外，CAN 还规定了其他解决冲突的原则，如下所述。

① 在一个系统内，每条信息必须标以唯一的标识符。

② 具有给定标识符和非零 DLC 的数据帧仅可由一个节点启动。

③ 远程帧只能以全系统内确定的 DLC 发送，该 DLC 为对应数据帧的 DLC。若具有相同标识符和不同 DLC 的远程帧同时发送，将导致无法解决的冲突。

图 5-8 给出一个 CAN 协议仲裁过程实例，图中，参入者 1、2 和 3 的帧标识符分别为 11001011101、11001101110 和 11001011001，3 个参入者在①点同时开始仲裁过程，参入者 2 在②点失去总线访问权，参入者 1 在③点失去总线访问权，参入者 2 和 1 在失去总线访问权时立刻从发送模式转成接收模式；在仲裁阶段结束④点，只有参入者 3 拥有总线访问权，并继续向总线发送报文。

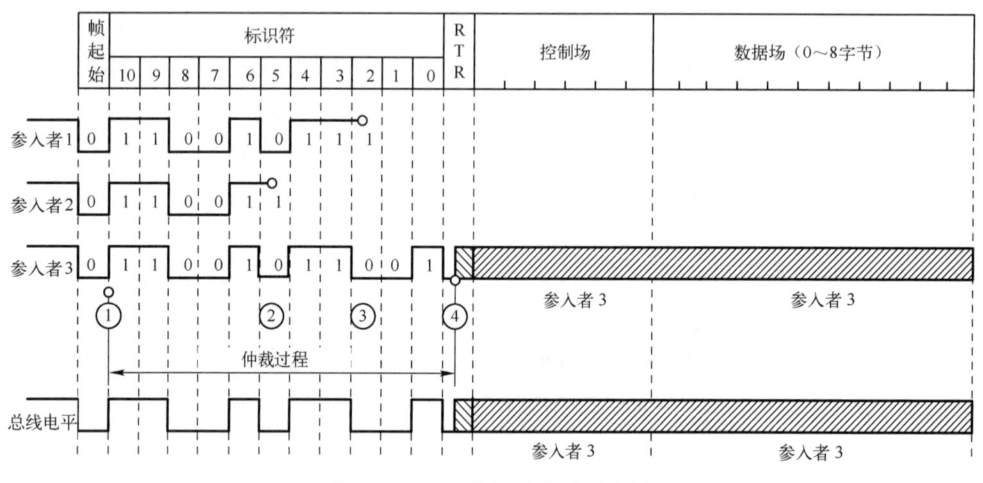

图 5-8　CAN 协议仲裁过程实例

5.3.2　关于标识符的补充说明

对于 CAN 来说，标识符不表示报文的目的地，只描述数据的内容和含义。这意味着，每个节点都能决定总线上携带的报文是否与其相关，可通过对报文过滤进行来实现。

CAN 协议没有推荐标识符的形成方法，网络设计人员可灵活处理这一问题。但在进行信息顺序和报文标识符选择时，必须注意仲裁过程与标识符位的权重之间存在函数关系。一些企业集团（如纺织品制造商、柴油机制造商）有时会自己组织起来，根据行业应用特点，一起制定标识符的形成方法，通过对大量标识符给出明确定义来避免潜在的“混乱”。

5.3.3* CAN 仲裁协议的报文优先级确定方法

在 CAN 仲裁协议中，报文优先级（标识符）决定了其占用总线的可能性。优先级越高，占用总线的可能性越大。一般情况下，标识符是依据报文的响应时间要求离线设定的。Tindell 在他的论文中描述了确定最坏情况响应时间的方法，可以将其用于离线验证一个报文的优先级是否满足要求。

Tindell 在论文中考虑了两种延迟：媒体访问延迟和传输延迟，并据此分析了 CAN 报文的最坏情况响应时间（WCRT）。

首先，Tindell 定义了数据场长度为 b_m 字节（$b_m \leqslant 8$）的 CAN 报文 m 所对应的传输时间，计算公式如下：

$$C_m = \left(\left\lfloor \frac{34 + 8 \times b_m}{5} \right\rfloor + 47 + 8 \times b_m \right) \times t_{\text{bit}} \tag{5-3}$$

式中，t_{bit} 为标称位时间，表示一位的传输时间；C_m 表示报文 m 在总线上最坏情况下的物理传输时间。括弧中的第一项是针对物理层的位填充规则而增加的位数（见 5.4 节）。注意，C_m 这个时间不包括总线争用所造成的延迟，它包括帧起始、标识符场、仲裁场、数据场、CRC 场、ACK 场、帧结束和帧间空间所花费的时间。

通过观察 CAN 仲裁协议的运行过程不难发现：节点必须等待总线空闲的最长时间是发送报文的最长时间，也就是传输数据长度为 8 字节的报文的 C_m，Tindell 将此时间定义为报文阻塞时间，用 B 表示。在传输速率为 1 Mbps 时，$t_{\text{bit}} = 1\ \mu\text{s}$，由式（5-3）可得：

$$B = \left(\left\lfloor \frac{34 + 8 \times 8}{5} \right\rfloor + 47 + 8 \times 8 \right) \times 1 = 130(\mu\text{s})$$

由式（3-31）和式（3-32）可知，报文 m 的最坏情况响应时间 R_{m} 为排队时间 t_m 与物理传输时间 C_m 之和，t_m 可根据以下递归关系式确定：

$$t_m^{n+1} = B + \sum_{\forall j \in hp(m)} \left\lceil \frac{t_m^n + J_j + t_{\text{bit}}}{T_j} \right\rceil C_j \tag{5-4}$$

式中，T_j 表示报文 j 的周期；J_j 表示报文 j 的排队窗口宽度（若报文到达时刻即为排队时刻，则 $J_j = 0$）。

对比式（3-32）与式（5-4）不难发现，后者增加了 t_{bit} 项，这是因为 CAN 帧的帧起始（SOF）是一个二进制位，所有节点必须同步于首先开始发送的那个节点的 SOF 上升沿，而在到达这个上升沿之前的 SOF 时间内，同样可能有优先级更高的报文加入队列并参入发送。

当且仅当下列条件成立时，当前优先级可分配给报文 m。

$$R_m = t_m + C_m \leqslant D_m \tag{5-5}$$

式中，D_m 是给定报文 m 的截止时间。

5.4　CAN 物理层

在前面的几节中，我们描述了 CAN 协议的一般原理，主要针对数据链路层（第 2 层），没有特别重视物理层及其众多应用，然而，CAN 帧迟早要通过物理层进行传送。本节我们将对物理层以及不同类型媒体所引发的问题进行更多的描述。

5.4.1　位编码与位填充

二进制数据的传输是通过将每个数据位编码成信号元素（码元）而得以实现的。在最简单的情况下，比特位和信号元素之间存在着一一对应的关系。

1. NRZ 编码

在数字信号传输数字数据的编码方式中，通信源端所发出的信号、目的端接收的信号，以及中间媒体所传输的信号都是跳变的数字信号。具体用什么样的数字信号表示 0 以及用什么样的数字信号表示 1 就是所谓的编码。编码方案有多种，如 NRZ（Non-Return to Zero，不归零码）码、曼彻斯特（Manchester）码和米勒（Miller）码等。原则上，无论哪种方案，都必须能够把 1 和 0 有效地区分开。

在 CAN 中，总线帧的位流依据 NRZ 码的原则进行编码，如图 5-9 所示。这意味着，在整个位时间内维持恒定的有效电平，要么为显性位，要么为隐性位。

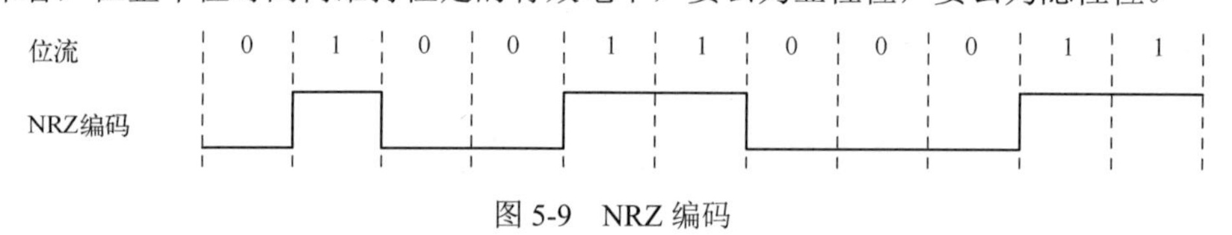

图 5-9　NRZ 编码

2. 位填充法

NRZ 编码存在这样一个问题：当连续数值相同的位较多时，没有用于各个网络节点同步的边沿。正是由于这个原因，CAN 在帧起始、仲裁场、控制场、数据场和 CRC 序列中使用了位填充，即在发送 5 个相同极性的位后插入一个相反极性的附加位。于是，使用附加沿后的同步就可以进行了。这些填充位随后会被接收器去除。

图 5-10 给出一个位填充原理实例，在该实例中，发送器在每个相同极性的 5 位位序列之后插入一个补码位，即在被发送位序列①的第 7 位和第 19 位后，各插入了一个补码位。对于帧中采用位填充编码的部分，接收器总是去除连续 5 个相同位之后的一位，这样就恢复了原先的位流。

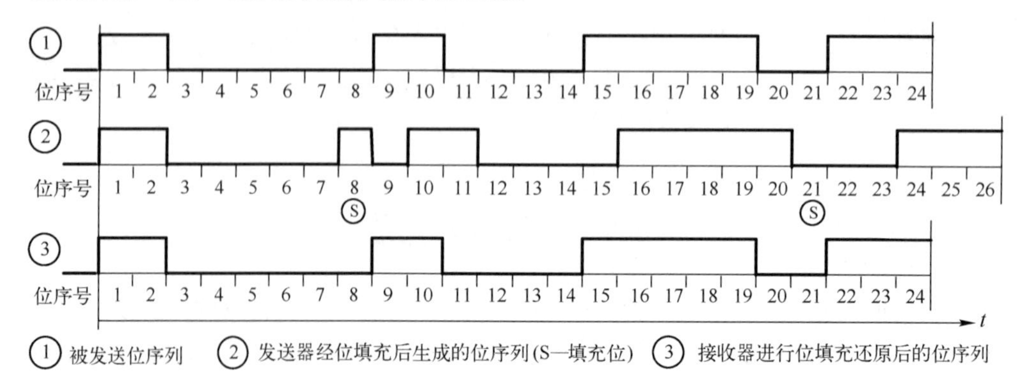

图 5-10　位填充原理

数据帧或远程帧的其余位场（CRC 界定符、确认场和帧结束）格式固定，不进行位填充。出错帧和超载帧的格式也固定，同样不使用位填充方法进行编码。

对于发送器与接收器来说，一个帧的有效时间点是不同的。对于发送器，若在帧结束（EOF）完成前不存在错误，则该帧有效，否则帧被破坏，需进行恢复处理。对于接收器，如果在 EOF 最后一位前不存在错误，那么该帧为有效帧。

5.4.2　位的时间组成与采样

CAN 总线的节点之间不存在统一的时钟时间，每个节点通过本地构造的标称位时间来实现位同步。

1．位时间组成

标称位时间是指发送一位的标称持续时间，用 t_{bit} 表示。就其性质而言，它只是一个理想值，是系统设计人员希望为其网络指定的位时间值。网络中的每个节点必须被设计成名义上具有 t_{bit} 这个位时间，然而，对于设计人员来说，节点的本地时钟是由晶振驱动的，在容差、漂移率和电源敏感性等方面存在差异，无法保证位的瞬时值在任何时刻都是标称值。

根据定义，位速率为一理想的发送器在没有重同步的情况下每秒发送的数据位数，用 v_{bit} 表示。通常情况下，标称位时间是位速率的倒数，即 $t_{bit} = 1/v_{bit}$ 。

CAN 协议将标称位时间划分为 4 个互不重叠的时间段，即同步段、传播段、相位缓冲段 1 和相位缓冲段 2，位时间组成如图 5-11 所示。

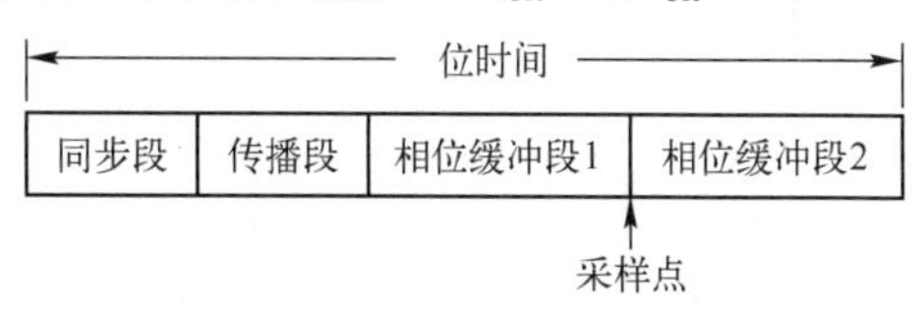

图 5-11　位时间组成

位时间的同步段用于同步总线上的各个节点，为此该段内要有一个跳变沿。传播段用于补偿网络内的物理延迟时间，该延迟时间是信号在总线上的传播时间、输入比较器延迟和输出驱动器延迟之和的 2 倍。相位缓冲段 1 和相位缓冲段 2 用于补偿沿的相位误差（由抖动、集成电路输入比较器的阈值变化、总线线路上的信号积分和变形等引起），通过重同步，这两个时间段可以延长或缩短。

2．采样点

采样点是这样一个时点，在此点上，读总线电平，并将其解释为相应位数值。采样点位于相位缓冲段 1 的终点。信息处理时间始于采样点，该位置之后保留了用作位值计算的时间。

为提高位的捕获和验证质量，允许在采样点之后对位值进行多次采样，并进行数字滤波。

3. 时间段值的确定方法

对于某个具体应用项目来说，CAN 总线的标称位时间是指定的、固定不变的，每个节点必须能够使用自己的资源在本地构建自己的标称位时间。因此，在结构上，标称位时间的本地划分可能随节点的不同而不同。为了避免造成难以形容的不协调，协议给出了以下有必要遵守的位时间构成规则。

① 最小时间份额：用于构成位时间的最小时间单元，用 t_{min} 表示。t_{min} 与节点的本地时钟振荡器有关，通常将振荡器的周期作为 t_{min} 的值。

② 时间份额：时间份额是构成位时间的固定时间单元，用 TQ 表示，一般取 t_{min} 的整数倍。设用于对时间份额的长度进行编程调整的整数分度值为 m，CAN 协议中 m 的可取值范围为 1～32，时间份额的长度可由下式表示：

$$TQ = m \times t_{min} \tag{5-6}$$

③ 时间段长度：一旦形成了时间份额，就可以按表 5-3 定义的时间段值划分位时间。位时间按时间份额进行编程设置，时间份额总数不能小于 8 或大于 25。

表 5-3　位时间划分

时间段	长度
同步段	1 个 TQ（此值是固定的）
传播段	1~8 个 TQ
相位缓冲段 1	1~8 个 TQ
信息处理时间	≤2 个 TQ
相位缓冲段 2	≤相位缓冲段 1 与信息处理时间之和

【例 5-1】 CAN 总线的速率为 500 kbps，节点的时钟频率为 5 MHz。假设驱动延迟为 30 ns，接收延迟为 50 ns，总线传播延迟为 220 ns。试写出一种位时间组成。

解　根据已知条件，总的延迟为 300 ns，传播段长度至少应为 300×2=600 ns，取 t_{min}=1/5 MHz=200 ns，m=1，则

$$TQ = m \times t_{min} = 200\ \text{ns}$$

设置 CAN 总线的位时间为 10TQ，即 2000 ns。满足条件的时间段配置如下。

- 同步段：1TQ；
- 传播段：5TQ；
- 相位缓冲段 1：2TQ；
- 相位缓冲段 2：2TQ。

5.4.3　位同步

CAN 协议引入同步这个术语的原因有很多，主要表现在两个方面：一方面，在总线覆盖范围很大的情况下，信号传播时间可能造成重大延迟；另一方面，每个节点的振荡器频率在准确度、波动和容差方面存在差异。这些因素都会导致各个节点

的内部时钟产生不同的时间相位。

为补偿总线上各节点之间的时间相移，每个 CAN 控制器必须能够与输入信号的相关信号沿同步。当检测到发送数据中的跳变沿时，逻辑电路将跳变沿的位置与所期望的时间段（同步段）进行比较。随后电路将对相位缓冲段 1 和相位缓冲段 2 的值进行必要调整。硬同步和重同步是 CAN 使用的两种同步模式。

1．硬同步

若传入位的前沿（跳变沿）位于或被迫位于刚开始的位时间的同步段内，则存在硬同步。简而言之，在硬同步中，新的位时间从同步段重新开始，如图 5-12 所示（S 表示同步段）。这实际上等同于众所周知的示波器直接同步系统（运行规则见下文）。

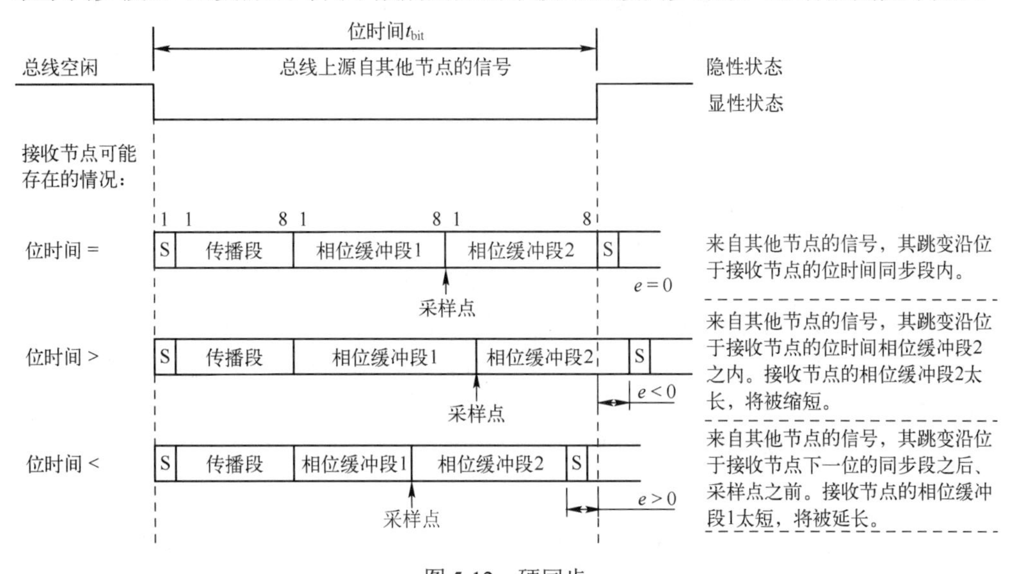

图 5-12　硬同步

2．重同步

重同步是一种可用于孤立位或位流传输的同步模式，CAN 采用这一模式的目的是补偿通信控制器个体的（瞬间）频率变化，或从一个发送节点切换到另一个发送节点导致的位时间长度变化。例如，在仲裁过程中，由于不同发送方的传播时间（或距离）不同，边沿不会在完全相同的时刻到达，有必要做出处理。

出于实时操作的需要，有时希望通过动态改变相位缓冲段 1 和相位缓冲段 2 的值来重同步位流。CAN 的重同步模式利用了边沿相位误差（Phase Error）和重同步跳转宽度（Resynchronization Jump Width，RJW）这两个概念。

（1）边沿相位误差

边沿相位误差 e 是传入位的边沿与位时间同步段的预计位置之间相对位置的差异，以时间份额度量，如图 5-12 所示。相位误差的符号定义如下：

- $e = 0$，边沿位于同步段内；
- $e < 0$，边沿位于前一位的采样点之后和下一位的同步段之前；
- $e > 0$，边沿位于下一位的同步段之后。

（2）重同步跳转宽度（RJW）

为了适应位（或位流）重同步设备的设计需求，CAN 定义了一系列约束。重同步的结果使相位缓冲段 1 延长，或使相位缓冲段 2 缩短。这两个相位缓冲段的延长时间或缩短时间上限由重同步跳转宽度给定。SJW 可编程设置为 1～min（4，相位缓冲段 1 的 TQ 个数）个 TQ。如例 5-1 中，SJW 可设置为 2TQ。注释：min（）表示取最小值，min 为 minimum 的缩写。

时钟信息可以从一位数值到另一位数值的跳转过程中获得。根据位填充规则，总线上出现的连续相同位的最大位数是确定的。这一特性使总线单元在帧内重同步位流成为可能。可用于重同步的两个跳变之间的最大长度为 29 个位时间。

（3）重同步的实现

重同步是由边沿相位误差 e 引起的，涉及以下三种不同的情况：

- 当$|e| \leqslant$ RJW 时，重同步的作用与硬件同步相同；
- 当$|e| >$ RJW 且 $e < 0$ 时，缩短相位缓冲段 2，缩短值等于 RJW；
- 当$|e| >$ RJW 且 $e > 0$ 时，延长相位缓冲段 1，延长值等于 RJW。

重同步操作可将采样点重置到传入位的最合适时刻，从而提高其测量准确度。

3．两种同步模式的运行规则

硬同步和重同步遵循以下规则。

① 在一个位时间内只允许一种同步模式（硬同步或重同步）。

② 总线空闲（不活动）期间，无论何时出现从隐性位至显性位的跳变（实际上对应于帧起始），都执行硬同步。

③ 只要在跳变（信号边沿）后即刻从总线上读取的值不同于从前一个采样点检测到的值（先前读取的总线值），跳变将被用于同步。

④ 符合规则①和②的其他隐性位至显性位的跳变沿都将被用于重同步。例外情况是，对于具有正相位误差的隐性位至显性位的跳变沿，只要隐性位至显性位的跳变沿被用于重同步，发送显性位的节点将不执行重同步。提出这个例外的目的是，确保命令驱动器的延迟时间和比较器输入的延迟时间不会导致位时间的永久（或累积）增加。

5.4.4* CAN 总线的信号传播

网络理论方面的图书对信号传播都有详细的描述，本节的目标不是重现这些内容，而是阐明 CAN 协议的应用属性。

网络的概念隐含了拓扑结构和媒体，我们不能偏离这些主要标准及其注释。

1. CAN 总线的网络拓扑结构

有线和无线传输媒体都可用于帧的传输，无论创建网络的媒体属于何种类型，网络拓扑结构在很大程度上取决于数据传输协议的可能性。

CAN 协议没有明确定义用于承载 CAN 帧的媒体类型，在这方面为开放状态，可以是导线、光纤、空气等，但所选媒体必须符合下述要求：

① 能够在媒体上表示显性和隐性状态位。

② 在节点发送隐性位或者没有节点正在发送时处于隐性状态。

③ 支持线与功能。

④ 任何节点发送显性位，媒体都处于显性状态，从而抑制隐性位。

目前，CAN 帧的传输普遍采用有线媒体。从理论上讲，总线形拓扑结构可使网络上的所有节点通过最短的路线连接到总线。这种拓扑结构最容易实现，关于 CAN 协议应用方面的讨论主要是以它为基础的。

2. 传播时间

只要有线路存在，就必然会出现信号传播现象，如传播速度、由信号在媒体上传播所导致的时间延迟、特征阻抗、阻抗匹配与不匹配、驻波、线路终端反弹，以及传入信号与反射信号之间的冲突等。在估算传播时间之前，假定下列参数是已知的或已定义的（一般可从相关元件的数据表中获得）。

① 媒体的选择（与成本、EMC 兼容性等有关）。

② 信号在所选媒体中的传播速度为 v_{prop}。

③ 媒体的长度（与具体应用有关）。

④ 发送和接收组件的内部延迟时间。

在单个网络中，两个 CAN 控制器之间的最长距离决定了信号传播的最大延迟。实际上，为了确保协议在仲裁和确认阶段正确运行，仅考虑传播的最大延迟是不够的。为了清晰地解释这个问题，这里给出了一个典型的 CAN 总线信号传播示例，如图 5-13 所示。

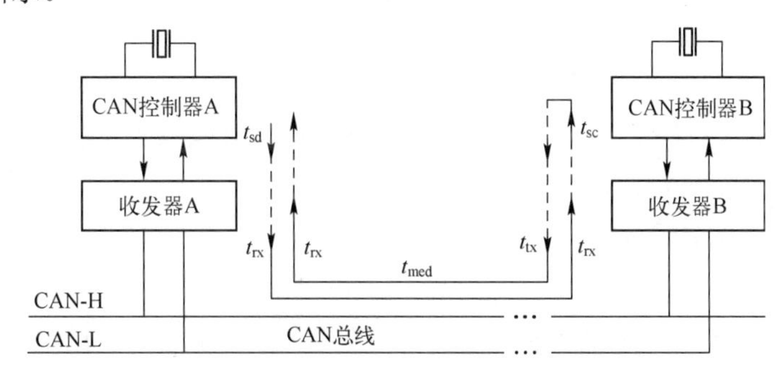

图 5-13　一个典型的 CAN 总线信号传播示例

① 节点 A 发送隐性位。

② 来自节点 A 的信号向节点 B 传播。

③ 在信号到达节点B之前的某微时刻(节点B尚未注意到由节点A传来的位)，节点 B 开始发送显性位。

④ 从节点 B 发送的信号向节点 A 传播。

⑤ 在非常靠近节点 B 的点发生冲突，从这一点开始线路进入显性状态。

⑥ 由此产生的显性信号向节点 A 传播，一段时间之后（大约等于从节点 A 出发所需的时间）到达。

⑦ 节点 A 发送的是一个隐性位，而收到的却是一个显性位，于是，它可以根据它的瞬间状态判定应该退出仲裁（如果它发送的位是标识符的一部分）还是发生了位错误等。

事实上，为确保协议能够正确地运行，节点 A 所发送位的持续时间必须大于或等于上述时间的总和。这个总时间可用信号在两个控制器之间往返传输一次所需要的最大传播时间来近似。

3．位传播段长度的精确定义

为了精确定义位传播段的最小时间，有必要考虑网络中所有元素的时间贡献。如图 5-13 所示，将信号从发送节点的输出级传送到接收节点的输入级，所用时间如下。

① 发送控制器输出信号到其终端所用的时间 t_{sd}。

② 发送接口生成媒体上的信号端所用的时间 t_{tx}。

③ 沿媒体传输信号所花费的时间 t_{med}。

④ 接收接口传输信号到其接收控制器所用的时间 t_{rx}。

⑤ 接收控制器处理传入信号所用的时间 t_{sc}。

这些参数通常分为两类，一类与媒体的物理特性相关，另一类与网络的电子特性相关。因此，信号从一个节点移动到另一个节点所花费的时间可描述为

$$T_{res} = T_{med} + T_{elec} \tag{5-7}$$

式中，T_{res} 为花费时间的总和；T_{med} 为网络中相距最远的两个 CAN 控制器之间沿媒体传输信号所需的时间；T_{elec} 为与网络的电子特性相关的时间延迟。

T_{med} 取决于媒体的固有传播速度，

$$T_{med} = L / v_{prop} \tag{5-8}$$

式中，L 表示媒体的长度；v_{prop} 表示固有传播速度，有线媒体（如差分线对）的传播速度一般为 200000 km/s。

T_{elec} 由 4 个部分组成：

$$T_{elec} = t_{sd} + t_{sc} + t_{tx} + t_{rx} \tag{5-9}$$

线路接口组件（总线驱动器）制造商会在组件的数据表中给出 t_{tx} 和 t_{rx} 的确切值。事实上，只有在传入信号为“干净”的方波时，才会得到这些数据，现实情况

要复杂得多。

在接收器处，集成电路的输入接口通常由差动放大器和比较器组成，比较器有自己的阈值和迟滞（Hysteresis）特性，需要根据传入信号（不是理想化的方波）的形状和质量将这些特性转化为等效时间。

由于沿线路分布的电感和电容的影响，传入信号看起来可能更像图 5-14 所示的那样。显然，输入比较器可通过改变电平来找回它想要的信号，然而，如图所示，延迟时间既不取决于纯传播，也不取决于比较器的固有特性，而是取决于传入信号的质量。

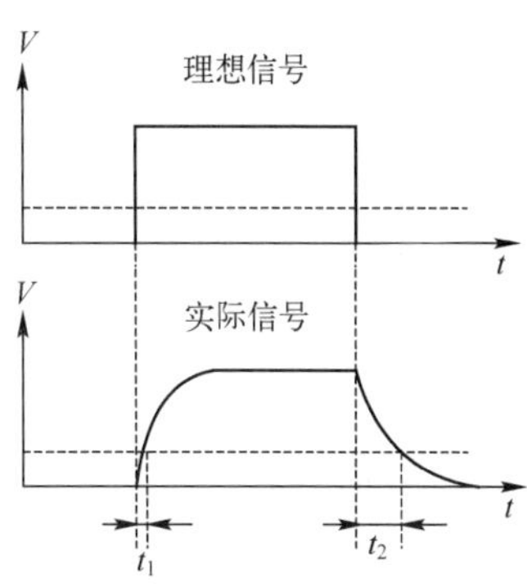

图 5-14　线路阻抗对信号的影响

请注意，图中有意夸大了上升时间和衰减时间之间的不对称性，目的在于提醒读者这两个时间有时是完全不同的。

一般情况下，由此造成的电气延迟时间也被视为 T_{elec} 的一部分（T_{elec} 的估值一般为 100 ns），因此，在最终确定传播段的持续时间 t_{prop_seg} 时可采用下式。

$$\min(t_{prop\_seg}) \geqslant 2(t_{med} + t_{sd} + t_{sc} + t_{tx} + t_{rx} + t_{qual\_sign}) \tag{5-10}$$

式中，t_{qual_sign} 为由信号质量造成的延迟，因子“2”考虑了信号的往返行程以及 CAN 协议在仲裁和确认方面的特性。

当 t_{prop_seg} 确定后，就可根据前面定义的时间份额基本值，计算标称位时间的传播段所需的最小时间份额数。

5.4.5* 媒体、位速率和网络长度之间的关系

当把 CAN 总线用于控制系统时，常常遇到下列问题。

① 使用位速率 v_{bit}、媒体 Y 的 CAN 可以覆盖的最大距离是多少？

② 使用媒体 Y，可以用于长度为 L 的网络的最大位速率是多少？

显然，如果能够建立媒体、位速率和网络长度之间的内在联系，那么很容易找到上述问题的答案。

在位速率和媒体已经指定的情况下，节点之间的距离在很大程度上取决于以下因素：

① 媒体的固有传播速度 v_{prop}。

② 发送节点的输出级引入的延迟。

③ 接收节点的输入级引入的延迟。

④ 期望的标称位速率 v_{bit}。

⑤ 信号的采样时刻和位值的测量方式。

⑥ CAN 控制器（微控制器或独立设备）所用振荡器的频率和容差。

⑦ 信号质量。

回到图 5-13，要使 CAN 协议正确运行，必须确保报文发送方能够在位时间内收到返回数据（例如在仲裁阶段），因此，构成 CAN 总线标称位时间的传播段必须大于或等于传播时间（T_{res}）的 2 倍，即

$$t_{prop\_seg} \geqslant 2T_{res} \tag{5-11}$$

传播段仅仅是标称位时间的一部分，若 x 表示该段占位时间的百分比，可以写为

$$t_{prop\_seg} = x \cdot t_{bit} = x / v_{bit} \tag{5-12}$$

假设 T_{elec} 的值和媒体的传播速度 v_{prop} 是已知的，且 x 是预先设定的，将式(5-11)、式（5-7）和式（5-8）代入式（5-12），可得网络长度与选定位速率之间的关系如下：

$$L \leqslant v_{prop} \cdot \left(\frac{x}{2v_{bit}} - T_{elec} \right) \tag{5-13}$$

设 v_{prop} = 200000 km/s = 0.2 m/ns（导线和光学媒体），得

$$L \leqslant (0.2\ \text{m/ns}) \left[\frac{x}{2v_{bit}} - T_{elec} \right] \tag{5-14}$$

当 T_{elec} = 100 ns，x = 66%时，式（5-14）可用图 5-15 所示曲线来表示，该图展示了网络长度与位速率之间的关系，利用该曲线，能够很快地确定可以从网络中获得的性能，以及网络可以支持的最大长度。位速率与总线最大长度密切相关，位速率越高，对应的总线长度越短。当然，要想更详细地研究 CAN 总线，必须更精确地计算各种参数。

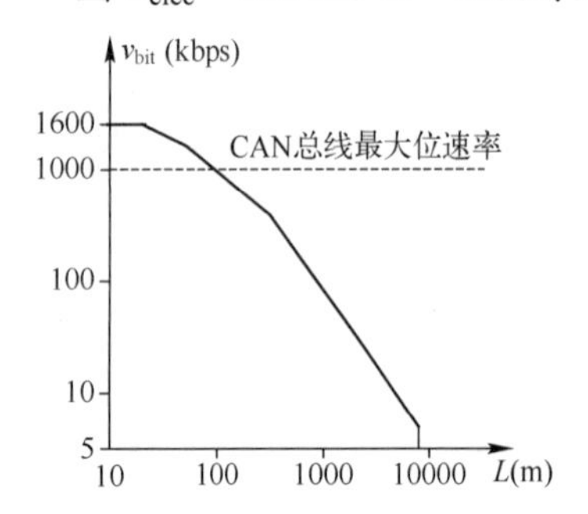

图 5-15　网络长度与位速率之间的关系

值得读者注意的是，CAN 的位速率最高可达 1 Mbps，但 CAN 协议清楚地表明，对于具体的网络，位速率必须是固定和统一的。通过长期实践，人们对由双绞线构成的简单 CAN 总线，总结出了位速率与最大总线长度之间的关系表（振荡器容差小于 0.1%），如表 5-4 所示，由此可以更加直观地看出两者之间的依赖关系。

表 5-4　CAN 位速率与最大总线长度之间的关系

位速率	推荐最大总线长度	位速率	推荐最大总线长度
1.6 Mbps	10 m	100 kbps	620 m
1 Mbps	40 m	50 kbps	1300 m
500 kbps	130 m	20 kbps	3300 m
250 kbps	270 m	10 kbps	6700 m
125 kbps	530 m	5 kbps	10000 m

5.4.6　CAN 总线的电气连接

CAN 协议的原始规范让用户自由选择媒体类型，因此在前面讲述中，我们尽可

能地避免给出信号的任何电气值，仅使用术语隐性和显性来表示位的值。

为了防止出现大量不同的解决方案，许多公司和组织专门研究了传输媒体接口处的电气特性，将这个问题分为两大类：高速模式（ISO 11989-2 标准）和低速模式（ISO 11519 标准和 ISO 11989-3 标准），用 3 个 ISO 标准清楚地说明 CAN 与差分对导线媒体的关系。撇开速率、扩展帧等问题，这些标准的主要不同体现在关于物理层电气规范的建议方面，它们定义了传输媒体（即物理层）的电气和运行特性，但没有覆盖连接器的机械规范或其他层（如第 2、第 7 层）的任何问题。

1. 高速模式

高速模式将 CAN 的位速率限定为 125 kbps～1 Mbps，采用简单的差分线对（双绞线）作为传输媒体，推荐采用如图 5-16 所示的 ISO 11989-2 标准建议的电气连接。在图 5-16 中，总线末端所接的终端负载电阻 R_T 用于抑制反射（位于节点内部的 R_T 应予取消）。总线驱动电路决定了总线可接节点数，可采用单线上拉、单线下拉或双线驱动方式，接收电路采用差动比较器。

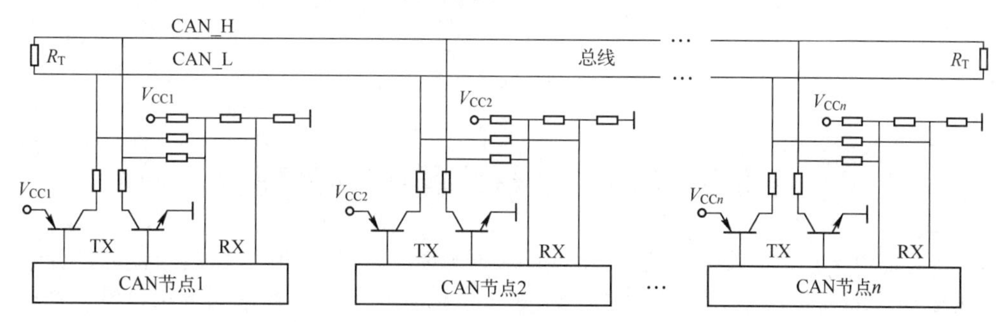

图 5-16　ISO 11989-2 标准建议的电气连接

CAN 总线的位电平如图 5-17 所示，该图展示了显性和隐性状态。上半部分为两条导线 CAN_H 和 CAN_L 之间的标称信号；下半部分为总线差分电平 $V_{diff} = V_{CAN\_H} - V_{CAN\_L}$，其中包括了容差，显性状态的标称值为+2 V，隐性状态的标称值为 0 V。

2. 低速模式

根据定义，低速 CAN 模式的位速率为 10～125 kbps，支持这种模式的标准有两个：ISO 11519 和 ISO 11989-3，但后者很快就取代了前者，因为 ISO 11989-3 标准的物理层容错性能远高于早期的 ISO 11519 标准。

位速率较慢意味着通信距离可以更长（有时长达 5～10 km）。伴随而来的问题是，通信距离越长，发生机电干扰的概率越大，用户希望增强低速 CAN 模式下物理层的容错性能。ISO 11989-3 标准（即容错低速 CAN）的目的很简单，当总线上存在短路或开路故障时，必须尽一切可能对其进行检测、表示和修复，以使通过 CAN 总线进行的通信是可靠的。

从理论上讲，任何物理层都可用于低速 CAN，只要它支持显性和隐性电平，不需要符合 ISO 11989-3 标准，但所获得的辐射性能会有所不同。

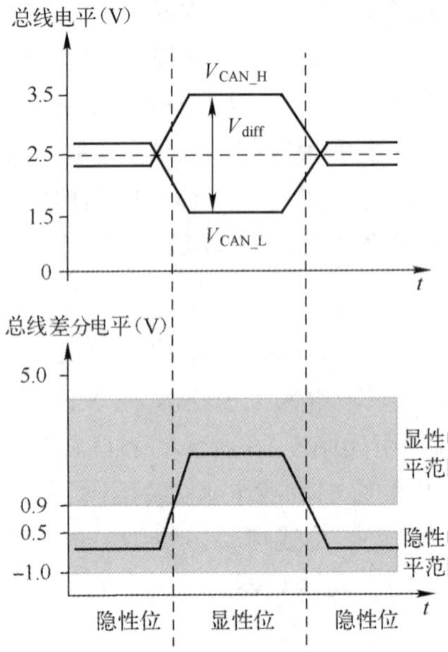

图 5-17　CAN 总线的位电平

5.5　CAN 错误检测与错误处理

正是由于汽车对数据传送安全性的要求较高，因此，最初为这一领域设计的 CAN 协议非常重视错误检测与处理功能。CAN 使用的错误检测与处理机制包括监测总线、位填充规则校验、帧校验、15 位 CRC 检验和应答检验。

一般情况下，CAN 的最终用户并不关注这方面的内容，因为集成电路制造商生产的 CAN 协议组件涵盖了所有相关细节。然而，了解它们是如何运作的，可以避免浪费许多开发时间去重塑已经在硬件中实现的功能。

5.5.1　错误类型

CAN 总线错误有多种类型，具体介绍如下。

① 位错误。节点在向总线发送位的同时也对总线进行监视。如果所发送的位值与所监测的位值不相符合，那么在此位时间里检测到一个位错误。例外的情况是，在仲裁场的填充位流期间或 ACK 间隙送出隐性位而监测到显性位时，不视为位错误；送出被动错误标志，而检测到显性位的节点，不将其理解为位错误。

② 位填充错误。在使用位填充法进行编码的帧场中，当出现第 6 个连续相同的位电平时，将检测到一个填充错误。

③ CRC 错误。CRC 序列由发送器的 CRC 计算结果构成。接收器计算 CRC 的方法与发送器相同，当其计算结果与接收到的 CRC 序列不相符时，则检测到一个 CRC 错误。

④ 形式错误。当固定格式位场出现 1 个或多个非法位时，则检测到形式错误。例外情况是，接收器在帧结束的最后一位检测到显性位，不视为形式错误。

⑤ 确认错误。在 ACK 间隙期间，发送器未检测到显性位，则检测到一个应答错误。

当任何节点检测到位错误、填充错误、形式错误或应答错误时，则由该节点在下一位开始发送错误标志；当检测到 CRC 错误时，出错帧在紧随 ACK 界定符后的那位开始发送，除非其他出错条件的出错帧已经开始发送。

5.5.2　节点错误状态

应用上述机制检测到错误后，一个出错帧就会被发出，当前发送中断信号，下次发送报文通过另一次仲裁过程开始。如果 CAN 总线上的一个有故障的节点对报文的解码有误，那么使用出错帧方式进行错误处理会牵累总线，甚至会产生阻塞。由于这个原因，每个节点都会执行自监督。若一定量的报文被判出错，则 CAN 总线上的节点会切换至所谓的错误认可状态，这时来自 CAN 总线其他部分的报文就不会再被破坏。

CAN 总线上的任何一个节点，可能处于下列三种故障状态之一：

① 错误激活。错误激活节点可以正常参与总线通信，并在检测到错误时在出错帧中发出一个主动错误标志。

② 错误认可。错误认可节点不允许发送主动错误标志，可以参与总线通信，但当检测到错误时，只能在出错帧中发出被动错误标志，而且发送后，错误认可节点在开始进一步发送帧前将等待一段附加时间（参见暂停发送说明）。

③ 总线脱离（Bus Off）。处于总线脱离状态的节点，既不发送也不接收任何帧，即不允许对总线有任何的影响。

5.5.3　错误界定规则

为了进行错误界定，总线上的每个单元中都设置有两个计数器，分别用于发送错误计数和接收错误计数。计数规则如下（在给定帧发送期间，可能用到多个规则）：

① 接收器检测到一个错误，接收错误计数器加 1。但是，若在发送主动错误标志或超载标志期间检测到位错误，接收错误计数器不加 1。

② 接收器在发送错误标志后的第一位检出一个显性位，接收错误计数器加 8。

③ 当发送器送出一个错误标志时，发送错误计数器值加 8。但有两个例外，一个是若发送器为错误认可发送器，由于未检测到显性位应答或检测到一个应答错误，并且在送出其被动错误标志时未检测到显性位；另一个是若由于仲裁期间发生填充错误，发送器送出一个隐性位错误标志，但检测到显性位。在这两种情况下，发送错误计数器值不变。

④ 当发送器发送主动错误标志或超载标志时，若检测到位错误，则发送错误计数器加 8。

⑤ 当接收器发送主动错误标志或超载标志时，若检测到位错误，则接收错误计数器加 8。

⑥ 每个节点在发送主动错误标志、被动错误标志或超载标志之后，允许出现最多 7 个连续的显性位。当出现以下三种情况之一时，发送错误计数器和接收错误计数器都加 8：a. 检测到第 14 个连续的显性位（在发送主动错误标志或超载标志情况下）；b. 紧随被动错误标志检测到第 8 个连续的显性位；c. 检测到由 8 个连续的显性位组成的序列。

⑦ 成功发送一帧后（得到应答，并且直至帧结束未出现错误），发送错误计数器减 1，除非已经为 0。

⑧ 成功接收一帧后（直至 ACK 间隙均无错误，并且成功送出 ACK 位），若接收错误计数器的值介于 1～127 之间，则其值减 1；若接收错误计数器值是 0，则仍保持为 0；若大于 127，则将其值记为 119～127 之间的某个数值。

5.5.4　节点状态转换

当发送错误计数器值（TEC）大于 127 时，或当接收错误计数器值（REC）大于 127 时，节点进入错误认可状态。导致节点从错误激活状态变成错误认可状态的错误条件强制节点发送主动错误标志，这一点与进入错误认可状态后的情况有所不同。当发送错误计数器值和接收错误计数器值均小于或等于 127 时，错误认可节点重新变为错误激活节点。当发送错误计数器值大于 255 时，节点进入总线脱离状态。在监测到 128 次出现 11 个连续隐性位之后（证明许多报文的 ACK 定界符、帧结束和间歇场位已经正确传输），总线脱离节点将变为错误激活节点，该节点的两个错误计数器值也被设置为 0。图 5-18 所示为节点状态转换图。

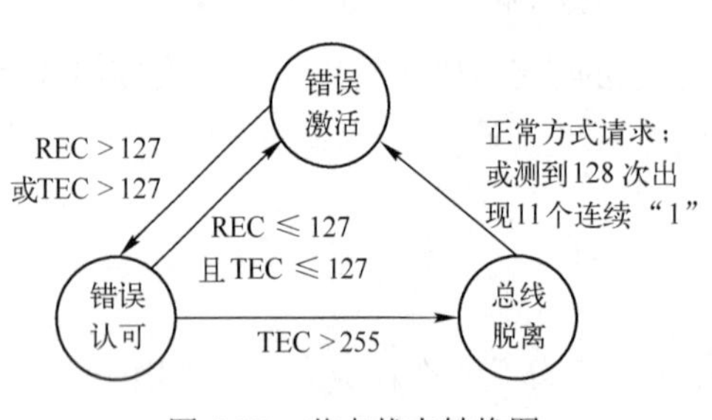

图 5-18　节点状态转换图

如果在系统启动期间只有 1 个节点在线，该节点发送帧后，将得不到应答，必然检出错误并重发该帧。由此，节点会变为错误认可节点，而不会进入总线脱离状态。

关闭或处于总线脱离状态的节点，必须通过启动子程序进行，以便在开始发送帧前与已经有效的节点同步。

5.6　标准 CAN 的扩展

CAN 协议（CAN 2.0A）商业化之后，人们很快发现，在某些具体应用中，标准帧的 11 位标识符长度和传输位速率的最大值为 1 Mbps 有时会限制网络系统设计。为适应需求，业界通过共同努力，提出了向上兼容的扩展版 CAN 2.0B，最近几年又推出了 CAN 的最新变体 CAN-FD（CAN with Flexible Data rate，具有灵活数据速率的 CAN）。

为避免不必要的重复，本节将通过描述 CAN 2.0B 和 CAN-FD 与 CAN 2.0A 之间的区别来简单介绍这些新协议。

5.6.1　CAN 2.0B

每个标识符都与一个报文相对应，标识符的长度决定了可配置 ID 的报文的最大数量。为了提供更容易使用的系统，设计包括更大标识符场的扩展帧非常重要。在这个因素的驱动下，人们开发了把 11 位标识符扩展到 29 位标识符的 CAN 2.0B 协议，通常将其称为 CAN 2.0A 协议的扩展版。

1．帧格式

CAN 2.0B 与 CAN 2.0A 帧格式之间的主要区别在于构成标识符段的位数，以及保留位的重要性，标准格式与扩展格式如图 5-19 所示。CAN 2.0A 采用标准格式，标识符为 11 位；CAN 2.0B 采用扩展格式，标识符长度为 29 位。扩展格式的构成方式使两种格式可在同一网络中共存。

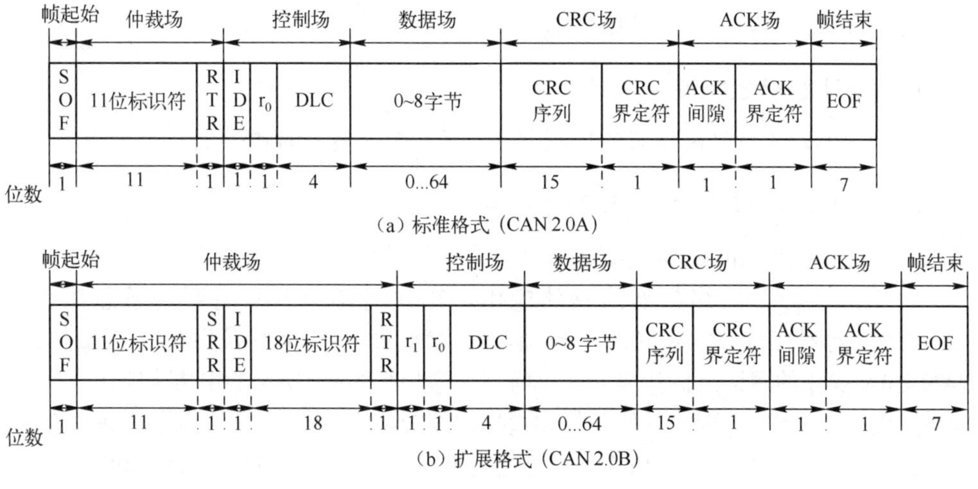

图 5-19　标准格式与扩展格式

2．仲裁场

CAN 2.0A 和 CAN 2.0B 的仲裁场是不同的，如图 5-19（a）和图 5-19（b）所示。

① 在 CAN 2.0A 中，仲裁场由 11 位标识符和 RTR 位组成。CAN 2.0B 将这个标识符中各位的名称由 ID_{10}，ID_9，…，ID_0 更名，其中 ID_{28}，ID_{27}，…，ID_{18} 为标识符字段的高权重部分，用于提供扩展帧的基本优先级。CAN 2.0B 称这部分标识符为基本标识符（Base ID）。

② 在 CAN 2.0B 中，仲裁场由 29 位标识符（ID_{28}～ID_0）、RTR 位（所处位置与标准帧不同）、SRR 位和 IDE 位组成。SRR 和 IDE 是新加入的两个位，IDE 位是从标准帧的控制场保留位中提取出来的。

对于 RTR、SRR 和 IDE 这 3 个位，CAN 2.0B 给出了专有名称，具体介绍如下。

① RTR（Remote Transmission Request）位：远程发送请求位。它的意义等同于标准帧，显性位（“0”）表示数据帧，隐性位（“1”）表示远程帧。

② SRR（Substitute Remote Request）位：替代远程请求位。在扩展帧中，SRR 位于标准帧 RTR 的位置上，始终为隐性位（“1”）。因此一旦标准帧与扩展帧发生冲突，将以标准帧的优先级高于扩展帧而结束。

③ IDE（IDentifier Extension）位：标识符扩展位。IDE 位为显性位（“0”），表示 CAN 帧为标准格式；IDE 位为隐性位（“1”），表示 CAN 帧为扩展格式。在标准格式中，IDE 位于控制场，始终为显性位；在扩展格式中，IDE 位于仲裁场，始终为隐性位。

3．控制场

CAN 2.0B 帧的控制场仍然由 6 位组成，也有两个尚未定义的保留位，但与 CAN 2.0A 帧的保留位名称有所不同。CAN 2.0A 帧的保留位用 IDE 和 r_0 表示，CAN 2.0B 帧用 r_1 和 r_0 表示。CAN 2.0B 帧的保留位 r_1 和 r_0 必须以显性电平传送，而在接收方可以接收任意显性、隐性组合的电平。

4．CAN 2.0B 控制器

根据定义，支持扩展格式的控制器必须无条件地支持标准格式。

5．CAN 2.0A 和 CAN 2.0B 的兼容性

CAN 2.0A 和 2.0B 版本之间兼容性与电子组件的生产密切相关。

对于可能涉及网络扩展的具体应用，用户经常需要利用同一条总线传送 CAN 2.0A 标准帧和 CAN 2.0B 扩展帧。在这种情况下，如何找到某些仅严格按照 CAN 2.0A 操作的网络组件就成为一个问题，这些组件在 CAN 2.0B 扩展帧出现时会自动生成一个出错帧，因为它们并不知道扩展帧的结构，因此，显然会导致严重事故。

在这一点上，我们必须引入一些概念，如 CAN 2.0A 主动、CAN 2.0B 被动。由此可将组件划分成多个类别。

例如，对于 CAN 2.0A 组件，可以分为两类：CAN 2.0A 主动；CAN 2.0A 主动且 CAN 2.0B 被动（在 CAN 2.0B 帧出现的时不生成出错帧）。对于 CAN 2.0B 组件，协议要求它们能够自动识别和处理所有接收到的 CAN 2.0A 和 CAN 2.0B 帧。既然这样，就传输而言，选择 CAN 2.0A 或 CAN 2.0B 完全由用户负责。

5.6.2 CAN-FD

CAN-FD（CAN with Flexible Data rate，具有灵活数据速率的 CAN）是 CAN 的

最新变体。如上所述，CAN 2.0A 的最大位速率为 1 Mbps，这种限制在很大程度上是由仲裁方法造成的。事实上，除了帧的仲裁场，其他部分的传输过程并不需要仲裁，因此可以在控制场、数据场和 CRC 场提高位速率。CAN-FD 在仲裁期间保持 1 Mbps 的速率，然后以最高 8 Mbps 的速率发送帧的其他部分，具体操作细节见下文说明。两种速率各有一组位时间定义寄存器，它们除了采用不同的位时间单位 TQ，位时间各段的分配比例也可不同。

CAN 2.0A 的另一个限制是帧的数据场最大为 8 字节，这对于现代网络来说是不够的。博世公司的工程师们重新设计了 CRC 计算方法，使数据场可以从 8 字节增加到 64 字节，同时保持 CAN 2.0A 的错误检测鲁棒性（用数学术语来说，他们修改了 CRC 计算方法，同时保持汉明距离不变）。

1. CAN-FD 帧格式

CAN-FD 帧格式分为两种，分别与图 5-19 所示的标准格式和图 5-20 所示的扩展格式相对应。CAN-FD 标准格式在控制场新添加了 EDL、BRS 和 ESI 位；CAN-FD 扩展格式在控制场新增了 BRS 和 ESI 位，并将 r_1 位更名为 EDL 位。两者的数据场增加到 64 字节，CRC 序列扩展到 21 位。

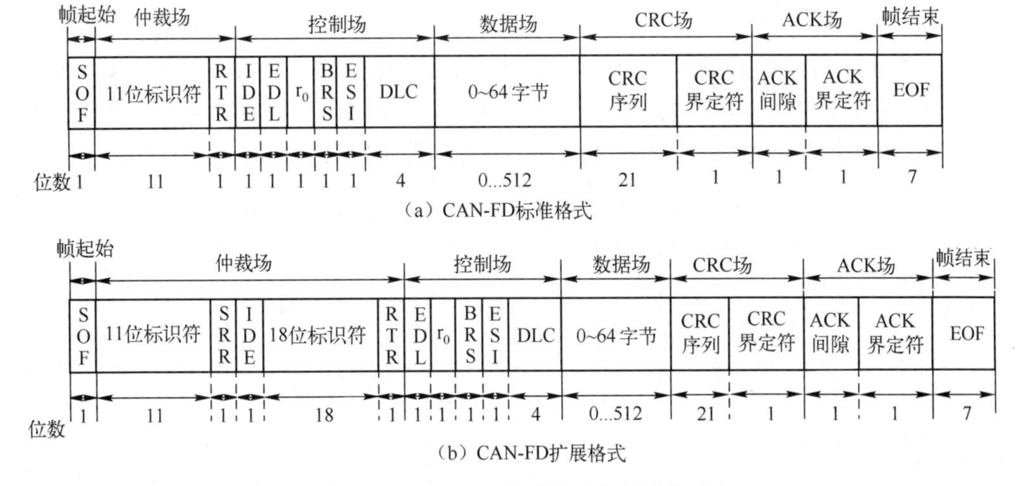

图 5-20　CAN-FD 标准格式与扩展格式

2. 新增 EDL、BRS 和 ESI 位

① EDL（Extended Data Length）位：扩展数据长度位。EDL 位为隐性位，表示采用新 DLC 编码和 CRC 算法的 CAN-FD 报文；EDL 位为显性位，表示 CAN 报文。

② BRS（Bit Rate Switch）位：位速率切换位。BRS 位为隐性位，表示切换速率，从 BRS 位到 CRC 界定符（含 CRC 界定符）使用转换速率传输，其他位场仍然使用正常速率传输；BRS 位为显性位，表示不切换速率，以正常速率传输。

③ ESI（Error State Indicator）位：错误状态指示位。ESI 位为隐性位，表示发

送节点处于错误认可（Error Passive）状态；ESI 位为显性位，表示发送节点处于错误激活（Error Active）状态。

3. 新 CRC 算法

将数据场的字节数从 8 字节增加到 64 字节，CAN 总线的位填充规则会对 CRC 形成干扰，以至于错帧漏检率达不到设计意图。CAN-FD 对 CRC 算法进行了改变，即 CRC 以含填充位的位流进行计算。在 CRC 序列部分，为避免再次出现连续 6 位相同的情况，在第一位及其以后每 4 位插入一个填充位加以分割，填充位的值是上一位的反码。在进行格式检查时，若填充位不是上一位的反码，则进行错处理。CAN-FD 的 CRC 序列扩展到了 21 位。

由于数据场长度的变化范围较大，因此需要根据 DLC 的大小应用不同的 CRC 生成多项式，如下所示。$G_{17}(x)$适合数据场长度≤16 字节的帧，$G_{21}(x)$适合数据场长度>16 字节的帧。

$$G_{17}(x) = x^{17} + x^{16} + x^{14} + x^{13} + x^{11} + x^{6} + x^{4} + x^{3} + x^{1} + 1$$
$$G_{21}(x) = x^{21} + x^{20} + x^{13} + x^{11} + x^{7} + x^{4} + x^{3} + 1$$

4. 新 DLC 编码

CAN-FD 数据帧采用了新 DLC 编码方式，CAN-FD 数据长度代码表示的数据字节数编码如表 5-5 所示。当数据场长度为 0～8 字节时，采用线性编码（表的左半部分）；当数据场长度为 12～64 字节时，使用非线性编码（表的右半部分）。

表 5-5　CAN-FD 数据长度代码表示的数据字节数编码

DLC				数据的字节数/字节	DLC				数据的字节数/字节
DLC_3	DLC_2	DLC_1	DLC_0		DLC_3	DLC_2	DLC_1	DLC_0	
0	0	0	0	0	1	0	0	1	12
0	0	0	1	1	1	0	1	0	16
0	0	1	0	2	1	0	1	1	20
0	0	1	1	3	1	1	0	0	24
0	1	0	0	4	1	1	0	1	32
0	1	0	1	5	1	1	1	0	48
0	1	1	0	6	1	1	1	1	64
0	1	1	1	7					
1	0	0	0	8					

5.7　CAN 组件

前面几节已经介绍了 CAN 的基本概念及其规范。CAN 协议不仅适用性强，而且其组件的开发成本较低，因此得到众多自动化用户组织和集成电路制造商的广泛支持。目前，大多数知名半导体厂家都研制了支持 CAN 的常用组件。

5.7.1　CAN 组件类型

根据定义，CAN 兼容组件必须符合 CAN 协议。然而，这个定义没有提供协议实现、内部组成和组件制造的完整描述。这为组件制造商留下了一定的自由度，制造商可以为不同的市场、客户群和应用提供具体的、各不相同的新颖解决方案。

最常见的解决方案是，CAN 控制器（也称为 CAN 协议控制器）用于实现上述 CAN 协议，对外提供与微处理器和物理线路的接口，通过对它的编程，微处理器可以设置它的工作方式，控制它的工作状态，进行数据的发送和接收，把应用层建立在它的基础之上。而 CAN 控制器和物理总线之间的接口是由 CAN 收发器（也叫总线驱动器）实现的。

根据 CAN 控制器芯片中是否有微处理器，可将 CAN 控制器分为独立式和嵌入式两类。CAN 总线网络的一般组成方式如图 5-21 所示，在该图中，CAN 总线网络使用了这两类协议控制器。

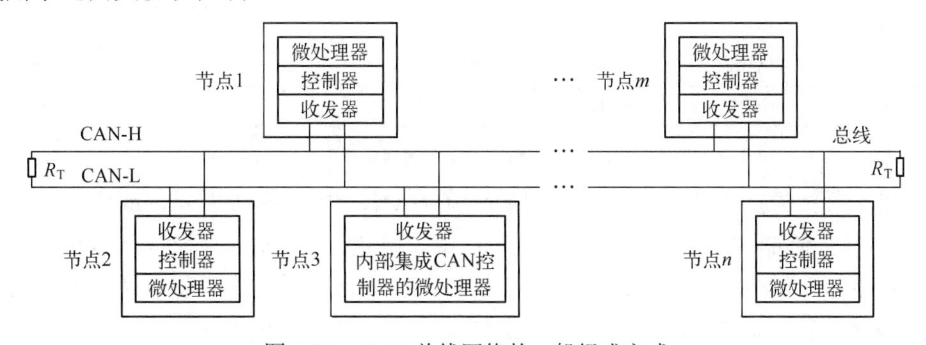

图 5-21　CAN 总线网络的一般组成方式

1. 独立式

芯片仅包含 CAN 控制器。对于独立式 CAN 控制器，根据其与 CPU 的连接方式不同，可分为并行和串行两大类。CAN 控制器独立于节点的功能部分，为设计人员选择节点的微处理器（内核、计算能力、内在资源等的选择）提供了很大的自由度。

2. 嵌入式

芯片包含微处理器和 CAN 控制器。显然，内部集成 CAN 控制器的微处理器既有利于降低成本、减少印制电路面积，也有利于避免速率、CPU 负载和 EMC 等问题。采用此类芯片可以减小应用系统的体积，但移植不如独立式方便。

CAN 收发器是 CAN 控制器和 CAN 物理总线之间的接口。CAN 控制器与媒体的接口部分由单独的模块提供，不仅使用户对所用媒体的类型拥有很大自主选择权，而且可在不涉及 CAN 控制器和微处理器的情况下单独考虑网络的节点数量、传输速率、故障保护等。

目前，许多知名半导体厂家研制了 CAN 控制器和收发器芯片，如表 5-6 所示。用户可以根据 CAN 总线项目的需要和组件的性能做出自己的选择。

表 5-6　CAN 控制器和收发器

制造商	产品型号	符合协议	功能	集成于微处理器	强接收过滤	备注
Philips	82C200	CAN 2.0 A	通信控制器			
Philips	SJA1000	CAN 2.0 B	通信控制器			
Philips	8XC592	CAN 2.0 A	通信控制器	√		
Siemens	81C90	CAN 2.0 A	通信控制器		√	
Microchip	MCP2515	CAN 2.0 B	通信控制器		√	
Siemens	51C806	CAN 2.0 A	通信控制器	√	√	
Motorola	68HC05X4	CAN 2.0 A	通信控制器	√	√	
Motorola	68HC16	CAN 2.0 B	通信控制器	√	√	
Philips	PCA82C250	ISO 11898	总线收发器			高速
Philips	PCA82C252	ISO 11898	总线收发器			容错
Philips	TJA1050	ISO 11898	总线收发器			高速
Philips	TJA1054	ISO 11898	总线收发器			容错
Microchip	MCP2551	ISO 11898	总线收发器			高速

注释：表 5-6 中提到的制造商是所列产品的最先生者，现名称已有变动，特此说明。

出于经济方面的考虑，用户希望最终将 CAN 控制器和收发器，或者将微处理器、CAN 控制器和收发器集成在同一芯片中。问题在于，微处理器和 CAN 控制器的工作电压一般为 5 V 或 3.3 V，而在某些条件下总线驱动器必须承受的电压高达 60 V 或 80 V，从技术角度看，要满足上述要求不是一件简单的事，总线驱动器几乎不会集成到微处理器或 CAN 控制器中。

5.7.2　CAN 控制器

CAN 控制器的任务是形成和破译协议。独立式 CAN 控制器不能单独工作，必须由微处理器（8/16/32/…位）进行控制。因此，它们具有并行通信接口（地址和数据总线）或串行接口（如 SPI）。

1. 基本结构

按照惯例，所有 CAN 控制器都可独立地进行帧编码和数据存储，在它们的结构中都含有协议处理器和缓冲存储器单元。

① 协议处理器负责处理要传输到媒体的所有报文，其中包括用于错误处理、仲裁，以及串 / 并行转换的同步机制等任务。不同 CAN 控制器的协议处理器在实

现上没有区别，它们都是针对同一版本的基本协议而设计的。

② 缓冲存储器单元位于协议处理器和微处理器（外部或内部的）之间，它包括命令和报文两个实体。命令实体用于 CPU 和 CAN 协议处理器之间的状态、命令和控制信号的交换；报文实体用于发送和接收报文的存储，它还可以实现可编程接收过滤器功能。

下面将通过两个实例来进一步说明 CAN 控制器的基本构成。

2. CAN 控制器 SJA1000

SJA1000CAN 控制器主要用于汽车和普通工业环境中的 CAN 总线控制系统，它是恩智浦（NZP）半导体公司 PCA82C200 CAN 控制器（BasicCAN，支持 CAN 2.0A）的替代产品，而且它增加了一种新的工作方式——PeliCAN，这种方式支持 CAN 2.0B 协议的很多新特性。

（1）SJA1000 的内部结构

SJA1000 的内部结构框图如图 5-22 所示，主要由以下几个部分组成。

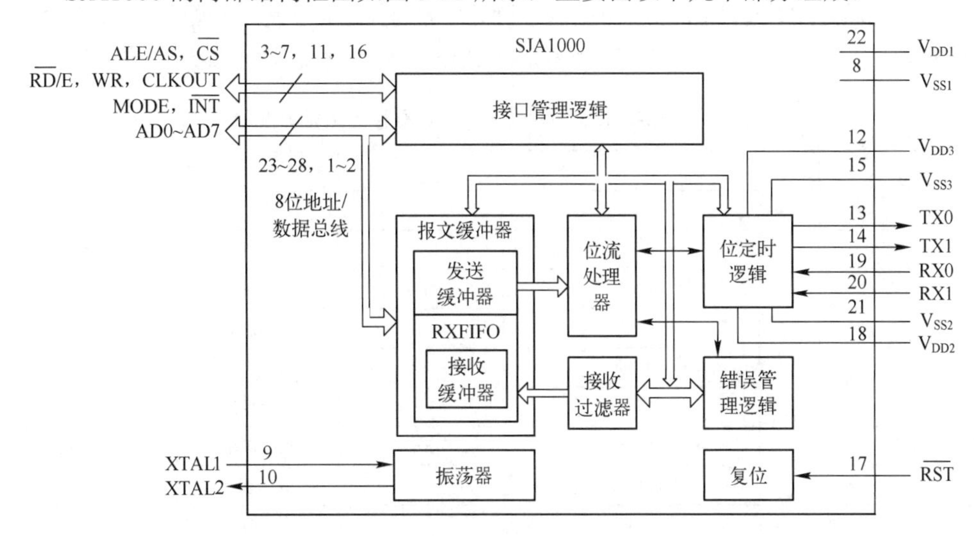

图 5-22　SJA1000 的内部结构框图

① 接口管理逻辑（IML）。接口管理逻辑解释来自微处理器 CPU 的命令，控制 CAN 寄存器寻址，向微处理器提供中断信息和状态信息。它通过地址 / 数据总线提供不同类型的微处理器与集成电路之间的链接，这些地址 / 数据总线包括许多微处理器（8xCxx、68HCxx、68xxx 和 ARM 等）常用的服务信号，如 ALE、CS、RD 和 WR 等。

② 发送缓冲器（TXB）。发送缓冲器是 CPU 和位流处理器（BSP）之间的接口，能够存储发送到 CAN 总线上的完整报文。缓冲器长度为 13 字节，由 CPU 写入，BSP 读出。

③ 接收缓冲器（RXB）。接收缓冲器是接收过滤器和 CPU 之间的接口，用来接收 CAN 总线上的报文，并存储接收到的报文。接收缓冲器（13 字节）作为接收

FIFO（RXFIFO，64 字节）的一个窗口，可被 CPU 访问。CPU 在 FIFO 的支持下，可以在处理报文的时候接收其他报文。

④ 接收过滤器（ACF）。接收过滤器将其中的数据和接收的标识符进行比较，以决定是否接收报文。在纯粹的接收测试中，所有的报文都保存在 RXFIFO 中。

⑤ 位流处理器（BSP）。位流处理器是一个在发送缓冲器、RXFIFO 和 CAN 总线之间控制数据流的序列发生器，它还在 CAN 总线上执行错误检测、仲裁、位填充和错误处理。

⑥ 位定时逻辑（BTL）。位时序逻辑监视串行 CAN 总线，并处理与总线有关的位定时。在报文开始，由隐性到显性的变换同步 CAN 总线上的位流（硬同步），在接收报文时再次同步下一次传送（软同步）。BTL 还提供了可编程的时间段来补偿传播延迟时间、相位转换、定义采样点和每一位的采样次数。

⑦ 错误管理逻辑（EML）。错误管理逻辑负责传送层模块的错误界定。它接收 BSP 的出错报告，并把错误统计数字通知 BSP 和 IML。

（2）SJA1000 的 BasicCAN 工作方式

在 BasicCAN 方式中，SJA1000 对于微处理器而言相当于是 I/O 器件，微处理器对其像操作 RAM 一样进行操作。SJA1000 BasicCAN 方式寄存器地址分配表如表 5-7 所示。

表 5-7　SJA1000 BasicCAN 方式寄存器地址分配表

CAN 地址	段	工作模式		复位模式	
		读	写	读	写
0	控制	控制	控制	控制	控制
1		（FFH）	命令	（FFH）	命令
2		状态	—	状态	—
3		中断	—	中断	—
4		（FFH）	—	接收代码	接收代码
5		（FFH）	—	接收屏蔽	接收屏蔽
6		（FFH）	—	总线定时 0	总线定时 0
7		（FFH）	—	总线定时 1	总线定时 1
8		（FFH）	—	输出控制	输出控制
9		测试	测试	测试	测试
10	发送缓冲器	标识符（10~3）	标识符（10~3）	（FFH）	—
11		标识符（2~0） RTR 和 DLC	标识符（2~0） RTR 和 DLC	（FFH）	—
12		数据字节 1	数据字节 1	（FFH）	—
13		数据字节 2	数据字节 2	（FFH）	—
14		数据字节 3	数据字节 3	（FFH）	—
15		数据字节 4	数据字节 4	（FFH）	—
16		数据字节 5	数据字节 5	（FFH）	
17		数据字节 6	数据字节 6	（FFH）	

续表

CAN 地址	段	工作模式		复位模式	
		读	写	读	写
18	发送缓冲器	数据字节 7	数据字节 7	（FFH）	
19		数据字节 8	数据字节 8	（FFH）	
20	接收缓冲器	标识符（10~3）	标识符（10~3）	标识符（10~3）	标识符（10~3）
21		标识符（2~0）RTR 和 DLC	标识符（2~0）RTR 和 DLC	标识符（2~0）RTR 和 DLC	标识符（2~0）RTR 和 DLC
22		数据字节 1	数据字节 1	数据字节 1	数据字节 1
23		数据字节 2	数据字节 2	数据字节 2	数据字节 2
24		数据字节 3	数据字节 3	数据字节 3	数据字节 3
25		数据字节 4	数据字节 4	数据字节 4	数据字节 4
26		数据字节 5	数据字节 5	数据字节 5	数据字节 5
27		数据字节 6	数据字节 6	数据字节 6	数据字节 6
28		数据字节 7	数据字节 7	数据字节 7	数据字节 7
29		数据字节 8	数据字节 8	数据字节 8	数据字节 8
30		（FFH）	—	（FFH）	—
31		时钟分频器	时钟分频器	时钟分频器	时钟分频器

在这种方式中，SJA1000 的地址区可分为控制段和报文缓冲区。控制段在 SJA1000 初始化加载时是可被编程配置通信参数（如位定时等）的，微处理器也是通过该段来控制 CAN 总线上的通信的。在初始化时，CLKOUT 信号可以通过对微处理器编程指定一个值。

待发送的报文会被写入发送缓冲器。当成功接收报文后，微处理器从接收缓冲器中读取接收到的报文，然后释放空间以便下一步应用。

微处理器和 SJA1000 之间状态、控制和命令信号的交换都是在控制段中完成的。初始加载后，寄存器的接收代码、接收屏蔽、总线定时寄存器 0 和 1 以及输出控制就不能改变了。只有在控制寄存器的复位位被置高时，才可以访问这些寄存器。

根据对控制寄存器的配置，可使 SJA1000 处于复位模式或工作模式，这两种模式所访问寄存器是不同的，详细见表 5-7。

① 复位模式：当检测到有复位请求后，将中止当前接收 / 发送的报文而进入复位模式。当硬件复位或控制器掉线时会自动进入复位模式。

② 工作模式：工作模式是通过控制寄存器（CR）的复位位激活的，一旦向复位位传送了“1→0”的下降沿，CAN 控制器将返回到工作模式。

（3）SJA1000 的 PeliCAN 工作方式

在 PeliCAN 工作方式下，CAN 控制器的内部寄存器对 CPU 来说，是以外部寄存器形式存在的。因为 CAN 控制器可在不同模式（工作 / 复位）下运行，所以必须要区分两种不同模式下内部地址的定义。从 CAN 地址 32 起，所有的内部 RAM（80 字节）被映射为 CPU 的接口。PeliCAN 工作方式的地址分配表如表 5-8 所示。

表 5-8　PeliCAN 工作方式的地址分配表①

<table>
<tr><th rowspan="2">CAN地址</th><th colspan="4">工作模式下的寄存器</th><th colspan="2">复位模式下的寄存器</th></tr>
<tr><th colspan="2">读</th><th colspan="2">写</th><th>读</th><th>写</th></tr>
<tr><td>0</td><td colspan="2">模式</td><td colspan="2">模式</td><td>模式</td><td>模式</td></tr>
<tr><td>1</td><td colspan="2">（00H）</td><td colspan="2">命令</td><td>（00H）</td><td>命令</td></tr>
<tr><td>2</td><td colspan="2">状态</td><td colspan="2">—</td><td>状态</td><td>—</td></tr>
<tr><td>3</td><td colspan="2">中断</td><td colspan="2">—</td><td>中断</td><td>—</td></tr>
<tr><td>4</td><td colspan="2">中断使能</td><td colspan="2">中断使能</td><td>中断使能</td><td>中断使能</td></tr>
<tr><td>5</td><td colspan="2">保留（00H）</td><td colspan="2">—</td><td>保留（00H）</td><td>—</td></tr>
<tr><td>6</td><td colspan="2">总线定时 0</td><td colspan="2">—</td><td>总线定时 0</td><td>总线定时 0</td></tr>
<tr><td>7</td><td colspan="2">总线定时 1</td><td colspan="2">—</td><td>总线定时 1</td><td>总线定时 1</td></tr>
<tr><td>8</td><td colspan="2">输出控制</td><td colspan="2">—</td><td>输出控制</td><td>输出控制</td></tr>
<tr><td>9</td><td colspan="2">测试</td><td colspan="2">测试②</td><td>测试</td><td>测试②</td></tr>
<tr><td>10</td><td colspan="2">保留（00H）</td><td colspan="2">—</td><td>保留（00H）</td><td>—</td></tr>
<tr><td>11</td><td colspan="2">仲裁丢失捕捉</td><td colspan="2">—</td><td>仲裁丢失捕捉</td><td>—</td></tr>
<tr><td>12</td><td colspan="2">错误代码捕捉</td><td colspan="2">—</td><td>错误代码捕捉</td><td>—</td></tr>
<tr><td>13</td><td colspan="2">错误报警限制</td><td colspan="2">—</td><td>错误报警限制</td><td>错误报警限制</td></tr>
<tr><td>14</td><td colspan="2">RX 错误计数器</td><td colspan="2">—</td><td>RX 错误计数器</td><td>RX 错误计数器</td></tr>
<tr><td>15</td><td colspan="2">TX 错误计数器</td><td colspan="2">—</td><td>TX 错误计数器</td><td>TX 错误计数器</td></tr>
<tr><td>16</td><td>RX 帧报文 SFF③</td><td>RX 帧报文 EFF③</td><td>TX 帧报文 SFF</td><td>TX 帧报文 EFF</td><td>接收代码 0</td><td>接收代码 0</td></tr>
<tr><td>17</td><td>RX 识别码 1</td><td>RX 识别码 1</td><td>TX 识别码 1</td><td>TX 识别码 1</td><td>接收代码 1</td><td>接收代码 1</td></tr>
<tr><td>18</td><td>RX 识别码 2</td><td>RX 识别码 2</td><td>TX 识别码 2</td><td>TX 识别码 2</td><td>接收代码 2</td><td>接收代码 2</td></tr>
<tr><td>19</td><td>RX 数据 1</td><td>RX 识别码 3</td><td>TX 数据 1</td><td>TX 识别码 3</td><td>接收代码 3</td><td>接收代码 3</td></tr>
<tr><td>20</td><td>RX 数据 2</td><td>RX 识别码 4</td><td>TX 数据 2</td><td>TX 识别码 4</td><td>接收屏蔽 0</td><td>接收屏蔽 0</td></tr>
<tr><td>21</td><td>RX 数据 3</td><td>RX 数据 1</td><td>TX 数据 3</td><td>TX 数据 1</td><td>接收屏蔽 1</td><td>接收屏蔽 1</td></tr>
<tr><td>22</td><td>RX 数据 4</td><td>RX 数据 2</td><td>TX 数据 4</td><td>TX 数据 2</td><td>接收屏蔽 2</td><td>接收屏蔽 2</td></tr>
<tr><td>23</td><td>RX 数据 5</td><td>RX 数据 3</td><td>TX 数据 5</td><td>TX 数据 3</td><td>接收屏蔽 3</td><td>接收屏蔽 3</td></tr>
<tr><td>24</td><td>RX 数据 6</td><td>RX 数据 4</td><td>TX 数据 6</td><td>TX 数据 4</td><td>保留（00H）</td><td>—</td></tr>
<tr><td>25</td><td>RX 数据 7</td><td>RX 数据 5</td><td>TX 数据 7</td><td>TX 数据 5</td><td>保留（00H）</td><td>—</td></tr>
<tr><td>26</td><td>RX 数据 8</td><td>RX 数据 6</td><td>TX 数据 8</td><td>TX 数据 6</td><td>保留（00H）</td><td>—</td></tr>
<tr><td>27</td><td>FIFORAM④</td><td>RX 数据 7</td><td>—</td><td>TX 数据 7</td><td>保留（00H）</td><td>—</td></tr>
<tr><td>28</td><td>FIFORAM④</td><td>RX 数据 8</td><td>—</td><td>TX 数据 8</td><td>保留（00H）</td><td>—</td></tr>
<tr><td>29</td><td colspan="2">RX 报文计数器</td><td colspan="2">—</td><td>RX 报文计数器</td><td>—</td></tr>
<tr><td>30</td><td colspan="2">RX 缓冲器起始地址（RBSA）</td><td colspan="2">—</td><td>RX 缓冲器起始地址</td><td>RX 缓冲器起始地址</td></tr>
<tr><td>31</td><td colspan="2">时钟分频器</td><td colspan="2">时钟分频器⑤</td><td>时钟分频器</td><td>时钟分频器</td></tr>
<tr><td>32</td><td colspan="2">内部 RAM 地址 0（FIFO）</td><td colspan="2">—</td><td>内部 RAM 地址 0</td><td>内部 RAM 地址 0</td></tr>
<tr><td>33</td><td colspan="2">内部 RAM 地址 1（FIFO）</td><td colspan="2">—</td><td>内部 RAM 地址 1</td><td>内部 RAM 地址 1</td></tr>
<tr><td>…</td><td colspan="2">…</td><td colspan="2">…</td><td>…</td><td>…</td></tr>
<tr><td>95</td><td colspan="2">内部 RAM 地址 63（FIFO）</td><td colspan="2">—</td><td>内部 RAM 地址 63</td><td>内部 RAM 地址 63</td></tr>
</table>

续表

CAN 地址	工作模式下的寄存器		复位模式下的寄存器	
	读	写	读	写
96	内部RAM地址64（TX缓冲器）	—	内部RAM地址64	内部RAM地址64
…	…	…	…	…
108	内部RAM地址76（TX缓冲器）	—	内部RAM地址76	内部RAM地址76
109	内部 RAM 地址 77（空闲）	—	内部RAM地址77	内部RAM地址77
110	内部 RAM 地址 78（空闲）	—	内部RAM地址78	内部RAM地址78
111	内部 RAM 地址 79（空闲）	—	内部RAM地址79	内部RAM地址79
112	（00H）	—	（00H）	—
…	…	…	…	…
127	（00H）	—	（00H）	—

注释：

① 须特别指出的是，在 CAN 的高端地址区的寄存器是重复的（CPU8 位地址的最高位不参与解码，即 CAN 地址 128 和地址 0 是连续的）。

② 测试寄存器只用于产品测试，在正常工作时使用这个寄存器会使设备产生不可预料的行为。

③ SFF 指标准帧格式，EFF 指扩展帧格式。

④ 这些地址分配反映当前报文之后的 FIFO RAM 空间，上电后的内容是随机的且包含了当前接收报文的下一条报文的开头，如果没有报文要接收，这里会出现部分旧的报文。

⑤ 一些位在复位模式中是只写的（CAN 模式、CBP、RXINTEN 和时钟关闭）。

关于 SJA1000 的详细介绍请参看其芯片手册，这里我们仅就难度较大的位定时设置方面的内容进行介绍。

（4）SJA1000 的位定时

SJA1000 的位定时主要由总线定时寄存器 0 和总线定时寄存器 1 完成。

① 总线定时寄存器 0（BTR0）。BTR0 定义了波特率预设值（Baud Rate Prescaler，BRP）和同步跳转宽度（SJW）的值，当复位模式有效时，该寄存器是可以被读 / 写的；如果选择的是 PeliCAN 方式，该寄存器在工作模式是只读的，在 BasicCAN 方式中总是 FFH。总线定时寄存器 0 的位功能说明如表 5-9 所示。

表 5-9　总线定时寄存器 0 的位功能说明

BIT 7	BIT 6	BIT 5	BIT 4	BIT 3	BIT 2	BIT 1	BIT 0
SJW.1	SJW.0	BRP.5	BRP.4	BRP.3	BRP.2	BRP.1	BRP.0

在 BTR0 中，BIT5～BIT0 是波特率预设值位域。CAN 系统时钟 t_{SCL} 的计算公式如下：

$$t_{SCL}=2t_{CLK}\times(32\times BRP.5+16\times BRP.4+8\times BRP.3+4\times BRP.2+2\times BRP.1+BRP.0+1) \quad (5\text{-}15)$$

式中，t_{CLK}=XTAL 的振荡周期=$1/f_{XTAL}$。

该寄存器的 BIT7～BIT6 是同步跳转宽度位域。为了补偿在不同总线控制器的时钟振荡器之间的相位偏移，任何总线控制器必须在当前传送的相关信号边沿进行重新同步，同步跳转宽度 t_{SJW} 定义了每一位周期可以被重新同步缩短或延长的时钟周期的最大数目，它与 SJW 位域的关系如下：

$$t_{SJW}=t_{SCL}\times(2\times SJW.1+SJW.0+1) \quad (5\text{-}16)$$

② 总线定时寄存器 1（BTR1）。总线定时寄存器 1 的位功能说明如表 5-10 所示，BTR1 定义了每个位周期的长度、采样点的位置和在每个采样点的采样数目。在复位模式中，这个寄存器可以被读 / 写访问；在 PeliCAN 方式的工作模式中，该寄存器是只读的，在 BasicCAN 方式中总是“FFH”。

表 5-10 总线定时寄存器 1 的位功能说明

BIT 7	BIT 6	BIT 5	BIT 4	BIT 3	BIT 2	BIT 1	BIT 0
SAM	TSEG2.2	TSEG2.1	TSEG2.0	TSEG1.3	TSEG1.2	TSEG1.1	TSEG1.0

在 BTR1 中，BIT7 为采样位（SAM）。SAM=1 表示总线采用三次采样，建议在低 / 中速总线（SAE A 和 B 类）上使用，这对过滤总线上的毛刺是有益的；SAM=0 表示总线采用单次采样，建议在高速总线（SAE C 类）上应用。

该寄存器的 BIT6～BIT4 和 BIT3～BIT0 两个位域分别用于时间段 1（TSEG1）和时间段 2（TSEG2）。这两个时间段决定了每一位的时钟周期数目和采样点的位置。这里

$$t_{SYNSEG}=1\times t_{SCL} \quad (5\text{-}17)$$

$$t_{TSEG1}=t_{SCL}\times(8\times TSEG1.3+4\times TSEG1.2+2\times TSEG1.1+TSEG1.0+1) \quad (5\text{-}18)$$

$$t_{TSEG2}=t_{SCL}\times(4\times TSEG2.2+2\times TSEG2.1+TSEG2.0+1) \quad (5\text{-}19)$$

其中，t_{SYNSEG} 表示同步时间段长度。

【例 5-2】 假设 CAN 所接外部时钟的振荡频率为 f_{XTAL}=16 MHz，BTR0=43H=0100 0011B，BTR1=2FH=0010 1111B，试计算 CAN 的系统时钟、同步跳转宽度、位周期、通信位速率等。

解 已知 f_{XTAL}=16 MHz，则时钟振荡周期为 $t_{CLK}=1/f_{XTAL}=1/(16\times10^6)$ s。

根据式（5-15），系统时钟 t_{SCL} 为

$$t_{SCL}=2\times\frac{1}{16\times10^6}\times(32\times0+16\times0+8\times0+4\times0+2\times1+1+1)=0.5\,\mu s$$

为补偿不同总线控制器时钟振荡器之间的相移，任何总线控制器必须同步于当前进行发送的相关信号沿。由式（5-16）可得同步跳转宽度 t_{SJW}：

$$t_{SJW}=t_{SCL}\times(2\times0+1+1)=2\,t_{SCL}=1\ \mu s$$

由式（5-17）～式（5-19）可得同步段的 $t_{SYNCSEG}$、时间段 1 的 t_{TSEG1} 和时间段 2 的 t_{TSEG2}：

$$t_{SYNSEG}=t_{SCL}=0.5\ \mu s$$

$$t_{TSEG1}=t_{SCL}\times(8\times1+4\times1+2\times1+1+1)=16\,t_{SCL}=8\ \mu s$$

$$t_{TSEG2}=t_{SCL}\times(4\times0+2\times1+0+1)=3t_{SCL}=1.5\ \mu s$$

由此可得，位周期 t_{bit} 和通信位速率 v_{bit} 为

$$t_{bit}=t_{SYNCSEG}+t_{TSEG1}+t_{TSEG2}=t_{SCL}+16t_{SCL}+3t_{SCL}=10\ \mu s$$

$$v_{bit}=1/t_{bit}=1/(10\times10^{-6})=10^5\text{（bps）}=100\ \text{kbps}$$

3. CAN 控制器 MCP2515

CAN 控制器 MCP2515 主要用于汽车和普通工业环境中的区域网络控制，完全支持具有很多新特性的 CAN 2.0B 协议，该器件能发送和接收标准帧、扩展帧以及远程帧。MCP2515 自带的两个验收屏蔽寄存器和 6 个验收过滤寄存器可以过滤掉不想要的报文，因此减少了微处理器的开销。MCP2515 与主处理器的连接是通过业界标准串行外设接口（Serial Peripheral Interface，SPI）来实现的。MCP2515 的内部结构框图如图 5-23 所示。

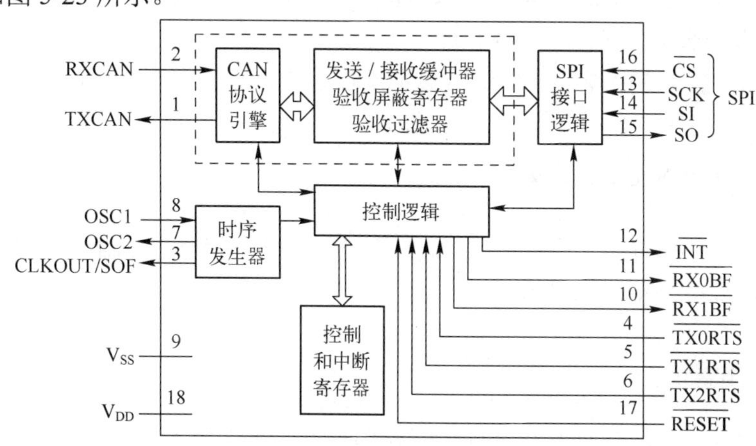

图 5-23　MCP2515 的内部结构框图

（1）MCP2515 的 CAN 报文收发控制

MCP2515 采用 3 个发送缓冲器，每个发送缓冲器占用 14 字节的 SRAM 并映射到器件存储器中。MCP2515 具有两个全接收缓冲器（RXB0、RXB1），每个接收缓冲器配备多个验收过滤器。除上述专用接收缓冲器外，MCP2515 还具有一个单独的报文集成缓冲器，可作为第三个接收缓冲器。

（2）报文验收过滤器及屏蔽寄存器

报文验收过滤器及屏蔽寄存器用来确定报文集成缓冲器中的报文是否应被载入接收缓冲器。只有在 MCP2515 处于配置模式时，才能对屏蔽和过滤寄存器中的内容进行修改。一旦接收到有效报文，报文中的标识符字段将与过滤寄存器中的值进行比较，如果两者匹配，该报文将被载入相应的接收缓冲器。

（3）MCP2515 错误检测

MCP2515 完全按照 CAN 总线规范进行错误检测和管理。

（4）MCP2515 工作模式

MCP2515 有 5 种工作模式，分别为配置模式、休眠模式、仅监听模式、环回模式和正常模式。

（5）SPI 接口及指令集

MCP2515 可与单片机的串行外设接口（SPI）直接相连，外部数据和命令在 SCK 的上升沿来临时，从 SI 引脚将数据传送到 MCP2515 中，MCP2515 中的数据和状态则在 SCK 的下降沿时通过 SO 引脚传送出去。在进行任何操作时，$\overline{CS}$ 引脚都必须保持有效状态，即为低电平，否则无法对 MCP2515 进行操作。MCP2515 给出了所有操作的指令格式，定义的指令包括：① 复位；② 从指定地址起始的寄存器读取数据；③ 读取接收缓冲器；④ 将数据写入指定地址起始的寄存器；⑤ 装载发送缓冲器；⑥ 请求发送报文；⑦ 读取有关发送和接收功能的状态位；⑧ 确定与报文和报文类型（标准帧、扩展帧或远程帧）相匹配的过滤器；⑨ 对特定的状态和控制寄存器位单独进行置 1 或清零。

关于 MCP2515 的详细信息，请参见该芯片的芯片手册。

5.7.3　CAN 总线收发器

使用 CAN 的目的是传送信息，即使用媒体来传递报文。因此必须有一个或多个能够控制媒体的总线收发器。

1. 基本属性

总线收发器一般包括发送器和接收器两部分，无论使用何种类型的收发器，它们都必须具有以下属性。

（1）发送器部分

① 正确匹配差分命令。
② 保护输出免受线路浪涌影响。
③ 尽最大可能实现对称配置，以便最大限度地减少辐射。

（2）接收器部分

① 正确匹配差分接收。
② 保护输入免受浪涌影响。
③ 对线路的共模抑制质量没有不利影响。
下面主要对 TJA1050 和 MCP2551 两款 CAN 收发器进行简单介绍。

2. CAN 总线收发器 TJA1050

TJA1050 是 NXP 公司推出的总线收发器，它是 PCA82C250 高速 CAN 收发器的后继产品，应用在通信速率为 60 kbps～1 Mbps 的高速自动化系统中。TJA1050 可以为 CAN 控制器提供不同的发送 / 接收功能，且与 ISO 11898 标准完全兼容。

高速 CAN 收发器 TJA1050 的主要特点如下：

① 电磁辐射（EME）极低、抗电磁抗干扰（EMI）性极高。

② 未上电节点不会干扰总线。

③ 对于 TXD 引脚的显性位具有超时检测功能。

④ 在待机模式中提供了只听形式和串音保护。

⑤ 采取总线引脚保护，防止环境中的瞬态干扰。

⑥ 输入电平与 3.3 V 以及 5 V 的器件兼容。

⑦ 总线与电源及地之间采取短路保护。

⑧ 总线至少可连接 110 个节点。

TJA1050 的功能框图如图 5-24 所示。S 引脚用于选定 TJA1050 的工作模式。有两种工作模式可供选择：高速模式和待机模式。如果 S 引脚接地，则 TJA1050 进入高速模式。高速模式是 TJA1050 的正常工作模式。在高速模式下，总线输出信号有固定的斜率，并且以尽量快的速度切换。高速模式适合用于最大的位速率和最大的总线长度，而且此时它的收发器循环延迟最小。如果 S 引脚接高电平，则 TJA1050 进入待机模式。在此模式下，发送器被关闭，器件的所有其他部分仍继续工作，该模式可防止由于 CAN 控制器失控而造成网络阻塞。

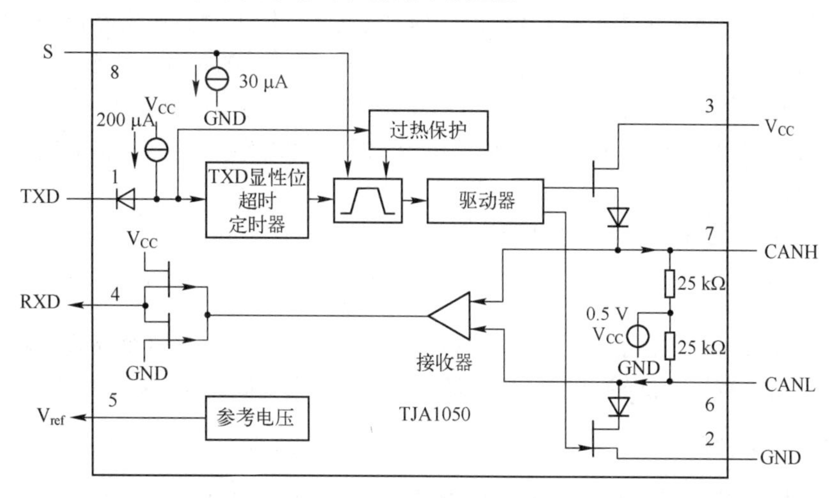

图 5-24　TJA1050 的功能框

在 TJA1050 中设计了一个超时定时器，用以对 TXD 端的低电位（此时 CAN 总线上为显性位）进行监视。该功能可以避免出现由于系统硬件或软件故障，而造成 TXD 端长时间为低电位时，总线上所有其他节点将有无法进行通信的情况。这也是 TJA1050 与 PCA82C250 比较改进较大的地方之一。TXD 端信号的下降沿可启动该定时器。当 TXD 端低电位持续的时间超过了定时器的内部定时时间时，将关闭发送器，使 CAN 总线回到隐性电位状态。而在 TXD 端信号的上升沿到来时定时器将被复位，使 TJA1050 恢复正常工作。定时器的典型定时时间为 450 μs。

TJA1050 的使用十分方便，例如，在与微处理器、SJA1000 和总线一起构成高速 CAN 节点时，四者之间可采用图 5-25 所示的连接方法，微处理器的 $P_{x\cdot y}$ 引脚接 TJA1050 的工作模式引脚 S，该图为 TJA1050 在 CAN 节点中的连接示例。

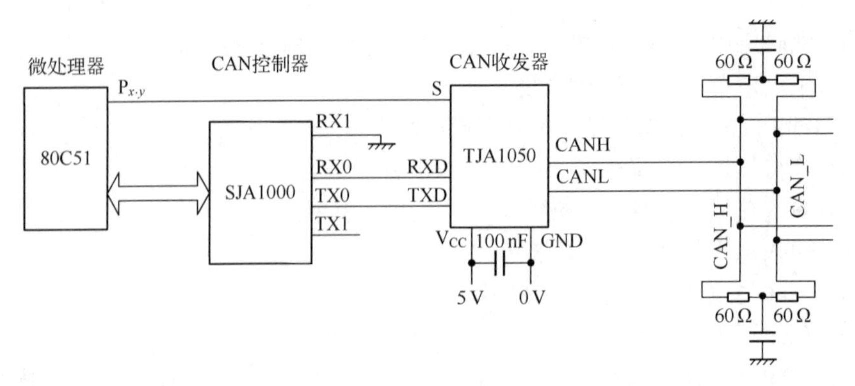

图 5-25　TJA1050 在 CAN 节点中的连接示例

3. CAN 总线收发器 MCP2551

MCP2551 是 Microchip 推出的一款高速 CAN 总线收发器，MCP2551 可为 CAN 协议控制器提供差分收发能力，它完全符合 ISO 11898 标准，能够满足 24 V 电压要求，传输速率高达 1 Mbps。对于可能由外部器件产生的高压尖峰信号（EMI、ESD 和电气瞬态等），MCP2551 在 CAN 控制器和 CAN 总线上的高压尖峰信号之间加入了缓冲器。MCP2551 的 CAN 输出可以驱动最小为 45 Ω 的负载，最多允许连接 112 个节点（假设最小差分输入阻抗为 20 kΩ，标称终端电阻为 120 Ω）。

MCP2551 的引脚与 TJA1050 基本相同，但 MCP2551 没有 S 引脚，取而代之的是 Rs 引脚。

Rs 引脚可选择以下 3 种操作模式。

（1）高速

高速模式可以通过把 Rs 引脚与 Vss 引脚相连来实现。在这个模式下，发送器的输出驱动具有快速的输出上升和下降时间，可以满足高速 CAN 总线的速率要求。

（2）斜率控制

斜率控制模式可以通过限制 CANH 和 CANL 的上升和下降时间来进一步减少 EMI。斜率也称为转换率（Slew Rate，SR，又称压摆率），受 Rs 和 VOL（通常接地）之间的外接电阻（REXT）控制。斜率与 Rs 引脚的输出电流成正比。由于电流主要取决于斜率控制电阻 REXT 的阻值，所以可以选用不同的阻值来实现不同的转换率。

（3）待机

如果把 Rs 引脚与高电平相连，器件就被置为待机模式，即休眠模式。在休眠模式下，发送器关断，接收器工作在更小电流状态下。控制器侧的接收引脚（RXD）仍然可以工作，但是工作在低速率状态下。与之相连的单片机可以通过监测 RXD 来了解 CAN 总线情况，并且通过 Rs 引脚把收发器设为正常工作状态（在更高的总线速率下，CAN 的第一条消息可能会丢失）。

5.8　CAN 节点的实现

基于 CAN 的智能设备，其设计步骤与一般仪表类似，也包括总体规划、硬件设计、软件设计、联合调试等，但现在的智能设备同时又是一个通信节点，需要增加 CAN 通信功能，以便利用 CAN 总线交换数据。因此这里将以实例说明 CAN 节点通信功能的实现方法。

5.8.1　CAN 节点硬件构成

利用微处理器 LPC936、独立 CAN 控制器 MCP2515、高速 CAN 总线收发器 MCP2551 和高速光电耦合器 6N137 等组成的 CAN 节点硬件电路如图 5-26 所示，该图可说明了 CAN 节点硬件电路的工作原理。微处理器 LPC936 主要负责对 MCP2515 进行初始化和控制，通过控制 MCP2515 实现 CAN 数据的接收和发送。

MCP2515 通过 SPI 口与 LPC936 的 SPI 口连接，片选信号 $\overline{\text{CS}}$ 连接到 LPC936 的 P2.4 引脚。接收中断引脚 $\overline{\text{INT}}$ 接 LPC936 的 $\overline{\text{INT1}}$（P1.4）。当数据接收好之后，可以通过该中断口通知微处理器 LPC936 读取数据。

为了增强 CAN 总线节点的抗干扰能力，MCP2515 的 TXCAN 和 RXCAN 并不直接与 MCP2551 的 TXD 和 RXD 相连，而通过高速光耦 6N137 与 MCP2551 相连，这样可很好地实现总线上各 CAN 节点间的电气隔离。在 TXCAN 线上加有限流电阻，以降低经过光耦内二极管的电流。

这里我们采用的 VCC 和 VDD 是大小不同的电压。VDD 为 3.3 V，为 LPC936 和 MCP2515 供电，而 VCC 为 5 V，为 MCP2551 供电，两电源之间加入了稳压芯片和滤波电容，实现电源的完全隔离。MCP2551 与 CAN 总线的接口部分采用了抗干扰措施，MCP2551 的 CANH 和 CANL 引脚各自通过一个 1 kΩ 的电阻与 CAN 总线相连，电阻可起到限流作用，保护 MCP2551 免受过流冲击。

为了在调试时观察 MCP2515 的工作状态，我们在 MCP2515 与连接收发器的光耦之间加上了 LED，这样，当 MCP2515 收发数据时，相应的 LED 都会有闪烁，提示操作成功，这种方法大大方便了调试工作。

5.8.2　CAN 节点通信程序设计

CAN 总线节点要有效、实时地完成通信任务，软件的设计是关键，也是难点。CAN 通信程序模块包括初始化子程序、发送子程序和接收中断子程序等。其中，初始化子程序用来对 CAN 控制器的相关参数进行配置，启动 CAN 控制器；发送子程序将接收到的控制命令发送给指定的 CAN 总线节点；接收子程序采用中断方式保证接收的实时性，同时也保证接收缓冲器不会出现数据溢出现象，该子程序先判断哪个接收缓冲器接收到该报文，接着，到该接收缓冲器中读取数据，根据接收到的数据及命令要求，执行相应的节点处理子程序。下面将结合 MCP2515，讲述 CAN 控制器的程序设计方法。

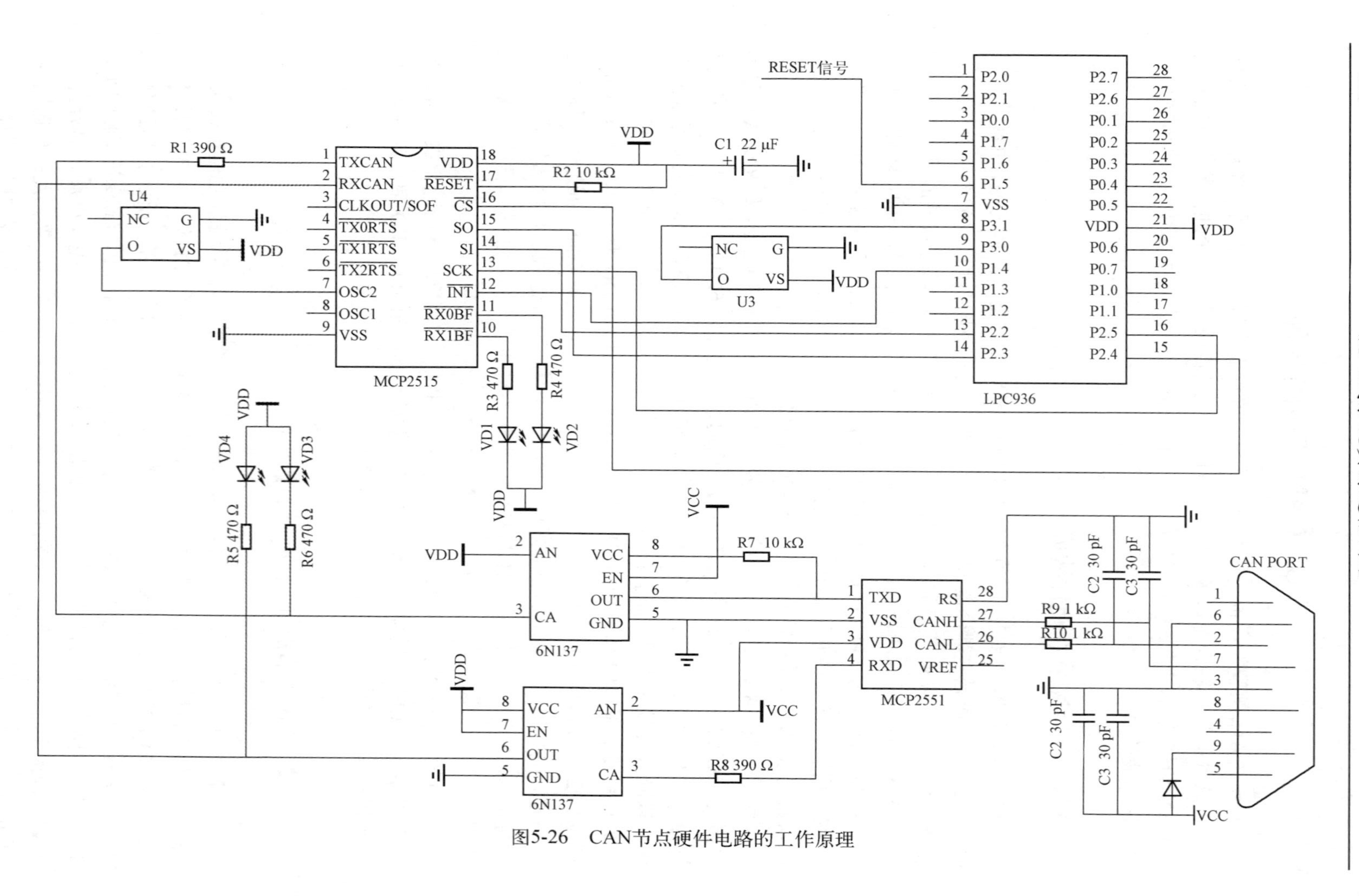

图5-26　CAN节点硬件电路的工作原理

1. CAN 初始化子程序

CAN 初始化子程序是实现 CAN 通信过程中的第一步，也是非常重要的一步。因为 CAN 控制器芯片 MCP2515 必须经过适当的配置，才能够开始执行 CAN 报文的收发工作。在初始化过程中，首先 MCP2515 必须进入配置模式，因为只有在此模式下微控制器才可对位定时，验收屏蔽寄存器等寄存器设置，从而使 CAN 控制器进入正常工作状态。

初始化程序流程图如图 5-27 所示，由 C51 编写的程序清单如下：

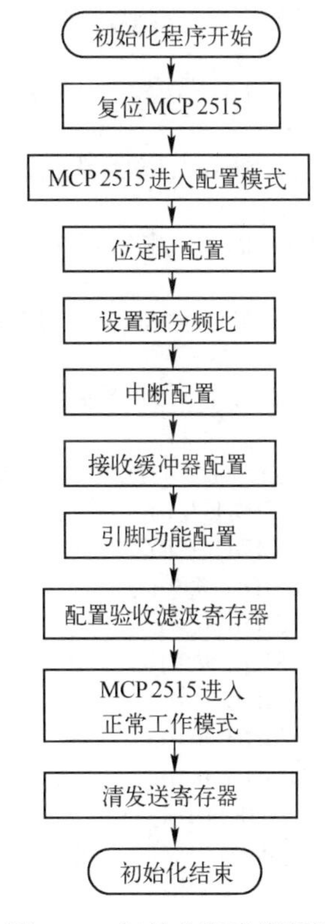

图 5-27　初始化程序流程图

```
#define CFG_CNF1                0x00
#define CFG_CNF2                0xA7
#define CFG_CNF3                0x81
#define CFG_STATE               0x8F
#define NO_IE                   0x00
#define CFG_RXB0CTRL            0x64
#define CFG_RXB1CTRL            0x60
#define CFG_CANCTRL_NORMAL      0x0F
#define CFG_BFP                 0x3C
#define CFG_TXRT                0x01
#define CFG_CANINTE             0x03
void mcp_init(void)
{
```

```
        unsigned char i,j,a;
        uchar cdata;
        mcp_reset();                        //复位 MCP2515
        cdata=CFG_STATE;
        mcp_write(CANCTRL,&cdata);     //进入配置模式
        cdata=CFG_CNF1;
        mcp_write(CNF1,&cdata);             //设置预分频比
        cdata=CFG_CNF2;
        mcp_write(CNF2,&cdata);             //设置位定时时间
        cdata=CFG_CNF3;
        mcp_write(CNF3,&cdata);             //帧起始标志使能
        cdata=NO_IE;
        mcp_write(CANINTE,&cdata);      //禁止一切中断
        cdata=CFG_RXB0CTRL;
        mcp_write(RXB0CTRL,&cdata);  //接收缓冲器 0 允许滚存，接收一切信息
        cdata=CFG_RXB1CTRL;
        mcp_write(RXB1CTRL,&cdata);  //接收缓冲器 1 同上配置
        cdata=CFG_BFP;
        mcp_write(BFPCTRL, &cdata);     //RX0BF，RX1BF 引脚用作 I/O 控制
        cdata=CFG_CANINTE;
        mcp_write(CANINTE,&cdata);      //使能接收中断
        cdata=CFG_TXRT;
        mcp_write(TXRTSCTRL,&cdata); //  配置 MCP2515 引脚状态
        mcp_write_can_id(RXM0SIDH, 1, 0);
        mcp_write_can_id(RXM1SIDH, 1, 0);
        mcp_write_can_id(RXF0SIDH, 0, 0);
        mcp_write_can_id(RXF1SIDH, 0, 0);
        mcp_write_can_id(RXF2SIDH, 0, 0);
        mcp_write_can_id(RXF3SIDH, 0, 0);
        mcp_write_can_id(RXF4SIDH, 0, 0);
        mcp_write_can_id(RXF5SIDH, 0, 0);      //配置验收过滤寄存器，全部设为不过滤
        cdata=CFG_CANCTRL_NORMAL;
        mcp_write(CANCTRL,&cdata);             //进入正常工作模式，设置成单次发送模式
        a = TXB0CTRL;
        cdata=0;
        for (i = 0; i < 3; i++) {
            for (j = 0; j < 14; j++) {
                mcp_write(a,&cdata);           //清发送缓冲器
                a++;
            }
            a += 2;
        }
    }
```

在本程序的初始化配置中，使能了帧起始标志和单次发送模式，这两种配置在正常的 CAN 工作模式下可不进行配置。因为 MCP2515 这款芯片支持 TTCAN 模式，所以本书对这部分初始化也做了介绍，故本配置方法适合 TTCAN 模式使用。

在初始化过程中调用到的 MCP2515 的复位程序如下：

```
void mcp_reset(void)
{
    MCP2515_CS=ON;
    SPI_putch(CAN_RESET);   //发送复位指令
    MCP2515_CS=OFF;
}
```

2．CAN 数据结构

为了程序实现方便，我们定义了 CAN 的数据结构体，其具体定义如下：

```
struct CAN_Frame
{
    unsigned long can_id;       //CAN 标识符
    uchar ext;                  //CAN 扩展帧标识符
    uchar rtr;                  //CAN 远程帧标识符
    uchar dlc;                  //CAN 数据长度
    uchar candata[8];           //CAN 数据
    uchar flag;                 //接收标志
};
```

3．CAN 接收子程序

MCP2515 的接收子程序是在中断程序内完成的，CAN 接收子程序流程图如图 5-28 所示。程序清单如下：

```
void Receive_Message(void)      //interrupt，参照硬件，中断引脚与外部中断 1 连接
{
    Regist=SPI_mcp_RD_status();     //读取状态寄存器，判断哪个寄存器收到数据
    if(Regist&0x01)
    {
mcp_read_can(CFG_RXB0,&(can_frame_r.ext),&(can_frame_r.can_id),&(can_frame_r.rtr),
&(can_frame_r.dlc),can_frame_r.candata);            //读取 CAN 信息
        ……
        自己的应用程序；
    }
    else if(Regist&0x02)
    {
    mcp_read_can(CFG_RXB1,&(can_frame_r.ext),&(can_frame_r.can_id),&(can_frame
_r.rtr),&(can_frame_r.dlc),can_frame_r.candata);
        ……
        自己的应用程序；
    }
}
```

具体读取 CAN 数据的子程序如下。在程序中用到的相关子程序是 SPI 读写程序，可参阅 MCP2515 芯片手册有关 SPI 接口及指令集部分，不再赘述。

```
void mcp_read_can( uchar buffer, uchar* ext, ulong* can_id, uchar* dlc, uchar* rtr, uchar* cdata )
{
```

```
    unsigned char mcp_addr = buffer, ctrl;
    mcp_read_can_id( mcp_addr, ext, can_id );      //读取 CAN 报文的标识符
    mcp_read( mcp_addr-1, &ctrl );                 //读取 CAN 报文的控制字段
    mcp_read( mcp_addr+4, dlc );                   //读取 CAN 报文的数据个数
    if (ctrl & 0x08) {                             //读取远程帧位
        *rtr = 1;
    } else {
        *rtr = 0;
    }
    *dlc &= DLC_MASK;
    mcp_Sread( mcp_addr+5, cdata, *dlc );          //读取数据
}
```

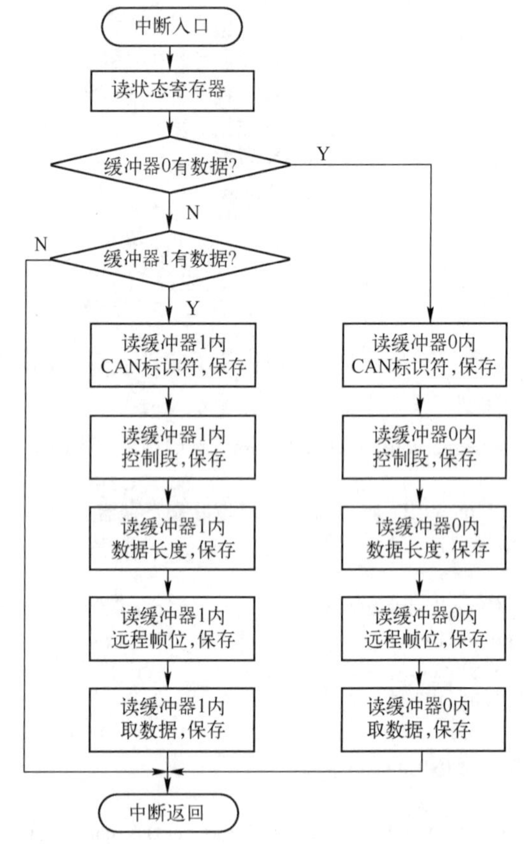

图 5-28　CAN 接收子程序流程图

4. CAN 发送子程序

CAN 发送子程序流程图如图 5-29 所示，程序清单如下：

```
#define NO_MESSAGE     0x00
#define CLEAR_INT      0x00
#define SEND           0x0B
void Send_Inform(void)
{
```

```
    temp=NO_MESSAGE;
    mcp_write(TXB0CTRL, &temp ) ;              //清报文发送缓冲器控制寄存器标志
    temp=CLEAR_INT;
    mcp_write(CANINTF,&temp);                  //清中断标志
    mcp_Swrite(TXB0SIDH,can_frame_t,5+can_frame_t[4]); //向发送缓冲器写待发送数据
    temp=SEND;
    mcp_write(TXB0CTRL, &temp ) ;              //送发送命令
}
```

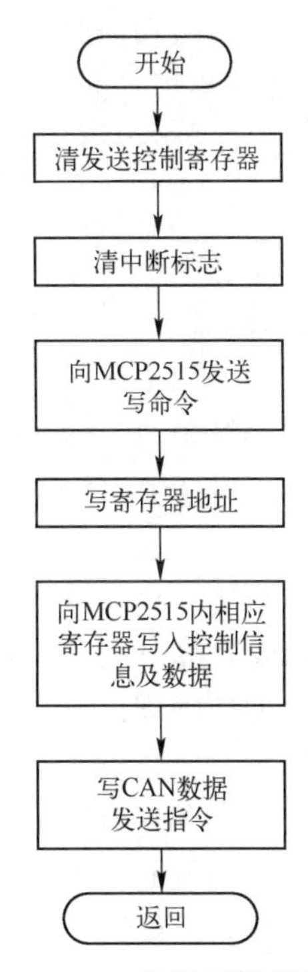

图 5-29　CAN 发送子程序流程图

向发送缓冲器写数据的子程序如下所示。

```
void mcp_Swrite( uchar MCPaddr, const uchar* writedata, uchar length )
{
    unsigned char loopCnt;
    unsigned char addr=MCPaddr;
    if(length>0)
    {
        MCP2515_CS=ON;
        SPI_putch(CAN_WRITE);                          //发送写指令
        SPI_putch( MCPaddr );                          //发送寄存器地址
        for (loopCnt=0; loopCnt < length; loopCnt++)
        {
            SPI_putch( *writedata);                    //写 1 字节的数据
            writedata++;
        }
        MCP2515_CS=OFF;
    }
}
```

5.9 CAN 开发工具和网络系统设计

前面我们主要学习了 CAN 总线原理和节点实现方法。由于 CAN 总线在效率、可靠性、协议开放性、成本及网络连接等方面有诸多优点，其应用范围已由最初的汽车行业，迅速扩展至自动化仪表、机器人、智能楼宇、机械制造、医疗器械、交通管理等领域。

为方便 CAN 总线系统的设计、测试和最终集成，人们已经开发了多种专用工具。本节首先简单描述 CAN 总线网络设计步骤，以及 CAN 报文格式分析工具 CANscope 和 CAN 总线系统开发、测试和分析工具 CANoe，然后通过实例探索 CAN 总线网络的应用方法。

5.9.1 CAN 总线网络设计步骤

CAN 总线应用系统包括多个 CAN 节点，其一般组成方式如图 5-21 所示。若干个 CAN 节点通过 CAN 总线收发器连接在一个网络中，通过相互通信和协作，完成控制任务。

在分布式自动化系统的开发过程中，一项基本的内容就是怎样安排和利用现场总线。既然位流传输和数据帧的构成通常由集成 CAN 器件完成，因此 CAN 总线的主要工作就是确定所谓的通信帧，通信帧规定发送的 CAN 报文，以及发送或接收的网络节点。

首先要确定所有特定的应用信号。在分析的基础上，用敏感的优先级标识符对已确定的信号进行分组，由此来定义系统的 CAN 报文，即确定通信帧。为了最小化总线负载和管理开支，相关的信号应该被组合在一起，同时传送，合并有数个应用信号的 CAN 报文，如图 5-30 所示。

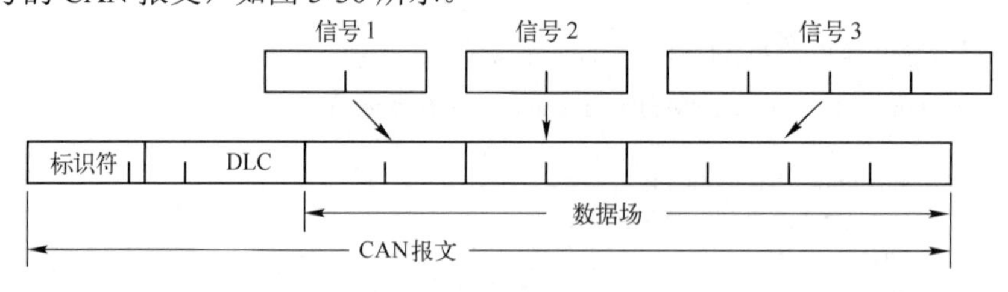

图 5-30　合并有数个应用信号的 CAN 报文

然后要规范单个网络节点的行为，可以通过循环发送或通过更复杂的协议（对接收报文的反应）来规定节点报文的收发；通过估计总线负载和由此对高优先级报文造成的等待时间来确定位速率。

因此，在设计基于 CAN 的测控系统时一般分为以下 3 个阶段。

1. 需求分析和网络系统设计

首先，负责设计的团队要确定采用哪种网络拓扑结构，不断改善建立在网络节点层面上的设计工作，这包括确定报文和选择总线位速率。为了进行更加精确的研究，需要创建整个系统的功能模型，这涉及规定带有输入输出变量的网络节点行为，以及报文的接收和发送。

2. 总线仿真测试

第一阶段工作完成之后，各个网络节点的设计和开发通常是独立进行的，可由项目的所有参加团体同时进行。对于开发出来的网络节点，可以通过其他网络节点的模型来模拟总线的其余部分，对其进行测试。某些 CAN 总线开发、测试和分析工具（如 CANoe）可用作此目的的实际总线接口，采用这种智能工具可以分析实际网络节点之间的报文通信，确定节点是否满足规定的要求，而且，这样的仿真可在实时条件下进行。由两个真实的和两个仿真的 CAN 节点组成的总线测试系统如图 5-31 所示。

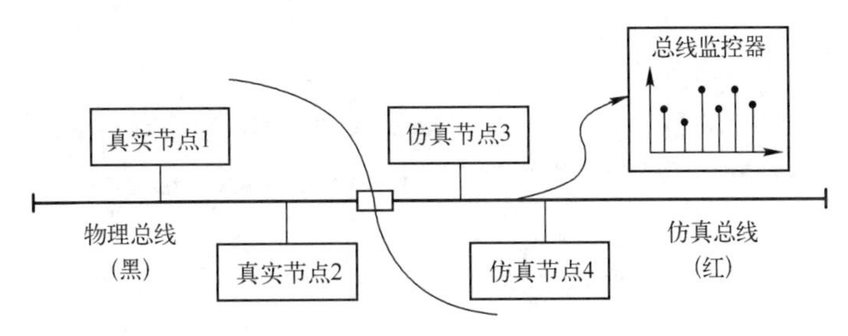

图 5-31 由两个真实的和两个仿真的 CAN 节点组成的总线测试系统

3. 系统集成

在这一阶段，所有仿真的网络节点模型被真实的网络节点所取代。当仿真节点完全被取代时，一个实用的 CAN 总线网络就建成了。

5.9.2 CAN 报文格式分析工具——CANscope

CANscope 是记录和评估 CAN 总线上的信号电平的一种测量工具，提供的信息包括 CAN 物理电平和逻辑电平。在逻辑电平方面，加在 CAN 网线上的电压被描述为信号响应，逻辑电平以单个比特位的形式提供信息，使我们可以分析 CAN 总线的物理特性，识别发生的错误。CANscope 由一个记录模块和一个在 Windows 下运行的评估软件组成。

CANscope 的检测功能是通过多种测量和操作模式来实现的，并可通过大量参数和触发源进行控制，它还提供了一些对测量记录进行评估的窗口。CANscope 操作界面如图 5-32 所示。

用于触发的触发源有多种，如报文触发、CAN 电平或线路检测触发、电压电平触发以及外部触发等。对于报文来说，其触发发生在帧结束位场，因此，触发时间点位于报文尾部，如图 5-34 所示。

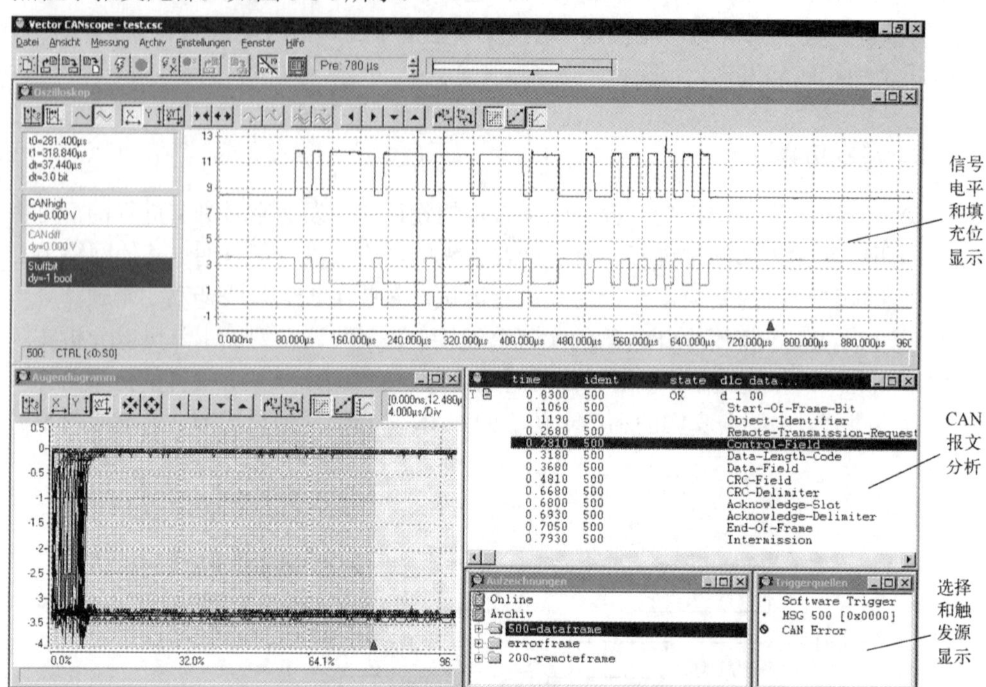

图 5-32　CANscope 操作界面

1. CANscope 工作原理

用 CANscope 记录和评估 CAN 总线上的信号电平的过程如下。

（1）测量的配置与实施

第一步，必须对 CANscope 测量进行配置，另外还需确定所有的连接参数，这些参数选择包括用来连接记录模块与 PC 机的串行接口，以及用于通信的数据速率。第二步，定义测量参数，它们分为三个部分：定义模拟参数；配置触发输入；设置测量模式。第三步，定义缓冲器深度（例如，测量值的个数）和模拟参数对话的预触发，预触发区域是指在触发时间之前进行记录的区域。第四步，在通道配置中对 CAN 控制器参数进行设置，在这一步，为 CAN 控制器的记录模块设置位速率是至关重要的。第五步，对示波器窗口中的信号配置和附属窗口中的触发源定义进行设置。如果一个数据库被分配给 CANscope 配置，对于应该触发的报文，使用它们的数字标识符（ID）或符号名来定义也是可行的。

在 CANscope 测量开始后，记录结果被自动传送给评估软件进行显示、分析和评估。

（2）记录数据的显示和评估

记录数据的显示和评估发生在示波器窗口和跟踪窗口。示波器窗口显示已挑选过的信号电平和填充位，跟踪窗口包含当前显示记录的有关报文的逻辑信息。为获得这一信息，要根据获得的 CAN 报文及其包含的出错帧对记录进行分析。报文和出错帧以及所有可用的信息都被一起列出，如图 5-33 所示，该图展示了 CANscope 中的示波器窗口和跟踪窗口。

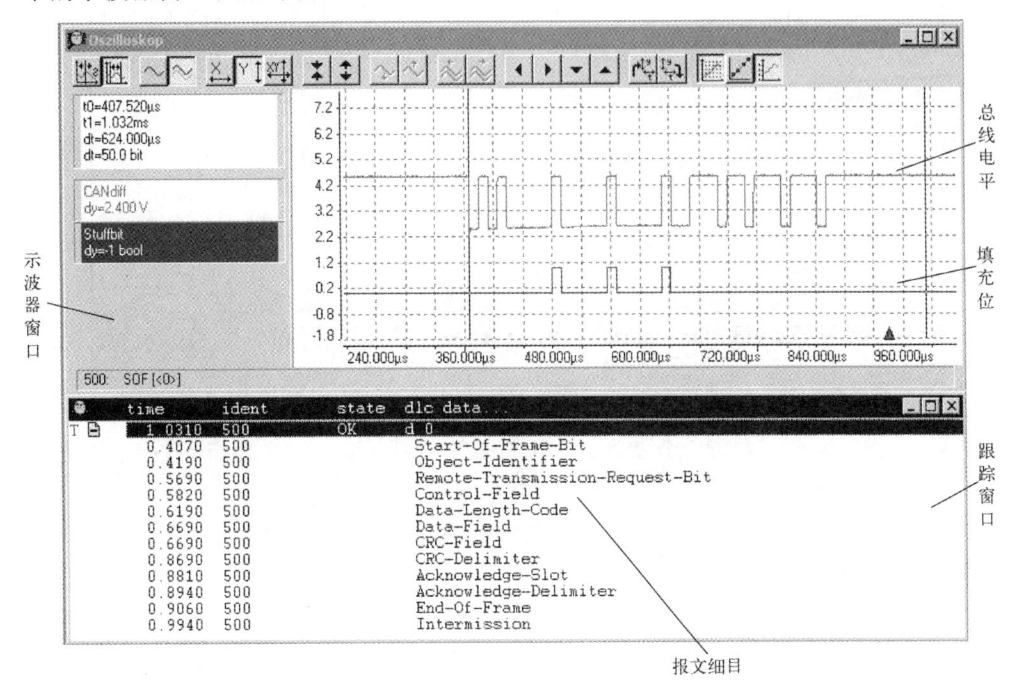

图 5-33　CANscope 中的示波器窗口和跟踪窗口

（3）数据存储

记录可单独保存，然后一起汇总到档案文件里。此外，可以使用记录窗口，它含有当前所有可用记录。

2. CANscope 测量实例

图 5-34 给出了一个 CANscope 记录实例——报文的 CANscope 记录。

在 CANoe（后面将介绍）软件中，使用交互式发生器模块发送标识符为 420 的报文，并用 CANscope 记录下来，图 5-35 列出了该报文的参数和数据场。

记录模块记录下数据以后，由评估软件对数据进行分析并显示出来，如图 5-34 所示。现在可以在触发窗口看到原始触发。对所有检测到的报文，跟踪窗口会显示它们的详细资料，例如，标识符（十六进制）、状态、数据长度代码、数据字节数，以及从帧起始位开始的报文的所有部分。属于选定报文或报文细目的区域会在示波器窗口上以不同的测量指针高亮显示，不同指针之间的位数和触发时间点也会显示出来。

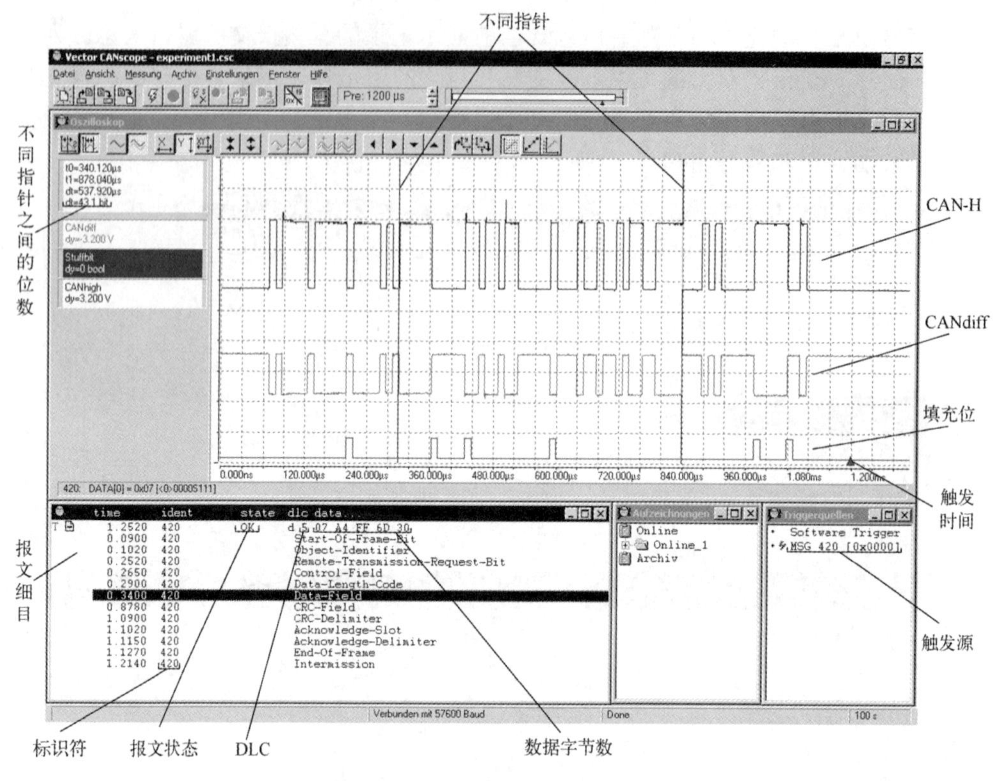

图 5-34　报文的 CANscope 记录

	Message parameters			Triggering			Datafield							
	Identifier	Channel	DLC	Send	Cycle time [ms]		0	1	2	3	4	5	6	7
>	420	1	5	now	☐	10	7	a4	ff	6d	30			

图 5-35　报文的参数和数据场

5.9.3　CAN 总线系统开发、测试和分析工具——CANoe

CANoe 是为 CAN 总线系统的开发、测试和分析提供的通用环境，可以在总线上观察、分析和仿真数据传输。工具软件 CANoe 如图 5-36 所示，图中显示了 CANoe 的主程序，其高性能的函数和自由的可编程能力能够满足所有 CAN 总线系统仿真和实现的需要，所有和总线相连的网络节点都可被仿真。可以生成一些窗口对网络节点进行操作，这些节点的操作元素可用环境变量来触发。另外，这里也有报文数据到物理特性的转化。

就如图 5-31 所表示的那样，CANoe 里的仿真包括真实节点和仿真节点，通过 PC 接口卡可以实现与真实总线的耦合。另外，在仿真模型上可以添加发生器模块，当某一触发条件产生（例如，敲击一个键）时，此模块就传送报文。这些模块可以在仿真模型里构建，可用于对一个仿真节点的动态行为进行建模的语言是 CAPL。

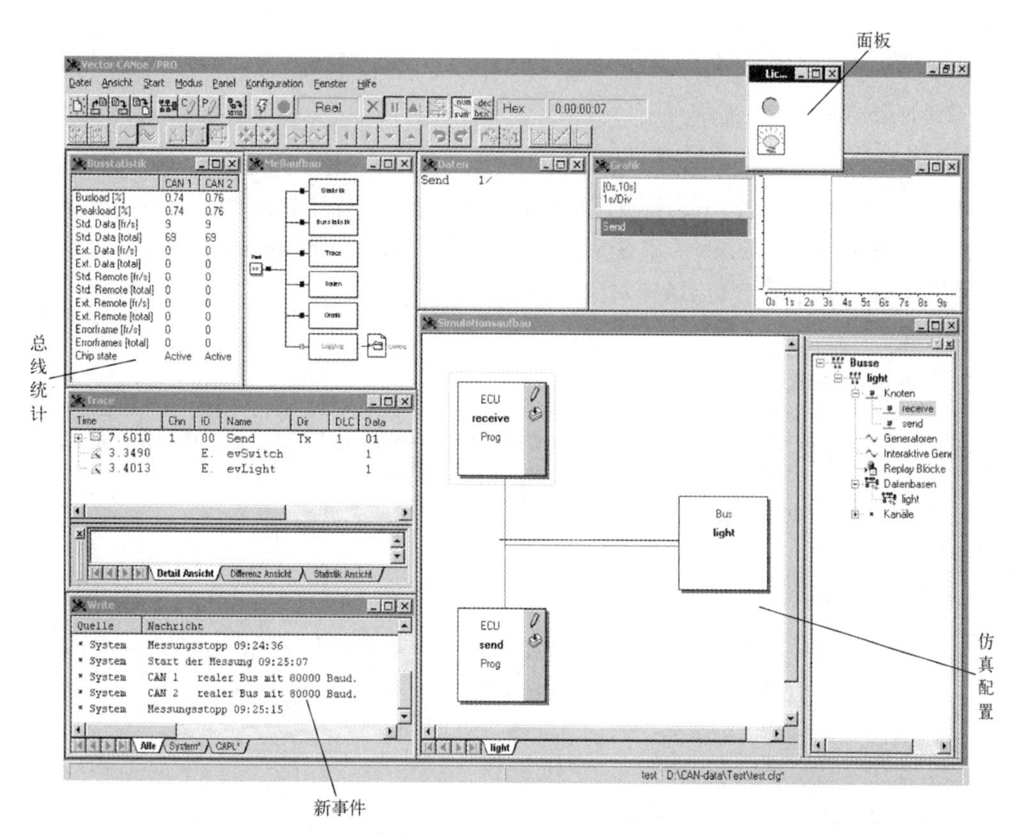

图 5-36　工具软件 CANoe

CAPL 是一种类似于 C 语言的建模语言，它被用来规范与 CAN 报文有关的节点的行为，以及该节点与环境的交互作用，例如，外部输入、输出信号。外部输入、输出信号用所谓的环境变量进行建模，为便于修改或察看环境变量，可使用如图 5-36 所示的面板。

CANoe 由 4 个独立的程序组成，其相互关系如图 5-37 所示。可以运用 CAPL 浏览器创建行为模型，用面板编辑器创建面板，用 CANoe 的主要程序构造仿真模型，含有所有现存的 CAN 报文、环境变量、网络节点的中央数据库，会使这些操作变得更为方便。

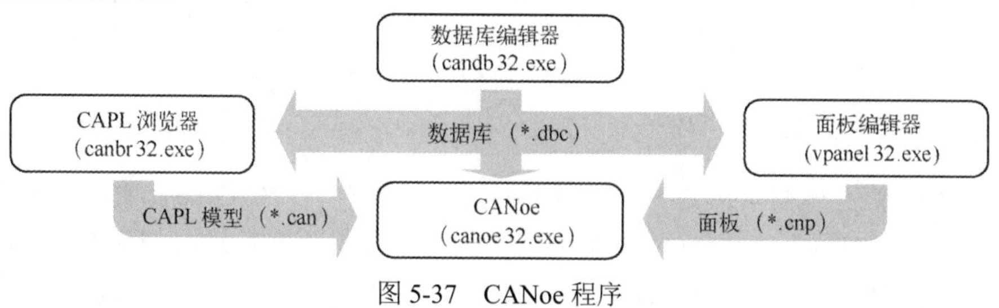

图 5-37　CANoe 程序

1. CANoe 编程语言 CAPL

由于 CANoe 可用类似 C 语言的编程语言 CAPL 进行编程，因而得到普遍的应用。CAPL 程序由以下两部分组成。

（1）全局变量的声明

变量的数据类型包括整数（dword、long、word、int、byte 和 char）、浮点数（float 和 double）、CAN 报文（message）和定时器（timer）。除了定时器，其他的变量都可在声明中初始化。“timer”型变量用来产生时间事件，而“message”型变量用来声明从 CAPL 程序输出的 CAN 对象（报文）。

例如：

```
variables {
  long upperlimit = 123456;        //变量 upperlimit 为长整型，其初始值为 123456
  message 123 temp = { dlc=2, word(0)=100 };  //temp 为 CAN 报文，其标识符是 123，
DLC 的初始值为 2，数据场中第一个数据字节的初始值为 100
  timer time;                       //timer 为定时器，单位是秒
  }
```

（2）事件驱动过程的声明

当事件发生时，在过程中就会出现相应反应，可能的过程如下。

① 收到一个 CAN 报文（“on message”）。

② 敲击一个键（“on key”）。

③ 程序开始（“on start”）。

④ 定时器时间到（“on timer”）。

⑤ 出现一个出错帧（“on errorFrame”）。

⑥ 改变一个环境变量（“on envVar”）。

如果指定的事件发生，就执行相应的事件过程，其中包括：局部变量的声明；类似于 C 语言的运算和控制流指令（如 if-then、case 判断，while 循环等）；标准过程的初始化。“this”变量在访问触发事件时起作用，“on message”过程用于访问报文，“on envVar”过程可以访问环境变量，“on key”过程可以访问真实的键码。但要注意，一个事件过程中不能包含另一个事件过程。

此外，可以用类似于 C 语言的语法编写更多的过程和函数来补充事件过程。本书附录 C 中列出了所有重要的 CAPL 函数，更多关于 CAPL 建模语言的信息可参考相关文献。

2. CANoe 仿真模型实例

CANoe 仿真模型实例如图 5-38 所示，该图展示了一个 CANoe 仿真模型的原理结构，该模型由节点 A 和节点 B 两个仿真节点组成。当与节点 A 相连的开关闭合时，与节点 B 相连的灯就点亮；相反，当与节点 A 相连的开关断开时，与节点 B 相连的灯就熄灭。

在这一示例中，开关代表外部输入信号，用环境变量 evSwitch 表示；灯代表外部输出信号，用环境变量 evLight 表示。

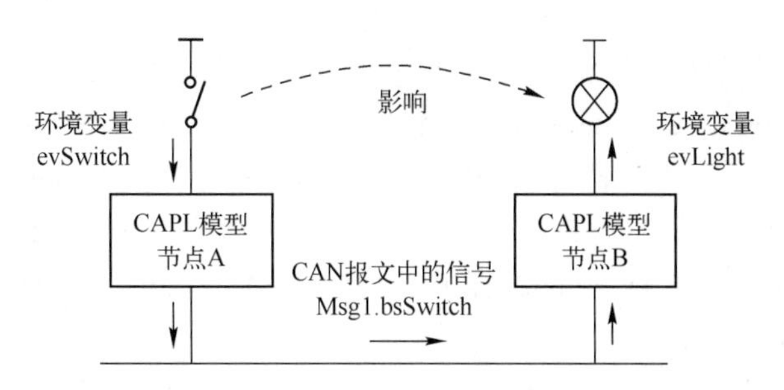

图 5-38　CANoe 仿真模型实例

节点间采用 CAN 报文 Msg1 进行通信，在该 CAN 报文中，信号 bsSwitch 是通信中传送的实际信息，bsSwitch=1 代表开关闭合，bsSwitch=0 代表开关断开。

CAN 报文所需要的独特标识符是按照报文优先级挑选的，因为信息不是很重要，所以可以使用标识符 125。

最后要考虑的是，什么时间发送 CAN 报文。这里采用循环发送报文的形式，例如，每 2 s 发送一次。CAN 报文的发送时间与开关的状态无关，每 2 s 发送一次，从信号 bsSwitch 的当前值可以推断出开关的情况。

综上所述，所需要数据如下。

（1）CAN 报文

Msg1: Identifier = 125; DLC = 1
信号：
bsSwitch: number of bits（数据位数） = 1; start bit（起始位） = 0

（2）环境变量

evSwitch: Type = Integer; Values = 0 或 1
evLight: Type = Integer; Values = 0 或 1

节点 A 的 CAPL 模型规定如下：

```
variables {
    timer delayTimer;
    message Msg1 sendMsg;
}
on start {
    setTimer(delayTimer, 2);
}
on timer delayTimer {
    output(sendMsg);
    setTimer(delayTimer, 2);
}
on envVar evSwitch {
    sendMsg.bsSwitch = getValue(this);
}
```

定时器 delayTimer 被定义为变量，并规定在程序中 CAN 报文 Msgl 叫作

sendMsg。在开始仿真时，用事件过程 on start 给 timer 赋初值 2 s，定时器一到时间，就调用事件过程 on timer delayTimer，该过程输出包含信号 bsSwitch 当前值的 CAN 报文 sendMsg，然后将定时器重新初始化。如果环境变量 evSwitch 被仿真环境修改（例如，由于用户与控制面板的相互作用），就调用事件过程 on envVar evSwitch 来改变信号 bsSwitch 的值。在事件过程中，可以用关键字 this 对刚接收到的对象数据（报文或环境变量）进行访问。

节点 B 的 CAPL 模型如下：

```
variables {
    message Msg1 sendMsg;
}
on message Msg1 {
    putValue(evLight, this.bsSwitch);
}
```

3. CANoe 使用方法

在 CANoe 启动后，首先要给它指定一个数据库，然后才能在 CANoe 仿真配置窗口里定义总线的参与者。插入与相应的面板具有相同名字的网络节点，而且加进相应的 CAPL 程序。除了插入复杂的网络节点，定义简单的发生器模块也是可能的，这种模块能在按下一个按钮时传送报文，或周期性地传送报文。

CANoe 的统计窗口显示总线负载、收发组件模式和各个报文的频率。在跟踪窗口里，可按时间先后顺序给报文排序。数据窗口提供附加的信息，这有助于设置应该显示的环境变量，也允许检查操作控制情况。在仿真配置全部完成后，须对所有的 CAPL 程序进行编译。如果编译期间没有错误产生，仿真就能开始了。

（1）创建一个数据库

一个系统中的所有报文都由数据库来管理，此数据库是用程序 CANdb32 生成的，利用该程序，可为所有的报文和信号指定名称，这些名称将被用在 CAPL 程序和 CANoe 里，数据库编辑器中 CAN 报文的定义如图 5-39 所示，而且，环境变量也是在这里定义的，在面板编辑器中，它们被用来实现对控制元件的访问。

（2）创建面板

集成在 CANoe 中的控制面板可显示离散的和连续的环境变量，面板编辑器可用来创建这些面板，同时也可用作一个独立的程序。打开面板编辑器后，首先必须给新的控制面板指定一个数据库，控制面板只能访问在该数据库中定义过的环境变量。各个控制元件可用图表的形式放置在面板上，双击控制元件打开一个菜单，在其中能够选择对该元件有效的环境变量。

在仿真期间，面板编辑器提供的操作面板用于环境变量间的相互作用。服务和（或）可视元件以图表的形式显示在操作面板上，并被指定了环境变量（背景菜单）。各类按钮、开关、自动控制器、离散或连续环境变量的指示域等可以用作控制元件，开关和按钮可以用位图描述，如图 5-36 中的面板。

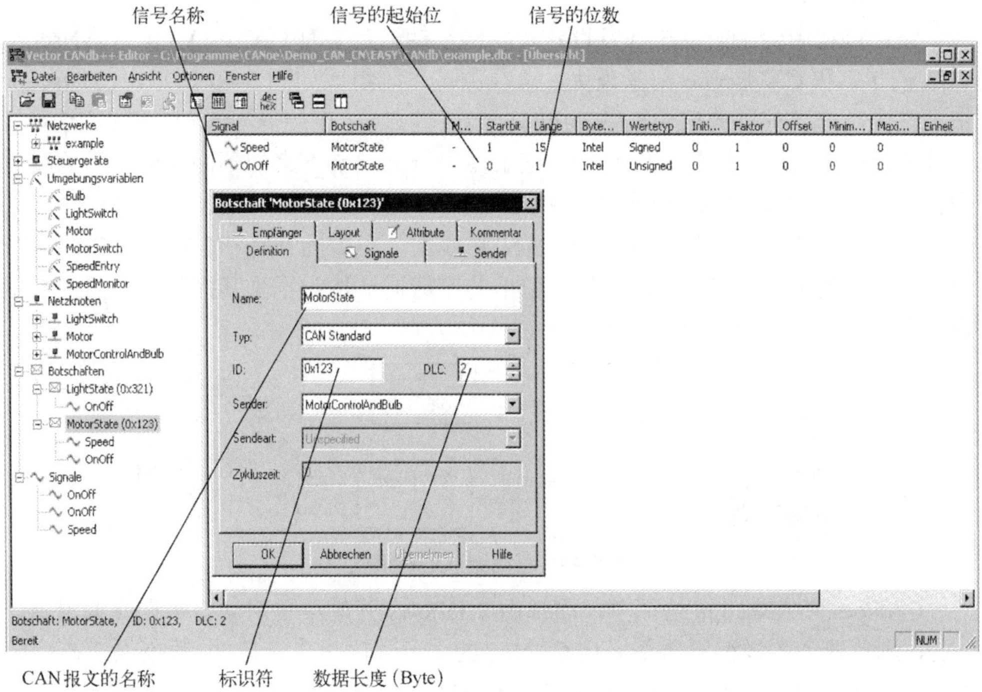

图 5-39　数据库编辑器中 CAN 报文的定义

（3）节点建模

从前面图 5-36 中可以看出，在 CANoe 里，一个仿真结构由代表真实节点或仿真节点的各个模块组成。对于每个被仿真的节点，必须借助 CAPL 浏览器程序化为一个适当的行为模型。每个新的 CAPL 模型都被指定一个含有 CAN 报文和环境变量的数据库。

（4）仿真配置和执行

仿真配置和执行要在 CANoe 主要程序中实现，首先指定一个数据库，接着在仿真配置窗口中定义总线的参与者，如图 5-36 所示；此后，可以插入节点，并给它们指定适当的 CAPL 模型；最后必须将操作面板合并进来。

在开始一次仿真前，必须对所有的 CAPL 程序进行编译。总线负载、收发组件情况和各个报文的频率是可测量的，其结果会显示在统计窗口中。在跟踪窗口里，可对报文按时间顺序进行记录，利用数据窗口可了解更多有用的信息。

5.9.4　车体电子系统 CAN 总线通信网络设计

这项工作的目的是用记录和评估工具 CANscope 分析 CAN 报文格式，用仿真和开发工具 CANoe 为由汽车指示灯、车窗升降机等组成的基本车体电子系统设计 CAN 总线。

1. 开发与测试系统的组成

设计过程中使用的系统开发设备及软件包括一台装有 CANoe V4.0、CANscope V2.1 的 PC 和 CANscope 记录模块，总线测试系统组成如图 5-40 所示。CANscope 记录模块是一台外置的记录设备，它的一端通过 CAN 连接器与 CAN 总线相连，另一端通过一个 RS-232 接口接到 PC，记录模块可把记录下来的不同位速率的总线数据传给 PC。车门控制系统模块与一块 CAN I/O 计算机接口卡相连，这块 CAN I/O 卡带有两个总线接口，都必须连到 CAN 总线上。车窗的升降和车门后视镜的调节都由该模块的 CAN 接口控制，但车门里的座椅调节按钮不受其控制，车门控制单元在车门控制系统模块中。

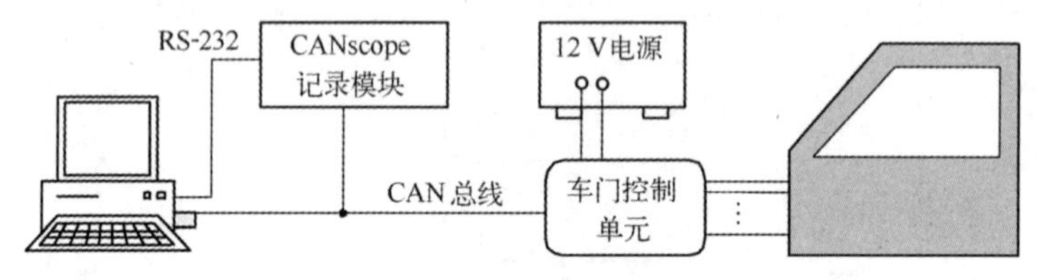

图 5-40　总线测试系统组成

CANoe、CANscope 这两个程序都由 Windows 开始菜单启动。数据库编辑器、CAPL 浏览器和面板编辑器都能从 CANoe 的主要程序里直接启动，数据保存在相应的子目录下，如 D:\CAN-data\GroupX。可以在自己的子目录下用位图去点亮面板按钮，如 D:\CAN-data\GroupX\lab_bitmaps。执行开发测试所需的所有可用的 CANoe 和 CANscope 配置放在 D:\CAN-data\GroupX\lab_template 目录下。

2. 需求分析和网络系统设计

图 5-40 中的实际车门控制系统包括车窗升降机构、车门反射镜调节机构等 ECU，各个 ECU 之间通过 CAN 总线进行数据通信，这里只就两个控制单元的部分功能进行测试。在车门控制过程中，使用的总线位速率为 80 kbps，实际节点的 CAN 报文和信号是由车门接口固定下来的，车门的 CAN 接口使用的 CAN 报文如表 5-11 所示，车窗升降机构的报文包括车窗上升、车窗下降、保留位置、移到保留位置等信号，数据长度为 1 字节，后视镜调节机构由一个报文的不同信号来控制，其中包括后视镜左转、后视镜右转、后视镜上转、后视镜下转等，数据长度为 2 字节。

表 5-11　车门的 CAN 接口使用的 CAN 报文

报　文	标识符	循环周期	DLC	信　号
车窗升降 机构 MsgLifter	300H	< 20 ms	1	Bit 0: 左门 Bit 1: 右门 Bit 2: Bit 3: 关闭挤压保护 Bit 4: 移到保留位置 Bit 5: 保留位置 Bit 6: 车窗上升 Bit 7: 车窗下降

续表

报　文	标识符	循环周期	DLC	信　号	
车门后视镜调节 MsgMirror	308H	< 200 ms	2	Byte 1	Bit 0: 后视镜上转 Bit 1: 后视镜下转 Bit 2: 后视镜左转 Bit 3: 后视镜右转 Bit 4: 收缩后视镜 Bit 5: 展开后视镜 Bit 6: Bit 7:
				Byte 2	Bit 0: Bit 1: Bit 2: Bit 3: Bit 4: 位置 1 按钮 Bit 5: 位置 2 按钮 Bit 6: 位置 3 按钮 Bit 7: 保留 / 恢复切换

3．总线仿真测试

为使车门上的车窗升降机和后视镜正常工作，需要其他设备输入操作信号，如车门升降按钮，这项工作我们就用仿真网络节点来完成，用 CANoe 开发出来的仿真模型，能够实现与实际网络节点之间的报文通信，确定实际节点是否满足规定的要求。

现在假定车窗升降机的升 / 降控制按钮由仿真节点 NodeUD 来实现其信号通信，后视镜的左 / 右转动控制按钮由仿真节点 NodeLR 来实现其信号通信，系统指示灯将显示是否有按钮合上，当有按钮合上时，以 1 Hz 的频率闪烁，指示灯通过仿真节点 NodeI 与总线相连，这些节点被集成在图 5-41 描述的系统中，其中车门中要测试的节点有两个，分别是车窗升降机节点 NodeLifter 和后视镜调节机构节点 NodeMirror，它们是作为真实节点被集成在仿真配置上的，图 5-41 展示了由仿真节点与真实节点组成的总线测试系统原理。

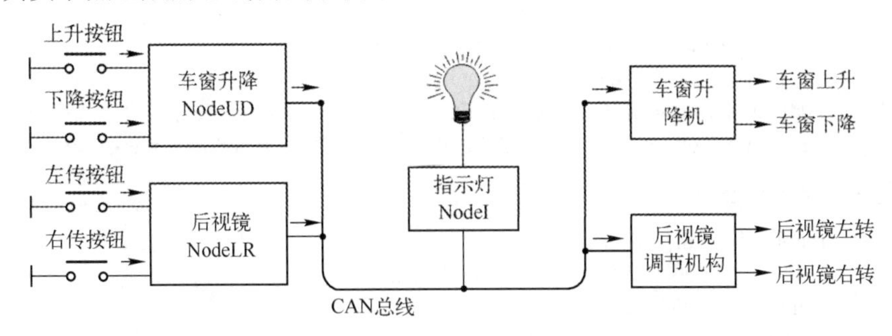

图 5-41　由仿真节点与真实节点组成的总线测试系统原理

车窗升 / 降按钮和后视镜左 / 右转动按钮都是外部输入信号，车门上升和车门下降的按钮信号分别用环境变量 evButtonUp 和 evButtonDown 表示，后视镜左转和右转的按钮信号分别用 evButtonLeft 和 evButtonRight 表示，指示灯信号是外部输出信号，用环境变量 evIndicator 表示。

节点之间的通信是通过 CAN 报文完成的，系统中使用的报文有 2 种，分别为 MsgLifter 和 MsgMirror，如表 5-11 所示。对于按钮来说，当报文中的信号为 1 时表示按钮合上，当报文中的信号为 0 时表示按钮打开，CAN 报文的发送时间与按钮的状态无关，每 2 s 发送一次。CAN 报文和环境变量确定如下。

报文：

① MsgLifter：ID=300；DLC=1。

信号：

bsLifterUp：　　位数=1；起始位=6

bsLifterDown：　位数=1；起始位=7

② MsgMirror：ID=308；DLC=2。

信号：

bsMirrorLeft：　位数=1；起始位=8

bsMirrorRight：　位数=1；起始位=9

环境变量：

① evButtonUp：　　Type = Integer; Values = 0 或 1。

② evButtonDown：　Type = Integer; Values = 0 或 1。

③ evButtonLeft：　Type = Integer; Values = 0 或 1。

④ evButtonRight：　Type = Integer; Values = 0 或 1。

⑤ evIndicator：　　Type = Integer; Values = 0 或 1。

依据上面确定的报文和环境变量，用数据库生成程序 CANdb32 创建数据库，创建面板使指示灯可视化，同时描绘 4 个按钮，并为系统中的每个仿真节点设计一个 CAPL 模型。

仿真节点 NodeUD：

```
variables {  timer udTimer;
             message MsgLifter sendMsgUD;      }
on start {   setTimer(udTimer, 2);    }
on timer upTimer {  output(sendMsgUD);
                    setTimer(udTimer, 2);    }
on envVar evButtonUp {   sendMsgUD. bsLifterUp = getValue(this);    }
on envVar evButtonDown {   sendMsgUD. bsLifterDown = getValue(this);    }
```

仿真节点 NodeLR：

```
variables {   timer lrTimer;
              message MsgMirror sendMsgLR;     }
on start {    setTimer(lrTimer, 2);    }
on timer lrTimer {   output(sendMsgLR);
                     setTimer(lrTimer, 2);    }
on envVar evButtonLeft {    sendMsgLR. bsMirrorLeft = getValue(this);   }
on envVar evButtonRight {   sendMsgLR. bsMirrorRight = getValue(this);   }
```

仿真节点 NodeI：

```
variables {    int i=0;
```

```
            msTimer inTimer;
            message MsgLifter sendMsgUD;
            message MsgMirror sendMsgLR;      }
on start {   setTimer(inTimer, 1000);   /* 设置定时器为 1000ms* /   }
on timer inTimer {   putValue(evIndicator, i);
                     setTimer(inTimer, 1000);    }
on message MsgLifter {   i = this. bsLifterUp|| this. bsLifterDown;
                         putValue (evIndicator, i); }
on message MsgMirror {   i = this. bsMirrorLeft || this. bsMirrorRight};
                          putValue (evIndicator, i); }
```

按图 5-41 配置仿真系统，编译无差错后，即可进行车门电子控制单元的仿真测试了。

在操作后视镜期间，用 CANscope 记录报文，观察系统是否像预期的那样动作，你也可以同时看到记录下的总线电平和填充位。

该系统所能完成的测试工作有多种，包括信号是否正确、出错帧发送、位填充、控制对象响应情况等。测试记录及结果很多，图 5-42 给出的总线信号，是在操作后视镜期间，用 CANscope 记录下的驱动后视镜右转的报文。图中上部和下部的曲线分别表示总线电平和填充位，显示的报文是 MsgMirror，长度为 66 位，去除 3 个填充位和长度为 3 位的间歇场，报文的位序列如下：

0 011000010000 00 0010 00000010 00000000 1000111100110001 01 1111111

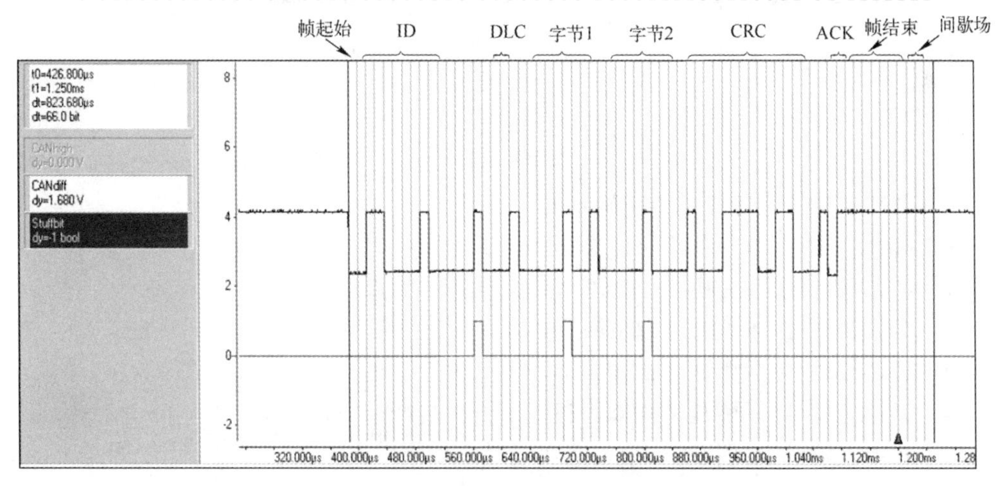

图 5-42　驱动后视镜右转的总线电平

当一个新的节点加入网络后，或者在初始设计阶段，都可以用仿真系统进行测试，在一切正常时，逐步关闭仿真模块。这种方法会给 CAN 总线设计带来极大的方便，也避免了设计的盲目性。

习　题

5-1　同一个 CAN 总线上允许有多少不同的报文和不同的节点?

5-2　同时发送 2 个报文，第一个报文的标识符为 300，第二个报文的标识符为 301，哪一个报文将留在总线上？为什么？

5-3　什么时候应答间隙位为显性电平？

5-4　为什么说最大传输速率取决于 CAN 总线的长度？

5-5　设 CAN 总线采用了信号传播速度为 200000 km/s 的导线，节点之间的最大导线长度为 100 m。试根据 CAN 协议的确认位规则，计算 CAN 总线的最小位时间（即码元长度）、最大数据传输速率。

5-6　CAN 帧的位流采用非归零码（NRZ）方法编码，这意味着在整个位时间内维持有效电平，要么为显性，要么为隐性。其缺点是，在连续出现数值相同的位较多时，没有用于各个网络节点同步的边沿。CAN 总线采用什么方法克服这一缺点，请简述其原理。

5-7　怎样理解 CAN 总线的非破坏性总线仲裁技术？

5-8　CAN 协议采用 CSMA/CA 法进行媒体访问控制，假设当前总线上有 3 个节点需要使用总线，它们的标识符分别是，① 11011011101；② 11011011001；③ 11011111010。试在题 5-8 图中画出 3 个参与者的仲裁过程和仲裁过程中的总线电平。

	帧起始	标识符											RTR	控制场	数据场(0...8字节)
		10	9	8	7	6	5	4	3	2	1	0			
节点1															
节点2															
节点3															
总线电平															

题 5-8 图

5-9　CAN 报文的优先权是如何确定的？

5-10　CAN 节点有哪些手段保证数据传送的安全性？

5-11　CAN 如何用报文唤醒一个处于睡眠状态的节点？

5-12　分别说明 CAN 总线 LLC 子层和 MAC 子层的功能。

5-13　CAN 总线包括哪几种错误类型？

5-14　CAN 节点包括哪几种故障状态？哪一种是严重故障状态？

5-15　在系统启动期间仅有一个节点在线时，如果发出报文后将处于什么状态？

5-16　CAN 2.0A 与 CAN 2.0B 的最大区别是什么？

5-17　在 ISO 11898 建议的电气连接中，总线终端的电阻起什么作用？

5-18　题 5-18 图展示一个报文的 CAN 总线信号（DLC=2，最后 3 位是间歇场），试写出去除填充位后的报文位序列并标明各个位场。

5-19　为了在车辆上显示已测量的数据，所有传感器的测量值都以 CAN 报文的形式传送给不同的指示元件。通常传感器测量的数据都有不同的应用，因此数据必须以适当的格式发送给每一个接收者，接收者评估和显示该数据。带有几个信号的 CAN 报文也可用来在汽车仪表板上显示数据。用 CANscope 进行一个速率为 80 kbps 的单射测量，被记录的报文有如题 5-19 图所示的数据场。

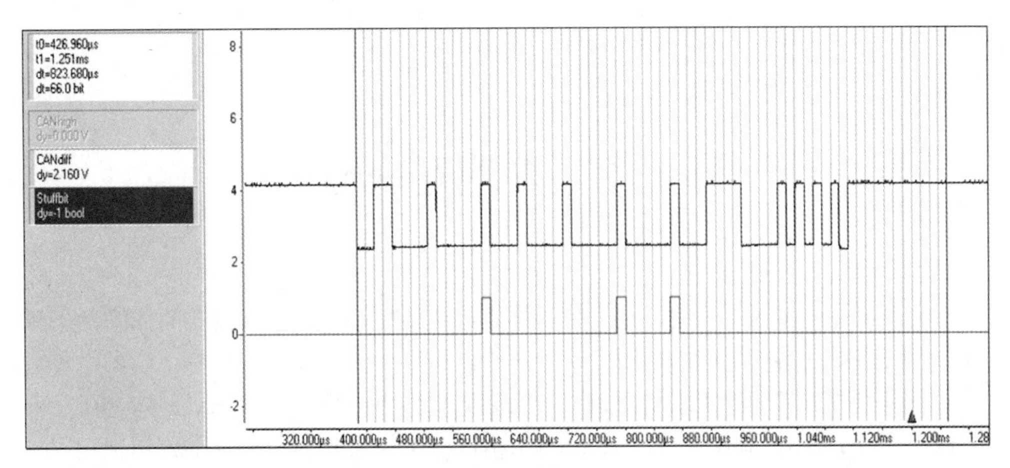

题 5-18 图

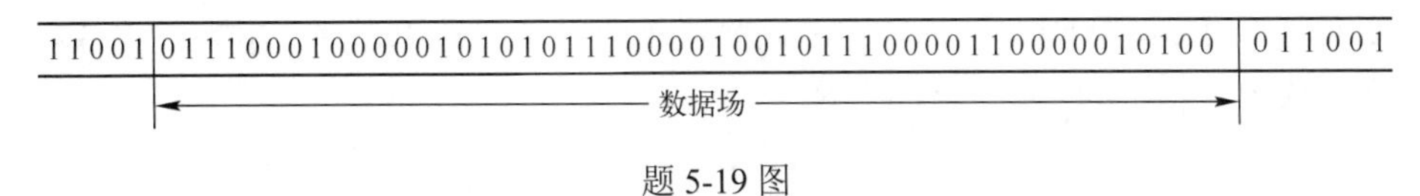

题 5-19 图

该报文和它的信号定义如下：

dashboard: Identifier = 100; DLC = 6

Signals:

- carspeed [km/h]: number of bits = 16; start bit = 0
- enginespeed [1/min]: number of bits = 13; start bit = 16
- tank [l]: number of bits = 10; start bit = 29
- temperature [°C]: number of bits = 4; start bit = 39

以 0.2 km/h 的步幅测量车速，如信号值 1000 相当于 200 km/h 的车速。发动机的转速和油箱液位是实测值，而温度则以 10 K 的步幅进行测量。试确定车速值、发动机速度、油箱的满液位值和此报文的温度值。

5-20　某个数据帧的 SOF、ID、RTR、控制场和数据场的二进制值和在总线上实际传送的位如题 5-20 图所示，试计算其 CRC，写出整个数据帧在总线上实际传输的位。

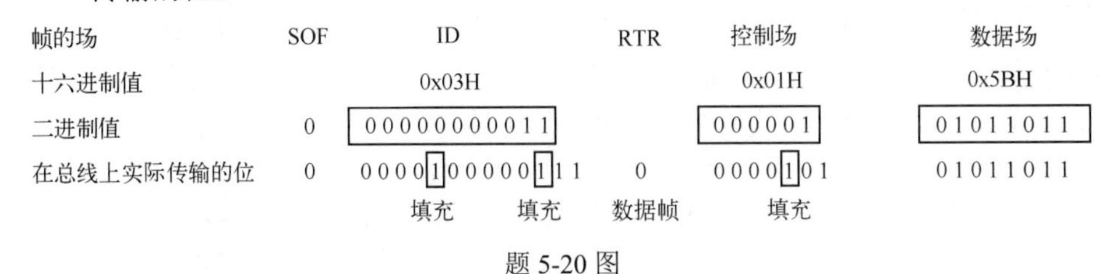

帧的场	SOF	ID	RTR	控制场	数据场
十六进制值		0x03H		0x01H	0x5BH
二进制值	0	00000000011		000001	01011011
在总线上实际传输的位	0	0000[1]00000[1]11	0	0000[1]01	01011011
		填充　填充	数据帧	填充	

题 5-20 图

第6章　本地互联网络

前面讲述的 CAN 总线，是一种能够较好满足控制系统网络需求的控制器局域网，费用适中且具有足够的耐用度，允许的位速率高达 1 Mbps。但是，当多路传输功能很简单时，它们的费用仍然偏高，而且其操作过程也过于复杂。例如，在空调控制、音响控制、天窗驱动、门锁驱动、雨刮器驱动、空调风门驱动等应用中，CAN 总线仍然没有表现出很好的经济效益。因此，汽车行业提出用本地互联网络（简称 LIN 总线）作为 CAN 总线的补充，以降低工业电子产品的开发、生产、服务和后勤保障成本，但 LIN 并未取代 CAN。

6.1　LIN 的形成及其主要特点

LIN 总线旨在通过简单的连接，将简单元件或从系统与一个保证网络节奏的主系统连接起来。LIN 总线采用了主从结构，只有主系统拥有发言权，网络传输内容只有两项：① 给从系统的命令；② 反馈从系统的状态。本节将从电子控制单元与传感器或执行器之间多路传输结构的变化，了解该总线的发展历史、体系结构和主要特征。

6.1.1　引入 LIN 前后的多路传输结构

随着 CAN 总线的应用，现有汽车电子系统已经实现了总线传输，这使大量线路和内部连接被取消。在这种情况下，CAN 总线的电子控制单元（ECU）之间的连接已经最优化，但每个电子控制单元与它的传感器 / 执行器之间的连接不一定采用总线结构，通常采用图 6-1 所示的多路传输结构——不采用 LIN 的现有多路传输结构，这时就难以体现出总线网络所带来的优越性。

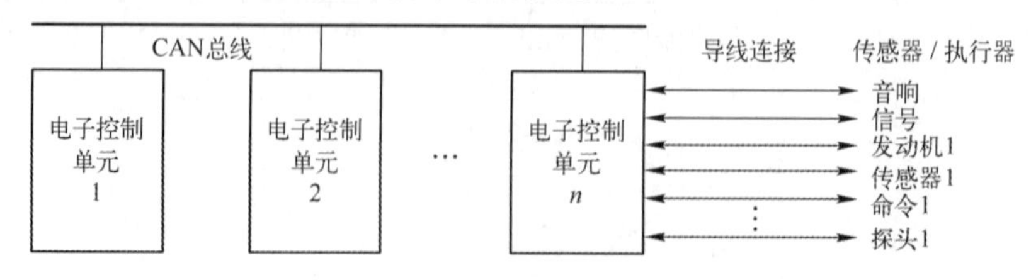

图 6-1　不采用 LIN 的现有多路传输结构

引入 LIN 总线后，原来 CAN 总线中的次级连接将被 LIN 总线取代，也就是说，

ECU 与传感器 / 执行器之间可以通过建立二级网络来实现它们之间的信号传输，采用 LIN 的现有多路传输结构如图 6-2 所示。

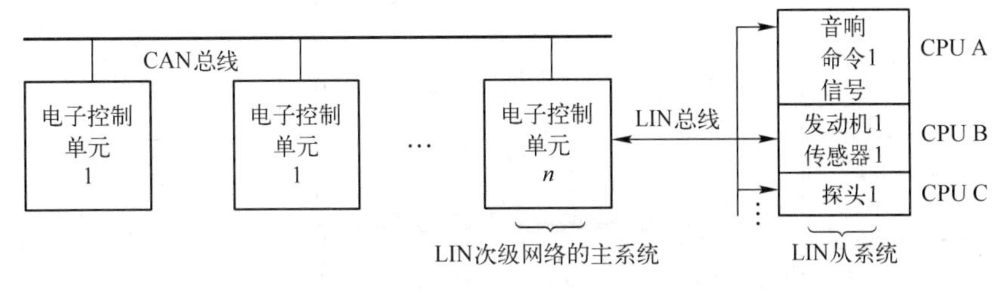

图 6-2　采用 LIN 的多路传输结构

6.1.2　LIN 的主要发展阶段

LIN 是由汽车制造商、软件工具商以及半导体厂商组成的 LIN 联盟定义的一套开放总线标准，该联盟包括 5 家汽车制造商：奥迪（Audi）、宝马（BMW）、戴姆勒-克莱斯勒（Daimler-Chrysler）、大众（Volkswagen）和沃尔沃（VOLVO）；1 家软件工具商：沃尔康（Volcano）；1 家半导体厂商：摩托罗拉（Motorola）。

LIN 第一个规范文件于 1999 年 7 月发布，当前的 LIN2.1 版总线规范于 2006 年 9 月发布。LIN 规范的主要发展阶段如表 6-1 所示。

表 6-1　LIN 规范的主要发展阶段

年份	主要工作
1998	围绕低成本、低速率的工作组成立
1999	发布 LIN1.0 规范（LIN 规范的初始版本）
2000	奥迪、宝马、戴姆勒-克莱斯勒、大众、沃尔沃、沃尔康和摩托罗拉成立 LIN 联盟； 发布 LIN1.2 规范
2002	发布 LIN1.3 规范，主要对物理层进行修改，提高了节点间的兼容性
2003	发布 LIN2.0 规范，支持配置和诊断的标准化，规定了节点能力语言规范等
2004	雪铁龙第一次在 C5 新车型上批量运用 LIN 总线，主要应用于车道偏离预警系统和转向前照灯
2006	发布 LIN2.1 规范包，澄清了部分内容，修正了配置部分，将传输层和诊断部分独立成章

6.1.3　LIN 总线的体系结构

LIN 作为一种通信网络协议，人们根据上述思想提出了一种简单的 LIN 总线体系结构，该体系结构与 ISO/OSI 参考模型的对应关系如图 6-3 所示，该图展示了 IOS/OSI 与 LIN 的体系结构。物理层不仅定义了信号如何在总线媒体上传输，而且定义了总线收发器特性。数据链路层包括两个子层：媒体访问控制（MAC）子层和逻辑链路控制（LLC）子层。MAC 子层能从 LLC 子层接收报文，也能向 LLC 子层发送报文；MAC 子层由故障界定这个管理实体进行监控，LLC 子层负责验收过滤和恢复管理等。

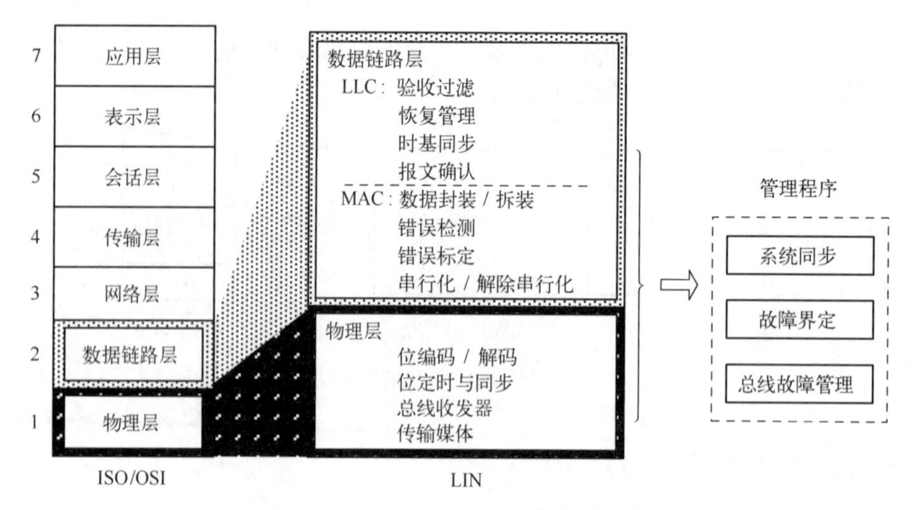

图 6-3　ISO / OSI 和 LIN 的体系结构

6.1.4　LIN 规范的文件

LIN 规范追求的目标是，用较低的成本和位速率（最高 20 kbps）完成机械电子模块的高质量联网，从而降低机电产品的开发、生产和服务费用。LIN 规范的内容关于传输协议的定义、传输媒体、开发工具间的接口，以及与应用程序间的接口。

LIN 2.1 规范包由以下 8 个规范组成。

① 物理层规范。描述了 LIN 总线的物理层，其中包括位速率、时钟容差等。

② 协议规范。描述了 LIN 总线的数据链路层。

③ 传输层规范。描述了较长数据（最长可达 4095 字节）的传输方法，该规范通常用于节点配置、识别和诊断。

④ 节点配置和识别规范。定义了从节点的配置和识别方法。

⑤ 诊断规范。描述了从节点所支持的诊断服务类型。诊断服务使用传输层。

⑥ 应用程序接口规范。描述了网络和应用程序之间的接口，其中包括节点的配置、识别和传输层接口。

⑦ 配置语言规范。介绍了 LIN 描述文件（LIN Description File，LDF）的格式。LDF 用于完整网络的配置，一般作为 OEM 与网络节点供应商之间的通用接口，以及开发和分析工具的输入。

⑧ 节点能力语言规范。介绍了从节点能力的描述格式。节点能力文件与 LIN 簇设计工具一起使用，可以自动创建 LDF。

6.1.5　LIN 的主要特点

LIN 总线主要针对低成本的内部互联网络，这些网络的复杂程度和带宽决定了它们没有必要使用 CAN 总线。

LIN 总线可连接的节点数小于 16 个，位速率为 1～20 kbps，每帧传输数据 1～8 字节，传输媒体为一根单独的铜导线，使用 NRZ 编码，该总线采用主 / 从式网络结构，使用几乎每种微处理器都拥有的通用异步收发器（Universal Asynchronous Receiver Transmitter，UART）接口 / 串行通信接口（Serial Communication Interface，SCI）及其相应的软件，从节点无须石英或陶瓷振荡器就可以实现同步，大幅降低了成本。网络通信由主节点控制，从节点没有仲裁或冲突管理功能，可以确保最坏情况下的信号传输延迟时间。LIN 提升了系统结构的灵活性和网络节点的互操作性，并且电磁兼容性（EMC）较好。表 6-2 汇总了 LIN 总线主要特点。

表 6-2　LIN 总线主要特点

项目	特点	项目	特点
传输媒体	一根导线	传输方式	多播、广播
传输速率	1～20 kbps	帧的数据大小	2～8 字节
节点数	<16 个	结构	单主 / 多从
媒体长度	<40 m	从节点同步	自同步
位编码	NRZ	可靠性	<CAN 总线和 FlexRay 总线
网上信号电压	0～12 V	成本	<CAN 总线和 FlexRay 总线

6.2　LIN 通信帧格式

在 LIN 总线上传输的实体为通信帧。通信帧的构成略微有些复杂，为便于理解，这里首先介绍一下 LIN 系统的网络结构。

每个 LIN 总线（也称为 LIN 簇）都包括一个主节点和多个从节点，属于单主系统，LIN 系统的网络结构如图 6-4 所示。通信的运行是根据任务展开的，LIN 协议将任务分为两种：主任务和从任务。主节点中既有主任务又有从任务，而从节点中仅包含从任务。

数据借助通信帧进行传输，通信帧的格式是固定的，但长度可以调整。所有主任务和从任务都是帧处理程序的组成部分。

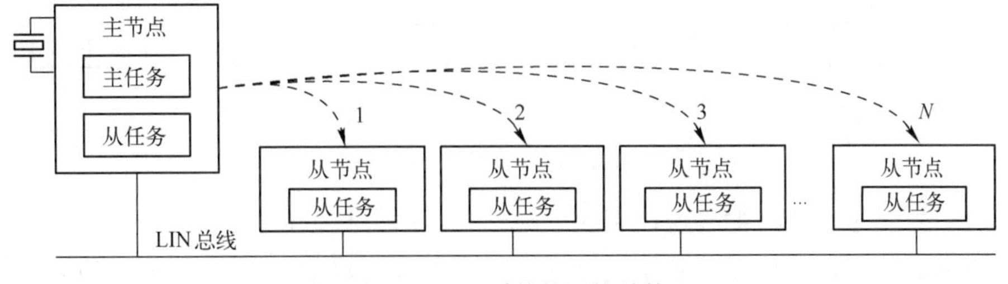

图 6-4　LIN 系统的网络结构

通信帧由主任务提供的帧头和从任务提供的帧响应两部分组成，帧头部分包括断点（Break）场、同步（Sync）场和标识符（ID）场；帧响应部分包括数据场和校验和（Checksum）场。LIN 总线的通信过程如图 6-5 所示，LIN 通信帧格式如图 6-6 所示。

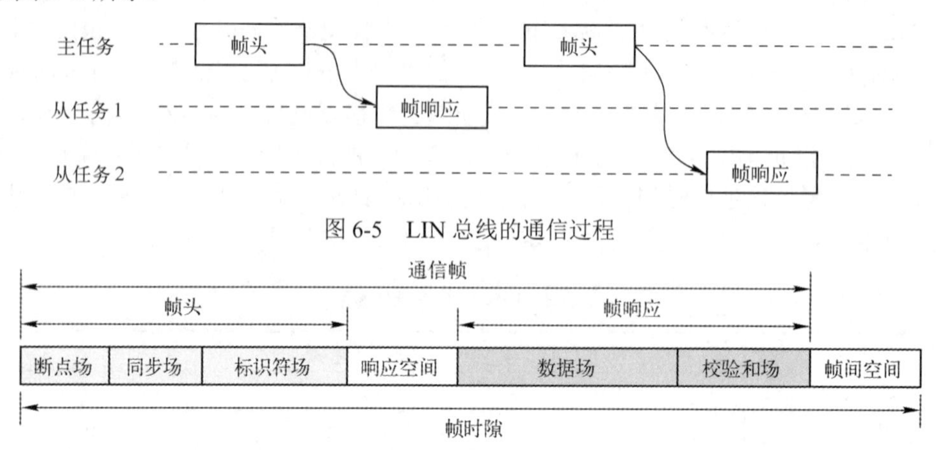

图 6-5　LIN 总线的通信过程

图 6-6　LIN 通信帧格式

负责帧响应的从任务是由主任务在帧头中提供的标识符决定的，每个标识符的定义是唯一的。一个帧的帧头与帧响应之间由所谓的响应空间（Response Space）分隔开来，而帧与帧之间要用帧间空间（Interframe Space）隔开。响应空间是指标识符场和数据场之间的字节间空间（Interbyte Space）；帧间空间被定义为上一帧发送完毕到下一帧启动发送时的时间间隔。这里所讲的字节间空间是指前一个场的终止位结束与后续字节的起始位开始之间的时间。LIN 没有定义响应空间和帧间空间的长度，只限制了整个帧的长度。

在 LIN 总线通信过程中，除了断点场，每字节都按图 6-7 所示的字节场发送，该图展示了字节场组成。字节场采用标准 UART/SCI 串行数据格式（8N1 编码），每个字节场的长度等于 10 个位时间，被发送的字节位于起始位和终止位之间。起始位是一个显性位（“0”），表示字节场开始；终止位是一个隐性位（“1”），表示字节场结束。在发送 1 字节的 8 个数据位时，首先发送最低位（LSB），最后发送最高位（MSB）。

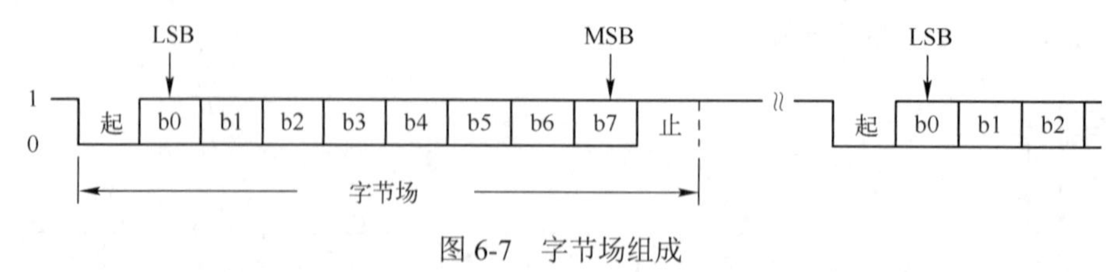

图 6-7　字节场组成

LIN 总线通信是由主节点控制的，主任务发送含有标识符的帧头，从任务接收并过滤标识符。某个从任务若发现该标识符所对应的数据由自己负责，则启动帧响应部分的发送。其他从任务若对与标识符相关联的数据感兴趣，则可以接收该响应，核实校验和，并使用传送过来的数据。

接下来，我们将逐个解释组成 LIN 通信帧的各个场。

6.2.1　断点场

断点场由主任务产生，用于标识一个新帧的起始点，它是帧中唯一不符合图 6-7 所示格式的场。断点场分为两部分：第一部分包括至少 13 个显性位；第二部分包括至少 1 个隐性位，也称为断点定界符（Break Delimiter），如图 6-8 所示。

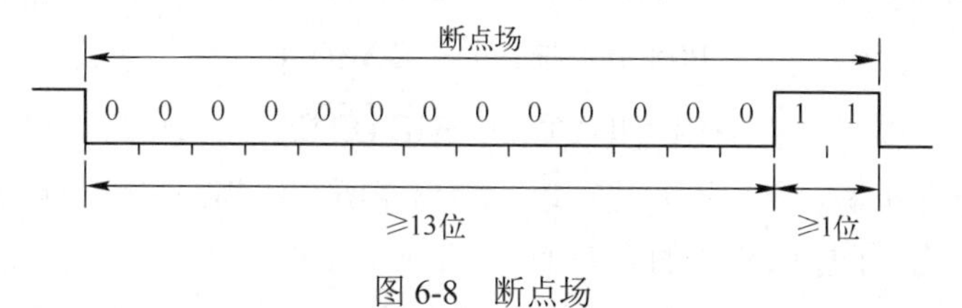

图 6-8　断点场

从节点需要使用 11 个显性位作为断点检测阈值。由于在响应空间、帧间空间、总线空闲等情况下，总线都应保持隐性电平，并且帧中的其他场都不会发出大于 9 位的显性电平，因此断点场可以标志一个帧的开始。

6.2.2　同步场

同步场是一个数据值为 01010101（0x55H）的字节场，其特点是在 8 个位中有 5 个下降沿，即 5 个隐性到显性的跳变沿，如图 6-9 所示。请注意，图中 0x55H 的顺序为由 LSB 到 MSB。

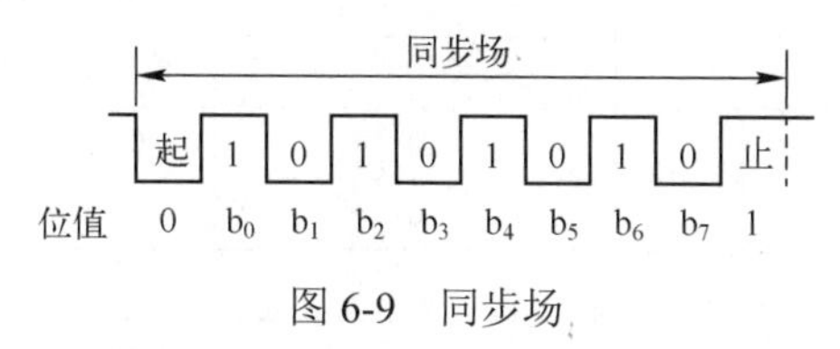

图 6-9　同步场

从任务应该能够检测到断点 / 同步场序列，期望的特征是：即使断点场与数据字节局部重叠，也可以检测断点 / 同步场序列。当断点 / 同步场序列发生时，正在进行的传输将中止，并且开始处理新的帧。

6.2.3　标识符场

标识符（ID）场是一个字节场，它由两部分组成：标识符位和奇偶校验位，如图 6-10 所示。第 0～5 位是标识符位，用 ID0～ID5 表示，数值范围是 0～63；第 6 和第 7 位是奇偶校验位，用 P0 和 P1 表示。

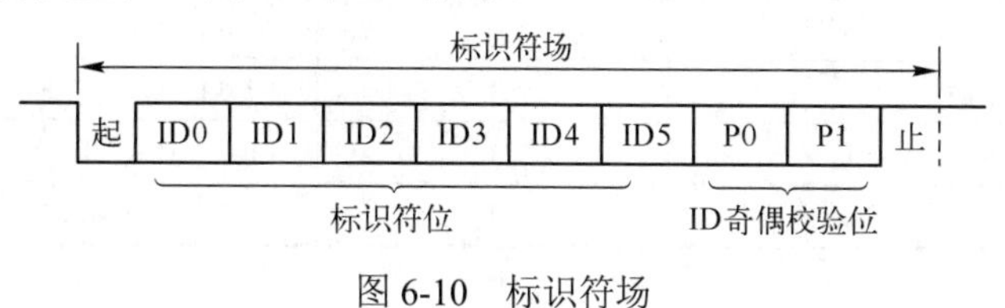

图 6-10　标识符场

标识符一般分为以下三类。

① 信号承载帧 ID：0～59（0x00～0x3B），用于承载信号的帧。

② 诊断帧 ID：60（0x3C）和 61（0x3D），用于承载诊断和配置数据的帧。

③ 保留帧 ID：62（0x3E）和 63（0x3F），保留值，用于将来的协议扩展。

P0 为奇校验位，P1 为偶校验位，根据标识符位的值可以计算出 P0 和 P1：

$$P0 = ID0 \oplus ID1 \oplus ID2 \oplus ID4 \tag{6-1}$$

$$P1 = \overline{ID1 \oplus ID3 \oplus ID4 \oplus ID5} \tag{6-2}$$

采用这种设计 P0、P1 的方法可以避免出现所有位都是显性位或隐性位的现象发生。表 6-3 列出了标识符场的有效值。

表 6-3 标识符场的有效值

ID[0…5]		P0 =	P1 =	ID 场	ID 场	
Dec	Hex	$ID0 \oplus ID1 \oplus ID2 \oplus ID4$	$\overline{ID1 \oplus ID3 \oplus ID4 \oplus ID5}$	P1 P0 5 4 3 2 1 0	Dec	Hex
0	0x00	0	1	1 0 0 0 0 0 0 0	128	0x80
1	0x01	1	1	1 1 0 0 0 0 0 1	193	0xC1
2	0x02	1	0	0 1 0 0 0 0 1 0	66	0x42
3	0x03	0	0	0 0 0 0 0 0 1 1	3	0x03
4	0x04	1	1	1 1 0 0 0 1 0 0	196	0xC4
5	0x05	0	1	1 0 0 0 0 1 0 1	133	0x85
6	0x06	0	0	0 0 0 0 0 1 1 0	6	0x06
7	0x07	1	0	0 1 0 0 0 1 1 1	71	0x47
8	0x08	0	0	0 0 0 0 1 0 0 0	8	0x08
9	0x09	1	0	0 1 0 0 1 0 0 1	73	0x49
10	0x0A	1	1	1 1 0 0 1 0 1 0	202	0xCA
11	0x0B	0	1	1 0 0 0 1 0 1 1	139	0x8B
12	0x0C	1	0	0 1 0 0 1 1 0 0	76	0x4C
13	0x0D	0	0	0 0 0 0 1 1 0 1	13	0x0D
14	0x0E	0	1	1 0 0 0 1 1 1 0	142	0x8E
15	0x0F	1	1	1 1 0 0 1 1 1 1	207	0xCF
16	0x10	1	0	0 1 0 1 0 0 0 0	80	0x50
17	0x11	0	0	0 0 0 1 0 0 0 1	17	0x11
18	0x12	0	1	1 0 0 1 0 0 1 0	146	0x92
19	0x13	1	1	1 1 0 1 0 0 1 1	211	0xD3
20	0x14	0	0	0 0 0 1 0 1 0 0	20	0x14
21	0x15	1	0	0 1 0 1 0 1 0 1	85	0x55
22	0x16	1	1	1 1 0 1 0 1 1 0	214	0xD6
23	0x17	0	1	1 0 0 1 0 1 1 1	151	0x97
24	0x18	1	1	1 1 0 1 1 0 0 0	261	0xD8

续表

ID[0…5]		P0 =	P1 =	ID 场	ID 场	
Dec	Hex	ID0 ⊕ ID1 ⊕ ID2 ⊕ ID4	$\overline{\text{ID1} \oplus \text{ID3} \oplus \text{ID4} \oplus \text{ID5}}$	P1 P0 5 4 3 2 1 0	Dec	Hex
25	0x19	0	1	1 0 0 1　1 0 0 1	153	0x99
26	0x1A	0	0	0 0 0 1　1 0 1 0	26	0x1A
27	0x1B	1	0	0 1 0 1　1 0 1 1	91	0x5B
28	0x1C	0	1	1 0 0 1　1 1 0 0	156	0x9C
29	0x1D	1	1	1 1 0 1　1 1 0 1	221	0xDD
30	0x1E	1	0	0 1 0 1　1 1 1 0	94	0x5E
31	0x1F	0	0	0 0 0 1　1 1 1 1	31	0x1F
32	0x20	0	0	0 0 1 0　0 0 0 0	32	0x20
33	0x21	1	0	0 1 1 0　0 0 0 1	97	0x61
34	0x22	1	1	1 1 1 0　0 0 1 0	226	0xE2
35	0x23	0	1	1 0 1 0　0 0 1 1	163	0xA3
36	0x24	1	0	0 1 1 0　0 1 0 0	100	0x64
37	0x25	0	0	0 0 1 0　0 1 0 1	37	0x25
38	0x26	0	1	1 0 1 0　0 1 1 0	166	0xA6
39	0x27	1	1	1 1 1 0　0 1 1 1	231	0xE7
40	0x28	0	1	1 0 1 0　1 0 0 0	168	0xA8
41	0x29	1	1	1 1 1 0　1 0 0 1	233	0xE9
42	0x2A	1	0	0 1 1 0　1 0 1 0	106	0x6A
43	0x2B	0	0	0 0 1 0　1 0 1 1	43	0x2B
44	0x2C	1	1	1 1 1 0　1 1 0 0	236	0xEC
45	0x2D	0	1	1 0 1 0　1 1 0 1	173	0xAD
46	0x2E	0	0	0 0 1 0　1 1 1 0	46	0x2E
47	0x2F	1	0	0 1 1 0　1 1 1 1	111	0x6F
48	0x30	1	1	1 1 1 1　0 0 0 0	240	0xF0
49	0x31	0	1	1 0 1 1　0 0 0 1	177	0xB1
50	0x32	0	0	0 0 1 1　0 0 1 0	50	0x32
51	0x33	1	0	0 1 1 1　0 0 1 1	115	0x73
52	0x34	0	1	1 0 1 1　0 1 0 0	180	0xB4
53	0x35	1	1	1 1 1 1　0 1 0 1	245	0xF5
54	0x36	1	0	0 1 1 1　0 1 1 0	118	0x76
55	0x37	0	0	0 0 1 1　0 1 1 1	55	0x37
56	0x38	1	0	0 1 1 1　1 0 0 0	120	0x78
57	0x39	0	0	0 0 1 1　1 0 0 1	57	0x39
58	0x3A	0	1	1 0 1 1　1 0 1 0	186	0xBA
59	0x3B	1	1	1 1 1 1　1 0 1 1	251	0xFB
60	0x3C	0	0	0 0 1 1　1 1 0 0	60	0x3C
61	0x3D	1	0	0 1 1 1　1 1 0 1	125	0x7D
62	0x3E	1	1	1 1 1 1　1 1 1 0	254	0xFE
63	0x3F	0	1	1 0 1 1　1 1 1 1	191	0xBF

6.2.4　数据场

一个帧能够传输 1～8 字节的数据，用 Data1，Data2，...，Data *N* 表示（1≤ *N* ≤8）。每个帧都使用特定的标识符，数据发布方（Publisher）和所有预订接收方（Subscriber）应按照标识符事先约定帧中要包含的数据字节数。在数据场中，每个数据字节都作为字节场的一部分进行传输，如图 6-11 所示。

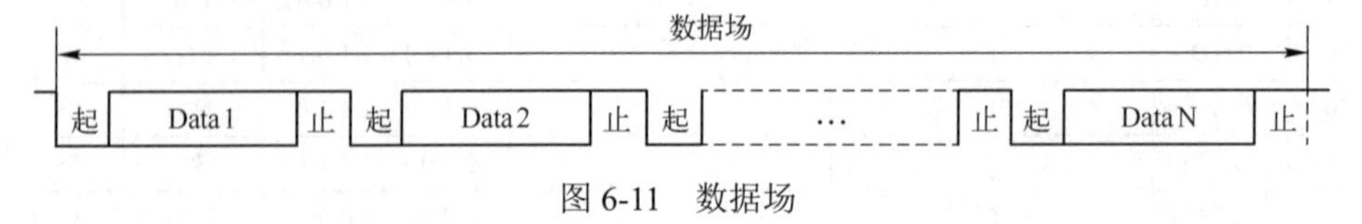

图 6-11　数据场

对于大于 1 字节的数据实体，实体的 LSB 包含在首先发送的字节中，实体的 MSB 包含在最后发送的字节中。

6.2.5　校验和

校验和场是帧的最后一个场，用于确保有效数据的完整性，长度为 1 字节，在一个字节场中传输，如图 6-12 所示。校验和的计算方法是，首先采用带进位加法求取所有数据字节（或所有数据字节和标识符字节）的和，然后将最终得到的和取反。在进行求和计算时，每次相加所得到的进位都要加到结果（和）的最低位（LSB）上，这确保了数据字节最高位（MSB）的安全。校验和与所有数据字节的和相加，所得到的值必须是“0xFF”。

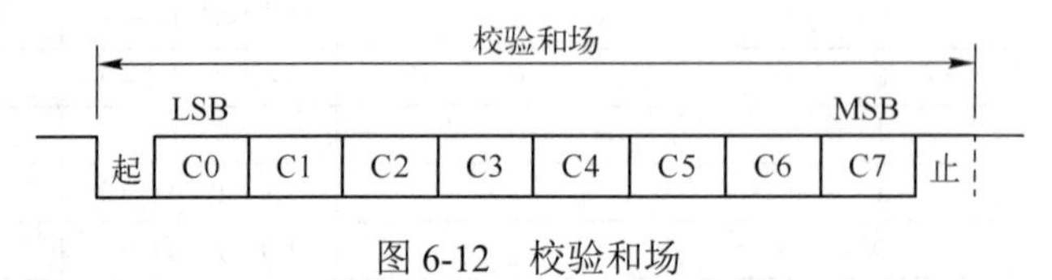

图 6-12　校验和场

由上可知，校验和的计算分成以下两种情况：

① 校验和的计算只针对数据字节，所得到的校验和称为经典校验和。

② 校验和的计算针对数据字节和标识符字节，所得到的校验和称为增强校验和。

经典或增强校验和的使用由主节点管理，需要针对每个帧标识符来确定：经典校验和用于同 LIN 1.x 从节点的通信，增强校验和用于同 LIN 2.x 从节点的通信。当帧标识符为 60（0x3C）或 61（0x3D）时，必须始终使用经典校验和。

【例 6-1】 设某报文帧包含 4 字节，分别为 Data1 = 0x4AH；Data2 = 0x55H；Data3 = 0x93H；Data4 = 0xE5H，试计算其校验和。

解： 校验和计算过程如表 6-4 所示，计算得出的和为 0x19H，取反后的校验和为 0xE6H。

利用同样的加法机制，接收节点很容易对收到的帧的一致性进行检查。当接收到的校验和（0xE6H）与中间结果（0x19H）相加时，总和应为 0xFF。表 6-4 给出了一个校验和计算实例。

表 6-4　校验和计算实例

步骤	HEX	CY	b_7	b_6	b_5	b_4	b_3	b_2	b_1	b_0
0x4A	0x4A		0	1	0	0	1	0	1	0
+0x55= （加进位）	0x9F 0x9F	0	1 1	0 0	0 0	1 1	1 1	1 1	1 1	1 1
+0x93= （加进位）	0x132 0x33	1	0 0	0 0	1 1	1 1	0 0	0 0	1 1	0 1
+0xE5= （加进位）	0x118 0x19	1	0 0	0 0	0 0	1 1	1 1	0 0	0 0	0 1
取反	0xE6		1	1	1	0	0	1	1	0
0x19+0xE6=	0xFF		1	1	1	1	1	1	1	1

6.3　LIN 总线媒体访问控制

LIN 作为一种面向帧的协议，其总线访问建立在轮叫探询媒体访问控制技术基础上（见 3.2 节），既能实现广播通信，又能实现多播通信。

6.3.1　总线访问

在 LIN 总线上，LIN 总线的导线与其连接的所有节点之和被定义为簇，如图 6-4 所示。每个簇包括一个主任务和几个从任务，在主节点与从节点之间交换的帧是由任务形成的。何时传输帧由主节点中的主任务决定，从节点中的从任务只提供该帧需要传送的数据。值得注意的是，主节点也会处于帧接收状态，因此主节点有时也要完成从节点的任务。一个节点可以拥有多个 LIN 总线接口，即能够参与多个 LIN 簇，这样的节点通常是主节点，需要由更高的层（如应用程序）进行处理。在接下来的描述中，仅涉及节点的一个总线接口。

LIN 总线的通信关系既可发生在从节点之间，也可能发生在主、从节点之间，其总线访问控制没有使用节点地址，而是使用了帧标识符。

在访问处理过程中，主节点依据一个调度表（发送时刻表）控制通信的时间。每当发送时刻到来时，首先由主任务发送帧的第一部分——帧头，如图 6-5 所示，帧头中包含有帧 ID，以及该帧头对应的从任务发出帧的响应部分。

LIN 总线访问方法具有以下特色。

① 系统灵活性：在 LIN 簇中添加节点，可以不改变其他从节点上的硬件或软件。

② 报文路由：报文的内容由帧标识符定义（类似于 CAN 总线）。

③ 多播：多个节点可以同时接收某个帧，并对这个帧采取行动。

6.3.2 调度表

LIN 总线访问的一个重要特点是它使用了调度表。调度表除规定帧 ID 的传输次序外，还规定了帧时隙（Slot）的大小，如图 6-13 所示，该图展示了一个帧传输调度表示例。在调度表中，帧时隙是指两个帧的起点之间的时间间隔，每个帧的帧时隙可以是相同的，也可以是不同的。调度表位于主节点内，由主任务调用。调度表可以有多个，主节点的应用程序可以根据实际需要在它们之间进行选择。使用调度表不仅有助于确保总线不超载，而且有助于确保信号的周期性。

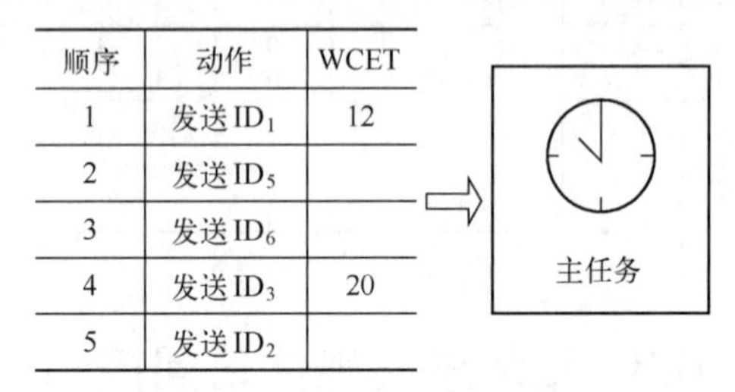

顺序	动作	WCET
1	发送 ID_1	12
2	发送 ID_5	
3	发送 ID_6	
4	发送 ID_3	20
5	发送 ID_2	

图 6-13　帧传输调度表示例

LIN 簇中的所有传输都是由主任务发起的，可由主节点确保所有的帧都有足够的传输时间，这就是说，LIN 总线具有确定性行为是可能的。

一般情况下，LIN 调度表需要满足下述要求。

1. 帧的传输时间

输送一个帧的时间必须与该帧的位数相匹配。在不考虑响应空间、字节间空间和帧间空间时，帧头和帧响应的时间之和为

$$T_{\text{frame\_nominal}} = T_{\text{header\_nominal}} + T_{\text{response\_nominal}} = 34 \times t_{\text{bit}} + 10 \times (N+1) \times t_{\text{bit}} \qquad (6\text{-}3)$$

式中，t_{bit} 表示传输一位所需的标称时间（定义见线路收发器部分）；N 表示数据场的字节数；$T_{\text{header\_nominol}}$ 表示传输帧头所需的标称时间；$T_{\text{response\_nominol}}$ 表示传输帧响应所需的标称时间；$T_{\text{frame\_nominol}}$ 表示传一个帧所需的标称时间。

断点场为 14 个标称位或更长，这意味着要对断点场的最大长度做出限制。LIN 规定：字节之间的最大空间是标称传输时间的 40%，这些额外开销分别出现在帧头和帧响应部分。因此，帧的最大时间长度可用下式表示：

$$T_{\text{frame\_maximum}} = 1.4 \times T_{\text{header\_nominal}} + 1.4 \times T_{\text{response\_nominal}} = 1.4 \times T_{\text{frame\_nominal}} \qquad (6\text{-}4)$$

式中，$T_{\text{frame\_maximum}}$ 表示帧的最大时间长度。

预订接收节点收到的帧不包括额外开销，即帧的时间长度为 $T_{\text{frame\_nominal}}$。$T_{\text{frame\_maximum}}$ 是设计工具和测试过程应该检查的时间，节点不能检查这个时间。在下一个帧时隙（即下一个断点场）到来之前，帧的接收节点只接收当前帧，即使这个帧所用时间比 $T_{\text{frame\_maximum}}$ 长。

2. 帧时隙

每个预定的帧会在总线上分配一个时隙。时隙必须足够长，以便能够在最坏情况下输送帧。在 LIN 总线上，调度表的时序由主节点依据本地时基进行控制，时基一般取 5 ms 或 10 ms。帧时隙始终以时基节拍的起点作为开始，可能产生的抖动是从此点到断点场下降沿的最大和最小延迟之差。另外，帧间空间必须大于或等于 0。因此，调度表中两个条目的起点（帧发送将启动）之间的时间间隔应为时基的整数倍，即帧时隙 $T_{\text{frame\_slot}}$ 为时基的整数倍。

每个帧时隙的长度通常是不同的。为了给主任务引入的抖动（t_{jitter}）和等式（6-4）中定义的 $T_{\text{frame\_maximum}}$ 留有余地，帧时隙的持续时间必须足够长，即

$$T_{\text{frame\_slot}} > t_{\text{jitter}} + T_{\text{frame\_maximum}} \tag{6-5}$$

3. 调度表的操作

在处理某个调度表时，一般从调度表的第一个帧开始，按顺序逐个执行，直至最后一个帧结束，然后返回到当前调度表的第一个帧，启动下一个循环的执行，也就是说，在没有选择其他调度表时，主节点始终处理活动的调度表。若要切换到新的调度表，则需要在帧时隙开始处进行。这意味着调度表切换请求不会中断总线上正在进行的任何传输。

6.3.3　各类帧的传输

6.2.3 节按照帧 ID 对帧进行了分类，下面将给出有效传输各类帧的前提条件。请注意，所有未在帧中使用或定义的位都是隐性位（“1”）；节点或簇不必支持本节中指定的所有帧类型。

1. 信号承载帧

针对不同的应用需要，信号承载帧可进一步分为无条件帧（Unconditional Frame）、事件触发帧（Event Triggered Frame）和零星帧（Sporadic Frame）三个小类。

（1）无条件帧

无条件帧具有单一发布节点，无论信号是否发生变化，帧头都要被无条件地响应。无条件帧在主任务分配给它的固定帧时隙中传输，总线上一旦有帧头发送出去，必须有从任务做出响应。传输都是由主任务发起的，一个无条件帧的发布方（Publisher）只有一个，预订接收方（Subscriber）为一个或多个。

（2）事件触发帧

当从节点信号发生变化的频率较低时，主任务循环探询各个信号会占用一定的

带宽。为了减小带宽的占用，LIN 引入了事件触发帧的概念。事件触发帧是主节点在一个帧时隙中查询各从节点的信号是否发生变化时使用的帧。

事件触发帧的所有预订接收方都将接收该帧，并像收到相关无条件帧一样使用它的数据。如果与事件触发帧相关的无条件帧被作为无条件帧进行调度，那么必须做出响应。

事件触发帧带有一个或多个无条件帧的响应，这些与事件触发帧相关的无条件帧应满足以下 5 个条件：

① 数据场的字节数相同。

② 使用相同的校验和模型。

③ 数据场的第一字节为该无条件帧的标识符，这样才能够知道响应是由哪个相关无条件帧发送的。

④ 由不同的从节点发布。

⑤ 不能与事件触发帧处于同一个调度表中。

当处理事件触发帧时，首先发送事件触发帧的帧头，当与事件触发帧相关的无条件帧中至少有一个信号被更新时，无条件帧的发布方将做出响应。一旦成功响应，则不再认为信号已更新。如果没有从节点对帧头做出响应，那么帧时隙的其余部分是静默的，并且帧头被忽略。如果多个从节点对该帧头做出响应，则会产生冲突。在这种情况下，主节点必须利用冲突解决调度表（Collision Resolving Schedule Table）来消除冲突。

每个事件触发帧都有一个相关联的冲突解决调度表，主节点中的驱动程序（不是应用程序）自动进行冲突解决调度表切换。冲突解决调度表将在冲突发生后的下一个帧时隙开始时被激活。

在冲突解决调度表中，至少应该列出所有相关的无条件帧。冲突解决调度表可能包含除相关帧之外的其他的无条件帧，其他无条件帧可以具有不同的长度。

在处理完冲突后，主节点中的驱动程序将切换回之前的调度表，继续执行发生冲突的调度条目之后的调度条目。

如果其中一个冲突从节点退出了，没有破坏传输，那么主节点检测不到该从节点。因此，撤销其响应的从节点必须重新尝试发送其响应信息，直至成功，否则该响应信息将丢失。

如果主节点应用程序在冲突解决之前切换了调度表，那么冲突解决过程将终止（丢失）。

【例 6-2】 调度表只包含一个事件触发帧（ID = 0x10），该事件触发帧与两个无条件帧相关联，两个无条件帧分别来自从节点 1（ID = 0x11）和从节点 2（ID = 0x12）。试描述事件触发帧的传输状况。图 6-14 展示了一个事件触发帧实例。

答 冲突解决调度表包含两个无条件帧，总线上的行为如图 6-14 所示。

事件触发帧在实际应用中的优点很明显。例如，在用于监控汽车的 4 个门把手的中控锁系统中，与其利用无条件帧对每个车门轮询一遍，不如使用事件触发帧同时对 4 个车门进行询问。事件触发帧可使系统具有良好的响应时间表现，同时还减小了总线负载。只有在极少数情况下，多位乘客各自按下一个门把手，系统所花费的时间会多一些，但不会错过对任何乘客的按下门把手操作的响应。

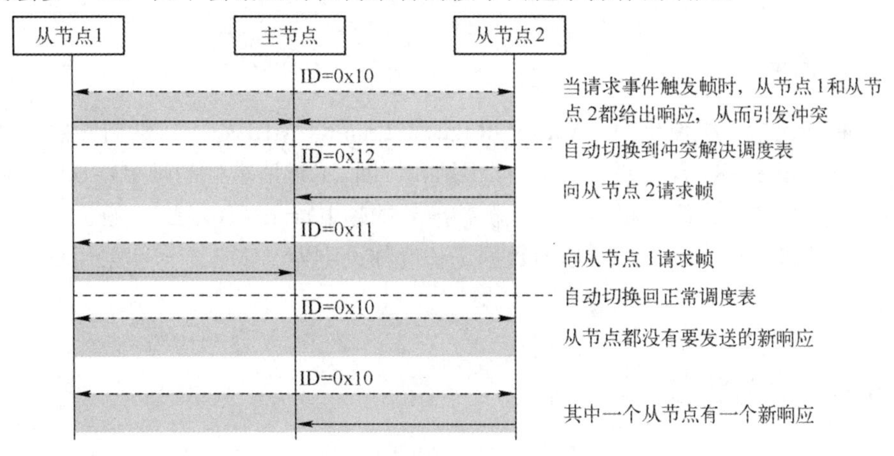

图 6-14　事件触发帧实例

（3）零星帧

零星帧是一组共享同一帧时隙的无条件帧。采用零星帧可将一些动态行为融合到确定性的实时调度表中，而且不破坏调度表其余部分的确定性。

当发送零星帧时，首先需要检查各个无条件帧是否有信号更新。如果没有信号更新，那么不会发送任何帧，帧时隙为空。如果一个信号（或封装在同一帧中的多个信号）被更新了，那么发送相应的帧。如果多个信号（封装在不同的帧中）已被更新，则发送优先级最高（见下文）的帧，未发送的候选帧不会被丢失，只要它们未被发送，每当循环到这个零星帧时，它们都是被传输的候选者。一个无条件帧被成功发送后，不再处于等待发送状态，直到该无条件帧中的信号被再次更新。

通常，多个零星帧与同一帧时隙相关联，优先级最高的待发送无条件帧应在这个帧时隙中被发送。如果没有待发送的无条件帧，则帧时隙将保持静默。

主节点是零星帧中的无条件帧的唯一发布方，因此，只有主任务知道无条件帧何时等待发送。

零星帧与其相关无条件帧不能处于同一调度表中。

【例 6-3】 某零星帧是活动调度表中的唯一一个帧，该零星帧具有多个相关无条件帧，其中一个无条件帧的 ID 为 0x22。试描述零星帧的传输状况。图 6-15 展示了一个零星帧实例。

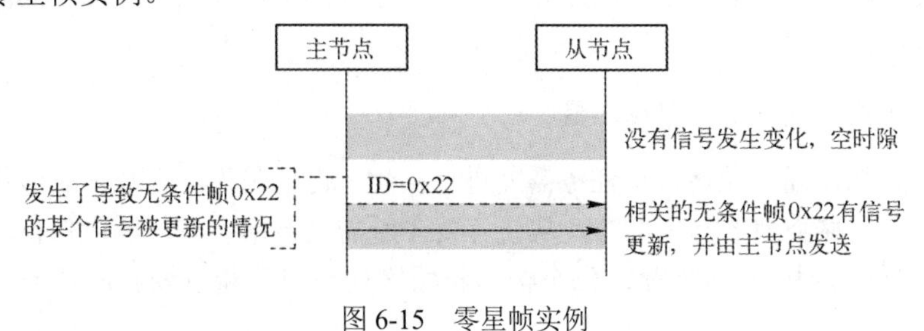

图 6-15　零星帧实例

答 如图 6-15 所示，零星帧的时隙通常是空的。在第二个时隙中，ID 为 0x22 的相关无条件帧至少有一个信号被更新。

2. 诊断帧

诊断帧包括主机请求帧（Master Request Frame，MRF）和从机响应帧（Slave Response Frame，SRF），主要用于配置、识别和诊断。主机请求帧的帧 ID =60（0x3C），响应部分的发布节点为主机节点；从机响应帧的帧 ID = 61（0x3D），响应部分的发布节点为从机节点。每个诊断帧的数据场长度都设定为 8 字节，一律采用标准型校验和。

6.3.4　任务状态机

LIN 节点的行为是建立在主任务 / 从任务的状态机基础上的。

1. 主任务状态机

主任务负责生成正确的帧头，即根据调度表，决定哪个帧将被发送，并在帧之间保持正确的时序，主任务状态机如图 6-16 所示。图中，PID 表示受保护标识符（Protected Identifier）。

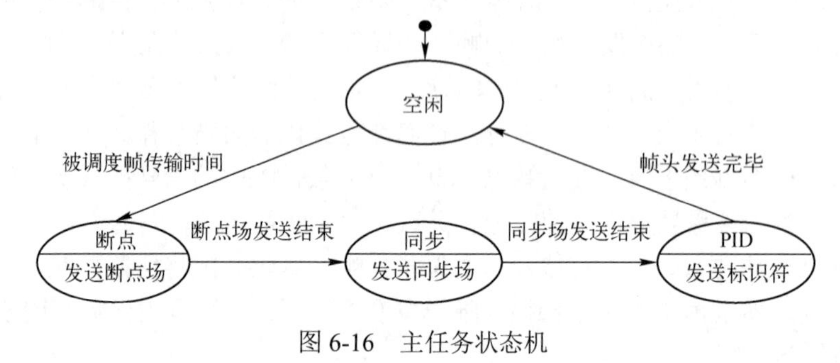

图 6-16　主任务状态机

2. 从任务状态机

从任务的动作分为两种：当它是帧的发布方时，负责发送帧响应；当它是帧的预订接收方时，接收帧响应。从任务有两个状态机模型，分别为断点 / 同步场序列检测器和帧处理器。

（1）断点 / 同步场序列检测器

在帧的 PID 场开始前，从任务需要进行同步，也就是说，它必须能够正确地接收 PID 场。在整个帧的其余部分，从任务要在所需比特率容差范围内保持同步（见比特率容差相关内容）。为此，每个帧的起始序列使用了断点场和同步场。在整个

LIN 通信中，该序列是唯一的，并且为从任务检测新帧的起点，以及在标识符场的开始处被同步提供了足够的信息。

（2）帧处理器

帧处理由两个状态组成：空闲状态和活动状态，活动状态又包含 5 个子状态，一旦接收到中断 / 同步场序列（从任何状态或子状态），帧处理器进入活动状态中的受保护标识符（PID）子状态，这意味着检测到新的中断 / 同步场序列将中止某个帧的处理。帧处理器状态机如图 6-17 所示。

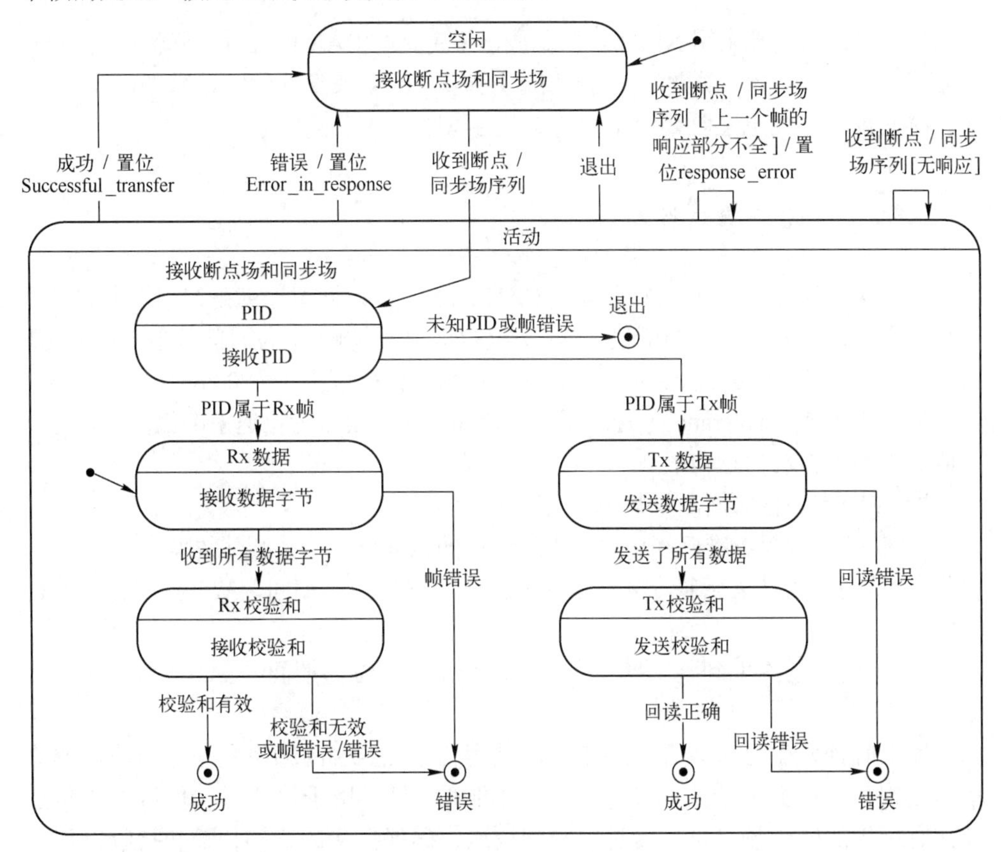

图 6-17　帧处理器状态机

成功（Successful_transfer）和错误（Error_in_response）等的定义见 6.6 节。

帧响应部分不全要求帧响应中至少包含一个场，以区分响应中出错与无响应。

回读和发送数据之间的不匹配将在包含不匹配的字节场结束前被检测发现。一旦检测到不匹配，传输将中止。

6.4　LIN 物理层

前面描述了 LIN 协议的一般原理，主要针对数据链路层（第 2 层），没有特别重视物理层及其众多应用。LIN 物理层是在 ISO 9141 标准（Road vehicles-Diagnostic systems - Requirement for Interchange of Digital Information，道路车辆诊断-系统-数字信息交换需求）的物理层基础上发展起来的，物理传输媒体是一根单独的导线（当然要加上通常所说的接地线），具有很好的成本优势。下面将介绍一些与 LIN 物理层相关的内容。

6.4.1 位编码

LIN 总线的位流采用 NRZ 编码。总线电平定义与 CAN 的显性 / 隐性电平相同，即总线上有两个互补的逻辑值：显性位（逻辑“0”）或隐性位（逻辑“1”）。在每个位时间内，总线电平要么为显性，要么为隐性。

6.4.2 位速率及其容差

LIN 给出的位速率（v_{bit}）定义与 CAN 总线一样，即位速率是在网络上测得的一个二进制位时间（t_{bit}）的倒数（$1/t_{bit}$）。例如，如果测出的位时间等于 50 μs，那么 LIN 的位速率为 20 kbps。LIN 支持的位速率取值范围为 1～20 kbps。

位速率容差（Tolerance）描述了实际位速率与特定参考位速率的偏差，它是以下情况所产生影响的总和。

① 从节点的位时间测量故障。

② 位速率设置不准确（由可配置位速率的粒度导致的系统性故障）。

③ 从同步场结束到整个帧结束（最后一个采样位）期间，从节点时钟源的稳定性；

④ 从同步场结束到整个帧结束（最后一个发送位）期间，主节点时钟源的稳定性。

片上时钟发生器可以通过内部校准获得优于±14%的频率容差，因此，位速率容差也可以做到好于±14%。±14%的准确度足以用于检测报文位流中的断点场。对后续的同步场可进一步进行精细校准，确保报文的正确传输和接收。片上振荡器影响位速率的因素很多，如运行期间由温度和电压变化造成的漂移。为确保在报文帧的其余部分能够进行准确的位速率生成和测量，认真分析各种影响因素是必要的。

LIN 协议将总线上使用的特定位速率定义为标称位速率，用 v_{nom} 表示，建议采用的标称位速率值如表 6-5 所示，位速率容差限制如表 6-6 所示。

表 6-5　建议采用的位速率

	低速	中速	高速
v_{nom}	2400 bps	9600 bps	19200 bps

表 6-6　位速率容差限制

编号	位速率容差	表示符	容差限制
1	主节点位速率与标称位速率的偏差	$v_{TOL\_RES\_MASTER}$	< ±0.5%
2	对于自身位速率较准确的从节点（如使用了高精度时钟），可以不必利用同步段修正自身的位速率。该指标表示此类从节点的位速率与标称位速率的偏差	$v_{TOL\_RES\_SLAVE}$	< ±1.5%
3	对于自身位速率不准确的从节点，需要利用同步场修正自身的位速率。该指标表示此类节点在同步之前的位速率与标称位速率的偏差	v_{TOL_UNSYNC}	< ±14%
4	同步后，从节点位速率与主节点位速率的偏差	v_{TOL_SYNC}	< ±2%
5	收发响应场期间，互相通信的两个从节点的位速率之间的偏差	$v_{TOL\_SL\_to\_SL}$	< ±2%

6.4.3　位定时与位采样

通常情况下，LIN 总线上的所有位时间都以主节点的位时序（Bit Timing）作为参考。

1. 位定时

同步字节场内的数据为 0x55，即 0101 0101，场中包括多个下降沿。在同步过程中，可测量下降沿之间的时间。由图 6-18 不难看出，运用第 2、4、6 和 8 位的下降沿很容易计算基本位时间 t_{bit}。

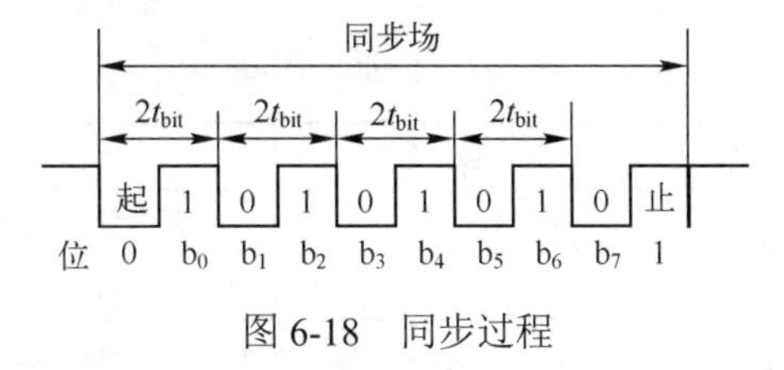

图 6-18　同步过程

一种简单的位时间确定方法是，测量起始位和 b_7 位两者的下降沿之间的时间，并将获得的值除以 8。

2. 位采样

字节场中的位依据以下规范进行采样。位采样定时如图 6-19 所示，该图描述了字节场的位采样时间，相应的位采样时间如表 6-7 所示。

字节场应在起始位的下降沿启动同步，字节场同步（Byte Field Synchronization，BFS）的准确度必须达到 t_{BFS}。当字节场同步开始后，要在最早位采样（Earliest Bit Sample，EBS）时间 t_{EBS} 和最迟位采样（Latest Bit Sample，LBS）时间 t_{LBS} 之间的窗口内采样起始位。最迟位采样时间 t_{LBS} 取决于字节场同步的准确度 t_{BFS}，两者之间的关系如下：

$$t_{LBS} = (10/16)\ t_{bit} - t_{BFS} \tag{6-6}$$

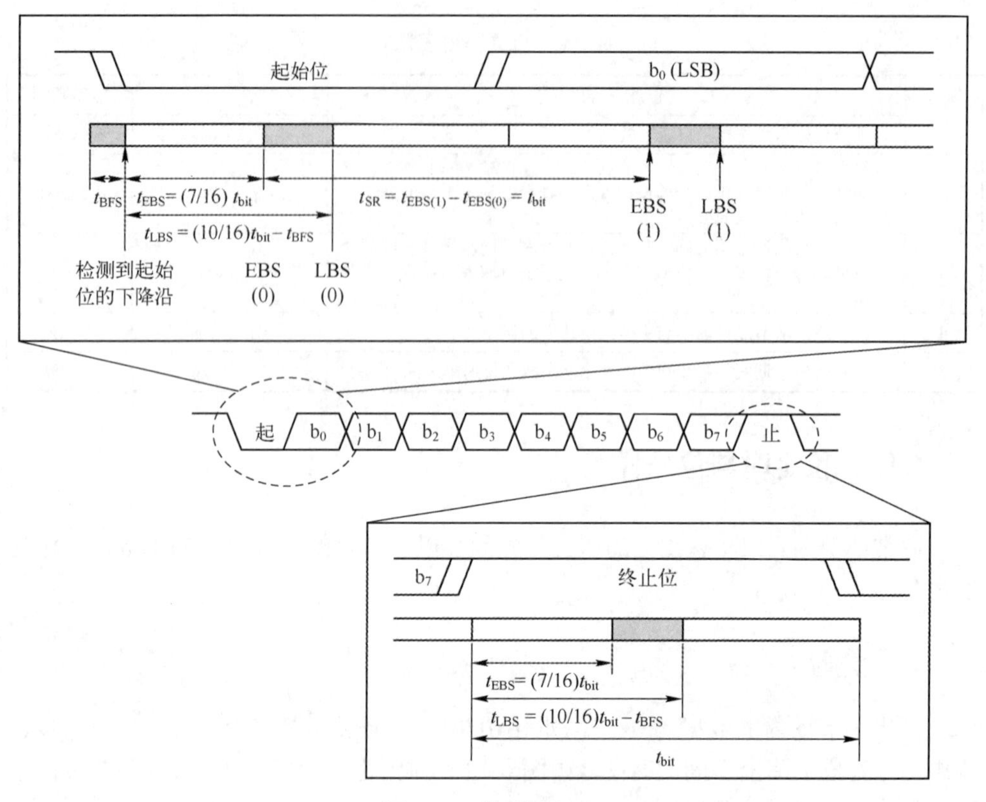

图 6-19　位采样定时

表 6-7　位采样时间

编号	参数	最小值	典型值	最大值	单位	说明
6	t_{BFS}	—	1/16	2/16	t_{bit}	字节场检测的准确度（Accuracy）
7	t_{EBS}	7/16	—	—	t_{bit}	最早位采样时间，$t_{EBS} \leqslant t_{LBS}$
8	t_{LBS}	—	—	—	t_{bit}	最迟位采样时间，$t_{LBS} \geqslant t_{EBS}$

在接下来各位的采样中，采样位置与起始位的采样窗口相同。采样窗口重复（Sample window Repetition，SR）时间为 t_{SR}，t_{SR} 是前一位（第 n-1 位）的 EBS 与当前位（第 n 位）的 EBS 之间的时间间隔：

$$t_{SR} = t_{EBS(n)} - t_{EBS(n-1)} = t_{LBS(n)} - t_{LBS(n-1)} = t_{bit} \tag{6-7}$$

每位进行多次采样的设备，要按样本多数原则来确定位值。此外，占多数的样本应在 EBS 和 LBS 之间。表 6-8 列出了在位时间范围内 UART/SCI 循环数为 16 和 8 时的位采样定时实例。

表 6-8　位采样定时实例

每个位时间的 UART/SCI 循环个数	t_{BFS}	t_{EBS}	t_{LBS} = 10/16 t_{bit} - t_{BFS}
16	1/16 t_{bit}	7/16 t_{bit}	9/16 t_{bit}
8	2/16 t_{bit}	8/16 t_{bit}	8/16 t_{bit}

6.4.4 物理线路接口

LIN 节点的总线接口电路如图 6-20 所示。图中，总线收发器是基于 ISO 9141 标准的增强型设备，各个节点的收发器通过双向总线相连接，而双向总线通过终端电阻和二极管与节点电压的正极（V_{BAT}）相连接。二极管的使用是强制性的，其目的是为了在电池断路的情况下防止总线对节点供电。

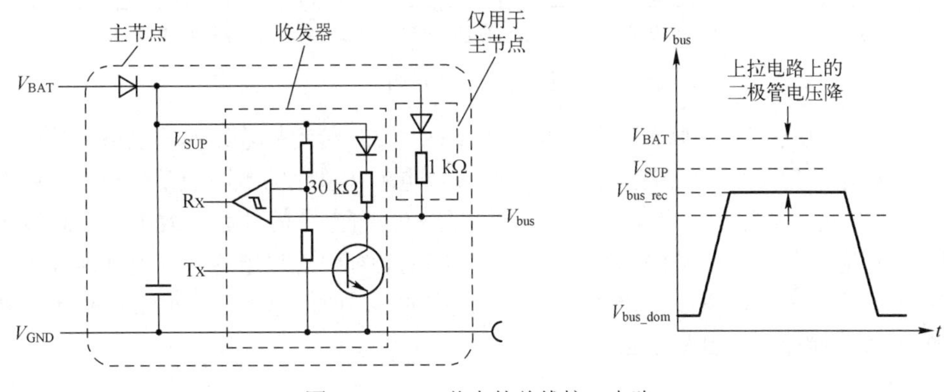

图 6-20　LIN 节点的总线接口电路

另外，V_{BAT} 是节点的外部电源电压，V_{SUP} 是节点内的电子组件可能使用的电源电压，两者是不同的。然而，在 LIN 收发器电路设计中，LIN 规范将 V_{BAT} 作为参考电压，而不是 V_{SUP}，要特别注意二极管的寄生压降。

1. 信号规范

为了能够正确地发送和接收每个位，需要确保接收器进行位采样时的信号具有正确的电平（显性或隐性）。但是，接地偏移、电源电压下降，以及传播延迟不对称都使精确定义采样点的电平变得十分复杂。LIN 给出的总线信号规范如图 6-21 所示，该规范针对发送和接收节点分别定义了显性和隐性逻辑值所对应的电平——总线上的电平。

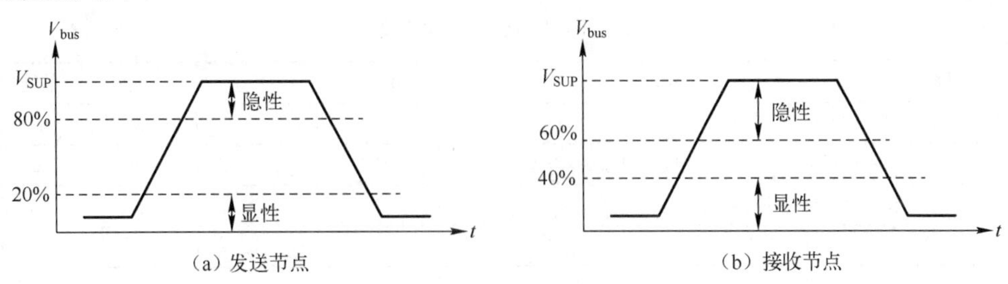

图 6-21　总线上的电平

2. 线路特性

为了实现线与特性，LIN 规范规定了主节点和从节点的端接电阻，如表 6-9 所示，该表给出了线路特性和参数。端接电阻一端连接 LIN 总线，另一端经串联二极管连接收发器电源，如图 6-22 所示。

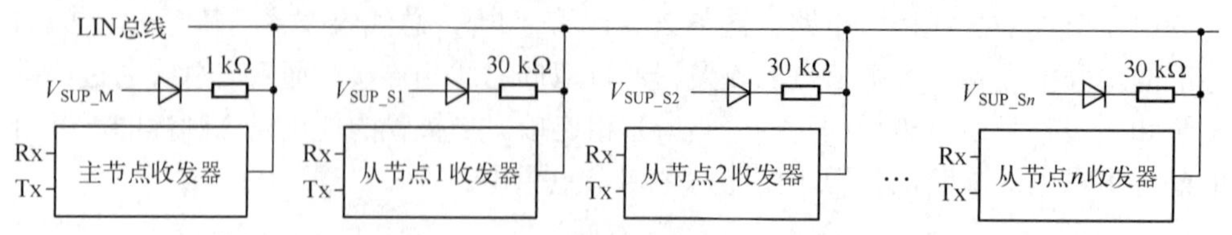

图 6-22　端接电阻

LIN 总线各节点并联在一起，构成了如图 6-23 所示的总线等效电路。其中，总线负载电阻等于各节点端接电阻的并联等效电阻（总线的电阻通常很小，可以忽略），总线负载电容等于各节点输入电容和总线分布电容的并联等效电容。总线电阻决定了总线收发器驱动级的功率和通信期间的功耗；总线电容可以很好地吸收周围环境的噪声干扰。总线电阻和总线电容构成的 RC 时间常数还有助于控制信号上升的最小转换速率（Slew Rate）。

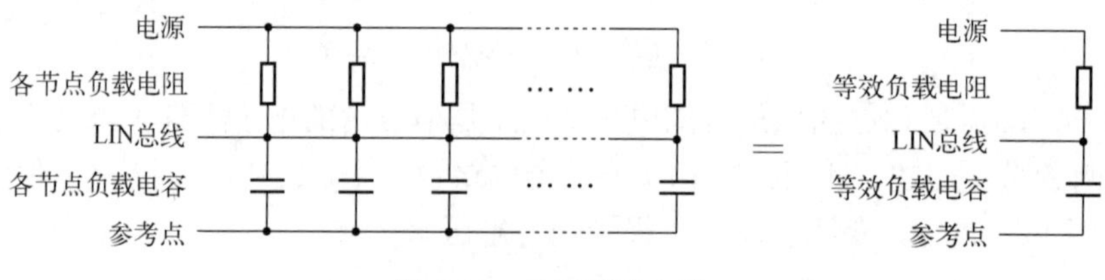

图 6-23　总线等效电路

总线总电容 C_{bus}、总线电阻 R_{bus} 和 RC 时间常数 τ 的计算公式如下：

$$
\begin{aligned}
&C_{bus} = C_{master} + n \cdot C_{slave} + C'_{line} \cdot LEN_{bus} \\
&R_{bus} = R_{master} \parallel R_{slave1} \parallel R_{slave2} \parallel \cdots \parallel R_{slaven} \\
&\tau = C_{bus} \cdot R_{bus}
\end{aligned}
\tag{6-8}
$$

式中，各个参数的定义见表 6-9。

表 6-9　线路特性和参数

参数	含义	最小值	典型值	最大值	单位
LEN_{bus}	总线线路总长度			40	m
C_{bus}	包括从节点和主节点电容的总线总电容	1	4	10	nF
τ	整个系统的时间常数	1		5	ms
C_{master}	主节点的电容		220		pF
C_{slave}	从节点的电容		220	250	pF
C'_{line}	线路电容		100	150	pF/m
R_{master}	主节点上拉电阻	0.9	1	1.1	kΩ
R_{slave}	从节点上拉电阻	20	30	60	kΩ

为确保最恶劣情况下正常通信的需要，LIN 规范除了限制节点的端接电阻、电

容和时间常数，还规定 LIN 总线长度不超过 40 m，一个 LIN 网络的最大节点数目不超过 16 个。

6.5 网络休眠与唤醒

为了减少系统的功耗，LIN 节点可以进入没有任何内部活动和总线驱动的休眠模式。任何总线活动或节点内部情况变化都可唤醒休眠模式。一旦节点被内部唤醒，基于唤醒信号的过程将给主节点通报这一消息。被唤醒后，节点内部活动将重新启动。从节点在重新参与总线通信之前处于等待状态，直到自己和总线活动同步（等待显性的断点场）。

休眠与唤醒属于网络管理范畴。事实上，LIN 规范在网络管理部分只定义了休眠与唤醒。

6.5.1 通信状态图

LIN 簇的通信状态模型如图 6-24 所示。

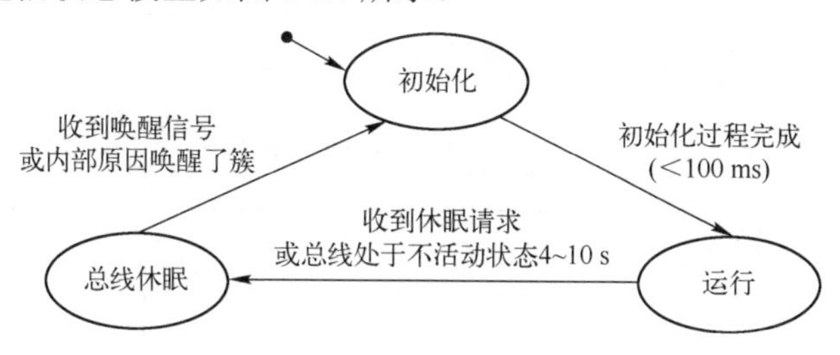

图 6-24　LIN 簇的通信状态模型

① 初始化。在复位或唤醒后进入此状态。从节点在进行了必要的初始化之后，才能进入运行状态。这里的初始化是指与 LIN 有关的初始化，复位和唤醒可能意味着不同的初始化。

② 运行。LIN 规范指定的帧发送和接收行为仅适用于运行状态。

③ 总线休眠。总线上的电平被设置为隐性，只有唤醒信号可以出现在总线上。

6.5.2 休眠

总线可以在以下两种情况下进入休眠状态。

① 通过发送休眠命令将节点簇设置为总线休眠状态。休眠命令是一个主机请求帧（诊断帧之一），帧 ID 为 60（0x3C），数据场的第一个数据字节被设置为 0x00，其余 7 字节被设置为 0xFF，休眠命令如图 6-25 所示。休眠命令由主节点发出，总线上的从节点只判断数据场的第一个字节，忽略其余字节。从节点在收到休眠命令后，不一定要进入低功耗模式，应根据应用需要进行设置，即从节点应用仍然可能

处于活动状态。

断点场	同步场	帧ID场	Data1	Data2	Data3	Data4	Data5	Data6	Data7	Data8	校验和场
起始序列	0x55	0x3C	0x00	0xFF	0xFF	0xFF	0xFF	0xFF	0xFF	0xFF	0x00

图 6-25　休眠命令

② 总线在 4～10 s 内保持静默，节点自动进入休眠状态。总线静默是指总线上没有显性和隐性电平之间的切换。为了消除总线上的短尖峰脉冲，LIN 收发器通常具有滤波器，因此这里所讲的切换针对的是这个滤波器之后的信号。

6.5.3　唤醒

当总线处于休眠状态时，主 / 从节点都可以通过发送唤醒信号来请求唤醒。强制总线处于显性状态 250 μs～5 ms 即可发出唤醒信号。未发送唤醒信号的节点以大于 150 μs 的显性脉冲为阈值判定唤醒信号。

主节点也可通过发出断点场作为唤醒信号，如发出一个普通帧头。在这种情况下，主节点必须意识到从节点可能无法处理该帧，因为从节点可能尚未被唤醒并准备好监听帧头。每个从节点应在该唤醒信号显性脉冲结束边沿之后的 100 ms 内做好监听总线命令的准备。从节点唤醒信号如图 6-26 所示。

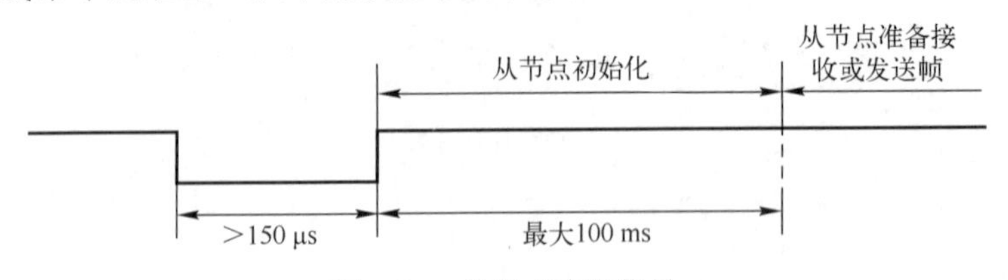

图 6-26　从节点唤醒信号

如果发送唤醒信号的节点是从节点，那么该节点将立即准备好接收或发送帧。在这种情况下，被唤醒的主节点将发送帧头，找出唤醒的原因。节点发出唤醒信号后，若在 150～250 ms 之内没有收到总线上的任何命令（主节点发送的帧头），则可以重新发送一次唤醒信号。按这种方式发送唤醒信号的次数最多为 3 次，若 3 次之后再次发送，则必须等待至少 1.5 s，如图 6-27 所示。3 次之后之所以要等待如此长的时间，主要目的是为了在发出唤醒信号的从节点存在问题的情况下能够允许簇通信。例如，若从节点有读取总线方面的问题，则可能会无限次地重发唤醒信号。倘若从节点在主节点发送断点场的同时发送唤醒信号，则从节点将接收并识别该断点场。

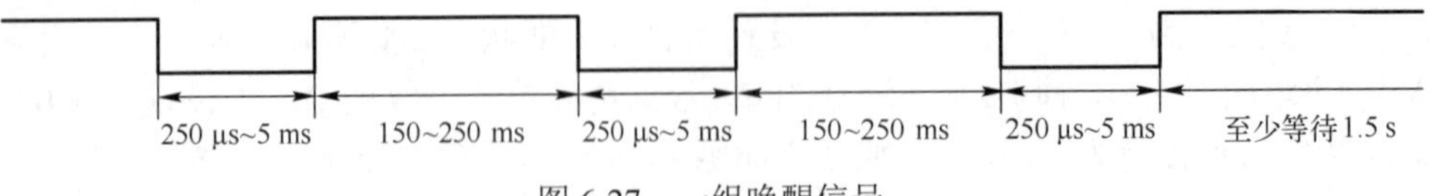

图 6-27　一组唤醒信号

6.6　错误检测与错误处理

由于 LIN 簇采用单主设计，因此错误检测是在主节点内完成的。主节点监视、过滤和整合来自各个节点的状态报告，判定节点是否出现了错误。一旦发现错误，就要根据设计要求进行错误排除。常用的错误排除方法有两种：一种方法是替换掉故障单元，另一种方法是让发生问题的节点进入自我保护模式。

6.6.1　LIN 错误类型

LIN 规范强制规定，每个从节点都要在其发布的某个无条件帧中包含一个长度为 1 位的标量信号 response_error（响应_错误），向主节点报告自身状态。该信号的接收和分析由主节点负责，主节点对 response_error 的解释如表 6-10 所示。根据 6.3.3 节的定义，事件触发帧允许出现总线冲突，对这类总线错误需要进行特殊处理。

表 6-10　主节点对 response_error 的解释

response_error	解释
FALSE	从节点操作正确
TRUE	从节点存在偶发错误
从节点未应答	从节点、总线或主节点存在严重错误

LIN 规范并没有对错误类型进行标准化，用户可根据需要自行制定。下面列出了可能出现的一些错误类型，供读者参考。

① 位错误。通常，在一个时刻，LIN 总线上只有一个节点向外发送信息，节点在发送一个位单元的同时也在监控总线。若监控到的位值和发送的位值不同，则在此位时间里检测到一个位错误。例外情况是，根据 6.3.3 节的定义，事件触发帧允许出现总线冲突，在这类帧的帧响应部分出现位值不一致，不视为位错误。

② 同步场不一致错误。如果从机检测到的同步场边沿在给定的容差之外，那么它检测到一个同步场不一致错误（见 6.4.2 节）。

③ 标识符奇偶错误。接收节点对帧 ID 按照校验规则重新计算校验位（P0 和 P1），若与接收到的校验位不符，则接收节点认为是标识符奇偶错误。

④ 无响应错误。发送完帧头后，若总线上没有节点给出响应，则视为无响应错误（事件触发帧除外）。

⑤ 响应不完整错误。接收节点收到的数据场不完整或没有收到校验和场。

⑥ 校验和错误。接收节点收到的校验和与重新计算所得的校验和（不取反）加起来不等于 0xFF。

⑦ 帧错误。字节场的终止位上出现了显性电平。

⑧ 物理总线错误。总线短路或直接连到电源上导致总线无法通信，该错误由

主节点负责检测。

6.6.2　节点内部报告

在 LIN 总线上，节点自身需要设定两个状态位：Error_in_response 和 Successful_transfer。Error_in_response 表示帧响应是否出错；Successful_transfer 表示帧传输是否成功。节点需要将这两个状态位报告给自己的高层应用。

① Error_in_response。当节点发送或接收帧响应发现错误时，将 Error_in_response 置位。Error_in_response 状态位和 response_error 信号的置位条件相同。注意，在无响应的情况下，不能将 Error_in_response 置位。

② Success_transfer。当帧被成功传输时，即帧已被成功发送或接收时，将 Success_transfer 置位。

6.6.3　错误界定

LIN 协议没有给出错误界定规则，错误是由每个总线节点标记下来的。在执行故障界定时，建议采用下述步骤。

1. 主节点错误状况检测

① 主任务发送：当回读自己发送的帧时，可以检测到同步或标识符字节的位错误。

主节点通过增加主节点发送错误计数器来保存任何发送错误的轨迹。当发送的同步或标识符场在本地被损坏时，计数器每次都加 8。当两个场都正确回读时，计数器每次都减 1（最低值为 0）。若计数器的值超过主节点发送错误阈值（默认 64），则认为总线上存在严重扰动，高层程序应执行错误处理过程。

② 主节点中的从任务发送：在回读自己发送的帧时，可以检测到数据场或校验和场的位错误。

③ 主节点中的从任务接收：当在总线上等待或读取数据时，可以检测到从机不响应错误或校验和错误。

主节点通过增加主节点接收错误计数器（从节点数量）来保存任何传输错误的轨迹。其中，从节点数量是指网络中可能的从节点个数。当没有接收到有效的数据场或校验和场时，计数器每次都加 8。当两个场都正确接收时，计数器每次减 1（最低值为 0）。如果计数器的值超过主节点接收错误阈值（默认 64），则假定连接的从节点不能正常工作，高层程序应执行错误处理过程。

2. 从节点错误状况检测

① 从任务发送：当回读自己发送的帧时，可以检测到数据或校验和场的位错误。

② 从任务接收：当从总线上读值时，可检测校验和错误。

当检测到一个校验和错误时，从机将其错误计数器加 8。如果该帧只能由特殊的节点（可以被主机检测到）产生，那么假定其他的发送节点被损坏；如果所有帧看起来都像被破坏了，则假设它自己的接收器电路有问题；如果正确接收到报文，错误计数器每次都减 1。

如果从节点的从任务读到的信息与该节点的应用无关，那么此节点可以不处理帧响应部分（数据场和校验和场），例如，可以忽略校验和计算。

如果从节点在设定的最大总线空闲时间（如 25000×t_{bit}）内没有看到任何总线活动，它将假设主节点是不活动的。基于错误的处理将启动一个唤醒过程，或从节点进入自我保护模式。

假设在最大帧时间长度 $T_{frame\_maximum}$ 内，从节点没有发现任何有效的同步帧，只发现总线在通信，从节点要重新初始化，否则不能进入自我保护模式。由于从节点不响应任何帧，错误处理将由主节点完成。

假设主节点不向从节点要求任何服务，从节点将暂时空闲，但可以接收有效的同步报文。此时，从节点可以进入自我保护模式。

6.7　LIN 组件

与 CAN 总线类似，LIN 总线上的每个节点都拥有统一的 LIN 总线接口，用于帧通信的硬件包括微处理器、总线收发器和 LIN 总线三部分。LIN 节点的结构如图 6-28 所示，节点与外设的接口是由 LIN 总线系统的具体应用所决定的，可以是传感器接口、执行器接口或其他应用接口。

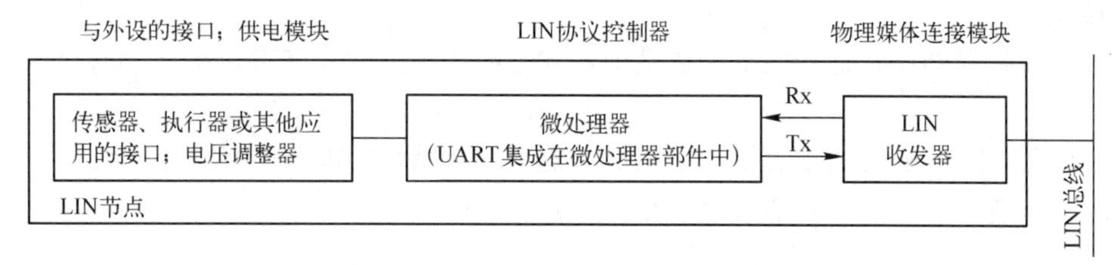

图 6-28　LIN 节点的结构

LIN 协议控制器是利用软件和微处理器上的标准单元 UART/SCI 来实现的，通常不采用专用的通信控制器模块，能够显著减少节点的成本。LIN 总线是衔接所有 LIN 节点的通信媒体，LIN 协议并未限定通信媒体的类型和连接器的规格。目前 LIN 总线主要使用铜线作为传输介质，针对铜线的总线收发器是市场主流产品。

6.7.1　协议控制器

在 LIN 总线上，协议控制器的主体是一个基于 UART/SCI 的通信控制器，通信方式为半双工。在发送时，协议控制器把二进制并行数据转变成高-低电平信号，并按照规定的串行格式（8 个数据位，1 个停止位，无校验位）送往总线收发器；在接收时，协议控制器把来自总线收发器的高-低电平信号按照同样的串行格式储存下来，然后再将储存结果转换成二进制并行数据。

协议控制器要能产生和识别帧的断点场。如 6.2 节所述，断点场包含一个低电平脉冲，长度至少为 13 位。发送和识别断点场虽然增加了设计的复杂程度，但从接收方的角度看，这样做能把断点场与普通的数据字节区别开来，确保了同步信息的特殊性。

协议控制器要能执行本地唤醒（Local Wakeup）操作。当需要唤醒总线时，协议控制器通过总线收发器向 LIN 总线送出唤醒信号（参照 6.5.3 节）。协议控制器要能识别总线唤醒（Bus Wakeup）信号。当收到来自 LIN 总线的唤醒信号时，协议控制器能够正确动作，进入规定的通信状态（例如，主节点延迟 100 ms，然后查询唤醒来源）。

6.7.2　LIN 收发器

总线收发器的主体是一个双向工作的电平转换器，完成协议控制器的高-低电平与 LIN 总线的隐性-显性电平之间的转换。收发器传入协议控制器的 Rx 信号是无干扰的，因此对协议控制器也有保护作用。

LIN 规范规定：LIN 总线的电平参考点是总线收发器的电源参考点。为了克服电源波动和参考点漂移的影响，LIN 规范要求总线收发器要能承受±11.5%的电源波动和参考点电平波动，并且能承受电源和参考点之间 8%的电位差波动。

总线收发器还具有一些附加的功能，如总线阻抗匹配、转换速率（Slew Rate）控制等。

此外，LIN 规范要求总线收发器具备这样一种特性：本当地节点掉电或工作异常时，不能影响总线上其他节点的正常工作。

1. LIN 收发器类型

为了适应工业需要，许多知名半导体厂家研制了 LIN 收发器，如表 6-11 所示。在选择器件时，需要结合总线节点数量、传输速率、故障防护等因素，进行全面考虑。

表 6-11　LIN 收发器

制造商	产品型号	类型
NXP	TJA1020	LIN
NXP	TJA1021	LIN
NXP	UJA1069	LIN+LDO+WDT

续表

制造商	产品型号	类型
NXP	UJA1065	LIN+LDO+WDT+CAN
FreeScale	MC33399	LIN
FreeScale	MC33661	LIN
FreeScale	MC33689	LIN+LDO+H 桥
FreeScale	908E425	MCU+LIN+LDO+H 桥
Infineon	TLE7259G	LIN
Infineon	TLE6258-2G	LIN
Infineon	TLE6286	LIN+LDO
ATMEL	ATA6661	LIN
ATMEL	ATA6662	LIN
ATMEL	ATA6620	LIN+电机控制器
ATMEL	ATA6602	MCU+LIN+LDO+WDT
TI	TPIC1021	LIN
Maxim	MAX13020	LIN
Maxim	MAX13021	LIN

2. TJA1020 收发器

常用的 LIN 收发器有 TJA1020、MC33399、TLE7259G 等，接下来我们将以 TJA1020 为例简单介绍收发器的一般构成。

TJA1020 是恩智浦（NXP）公司推出的 LIN 总线收发器，主要用于车辆中的辅助网络或子网络。TJA1020 是 LIN 主／从协议控制器和 LIN 物理总线之间的接口，传输速率范围为 2.4～20 kbps。TJA1020 内部结构如图 6-29 所示，引脚信息如表 6-12 所示，主要特点如下。

① 传输速率最高达 20 kbps。
② 电磁辐射（EME）极低、抗电磁干扰性（EMI）高。
③ 低斜率模式可以进一步降低电磁辐射（EME）。
④ 未通电状态下的无源特性。
⑤ 输入电平与 3.3 V 和 5 V 器件兼容。
⑥ 集成的终端电阻用于 LIN 的从应用。
⑦ 唤醒源识别（本地或远程）。
⑧ 在休眠模式下电流消耗极低，可实现本地或远程唤醒。
⑨ 发送数据超时保护、总线终端对电池和地的短路保护、过热保护。
⑩ 总线终端和电池引脚可防止汽车环境下的瞬变（ISO 7637）。

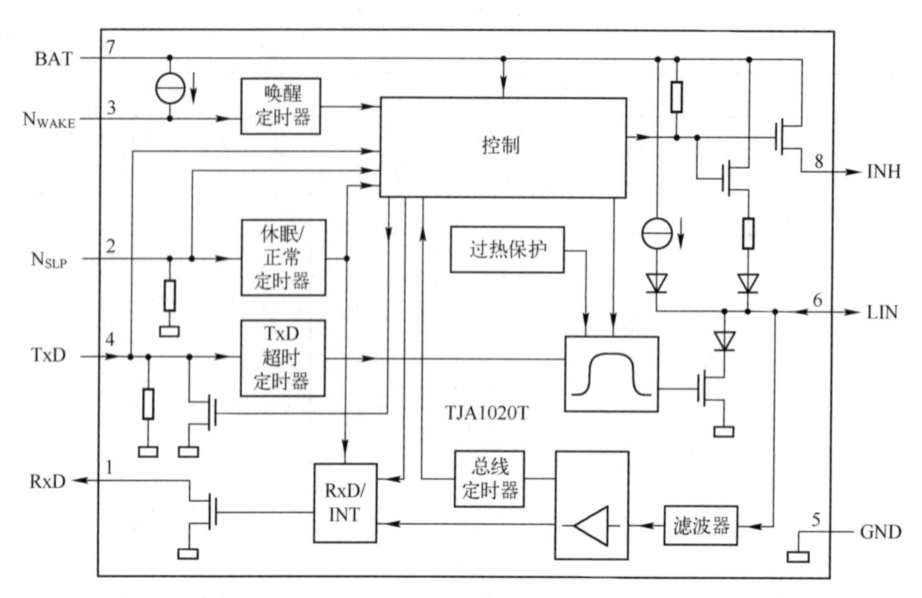

图 6-29　TJA1020 的内部结构

表 6-12　TJA1020 引脚信息

引脚序号	符号	描　述
1	RxD	接收数据输出；在事件唤醒后输出有效低电平
2	N_{SLP}	休眠控制输入（低电平有效）：禁止输出、复位 TxD 上的唤醒标志和 RxD 上的唤醒请求
3	N_{WAKE}	本地唤醒输入（低电平有效）；下降沿触发
4	TxD	发送数据输入；在本地唤醒事件后输出有效低电平
5	GND	接地
6	LIN	LIN 总线输入 / 输出
7	BAT	电池电源
8	INH	控制外部电压调整器的电池的相关抑制输出；在事件唤醒后输出有效高电平

协议控制器向 TxD 引脚输入的数据流通过 LIN 收发器转换成总线信号，并由收发器控制转换速率和波形，以降低电磁辐射。LIN 总线的输出引脚通过一个内部终端电阻拉成 HIGH（高）状态。当用作为主机时，必须通过串联的外部电阻和二极管将引脚 INH 或引脚 BAT 与引脚 LIN 进行连接。收发器在 LIN 总线的输入引脚检测数据流，并通过引脚 RxD 发送到微处理器。

在普通的收发器操作中，TJA1020 可在普通斜率模式以及低斜率模式间进行切换。在普通斜率模式下，辐射很低。在低斜率模式下，发送器的输出级通过增加上升和下降时间来驱动 LIN 总线，因此进一步减少了辐射。低斜率模式适用于对发送器的速度要求不很严格的应用。

在休眠模式下，TJA1020 的功耗非常低。在故障模式下，功耗将被降至极低。TJA1020 的典型应用如图 6-30 所示。

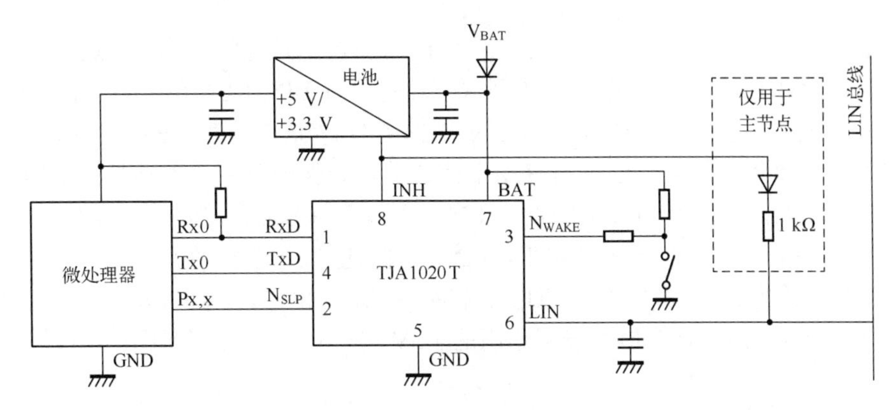

图 6-30 TJA1020 的典型应用

6.7.3 LIN 节点设计实例

LIN 节点设计与 CAN 节点类似，但 LIN 节点更容易实现。下面将通过微处理器 STM32F1 和前面介绍的收发器 TJA1020 来简单说明 LIN 节点的实现方法。

1. LIN 节点硬件构成

由 STM32F103C8T6、电压转换电路和收发器 TJA1020 组成的 LIN 节点硬件电路如图 6-31 所示。

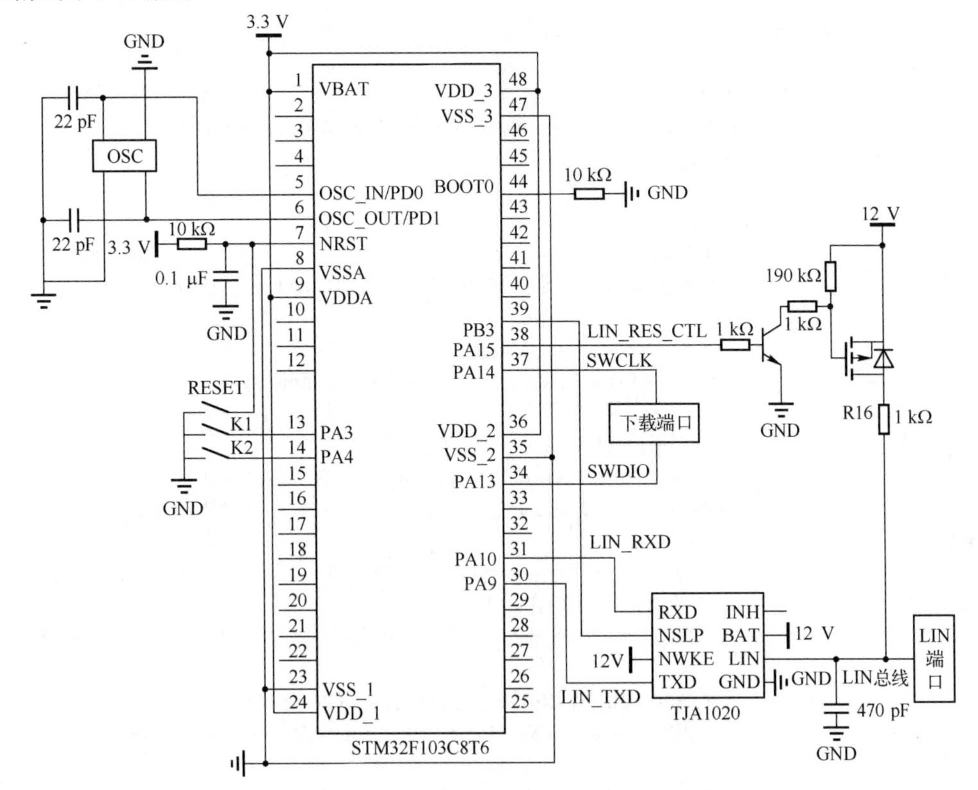

图 6-31 LIN 节点硬件电路

根据 LIN 规范，主节点通常需要不少于 1 kΩ 的上拉电阻，该节点通过由 NPN 三极管和 PMOS 管组成的电路来达到这一目的。当 LIN_RES_CTL 为高电平时，PMOS 管导通，电压上拉 12 V；当 LIN_RES_CTL 为低电平时，PMOS 关断，LIN 引脚悬空。事实上，采用该电路有利于使该节点硬件电路更具普适性。通过控制 LIN_RES_CTL 引脚，可将节点配置为主节点（LIN_RES_CTL 为高电平，电压上拉）或从节点（LIN_RES_CTL 为低电平，LIN 引脚悬空）。当然，在已确定节点是主节点或从节点的情况下，可在主节点电路中直接使用上拉电阻，而在从节点电路中让相应引脚悬空。电压转换电路采用通用的 12 V 转 3.3 V 电路，在此不再赘述。

2. LIN 通信的软件设计

在 LIN 节点设计中，主要工作是软件编程。通信节点所用代码主要分为以下 3 类。

（1）通用处理代码

这里，我们把主节点和从节点都会使用的代码称为通用处理代码，这些代码主要用于 LIN 协议控制器配置，以及 ID 查询校验等。

① LIN 节点初始化函数 linModeInit (USART_TypeDef *U, u8 mode, u32 baudRate)。初始化函数用于配置 LIN 控制器，如设置单片机的串口外设、节点工作模式（主机 / 从机）和 LIN 通信波特率等。初始化函数的部分代码如下。

```
int linModeInit( USART_TypeDef *U, u8 mode, u32 baudRate )
{
    static u8 linPinsInit = 0;                                //用于保证只设置一次
    memset(&linSlaveDataStr, 0, sizeof(_linSlaveDataStr));    //清空配置
    if( linPinsInit == 0 )
    {
        linPinsInit = 1;
        timeDeleyInit( );                                     //使用 TIM6 进行延迟操作
        /*开始对引脚初始化，包括:SLP(PB3), RESCTL(PA15), TXD(PA9), RXD(PA10) */
        {
            {
                AFIO->MAPR.SerialWireJTAGConfiguration_W=0x02;
            }
            /*对引脚 PB3、PA15 进行配置等*/
            RCC->APB2ENR.IOPBClockEnable_RW = ENABLE;
            GPIOB->CRL.InOutMode3_RW=GPIO_CR_INOUNTMODE_OUTPUT_
50MHZ;
            GPIOB->CRL.PinConfig3_RW=GPIO_CR_PINCONFG_OUT_GENERAL_
            PURPOSE_PUSHPULL;
            GPIOB->ODR.OutputData3_RW = 0;  //将总线默认状态设置为 SLEEP 模式

            RCC->APB2ENR.IOPAClockEnable_RW = ENABLE;
            GPIOA->CRH.InOutMode15_RW=GPIO_CR_INOUNTMODE_OUTPUT_
50MHZ;
            GPIOA->CRH.PinConfig15_RW=GPIO_CR_PINCONFG_OUT_GENERAL
```

```
                    _PURPOSE_PUSHPULL;
                    GPIOA->ODR.OutputData15_RW = 0;         //默认关闭上拉电阻
                    /*配置发送引脚 PA9 和接收引脚 PA10*/
                    GPIOA->CRH.InOutMode9_RW=GPIO_CR_INOUNTMODE_OUTPUT_
50MHZ;
                    GPIOA->CRH.PinConfig9_RW=GPIO_CR_PINCONFG_OUT_ALTERNATE_
PUSHPULL;
                    GPIOA->CRH.InOutMode10_RW = GPIO_CR_INOUNTMODE_INPUT;
                    GPIOA->CRH.PinConfig10_RW=GPIO_CR_PINCONFG_IN_PULLUP_
PULLDOWN;
                    GPIOA->ODR.OutputData10_RW = 1;
                }
                {                                           //重置此模块
                    RCC->APB2RSTR.USART1Reset_RW = 1;
                    RCC->APB2RSTR.USART1Reset_RW = 0;
                    RCC->APB2ENR.USART1ClockEnable_RW = 1;
                    RCC->APB2ENR.USART1ClockEnable_RW = 1;
                }
                {                                           //波特率计算
                    U->BRR.All = BaudrateCalculate(APB2PCLK, baudRate);
                }
                {
                    U->CR2.LINModeEnable_RW= 1;             //使能 LIN 模式
                    U->CR2.LINBreakDetectionInterruptEnable_RW= 1;    //使能断点场检
测中断
                    U->CR2.LINBreakDetectionLength_RW = 1;
                    U->CR1.TransmitterEnable_RW = 1;           //发送使能信号
                    U->CR1.ReceiverEnable_RW = 1;              //接收使能信号
                    U->CR1.RecvDataRegNotEmptyInterruptEnable_RW = 1;    //接收中断信号
                    U->CR1.USARTEnable_RW = 1;                 //串口使能
                    NVIC_EnableIRQ( USART1_IRQn );
                }
            }
        }
```

② 非阻塞延迟函数 timeDelay(u32 ms, u8 resetTim)。如前所述，LIN 总线每一帧的调度都是以时隙为基本单位进行的，因此在代码中，需要使用延迟来实现此功能。通过使用非阻塞延迟，可以在延迟过程中进行其他操作。非阻塞延迟函数代码如下所示。

```
int timeDelay( u32 ms, u8 resetTim )
{
    static u8 enableTime = 0;          //利用 static 变量特性，通过查询的方式进行延迟
    if( resetTim )
    {
        enableTime = 0;
        TIM2->EGR.UpdateGeneration_W = 1;
        return 0;
    }
```

```
        if( enableTime == 0 )
        {
            enableTime = 1;
            TIM2->ARR.AutoReloadValue_RW = ms*2;
            TIM2->CR1.CountEnable_RW = 1;
            return 1;
        } else { return TIM2->CR1.CountEnable_RW == 1 ? 2:(enableTime = 0); }
    }
```

③ ID 校验函数 idParityQueryWay(u8 ID)。由于 LIN 协议限制了 ID 的个数，因此可以通过简单的查表方式对节点 ID 进行验证。

```
    u8 idParityQueryWay( u8 ID )
    {
        u8 idHadParity[64] =
        {
            0x5E,0x1F,0x20,0x61,0xE2,0x64,0x25,0xA6,0xE7,0xA8,0xE9,0x6A,0x2B,
            0xEC,0xFE,0x80,0x42,0x03,0x85,0x3C,0x7D,0x06,0x47,0x49,0xCA,0x8B,
            0x4C,0x0D,0x8E,0xC1,0xCF,0x50,0x11,0x92,0xD3,0x14,0x55,0xD6,0x97,
            0xD8,0x99,0x1A,0x5B,0x9C,0xDD,0xAD,0x2E,0x6F,0xF0,0xB1,0x32,0x73,
            0xB4,0xF5,0x76,0x37,0x78,0x39,0xBA,0xFB,0xBF, 0xA3,0x08,0xC4
        };
        return idHadParity[ID];
    }
```

此外，也可以考虑使用计算校验法来进行 ID 的验证，此处不再赘述。

（2）主节点处理代码

在 LIN 总线上，主节点主要负责主机与从机或从机之间的通信调度，通常有 3 种处理模式：主发送、主接收和同步间隔。

设主处理函数为 linSend(USART_TypeDef *U, u8 masterMode, u8 checkWay, u8 ID, u8 *p, u8 len,　u8 customCheckSum, u16 timeOutPeriod)。其中，参数 masterMode 为处理模式："0"表示同步间隔模式；"1"表示主发送模式；"2"表示主接收模式。参数 checkWay 表示校验方式："0"表示标准校验；"1"表示增强校验。参数 ID 表示对应帧的 ID。参数 len 表示数据长度。参数 customCheckSum 表示自定义校验。参数 timeOutPeriod 表示帧的超时时间，也就是时隙。该函数的部分代码如下所示.

```
    Int linSend(USART_TypeDef *U, u8 masterMode, u8 checkWay, u8 ID, u8 *p, u8 len, u8
customCheckSum, u16 timeOutPeriod)
    {
        u8 receCount = 0;                       //主接收计数
        u8 receSum = 0;                         //主接收 Sum 值
        int returnNum = 0;
        u8 dataBuf[11];                         //同步场+ID+8 个数据字节+校验和=1+1+8+1=11
        u8 *dataP = dataBuf;                    //读取数据端口
        u8 parityID = idParityQueryWay(ID);    //生成带校验的 ID
        u8 sum;
        u8 cycleSend;
```

```
switch(checkWay){…}          //0: 标准校验; 1: 增强校验。校验和放入 Sum 中
switch( masterMode) {…}      //0: 同步间隔, cycleSend = 0x02; 1: 主发送, cycleSend
= len+0x03;
                             //2: 主接收, cycleSend = 0x02
{
    dataBuf[0] = 0x55;
    dataBuf[1] = parityID;
    if( masterMode == 1 )                              //主发送模式复制数据
    {
        for( u8 i = 0; i<len; i++ ) { dataBuf[2+i] = p[i];}    //复制数据
        dataBuf[len+2] = sum;                                  //复制校验和
    }
}
{                                                              //主节点发送帧头
    U->CR1.RecvDataRegNotEmptyInterruptEnable_RW = 0;  //关闭接收中断
    U->CR2.LINBreakDetectionInterruptEnable_RW = 0;    //关闭断点场中断
    U->CR1.SendBreak_RW = 1;                           //发送断点场
    while( U->CR1.SendBreak_RW == 1 );                 //等待发送完成
    U->SR.LINBreakDetectionFlag_RCW0 = 0;              //清除断点场标志
     (void)U->DR.Data_RW
    if( U->SR.FramingError_R == 1 ){ (void)U->DR.Data_RW; }  //清除帧错误
}
/*主发送: 循环完成后结束; 主接收: 需要等待数据接收完成*/
while( cycleSend-- )
{
    while( U->SR.TransmitDataRegisterEmpty_R == 0);
    U->DR.Data_RW = *dataP;
    while((U->SR.ReadDataRegisterNotEmpty_RCW0==0)&&(timeDelay(100,0)));
    timeDelay(0,1);                                          //强制结束延迟
    if( U->SR.ReadDataRegisterNotEmpty_RCW0 == 1 ) { dataP++;}   //有数据接收
}
If ( ( masterMode == 0 )&& ( returnNum == 0 )) { returnNum = 0x01;}   //认作同步间隔
else if( ( masterMode == 2)&& ( returnNum == 0))                      //认作主接收
{
memset(p,0,8);                              //清空数组
    while( timeDelay( timeOutPeriod,0) )    //在时隙内必须结束数据传输
    {
        if( U->SR.ReadDataRegisterNotEmpty_RCW0 == 1 )    //有数据接收
        {
            if( receCount < 8 ) { p[receCount++] = U->DR.Data_RW; }
            else if( receCount == 8 ){ receSum = U->DR.Data_RW; receCount++; }
            if( receCount >= 9 ) { break; }                //收到数据及校验和
        }
    }
    timeDelay(0,1);                                  //强制结束延迟
    if( ( receCount != 0 ) && (receCount < 9) )      //表示接收到数据且校验正常结束
    {
        receSum = p[receCount - 1];
    }
```

```
            {                                                   //进行数据验证
                if( receCount == 0) { returnNum = 0x07;}        //超时且没有接收到数据
                else if( receCount == 1 ) { returnNum = 0x08;}     //表示仅收到一位数据
                else
                {
                    u8 tmpSumStand = getCheckCarry( p,receCount - 1,0);
                    u8 tmpSumEnhan = getCheckCarry( p,receCount - 1,parityID);
                    if((receSum==tmpSumStand)&&(receSum!=tmpSumEnhan))
                                                                //通过标准校验
                    {
                        returnNum=0x01+(tmpSumStand<<8)+ ((receCount - 1)<<16);
                    }
                    else if((receSum!=tmpSumStand)&&(receSum==tmpSumEnhan ) )
                                                                //通过增强校验
                    {
                        returnNum=0x02+(tmpSumEnhan<<8)+((receCount - 1)<<16);
                    }
                    else { returnNum = 0x04;}                   //未通过校验
                }
            }
        }
        U->CR1.RecvDataRegNotEmptyInterruptEnable_RW = 1;      //重新开启接收中断
        U->CR2.LINBreakDetectionInterruptEnable_RW = 1;        //重新开启断点场中断
        switch( masterMode )
        {
            case 0x00:
                break;
            case 0x01:
                returnNum += 0x01000000 + (sum<<8);
                break;
            case 0x02:
                returnNum += 0x02000000;
                break;
        }
        return returnNum;
    }
```

（3）从节点处理代码

从节点通过被动接收主节点发送的命令来执行接收或发送操作。当从节点收到总线上的信号后，首先判断其是否为断点场，以及是否收到同步场。在满足条件后，再对接收到的 ID 进行解析，并判断其是否正确。若正确，则读取相应的数据或执行相应的操作，否则，不做任何操作。当接收到的 ID 与本地节点的 ID 相符时，从节点执行发送操作。

从节点处理函数对应的部分代码如下。

```
    void linSlaveProcess(void)
    {
```

```
            u8 errorCode = 0;
            u8 dataBuf[LIN_SINGLE_BUF_SIZE];
            u8 realID = 0;
            u8 realSum = 0;
            if( LIN_SIGLE_FRAME_UNPROCESS_LEN >= 1)        //只要大于 1 帧就可以处理
            {
                do{
                    for( u8 i=0;i<LIN_SINGLE_BUF_SIZE;i++ )
                    {
                      dataBuf[i]=linSlaveDataStr.linSlaveBuf[linSlaveDataStr.pLinBreakRead*
                      LIN_SINGLE_BUF_SIZE + i];
                    }
            /*采用超时机制处理数据。当数据场长度为 0 时，其为断点场或错误帧；只有当
长度>=2，才表示是正常的被处理帧*/
                    {
                      if( dataBuf[LIN_SINGLE_BUF_SIZE-1] == 0 ){}    //空数据，仅断点场
                      else if( dataBuf[LIN_SINGLE_BUF_SIZE-1] == 1 ){}     // 1 个有效数据
                      else if( dataBuf[LIN_SINGLE_BUF_SIZE-1] == 2 ){}     // 2 个有效数据
                      else                                           //认作可正常处理数据
                         {
                        realID = idParityCheck( dataBuf[1] );        //解析出实际的 ID
                        if((dataBuf[0]==0x55)&&(realID!=0xFF))       //若帧头正确
                        {
                            u8 checkSumStandard=getCheckCarry(&dataBuf[2],dataBuf
                            [LIN_SINGLE_BUF_SIZE-1 ]-3,0);      //进行标准校验和计算
                            u8 checkSumEnhanced=getCheckCarry(&dataBuf[2],dataBuf
                            [LIN_SINGLE_BUF_SIZE-1]-3,dataBuf[1]); //进行增强校验
和计算
                            if(((dataBuf[dataBuf[LIN_SINGLE_BUF_SIZE-1]-1])==checkSumStan
                            dard)&&((dataBuf[dataBuf[LIN_SINGLE_BUF_SIZE-1] -1])==
checkSu mEnhanced)){}                     //通过双重校验
                            else   if(((dataBuf[dataBuf[LIN_SINGLE_BUF_SIZE-1]-1])==
CheckSum
                            Standard)&&((dataBuf[dataBuf[LIN_SINGLE_BUF_SIZE-1]-1])!= chek
                            SumEnh    anced)){}                //通过标准校验
                            elseif(((dataBuf[dataBuf[LIN_SINGLE_BUF_SIZE-1]-1])!=
checkSumS
                                tandard)&&((dataBuf[dataBuf[LIN_SINGLE_BUF_SIZE-1]
-1])== check
                            SumEnhanced)){}                          //通过增强校验
                            else{}                                   //未通过校验
                        else{}                                       //帧头不正确
                        }
                    }
            /*在完成帧头判断后，开始根据如下逻辑进行数据处理*/
                    {
                     {    //接收数据处理，这里是指实际接收的数据
                      {   //写入数据缓冲区
                         slaveRecvStr.slaveRecv[slaveRecvStr.pWrite].ID = realID;
```

```
                    slaveRecvStr.slaveRecv[slaveRecvStr.pWrite].checkMode=(errorCode -0x10);
                    if( (dataBuf[ LIN_SINGLE_BUF_SIZE-1 ]&0x0F) >= 3 )
                    {
                        slaveRecvStr.slaveRecv[slaveRecvStr.pWrite].dataLen =((dataBuf
                        [LIN_SINGLE_BUF_SIZE-1]&0x0F) - 3);
                    }
                    else { slaveRecvStr.slaveRecv[slaveRecvStr.pWrite].dataLen = 0;}
                    memcpy(slaveRecvStr.slaveRecv[slaveRecvStr.pWrite].dataBuf,&
dataBuf[2],8);
                    slaveRecvStr.slaveRecv[slaveRecvStr.pWrite].dataCheckValue = realSum;
                    slaveRecvStr.pWrite++;
                    slaveRecvStr.pWrite %= 5;
                }
                errorCode = 0;                              //重置错误码
            }
            {
                linSlaveDataStr.pLinBreakRead ++;
                linSlaveDataStr.pLinBreakRead%= LIN_RECEBUF_COEFFICIENT;
            }
        }
      }
    }
    while( LIN_SIGLE_FRAME_UNPROCESS_LEN >= 1 );   //仍在报文长度内继续处理
    }
    else                                        //用于处理从发送，发送最新的数据帧
    {
        linSlaveProcessSend();                  //发送新数据
    }
}
```

在上面的程序中，linSlaveProcessSend()为用于发送新数据的函数，代码如下：

```
void linSlaveProcessSend (void)
{
    if(linSlaveDataStr.linSlaveBuf[linSlaveDataStr.pLinBreakWrite*LIN_SINGLE_BUF_
    SIZE+ LIN_SINGLE_BUF_SIZE - 1] == 2 )
    {
        memset(dataBuf,0,sizeof(dataBuf));
        for( u8 j = 0;j<2;j++ )
        {
            dataBuf[j] = linSlaveDataStr.linSlaveBuf[linSlaveDataStr.pLinBreakWrite*LIN_
            SINGLE_BUF_SIZE + j];                //读取前两个数据
        }
        realID = idParityCheck( dataBuf[1]);
        if( ( dataBuf[0] == 0x55 )&&( realID != 0xFF ) )
        {
            for( u8 i = 0;i<5;i++ )              //判断是否为从发送
            {
                /*判断 ID 是否满足条件，发送是否使能*/
                if( (slaveSend[i].ID == realID)&&( slaveSend[i].isEnable == 1 ) )
```

```
{
    {
        TIM3->CR1.CountEnable_RW = 0;
        TIM3->CNT.CurrentCountValue_RW = 0;
    }
    /*关闭接收中断及断点场中断*/
    USART1->CR1.RecvDataRegNotEmptyInterruptEnable_RW=0;
    USART1->CR2.LINBreakDetectionInterruptEnable_RW=0;
    u8 cycleSendLen = slaveSend[i].dataLen + 1;
    slaveSend[i].dataBuf[slaveSend[i].dataLen] = slaveSend[i].dataCheck_
    Value;                                          //获取校验值
    u8 *pData = slaveSend[i].dataBuf;
    slaveSend[i].sendResult = 0;
    while( cycleSendLen-- )                         //进行数据发送
    {
        while(USART1->SR.TransmitDataRegisterEmpty_R == 0);
        USART1->DR.Data_RW = *pData;

        while((USART1->SR.ReadDataRegisterNotEmpty_RCW0== 0)
         && (timeDelay(50,0)));
        timeDelay(0,1);                             //强制结束延迟
        /*判断总线上是否存在有效数据接收*/
        if( USART1->SR.ReadDataRegisterNotEmpty_RCW0 == 1)
        {
            if( USART1->DR.Data_RW != *pData )
                                                    //总线发生错误
            {
                slaveSend[i].sendResult = 1;        //总线数据冲突
                errorCode = 0x25;
                break;                              //结束循环
            }
            else
            {                                       //总线数据正常
                pData++;
            }
        }
        else    //发送的数据没有通过 LIN 线正确返回
        {
            slaveSend[i].sendResult = 2;
            errorCode = 0x26;
            break;
        }
    }
    /*结束当前帧*/
    {
        linSlaveDataStr.pLinBreakWrite ++;
        linSlaveDataStr.pLinBreakWrite   %=  LIN_RECEBUF_
COEFFICIENT;

        linSlaveDataStr.pLinSlaveFrameWrite = 0;
```

```
                        linSlaveDataStr.linSlaveBuf[ linSlaveDataStr.pLinBreakWrite*
                        LIN_SINGLE_BUF_SIZE + LIN_SINGLE_BUF_SIZE -
1 ] = 0;
                    }
                    /*重新开启接收及断点场中断*/
                    {
                        USART1->CR1.RecvDataRegNotEmptyInterruptEnable_
RW = 1;
                        USART1->CR2.LINBreakDetectionInterruptEnable_RW = 1;
                    }
                    {
                        break;                    //结束 for 循环
                    }
                }
            }
        }
        else
        {
            errorCode = 0x05;
        }
        if( errorCode == 0 )    //判断是否检测到需要进行上传操作，若无，则程序继
续执行
        {
        }
        else                    //检测到需要进行上传操作
        {
            errorCode = 0;      //初始化错误码以免进入循环
            {
                linSlaveDataStr.pLinBreakRead ++;
                linSlaveDataStr.pLinBreakRead %= LIN_RECEBUF_COEFFICIENT;
                memset(&linSlaveDataStr.linSlaveBuf[linSlaveDataStr.pLinBreakWrite*
                LIN_SINGLE_BUF_SIZE],0,LIN_SINGLE_BUF_SIZE);
                TIM3->CR1.CountEnable_RW = 0;
                TIM3->CNT.CurrentCountValue_RW = 0;
            }
        }
    }
}
```

根据图 6-31 搭建硬件电路，利用上述引脚及总线收发器初始化软件、主节点处理函数或从节点处理函数等，编写与主机 / 从机相对应的主函数，实现 LIN 总线通信。

6.8　LIN 开发工具及应用系统设计实例

在开发 LIN 应用的过程中，商品化的开发工具并不是必需的。然而，应用 LIN 开发工具既可提高开发效率，又能很方便地管理那些由不同 LIN 规范版本的节点

所组成的网络。

目前，LIN 总线主要用于控制车体的附件系统，如控制汽车的雨刮器、车门、照明灯、车座、天窗、收音机、空调和多功能显示屏等，LIN 总线应用实例如图 6-32 所示。本节将通过一个车窗升降控制系统，简要介绍 LIN 总线应用系统实现方法。

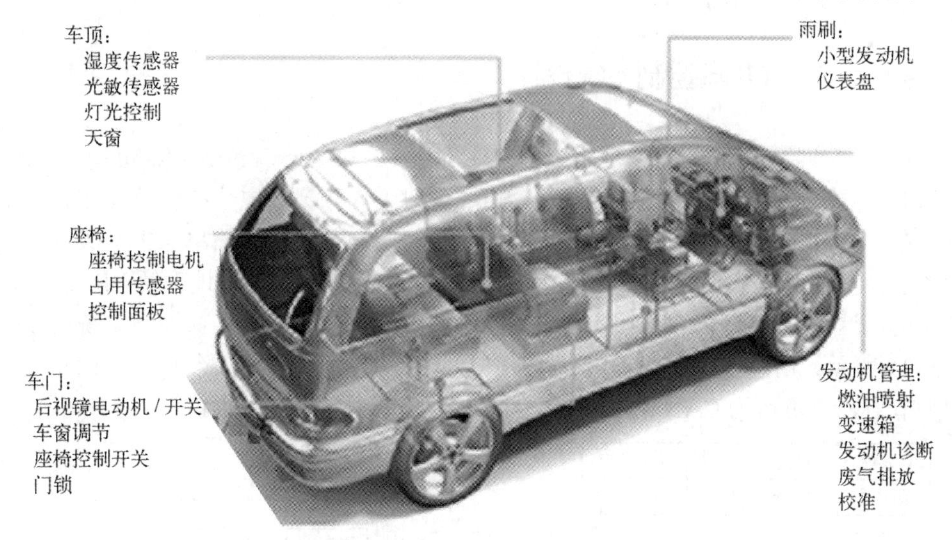

图 6-32　LIN 总线应用实例

6.8.1　LIN 开发工具

现在，市场上已经出现了一些商品化的 LIN 开发工具，如 CANoe.LIN，此类开发工具的工作原理如图 6-33 所示。

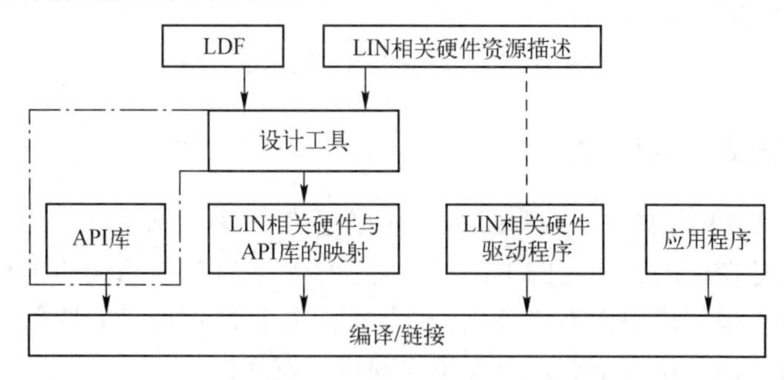

图 6-33　LIN 开发工具

应用程序接口（Application Program Interface，API）可以由若干个独立的库文件来实现，也可能包含在某种开发工具中。API 通常不能直接被调用，需要配合若干外部附属模块（如驱动函数）以及映射文件（如用宏定义实现节点端口与 API 库文件之间的衔接）。库文件与附属模块、映射文件一起，在编译阶段被添加到用户代码中。

LIN 描述文件（LDF）包含了整个子网的信息，如所有信号和帧的声明、调度表等。在调试时，LDF 还可以作为总线分析仪和仿真器的输入。LIN 子网生成工具根据 LDF 生成各种通信驱动文件，可以用于建立通信子网，也可以将具备了节点性能文件（节点性能文件包含节点的物理特性、帧和信号的定义等内容）的现成节点加入已经建立好的通信子网中，并在网络投入运行前排除可能产生的冲突。

6.8.2　车窗升降控制系统设计

在车窗升降控制系统中，通常由车身控制模块（Body Control Module，BCM）充当 LIN 总线的主节点，而将天窗及车窗（一般为 4 个）的电子控制单元作为从节点。在实际汽车设计项目中，由于天窗和车窗的控制逻辑较为简单，出于成本方面的考虑，有时用一个节点来实现天窗和不同车窗的控制。为更好地理解 LIN 总线及其应用，这里假设天窗和每个车窗都有自己的节点，LIN 总线车窗控制系统组成如图 6-34 所示。请注意，在汽车内部，BCM 的作用很多，例如，除了作为 LIN 总线的主节点，也可作为 CAN 总线上的一个节点，起到一个网关的作用。

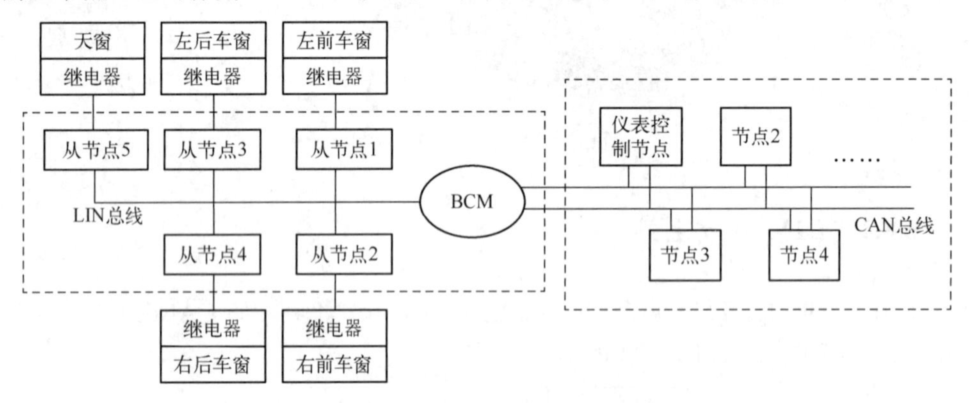

图 6-34　LIN 总线车窗控制系统组成

1. LIN 调度表及节点信息

要实现基于 LIN 总线的信息传递，必须根据 LIN 协议确立主、从节点之间的关系，并建立任务调度表。在此例中，我们将 BCM 作为 LIN 总线的主节点，天窗和各个车窗的电子控制模块作为从节点。主节点根据 LIN 调度表周期性地发送车窗控制信息，车窗的调度命令全部采用无条件帧进行发送。

在 LIN 总线上，各个节点的运行时间可以存在差异。在 LIN 调度表中，我们将各节点所占时隙长度设置为 15 ms 或 30 ms，车窗调度任务示意图如图 6-35 所示。不难看出，调度表的周期为 135 ms。主节点根据图示调度顺序，依次在 LIN 总线上广播各个节点对应的帧头，接收节点为所有从节点。从节点依据 PID 响应或忽略主节点发出的车窗升降命令。在从节点时隙中，从节点任务会发送本节点所在车窗的升降状态，其接收节点是主节点。

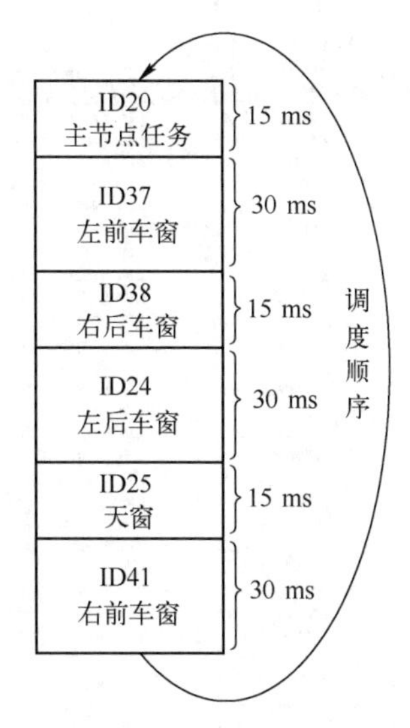

图 6-35　车窗任务调度示意图

各节点对应的 ID、时隙长度、接收关系等信息如表 6-13 所示，该表为 LIN 总线车窗控制系统节点信息表。

表 6-13　LIN 总线车窗控制系统节点信息表

节点	ID（十进制）	ID（十六进制）	PID（十六进制）	时隙（ms）	接收节点
BCM_Master_Mode(主，车身控制模块)	20	0x14	0x14	15	所有从节点
FL_PWDW_NODE(从，左前车窗)	37	0x25	0x25	30	主节点
RR_PWDW_NODE(从，右后车窗)	38	0x26	0xA6	15	主节点
RL_PWDW_NODE(从，左后车窗)	24	0x18	0xD8	30	主节点
SR_PWDW_NODE(从，天窗)	25	0x19	0x99	15	主节点
FR_PWDW_NODE(从，右前车窗)	41	0x29	0xE9	30	主节点

2. 休眠模式

LIN 总线支持低功耗模式，即休眠模式。当总线上持续一段时间没有信号发送时，总线便可进入休眠模式。主从节点都可以通过发送唤醒信号来唤醒总线，使总线进入正常工作模式。当主节点 BCM 开始根据调度表进行调度时，也会唤醒总线。

3. LIN 总线通信

在进入正常工作模式后，主节点根据已定义的调度表依次发送与各节点相对应的帧头，各个节点根据 ID 在自己时隙内进行数据发送、接收等处理。对于每个 ID，设数据发布方和所有预订接收方事先约定的数据字节数为 8，图 6-36 给出了在一段时间内的总线通信分析结果（内容取自 LIN 总线分析器）。

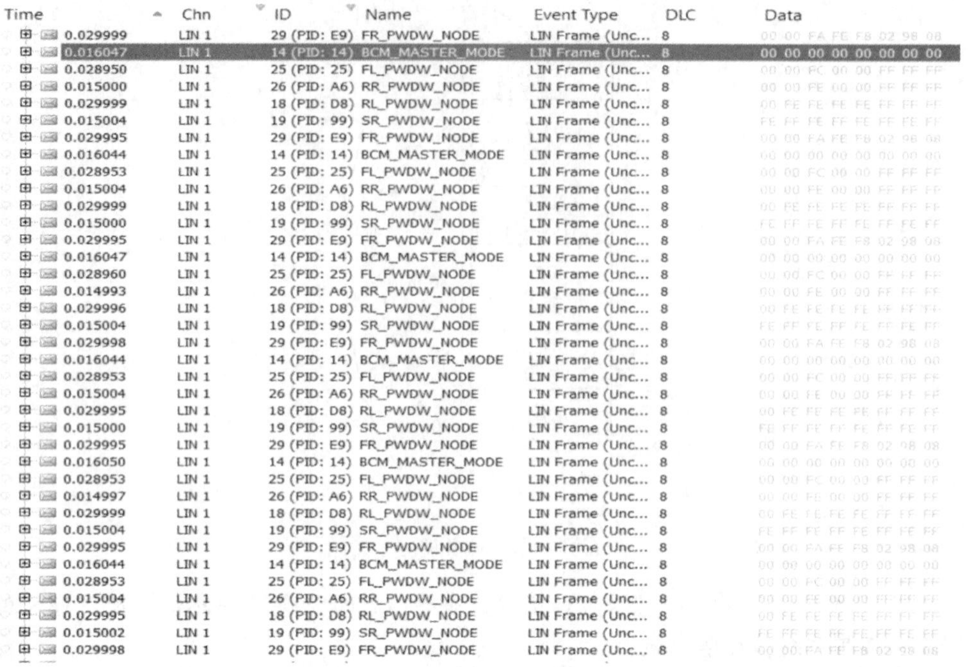

Time	Chn	ID	Name	Event Type	DLC	Data
0.029999	LIN 1	29 (PID: E9)	FR_PWDW_NODE	LIN Frame (Unc...	8	00 00 FA FE F8 02 98 08
0.016047	LIN 1	14 (PID: 14)	BCM_MASTER_MODE	LIN Frame (Unc...	8	00 00 00 00 00 00 00 00
0.028950	LIN 1	25 (PID: 25)	FL_PWDW_NODE	LIN Frame (Unc...	8	00 00 FC 00 00 FF FF FF
0.015000	LIN 1	26 (PID: A6)	RR_PWDW_NODE	LIN Frame (Unc...	8	00 00 FE 00 00 FF FF FF
0.029999	LIN 1	18 (PID: D8)	RL_PWDW_NODE	LIN Frame (Unc...	8	00 FE FE FE FE FF FF FF
0.015004	LIN 1	19 (PID: 99)	SR_PWDW_NODE	LIN Frame (Unc...	8	FE FF FE FF FE FF FE FF
0.029995	LIN 1	29 (PID: E9)	FR_PWDW_NODE	LIN Frame (Unc...	8	00 00 FA FE F8 02 98 08
0.016044	LIN 1	14 (PID: 14)	BCM_MASTER_MODE	LIN Frame (Unc...	8	00 00 00 00 00 00 00 00
0.028953	LIN 1	25 (PID: 25)	FL_PWDW_NODE	LIN Frame (Unc...	8	00 00 FC 00 00 FF FF FF
0.015004	LIN 1	26 (PID: A6)	RR_PWDW_NODE	LIN Frame (Unc...	8	00 00 FE 00 00 FF FF FF
0.029999	LIN 1	18 (PID: D8)	RL_PWDW_NODE	LIN Frame (Unc...	8	00 FE FE FE FE FF FF FF
0.015000	LIN 1	19 (PID: 99)	SR_PWDW_NODE	LIN Frame (Unc...	8	FE FF FE FF FE FF FE FF
0.029995	LIN 1	29 (PID: E9)	FR_PWDW_NODE	LIN Frame (Unc...	8	00 00 FA FE F8 02 98 08
0.016047	LIN 1	14 (PID: 14)	BCM_MASTER_MODE	LIN Frame (Unc...	8	00 00 00 00 00 00 00 00
0.028960	LIN 1	25 (PID: 25)	FL_PWDW_NODE	LIN Frame (Unc...	8	00 00 FC 00 00 FF FF FF
0.014993	LIN 1	26 (PID: A6)	RR_PWDW_NODE	LIN Frame (Unc...	8	00 00 FE 00 00 FF FF FF
0.029996	LIN 1	18 (PID: D8)	RL_PWDW_NODE	LIN Frame (Unc...	8	00 FE FE FE FE FF FF FF
0.015004	LIN 1	19 (PID: 99)	SR_PWDW_NODE	LIN Frame (Unc...	8	FE FF FE FF FE FF FE FF
0.029998	LIN 1	29 (PID: E9)	FR_PWDW_NODE	LIN Frame (Unc...	8	00 00 FA FE F8 02 98 08
0.016044	LIN 1	14 (PID: 14)	BCM_MASTER_MODE	LIN Frame (Unc...	8	00 00 00 00 00 00 00 00
0.028953	LIN 1	25 (PID: 25)	FL_PWDW_NODE	LIN Frame (Unc...	8	00 00 FC 00 00 FF FF FF
0.015004	LIN 1	26 (PID: A6)	RR_PWDW_NODE	LIN Frame (Unc...	8	00 00 FE 00 00 FF FF FF
0.029995	LIN 1	18 (PID: D8)	RL_PWDW_NODE	LIN Frame (Unc...	8	00 FE FE FE FE FF FF FF
0.015000	LIN 1	19 (PID: 99)	SR_PWDW_NODE	LIN Frame (Unc...	8	FE FF FE FF FE FF FE FF
0.029995	LIN 1	29 (PID: E9)	FR_PWDW_NODE	LIN Frame (Unc...	8	00 00 FA FE F8 02 98 08
0.016050	LIN 1	14 (PID: 14)	BCM_MASTER_MODE	LIN Frame (Unc...	8	00 00 00 00 00 00 00 00
0.028953	LIN 1	25 (PID: 25)	FL_PWDW_NODE	LIN Frame (Unc...	8	00 00 FC 00 00 FF FF FF
0.014997	LIN 1	26 (PID: A6)	RR_PWDW_NODE	LIN Frame (Unc...	8	00 00 FE 00 00 FF FF FF
0.029999	LIN 1	18 (PID: D8)	RL_PWDW_NODE	LIN Frame (Unc...	8	00 FE FE FE FE FF FF FF
0.015004	LIN 1	19 (PID: 99)	SR_PWDW_NODE	LIN Frame (Unc...	8	FE FF FE FF FE FF FE FF
0.029995	LIN 1	29 (PID: E9)	FR_PWDW_NODE	LIN Frame (Unc...	8	00 00 FA FE F8 02 98 08
0.016044	LIN 1	14 (PID: 14)	BCM_MASTER_MODE	LIN Frame (Unc...	8	00 00 00 00 00 00 00 00
0.028953	LIN 1	25 (PID: 25)	FL_PWDW_NODE	LIN Frame (Unc...	8	00 00 FC 00 00 FF FF FF
0.015004	LIN 1	26 (PID: A6)	RR_PWDW_NODE	LIN Frame (Unc...	8	00 00 FE 00 00 FF FF FF
0.029995	LIN 1	18 (PID: D8)	RL_PWDW_NODE	LIN Frame (Unc...	8	00 FE FE FE FE FF FF FF
0.015002	LIN 1	19 (PID: 99)	SR_PWDW_NODE	LIN Frame (Unc...	8	FE FF FE FF FE FF FE FF
0.029998	LIN 1	29 (PID: E9)	FR_PWDW_NODE	LIN Frame (Unc...	8	00 00 FA FE F8 02 98 08

图 6-36　总线通信分析结果

总线每 135 ms 循环一次，若主节点没有收到任何车窗控制命令，则数据为默认值，同时车窗保持原来状态。

4. 车窗升降控制

车窗上升和下降是两种不同的操作，可通过数据场进行区分。当主节点检测到左前车窗上升命令时，将报文 BCM_MASTER_MODE 的 Data1 置为 11；在下降时，置为 12。因此当用户按下左前车窗升降开关时，主节点首先将 Data1 置为“11”或“12”，然后在自己的时隙内发送出去。左前节点在收到该报文后，将按要求执行相应的车窗升降操作，并在自己的时隙到达时把报文 FL_PWDW_NODE 的 Data1 置为 01（表示左前车窗正在上升）或 02（表示左前车窗正在下降），同时在自己的时隙内将报文 FL_PWDW_NODE 发送给主节点，反馈本节点控制的车窗状态。而其他节点解析出主节点报文的内容后，发现与自己无关，便不做响应，只是根据调度表在自己的时隙内发送默认信号值。

前面只讨论了左前车窗的升降控制，其他车窗控制方法与之类似，不再赘述。

另外，采用 LIN 总线通信既可以方便快捷地实现汽车车窗控制，又可降低成本。只需要对应用层及调度关系等稍做修改，该通信网络就可用于时间约束较低的其他工业控制系统。

值得一提的是，在实际的 LIN 总线工程应用中，调度表通常会以 LDF 的形式体现。LDF 定义了总线上的主从节点、节点报文、信号及收发关系等，可利用开发工具进行总线网络的全仿真或半仿真。此外，在实际的项目中，LIN 总线一般不会单独使用，而会与其他总线（如 CAN、MOST 总线等）配合工作。

习　题

6-1　采用 LIN 总线的主要目的是什么？

6-2　试结合帧格式，说明断点场为何可以表示一个新帧的开始。

6-3　设数据实体由 3 字节组成，由高到低依次为 0x35H、0xA1H 和 0x5FH，试写出其数据场。

6-4　在帧的数据场中传输数据时，LIN 和 CAN 的区别在哪里？

6-5　设报文帧包含 4 字节，分别为 Data4 = 0x5AH；Data3 = 0x56H；Data2 = 0x83H；Data1 = 0xD6H，试计算其校验和。

6-6　在具体应用中，同一帧中实际交换的有用信息位数（N_{use}）与所传输的总位数（N_{total}）并不一致。为此，人们引入了净位速率（v_{net}）这个概念，$v_{net} = v_{nom} \cdot (N_{use}/N_{total})$。已知网络的位速率为 20 kbps，断点场假设为 13 位，同步场为 10 位，标识符场为 10 位，校验和为 10 位，试计算有效数据为 1 个 8 位字节和 8 个 8 位字节时的净位速率。

6-7　LIN 规范要求每个节点使用端接电阻，主节点和从节点的端接电阻分别为 1 kΩ 和 30 kΩ。为什么有些 LIN 总线系统只在主节点的 LIN 引脚外加端接电阻，而从节点却忽略？

6-8　试释解 LIN 总线引入休眠与唤醒这两个概念的意义。

第7章　FlexRay总线

前面已经讲述了CAN、LIN等总线，这些总线能够很好地满足一般性通信网络需求，并且具有足够高的可靠性和经济性。然而，它们在传输确定性、灵活性、通信速率和冗余等方面存在一定限制，难以很好地满足某些应用需求，如线控安全（Safe-by-Wire）、线控驾驶（Steer-by-Wire）、线控制动（Brake-by-Wire）和线控悬架（Suspension-by-Wire）等线控（X-by-Wire）应用需求。FlexRay总线正是在这些需求的推动下产生和发展起来的。作为新一代通信网络，FlexRay适合不同层面的控制应用，代表了嵌入式系统的未来发展趋势。

FlexRay涉及的概念众多，深奥难懂，但某些概念并不新颖，它们已经在飞机、汽车、交通和核电等行业的大量嵌入式系统中使用了几十年，如第一代空客飞机就开始采用X-by-Wire模式运行了。在深入讲述FlexRay总线之前，我们利用几个技术性主题简要分析FlexRay所解决的主要问题，读者可从中了解该总线的设计理念。

（1）通信速率

在应用系统的信息传输量更大、内容更丰富的情况下，CAN、LIN总线所具有的通信速率明显不够用了。FlexRay总线明显提升了数字数据传输的位速率。

（2）信号与错误遏制

在传输媒体上传播的信号，不仅具备极高的抗外部信号干扰能力，而且不会污染无线电频带。错误遏制采用独立的总线监控器（Bus Guardian，BG）进行管理，BG能够防止不在规划之内的通信对通信通道造成干扰。

（3）媒体访问

媒体访问的一个重要和微妙之处在于媒体访问时间，FlexRay总线设计考虑了以下几点：

① 采用时隙（Slot）实现静态（实时）型数据的确定性传输。

② 采用微时隙（Minislot）实现动态（偶发）型数据的传输，且与上述静态传输模式之间不存在任何形式的互扰或互作用。

③ 所选择的媒体访问原理不包含任何仲裁系统。FlexRay总线虽然使用了优先级，但没有把仲裁和优先级两个概念混淆起来。

④ 网络带宽（位速率）是可调节的，并且能够进行动态分配。

⑤ 在两个不同物理通道的相同时隙中，能够发送不同的或互补的信息。

⑥ 不同节点能够使用不同通道上的相同时隙。

（4）同步方法

为了确保各个网络单元的运行完全同步，避免中央主单元时间同步方法可能产生的风险，FlexRay 总线利用了全局时间同步的概念，由所有网络参与者共同实现时间同步。

（5）网络拓扑

要想增加通信的位速率和可靠性，必须选择合适的网络拓扑结构。FlexRay 总线不仅支持常用的总线型拓扑结构，也考虑了无源星（Passive Star）形、有源星（Active Star）形和混合型结构。

（6）冗余

为了提高运行可靠性和安全性，FlexRay 总线可通过双通道结构支持冗余传输。

至此，我们已经快速地描述了新网络的功能框架，毫无疑问，它们与 CAN、LIN 等总线相差很远，但会起到互补作用。

本章将系统地介绍 FlexRay 总线的产生背景和工作原理，并结合辅助开发工具介绍 FlexRay 总线系统的开发、集成、分析和测试方法。

7.1　FlexRay 的起源及主要特点

在 FlexRay 协议形成之前的几年时间里，汽车、飞机等行业曾经将 TTP/C 作为本章上述问题的解决方案。TTP/C 是由奥地利维也纳工业大学的 Hermann Kopetz 教授设计和开发的，其中的“/C”表示该协议符合汽车工程师协会（SAE）针对实时通信和容错所制定的汽车行业 C 类总线标准。

TTP/C 的设计原理基于 TDMA 型媒体访问策略，非常适合于实现独立开发的节点之间的互可操作。鉴于当时没有更好的选择，1997－1998 年期间，一些汽车制造商（如奥迪、大众）在看到关于 TTP/C 的介绍之后，便成立了一个专注于 TTP/C 设计的时间触发架构（Time-Triggered Architecture，TTA）研究小组（TTA Group）。后来，其他汽车制造商（如宝马、戴姆勒-克莱斯勒）也纷纷加入其中，但在多年之后，它们又脱离了该小组，造成这种局面的根本原因是，TTP/C 没有充分考虑汽车行业的技术特点。

7.1.1　FlexRay 的形成与发展

实际上，当时已经出现了多种可（或可能）用于汽车环境的网络，如 CAN、TTCAN、TTP/C 和 Byteflight。问题在于，它们之中是否存在一种网络，能在未来几十年里完全满足前面所提到的技术和应用需要。为此，部分工业企业专门成立了一个技术团体，针对这些网络进行详尽分析。研究结果清楚地表明，它们之中不存这样一种网络。不仅如此，该技术团体还在研究过程中定义了一种新网络，也就是本章所讲的 FlexRay。

1. FlexRay 联盟成立

2000 年，一些企业根据上述技术团体给出的 FlexRay 定义，成立了创建新型通信系统的 FlexRay 联盟。其中包括：

① 汽车制造商——宝马（BMW）公司、戴姆勒-克莱斯勒（DC）公司、通用汽车（GM）公司和大众汽车（VW）公司。

② 设备制造商——博世（Bosch）公司。

③ 芯片制造商——摩托罗拉（Motorola）公司（后来成为飞思卡尔公司）和飞利浦公司（Philips）（后来成为 NXP 公司）。

在这个联盟中，每个公司都被指定了发挥其技术特长的任务。在合作期间，联盟还对新加入企业的地位做出了定义，除上述核心成员外，其他加入联盟的成员被分成两类：高级成员和关联成员。FlexRay 联盟结构如图 7-1 所示，通过共同合作，FlexRay 联盟将 FlexRay 从概念变成了现实。

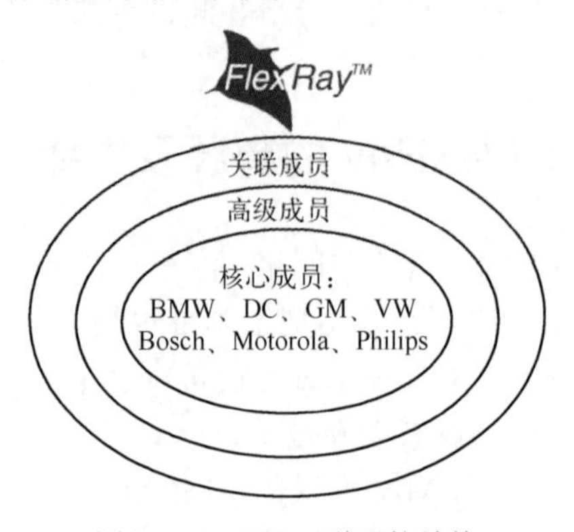

图 7-1　FlexRay 联盟的结构

截至 2004 年底，几乎所有主要汽车制造商和汽车玩家都加入了 FlexRay 联盟。高级成员达到 12 家，还有至少 50 个关联成员。很显然，认真对待 FlexRay 系统是十分必要的。

2. FlexRay 的发展历程

2002 年 4 月，FlexRay 联盟在德国慕尼黑（Munich）召开的一个公开会议上正式推出 FlexRay 总线。2004 年 6 月 30 日，FlexRay 联盟的网站上公布了三个参考文件，分别为 FlexRay 2.0 版协议、物理层和初级总线监控器。2004 年 9 月在德国伯布林根（Böblingen）进行了第一次 FlexRay 产品展示。随后，FlexRay 联盟又先后发布了 FlexRay 2.1 版、FlexRay 2.1A 版、FlexRay 2.1B 版和 FlexRay 3.0 版。FlexRay 3.0 版是 2010 推出的，又称为 2010 年版。作为提示，表 7-1 简单描述了 FlexRay 发展历程。

表 7-1　FlexRay 的发展历程

时间	主要工作
1995 年	宝马和博世公司开始探索线控（X-by-Wire）
1998 年	比较研究 Byteflight/CAN/TTCAN/TTP/C。与芯片制造商第一次接触
2000 年	FlexRay 联盟成立
2002 年 4 月	在慕尼黑向公众介绍和展示 FlexRay
2002－2003 年	推出由 FPGA 和总线驱动器形成的首个协议管理集成电路样品
2004 年 6 月	公布名为 FlexRay 2.0 的扩展协议规范，其中包括协议部分和物理层部分
2005 年 5 月	公布名为 FlexRay 2.1 的扩展协议规范，其中包括协议部分和物理层部分
2005 年 11 月	第二个 FlexRay 日，推出第一个内置 FlexRay2.1 通信控制器的微处理器，出现了一整套通过认证的组件，其中包括驱动器、有源星和集成于微处理器的通信控制器
2006 年 1 月	Vector 和 Decomsys 等开发工具上市
2006 年 9 月	第一款配备多个 FlexRay 单元的宝马汽车（X5 型）上市，采用的通信速率为 10 Mbps
2007 年	定义了 FlexRay 的 AUTOSAR 层
2008 年	第二款配备 FlexRay 单元的车辆投入生产，制造商为奥迪公司。所有大型的芯片制造商开始提供组件
2009 年	戴姆勒-克莱斯勒公司成为第三个采用 FlexRay 的汽车制造商
2010 年	发布 3.0 版 FlexRay：FlexRay 3.0
2015－2016 年	法国汽车制造商 PSA 公司和雷诺公司、中国吉利集团开始采用 FlexRay
2020 年	FlexRay 设备出现在所有汽车应用中，并开始进入其他应用领域

7.1.2　FlexRay 总线的体系结构

截至 2010 年 10 月，FlexRay 联盟推出了最后一个 FlexRay 3.0.1 规范包（见表 7-2），并于 2011 年 8 月 19 日以正常方式将其移交到 ISO，现已作为 ISO/TC22/SC3/WG1 的一个新工作项目提案。若在 ISO 的认证过程中不发生功能或技术方面的变动，则 FlexRay 很快将成为国际标准。

表 7-2　FlexRay 规范包

编号	规范
NWIP 17458-1	FlexRay communications system – Part 1: General information and use case definition – N 3065 （FlexRay 通信系统—第 1 部分：通用信息和用例的定义—N3065）
NWIP 17458-2	FlexRay communications system – Part 2: Data link layer specification （FlexRay 通信系统—第 2 部分：数据链路层规范）
NWIP 17458-3	FlexRay communications system – Part 3: Data link layer conformance test specification （FlexRay 通信系统—第 3 部分：数据链路层一致性测试规范）
NWIP 17458-4	FlexRay communications system – Part 4: Electrical physical layer specification （FlexRay 通信系统—第 4 部分：电气物理层规范）
NWIP 17458-5	FlexRay communications system – Part 5: Electrical physical layer conformance test specification （FlexRay 通信系统—第 5 部分：电气物理层一致性测试规范）

FlexRay 总线作为一种新的通信网络协议，其体系结构同样与 ISO/OSI 参考模型保持一致。从 FlexRay 的最新发展情况看，目前已正式发布的 FlexRay 体系结构包括两层：物理层和数据链路层。FlexRay 规范包不仅列出了两者的协议，还给出了电气物理层一致性测试规范和数据链路层一致性测试规范。

7.1.3　FlexRay 的主要特点及用途

（1）特点

FlexRay 作为新一代总线技术，它的出现使传统的通信网络结构产生了革命性的变化，有助于形成新型分布式实时控制系统，其主要特点如下。

① 通信带宽：FlexRay 总线带宽不受协议机制的限制，可在单个通道上支持 2.5 Mbps、5 Mbps 和 10 Mbps 的通信。当采用双通道冗余系统时，最高可达 2×10 Mbps，远高于 CAN 总线。

② 时间确定性：FlexRay 总线采用建立在循环和通信周期基础上的时分多路数据传输方式，周期性数据在通信周期中拥有固定的位置，确保了报文到达的时效性。

③ 分布式时钟同步：FlexRay 总线使用基于同步时基的访问方法。同步时基是通过协议自动建立的，精度可达 1 μs。

④ 容错数据传输：FlexRay 总线通过专用的确定性故障容错协议支持多个级别的容错，其中包括通过单通道或双通道模式，提供传输所需的冗余和可扩展的系统容错机制，确保数据传输的可靠性。

⑤ 灵活性：FlexRay 总线支持总线形、星形、级联星形和混合型等多种拓扑结构，支持时间触发和事件触发通信方式，支持报文的冗余和非冗余传输方式，且提供大量配置参数供用户灵活进行系统调整与扩展。

（2）用途

FlexRay 总线的上述特点使其拥有了更广泛的应用领域，具体如下。

① 替代 CAN 总线。在数据传输速率要求超过 CAN 总线的应用中，有时需用两条或多条 CAN 总线来达到提高传输速率的目的，FlexRay 总线是替代这种多总线解决方案的理想技术。

② 用作数据主干网。FlexRay 总线具有很高的数据传输速率，而且支持多种拓扑结构，非常适合作为连接众多独立网络的骨干网络。

③ 用于分布式实时控制系统。分布式实时控制系统用户要求确切地知道报文到达的时间，且要求报文周期的偏差很小，这使 FlexRay 成为具有严格实时要求的分布式控制系统的首选技术，可以应用于动力系统、汽车底盘系统等的一体化控制。

④ 用于安全性要求较高的系统。FlexRay 总线本身并不能确保系统安全，但它所具备的大量功能可以支持安全关键性系统（如 Safe-by-Wire）设计。

7.2　通 信 循 环

为方便读者全面了解 FlexRay 协议，图 7-2 用一个全局性视图描述了 FlexRay 协议的主要组成元素。这个宏大的图形就像一个迷宫，要想轻松地理解它并不容易。为了能使读者清晰地掌握 FlexRay 协议，避免将各种概念混淆起来，在接下来的讲述中，我们将首先讨论 FlexRay 的基本构成元素：循环、段、时隙和通信帧，让读者对 FlexRay 的通信原理有一个初步认识，然后进一步地描述 FlexRay 协议的其他细微之处。

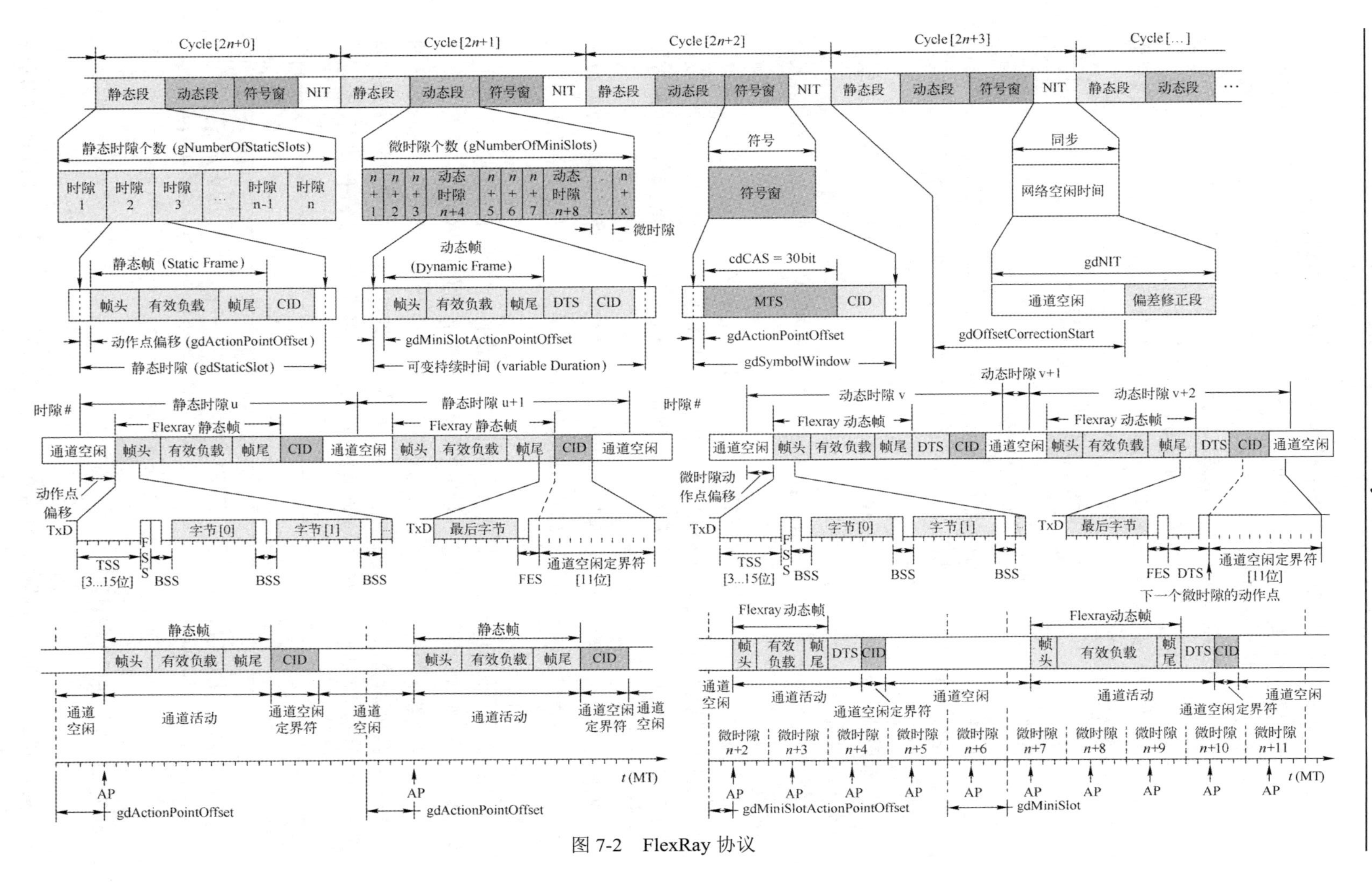

图 7-2　FlexRay 协议

现在，让我们从图 7-2 顶部开始，详细研究通信循环的结构、组成部分。

运用 FlexRay 协议进行的通信是通过通信循环组织起来的，通信循环是周期性的，且持续时间相等。原则上，循环的持续时间是恒定的，并与全局时间相联系。

在图 7-2 中，FlexRay 协议的通信循环采用[2*n*+*x*]进行编号，刻意采用这种编号方式的原因在于，在 FlexRay 操作中需要考虑循环的奇偶性。

FlexRay 通信循环的结构如图 7-3 所示，它由 4 个不同的段组成，这些段以固定的时间间隔循环重复。

静态段	动态段	符号窗	NIT

图 7-3　FlexRay 通信循环的结构

① 静态段（ST）：专门针对确定性实时应用，具有已知和确定的带宽。

② 动态段（DYN）：可选项，专门针对事件触发应用，服从概率管理，具有可变带宽。

③ 符号窗（SW）：可选项，用于发送专用通信符号，专门针对采用了总线监控器（BG）的应用。

④ 网络空闲时间（NIT）：循环结束段。在这时间阶段，网络处于空闲模式，因此称为网络空闲时间。

在上述各段中，动态段、符号窗是可选项，通过选择不同的段，通信循环可以有不同的构成模式，这使 FlexRay 总线具有十分广阔的应用领域。此外，静态段和动态段之间的边界位置完全由用户决定，因此用户能够使 FlexRay 总线系统最大限度地发挥作用。

时至今日，大多数应用没有使用总线监控器和符号窗，最常用的通信循环仅由静态段、动态段和 NIT 构成，静态段和动态段的持续时间在通信循环中所占的比例由用户确定。

在通信循环中创建静态段和动态段的目的，是要同时实现时间触发的、具有已知带宽的实时媒体访问，以及事件触发的、具有可变带宽的媒体访问。事实上，这是一个很难处理的问题，不得不仔细考虑两种段的组成及其内部细分。FlexRay 的解决方式是，把静态段细分成若干个时隙，把动态段细分成若干个微时隙，如图 7-4 所示，将静态段和动态段细分。通常情况下，时隙的长度大于或等于微时隙。

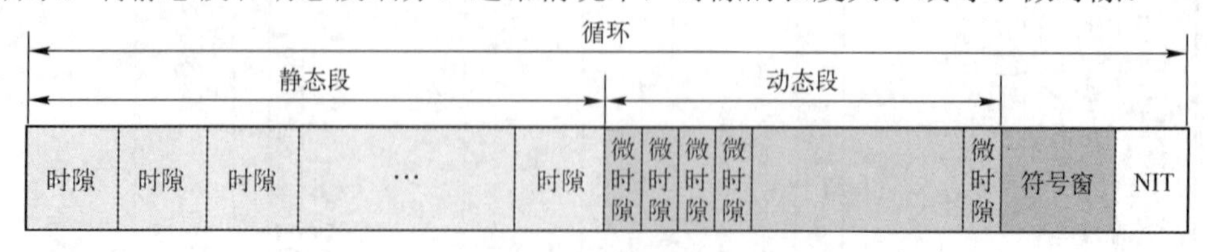

图 7-4　静态段和动态段细分

7.2.1　静态段与时隙

根据定义，在通信循环中，采用静态 TDMA 操作原理进行媒体访问控制的整个部分用静态段表示。静态段是离线定义的，它所包含的静态时隙数量 gNumberOfStaticSlots 是可配置的，FlexRay 利用静态段支持时间触发型报文。

使用静态段的目的是确保高性能确定性通信。在这个段中，不仅要精确定义所承载报文的语义（含义），而且要正确处理系统采集数据与控制输出数据之间的先后关系。静态段尤其适合于功能分布式和安全关键型应用。

静态段的细分规则如下：

① 所有时隙具有相同的持续时间。

② 各个通信循环包含的时隙数量相等。

③ 每个时隙的编号（ID）是唯一的。

④ 在采用双通道通信时，两个通道上的时隙格式（持续时间和编号等）相同。

⑤ 时隙的起始时刻和持续时间由网络的全局时间来定义。

⑥ 每个时隙只允许一个节点有输出，但同一静态段可把几个时隙分配给同一节点。

⑦ 时隙标识符（ID）与输出节点的发送（Tx）操作相联系。

⑧ 同步过程至少需要使用静态段的两个时隙。

上述规则有助于按名称把时隙分配给特定的节点或任务，系统性地避免冲突（竞争）的形成（冲突避免），详细含义见 7.4 节。

7.2.2　动态段与微时隙

FlexRay 协议使用动态段表示通信循环的一个完整部分（可选的，但通常是存在的），在此期间，柔性时分多路访问（FTDMA）原理被用于媒体访问控制。与静态段一样，动态段也是离线定义的，它所包含的微时隙数量 gNumberOfMiniSlots 是可配置的，FlexRay 利用动态段支持数量可变化的事件触发型（偶发）报文。

在使用动态段的情况下，系统设计者要以离线方式预先把动态段细分成持续时间相同的微时隙，每个微时隙具有精确的开始和结束时刻，如图 7-4 所示。

在动态段内，微时隙单独编号，并且其编号还与所在循环有关。微时隙的分配是由系统设计者离线定义的。微时隙的时间位置代表节点可以根据应用的需要启动通信元件的可能时刻（受制于 7.4 节介绍的某些条件）。当微时隙在一个自发的发送事件之后被使用时，它会改变其名称，从微时隙变成动态时隙（Dynamic Slot），时隙、微时隙和动态时隙如图 7-5 所示。

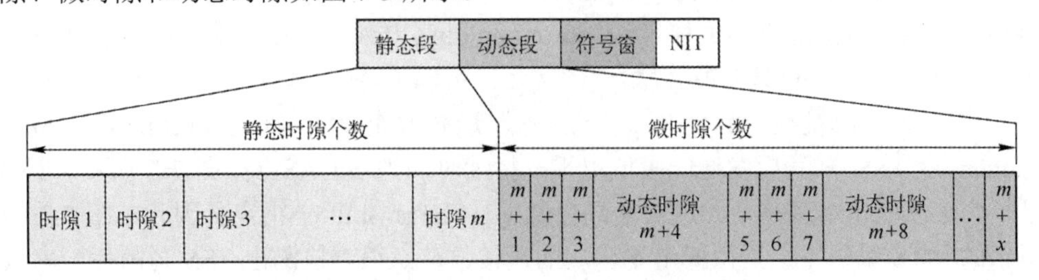

图 7-5　时隙、微时隙和动态时隙

微时隙的定义和管理规则如下：

① 所有循环包含相同数量的微时隙。

② 当使用两个通信通道时，微时隙的持续时间必须相同，但动态段期间的网络访问顺序可以不同。

③ 输出报文任务与节点、所选动态时隙和给定通道参数密切相关。

④ 动态段的起点与通信循环的构成模式相联系。在通信循环包括静态段和动态段的混合模式下，动态段的起点根据全局时间产生；在通信循环包括动态段而不包括静态段的模式下，动态段的起点由循环开始（Start of Cycle，SOC）发起。

⑤ 当通信元件在某个确定的微时隙启动时，微时隙转变成动态时隙。

动态时隙的持续时间本质上是可变的，其值取决于发送节点的发送时间长度（当然要在一定限度内）。原则上，任何节点都可按照其事件触发节奏跳上动态段所代表的行驶列车，然而，现实情况非常复杂，可能出现多个节点希望在同一时间启动通信元件的情况。

为了避免在动态段出现媒体访问冲突，同样规定能够发送数据的各个网络节点具有独特的编号，即动态 ID（ID Dynamic）。如此一来，如果多个节点都渴望在动态段启动，那么根据分配给每个节点的独特 ID 进行仲裁，最终只有一个节点有权访问网络，不存在真正意义上的冲突。这方面的内容极其复杂，详见 7.4 节。

7.2.3　符号窗

通信循环中的符号窗是一个可选项，它是专为包含媒体访问测试符号（Media access Test Symbol，MTS）而设置的。MTS 用来验证本地总线监控器是否正常工作，这是一个长度为 30 bit 的低电平（cdCAS = 30 bit）。

在符号窗内，仅允许发送一个 MTS，紧随 MTS 之后是一个通道空闲定界符（Channel Idle Delimiter，CID），CID 是一个由 11 位二进制数（全部为“1”）组成的字段，这里被作为符号窗结束标志，如图 7-6 所示。对于有多个发送方使用符号窗的情形，FlexRay 协议没有提供仲裁机制。如果有这种仲裁需求，那么必须通过更高层的协议来解决。

符号窗的持续时间用宏节拍数量 gdSymbolWindow 表示。该参数是可配置的，对于确定的节点簇，这是一个全局常量。如果通信循环内不需要设置符号窗，那么可以将符号窗中的宏节拍数量 gdSymbolWindow 配置为 0。符号窗包含一个动作点，该动作点距离时隙起点的偏移量为 gdActionPointOffest（若干个宏节拍）。在符号窗内，MTS 在动作点处开始传输。

实际上，在发送 MTS 时，节点先发送传输起始序列（Transmission Start Sequence，TSS），随后发送一段低电平，持续时间为 cdCAS，如图 7-7 所示。TSS 是一个连续低电平序列，长度由全局参数 gdTSSTransmitter 指定。因此，图 7-7 中所示的 MTS 编码完全是由低电平构成的，接收节点很难检测出 TSS 与随后一串低电平位之间的界限。因此，只要检测到 MTS 的低电平持续时间介于冲突避免符号

（Collision Avoidance Symbol，CAS）接收窗口的下限（cdCASRxLowMin）和上限（cdCASRxLowMax）之间，就认为它是合法特征符。关于 CAS、TSS 的具体含义，将在后面的章节中详细说明。

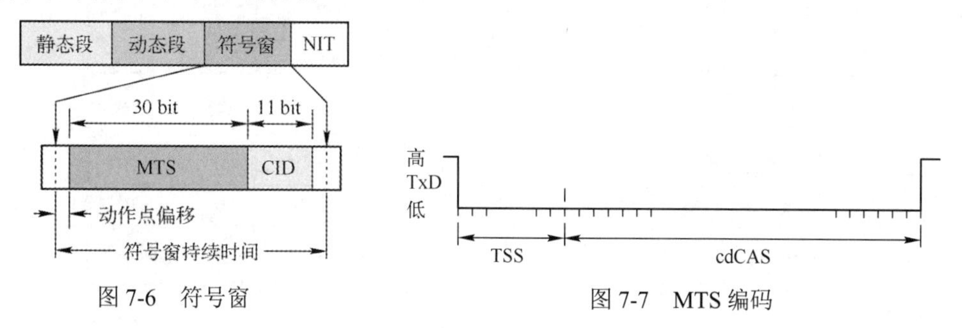

图 7-6　符号窗　　　图 7-7　MTS 编码

7.2.4　网络空闲时间

一个通信循环包括若干个宏节拍，其中一部分被分配给静态段、动态段和符号窗，另一部分则用于构成网络空闲时间。每个 FlexRay 通信循环都要使用 NIT 这个特殊字段作为结束字段。

在 NIT 期间，若用示波器观察网络，则在它之上什么都没有发生，线路上也不存在流量，网络处于空闲（等待）模式。然而，这只是表面现象，事实上，在此期间存在大量与时间同步相关的操作。

NIT 段的持续时间（gdNIT）不得超过 767 个宏节拍。NIT 开始后，所有网络节点会利用这段时间来做网络全局时间同步方面的计算（偏差和速率计算，详见 7.5 节），或执行特定的、与通信循环相关的任务。网络空闲时间如图 7-8 所示，所有节点利用 NIT 的末尾部分来实施它们的本地时间偏差修正，偏差修正的起点用循环开始后的宏节拍数量（gdOffsetCorrectionStart）表示。由于这些偏差修正会影响节点簇中的所有参与者，因此 NIT 的持续时间是一个与簇密切相关的量。

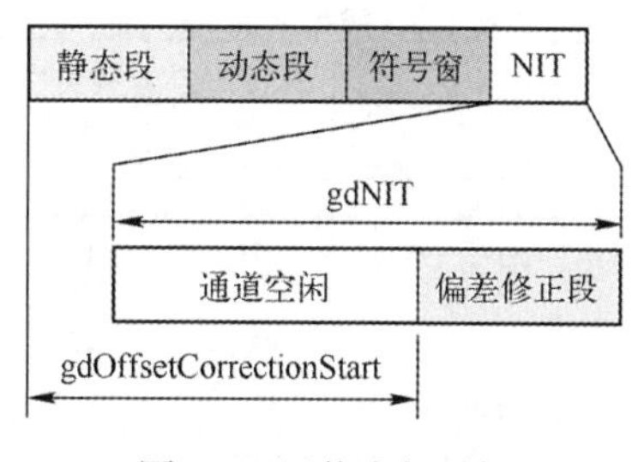

图 7-8　网络空闲时间

7.3　FlexRay 通信帧

前面已经给出了时隙和微时隙的基本概念，设置这些时间间隔的最终目的是为了正确地传输逻辑内容。在 FlexRay 中，逻辑数据以通信帧表示。

如图 7-9 所示，FlexRay 通信帧分为静态通信帧（简称静态帧）和动态通信帧（简称动态帧），前者在静态时隙中传输，占用静态段的时隙，后者在动态时隙中传输，占用动态段的微时隙。两种通信帧之间极其相似，不同之处很少。

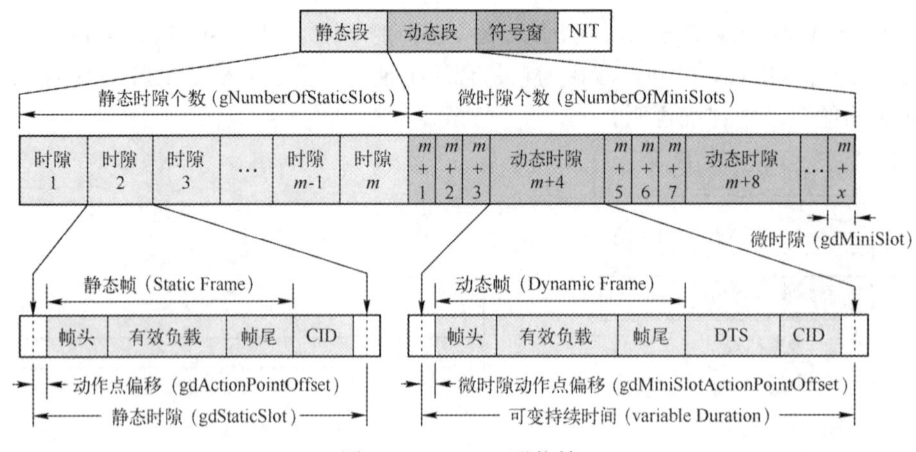

图 7-9　FlexRay 通信帧

7.3.1　通信帧格式

FlexRay 通信帧主要由帧头、有效负载（数据）和帧尾（帧结束）三部分组成，如图 7-10 所示。值得注意的是，图 7-10 中仅给出了与逻辑数据相对应的位，而不是那些在媒体上实际传送的位。帧头长度为 5 字节，有效负载长度为 0～254 字节，帧尾长度为 3 字节，通信帧的总长度为三者之和，共计 5+(0～254)+3 = 8～262 字节，也就是说，通信帧共包括 64～2096 个具有逻辑意义的位。

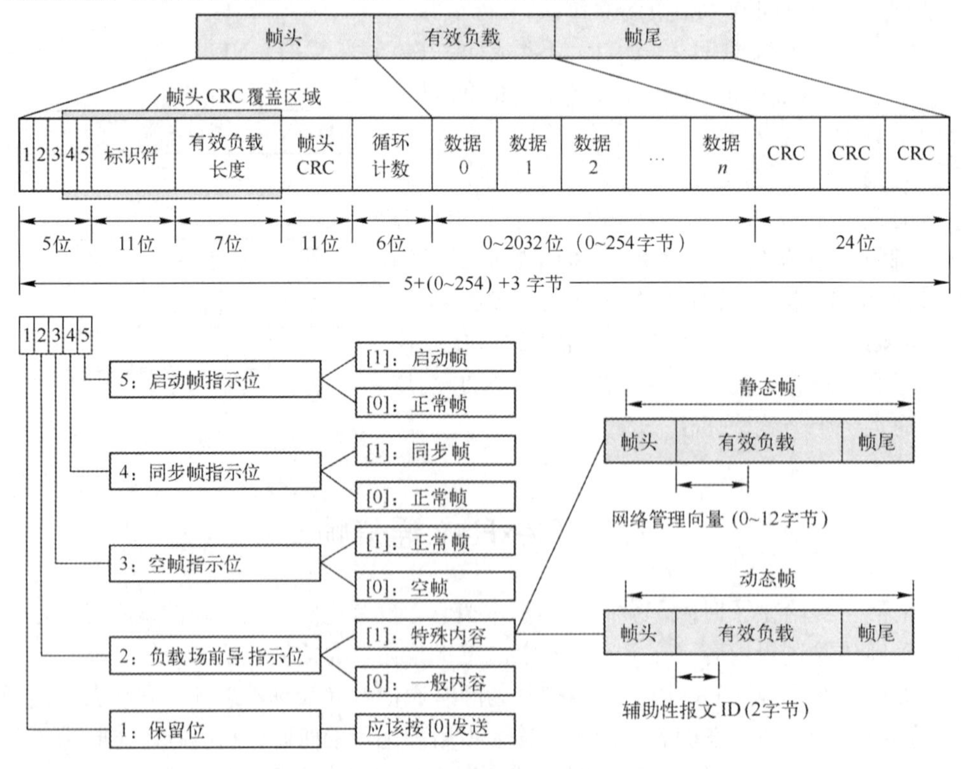

图 7-10　FlexRay 通信帧的组成

稍后我们将会看到，为了在网络上形成电信号，确保逻辑数据的正确传输，在逻辑数据对应的电气位（Electrical Bit）基础上，添加一定数量的电气位是必要的。

节点在网络上传输通信帧时，从左到右依次进行各个二进制位的传输，首先传输帧头，然后传输有效负载，最后传输帧尾。静态通信帧和动态通信帧的不同之处只体现在帧头的前 5 位上。

1. 帧头

帧头包括：前导指示符，5 位；帧 ID，11 位；有效负载长度，7 位；帧头 CRC，11 位；循环计数值，6 位。帧头各部分的总长度为 40 位，按 5 字节进行传输。

（1）前导指示符

前导指示符是由帧的前 5 个二进制位形成的，按出现顺序依次为保留位、负载场前导指示位、空帧指示位、同步帧指示位和启动帧指示位。

① 保留位：用于将来的协议扩展。发送节点将该位设为逻辑 0，接收节点忽略该位。

② 负载场前导指示位：表明帧中有效负载的内容。1 表示有效负载为特殊内容；0 表示有效负载为一般内容。通信循环的静态段和动态段都可以输出帧，但该位在这两种情况下的含义不同：在静态段发送的帧（静态帧）中，1 表示负载场开始部分包含网络管理向量（0～12 字节），0 表示负载场不包含该向量；在动态段发送的帧（动态帧）中，1 表示负载场开始部分包含辅助性报文 ID（2 字节），0 表示负载场不包含该 ID。

③ 空帧指示位：表明帧是否为空帧。1 表示不是空帧；0 表示空帧。空帧意味着负载场中的所有数据均为 0，即无有效数据。对于网络来说，节点输出一个空帧，意味着节点没有需要报告的内容。

④ 同步帧指示位：表明帧是否为同步帧，即帧是否用于系统通信同步（注：同步帧仅在静态段发送）。1 表示同步帧，0 表示正常帧。如果该位为 1，且帧同时符合其他规定，那么接收节点将使用该帧进行时钟同步；如果该位为 0，那么接收节点不将该帧用于时钟同步及相关处理。

⑤ 启动帧指示位：表明帧是否为启动帧。1 表示启动帧；0 表示正常帧。启动帧在启动机制中有特殊作用，只有冷启动节点允许发送启动帧。冷启动节点的同步帧必须是启动帧，也就是说，当一个帧的启动帧指示位被设置为 1 时，其同步帧指示位也应被设置为 1。由于冷启动节点只能将同步帧设置为启动帧，因此每个冷启动节点在各通道的每一个通信循环里只能发送一个启动帧。

（2）帧 ID

帧 ID 用于定义帧的发送时隙，编码长度为 11 位，数值范围为 1～2047。若帧 ID 的值为 0，表示该帧为无效帧。在各个通道的每个通信循环内，一个帧 ID 的使用次数不能超过一次。稍后我们将会看到，帧 ID 不仅用于定义静态段所传送帧的时隙位置，也用于定义动态段所传送帧的时隙位置。

此外，在同一个通信通道上，不允许两个通信控制器发送帧 ID 相同的帧。

（3）有效负载长度

有效负载长度用来表示有效负载（数据）的长度，数值范围为 0～127，单位为字（2 字节），即有效负载长度的值等于有效负载的字节数除以 2。例如，若有效负载的字节数为 72，则有效负载长度的值为 36（72/2）。

在静态段中，所有帧的有效负载长度都是固定且相同的，用全局参数 gPayloadLengthStatic 表示。在动态段中，不同帧的有效负载长度可以各不相同，同一个帧在不同循环中的有效负载长度也可以不一样。

（4）帧头 CRC

帧头 CRC 是位于通信帧头部的循环冗余校验码，用于保护由前导指示符的第 4 位与第 5 位、帧 ID 和有效负载长度构成的位组。接收节点收到的来自发送节点的帧 ID 必须与当前时隙编号一致，帧头 CRC 使接收节点能够及时进行一致性验证，避免对无用的数据进行处理。

帧头 CRC 是由发送方通过在线计算得到的，接收方当然要以同样的方式进行验证。帧头 CRC 的生成多项式如下：

$$G_{\text{Header}}(x) = x^{11} + x^9 + x^8 + x^7 + x^2 + 1 \tag{7-1}$$

（5）循环计数值

在传输过程中，循环计数值用于表示帧的发送节点在发送帧时的循环计数器值，其编码长度为 6 位，数值范围为 0～63，即存在 64 个可能的值。发送帧的通信控制器自动完成循环计数器的数值递增，在一个通信循环中被发送的所有帧，循环计数值必须相同。由于它的编码长度只有 6 位，因此不能无限递增，需要周期性地重复。

2. 有效负载

有效负载是专门用于传输有用数据的场，可包括 0～127 个字，即 0～254 字节。在有效负载中，第一个字节用 data 0（数据 0）表示，随后的各字节依次用 data 1（数据 1）、data 2（数据 2）等表示。有效负载的总字节数是偶数，完全可能大于实际应用的字节数。

静态帧有效负载场的前面 12 字节，即数据 0～数据 11，可用作网络管理向量 NM_0～NM_{11}。网络管理向量的长度（用 gNetworkManagementVectorLength 表示）是可配置的，范围为 0～12 字节，配置完成之后，不允许再做改变，剩余字节用于发送其他数据，如图 7-11 所示。对于网络管理向量，FlexRay 的具体规定如下：

① 在同一个簇内，所有节点所配置的网络管理向量长度必须一致，如都为 4

字节。

② 网络管理向量仅用于静态帧。

③ 发送节点的主机将网络管理向量作为应用数据写入通信控制器。

④ 由帧头中的负载场前导指示位表明有效负载场是否包含网络管理向量。

动态帧负载场的前面 2 字节，即数据 0 和数据 1 可作为报文 ID，接收节点可使用该标识符过滤接收的数据，如图 7-12 所示。对于报文 ID，FlexRay 的具体规定如下：

① 报文 ID 是一个由上层应用确定的编号，用于标识负载场的数据内容。

② 报文 ID 仅用于动态帧，长度为 2 字节。

③ 发送节点的主机将报文 ID 作为应用数据写入通信控制器，接收节点根据这个报文 ID 决定是否存储该帧。

④ 由帧头中的负载场前导指示位表明负载场是否包含报文 ID。

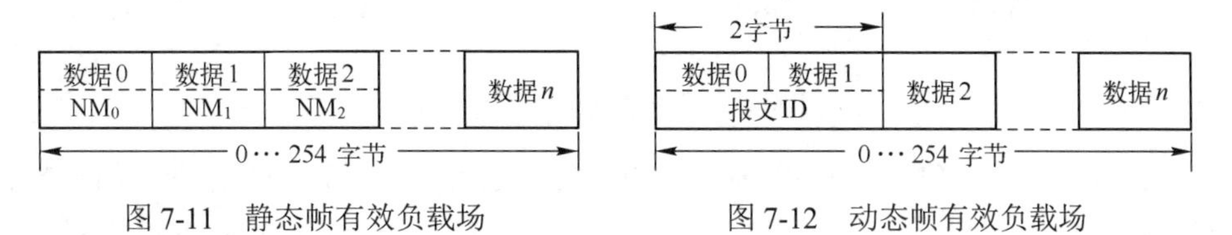

图 7-11　静态帧有效负载场　　图 7-12　动态帧有效负载场

3. 帧尾 CRC

逻辑数据帧的结尾是一个 3 字节 CRC，其目的是为了保护整个被传送的帧。帧尾 CRC 的计算涉及整个帧头场和有效负载场，即从帧头场保留位开始，至负载场最后一位结束。这个 CRC 也是由发送方通信控制器在线计算的，理所当然，接收它的通信控制器要以同样的方式进行验证。帧尾 CRC 的生成多项式如下：

$$G_{\text{Trailer}}(x) = x^{24}+x^{22}+x^{20}+x^{19}+x^{18}+x^{16}+x^{14}+x^{13}+x^{11}+x^{10}+x^{8}+x^{7}+x^{6}+x^{3}+x+1 \quad (7\text{-}2)$$

7.3.2　通信帧在时隙和微时隙中的封装

前面已经描述了要传输的逻辑数据，接下来要考虑的问题包括两个方面：一方面，如何在物理层上传输它们，传输媒体、收发器、中继器和有源星等都会对此产生影响；另一方面，如何在到达时轻松标记它们，以对其进行解码。为此，FlexRay 提出了能够在传输时起到保护和预防作用的逻辑数据封装方法。

在物理层，FlexRay 协议采用 NRZ 编码，位的物理表示方法（电或光）见 7.6 节。帧的逻辑内容由帧头、有效负载和帧尾三个场构成，FlexRay 将每个场细分为字节，通过在每个字节上增加一个起始位（“0”，以 START 表示）和一个停止位（“1”，以 STOP 表示），把它封装成长度为 10 位的 NRZ8N1 型字节。图 7-13 给出了帧头的前 16 位以字节为单位重新包装后的结果，其他各位以此类推。

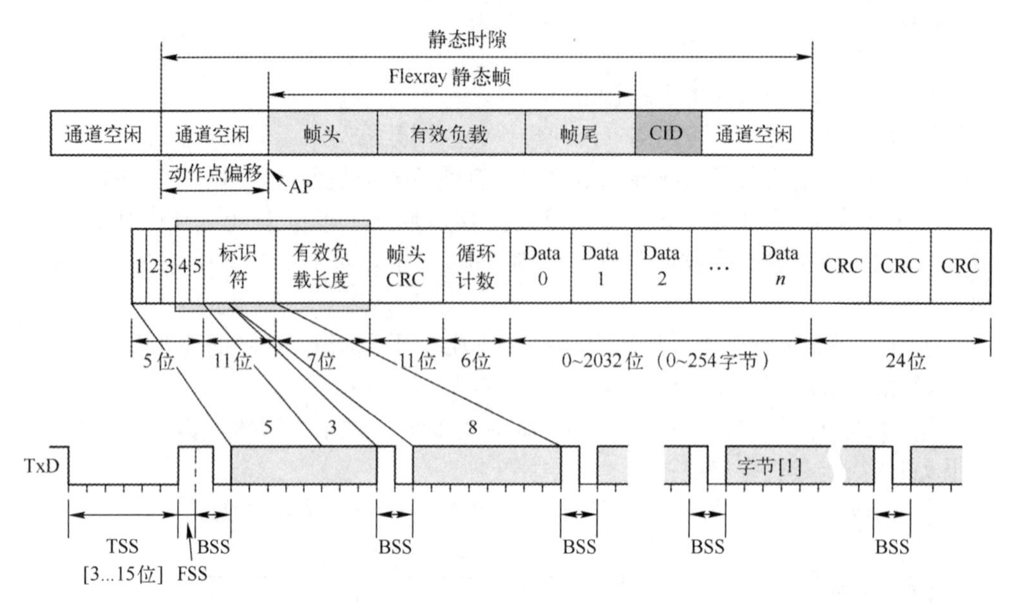

图 7-13　以字节为单位进行封装

由图可知，除了对字节进行封装，FlexRay 还引入了另外一些概念，如字节起始序列（Byte Start Sequence，BSS）、帧起始序列（Frame Start Sequence，FSS）和动作点（Action Point，AP）等。

1. BSS

在逻辑字节被传输之前，都要经过精心扩展。很显然，一个加上了起始位和停止位的字节之后是下一个字节的起始位，即两个连续字节之间的边界为“1-0”，既独特又易于辨别。FlexRay 把这个由停止位和起始位构成的“1-0”序列称为字节起始序列（BSS），它会出现在每个具有逻辑意义的字节开始之前。

2. FSS

为了指明帧的起点，FlexRay 在每个帧的第一个字节所对应的 BSS 之前又增加了一个信号，该信号称为帧起始序列（FSS）。原则上，FSS 由长度为一个位时间的高电平（“1”）组成，其上升沿表示帧发送开始了。

由 FSS+BSS 形成的“1-1-0”序列，只在一个时隙中的帧发送过程开始时出现，外观独特，很容易标记出来。

3. TSS

无论静态帧还是动态帧，在发出帧开始信号之前，首先发送一个传输起始序列（TSS），如图 7-13 所示。TSS 是长度由全局参数 gdTSSTransmitter 指定的连续低电平序列。网络设计者可以根据网络的用途和拓扑结构等调节 TSS 的长度，一般为 3～15 位。

TSS 由发送器发送，其目的是为了初始化一个传输序列的起点。事实上，TSS 背后隐藏了许多重要的东西，详见 7.6 节。

4. AP

动作点是在时隙（或微时隙）正式开始，并经过一段通道空闲时间之后的一个精确时刻，在这个时刻，节点按照其本地时间基准执行特定的动作，如图 7-14 所示。从图中可以看出，AP 是发送器有效启动帧传输的时刻。一般情况下，动作点是由设计人员预先定义的。

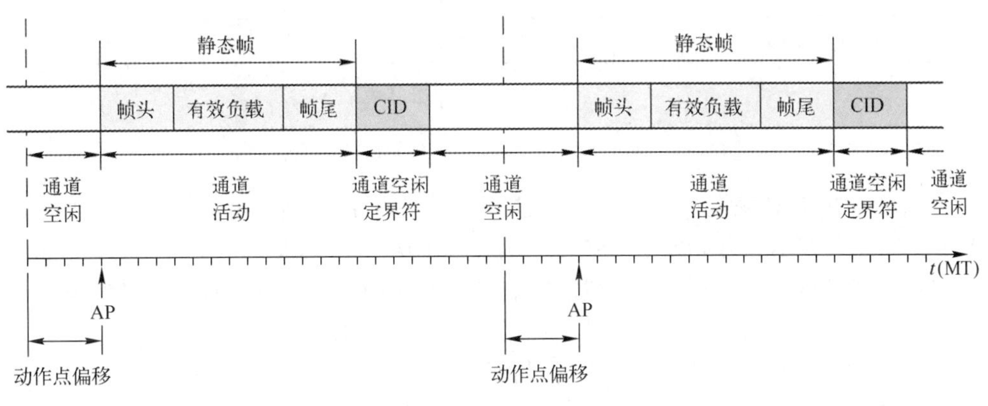

图 7-14　动作点

严格地讲，网络中的接收方节点通常难以直接了解动作点在其他节点中的产生时刻。为了克服这个难题并确保整个网络的时间是相同的，时钟同步算法（详见 7.5 节）要求，当发送节点在静态时隙中发送同步帧时，接收节点要在同一静态时隙中接收帧，并且测量发送方动作点的实际到达时刻与接收方假定的发送方动作点之间的时间差。得益于此，接收节点可以推断发送方动作点的时刻，并且补偿信号传播延迟所产生的影响。

假设节点 A 向节点 B 发送信号，信号的上升沿和下降沿传播时间（延迟）始终保持不变，从发送节点 A 向接收节点 B 传送帧的具体情形如下。

① 由于某些作用或设备可能出现在通信媒体上，通信帧起始（第一个）边沿的延迟可能大于同一帧的其他边沿的延迟，由此产生的结果是，从接收方的输入端观测到的 TSS 值比实际输出和发送的 TSS 值短，即发生所谓的 TSS 截短（Truncation）效应。造成这种情况的原因有多种，例如，总线驱动器用于接收或发送的电子电路产生延迟；穿越有源星产生延迟（交换方向判别）。

② 对于在节点 A 和 B 之间发送和接收的 TSS 序列，截短效应是累积性的，它减小了 TSS 的长度（持续时间）。尽管如此，在为 TSS 预留的时间段内，如果某个节点检测发现了一连串处于低电平状态的二进制位，位数在 1～(gdTSSTransmitter+1) 之间，那么该节点必须接受这个信号，并将其作为有效的 TSS。

③ 系统设计人员应该拥有网络拓扑结构和网络组件方面的基本知识，他们要

根据实际情况对 TSS 进行调整，将适当的值（3～15 位）赋予 TSS。

图 7-15 简单描述了纯信号传播效应和 TSS 截短效应的含义。

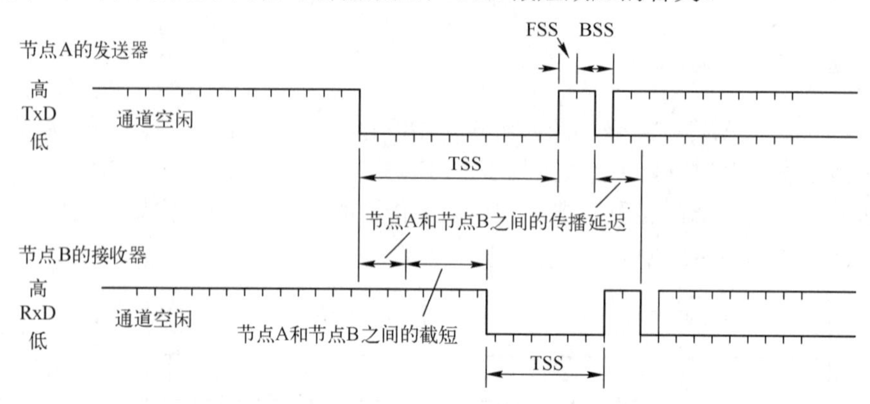

图 7-15　纯信号传播效应和 TSS 截短效应的含义

由于存在 TSS 截短和信号传播延迟，要想容易且准确地了解从接收器处观察到 TSS 的时刻与发送器开始发送 TSS 的时刻之间的精确时间关系是不可能的，因此，引用被发送帧的一个不受 TSS 截短影响的元素作为接收帧时的时间测量参考是必要的。这就是为什么 FlexRay 另外设计了上述 FSS 和 BSS 的原因。

BSS 的形式是已知的，而且很容易识别，这一点有助于准确地了解动作点的时刻，如图 7-16 所示。

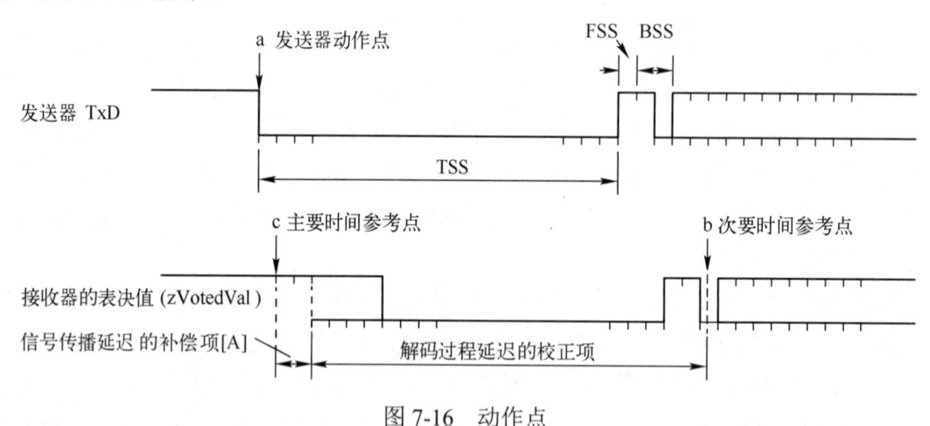

图 7-16　动作点

由图 7-16 可知：

① 在静态时隙中，发送节点从动作点 a 所对应时刻启动静态帧发送，在其发送的帧中包括了 TSS、FSS 和第一个 BSS。

② 帧经过传播延迟和可能的截短之后，在接收节点被接收。

③ 无论帧在流经网络的过程中发生了什么，接收节点通过对输入位进行采样和解码，不仅能够识别 FSS 的形状和结构，而且能够识别形成第一个 BSS 的两个二进制位的外形。

④ 根据定义，次要时间参考点（Secondary Time Reference Point）为 b 点，时

间戳用 zSecondaryTRP 表示，该参考时间是帧的第一个 BSS 的第二位所对应的采样点，即在一个有效 TSS 之后第一次检测到电平由高到低跳变的时刻（按本地微节拍测量），它成为潜在的帧开始点。

⑤ 从现在起，次要时间参考点的时间戳将被用于计算主要时间参考点（Primary Time Reference Point）的时间戳 zPrimaryTRP，见图 7-16 中 c 点。zPrimaryTRP 的含义是：在 TSS 没有受到截短效应和传播延迟的影响时，在本地节点应该观察到的被发送 TSS 的开始时刻。

⑥ 将次要时间参考点（时间戳 zSecondaryTRP）减去固定偏差 pDecodingCorrection（校正一定的解码过程延迟）和延迟补偿项 pDelayCompensation（补偿网络上的信号传播延迟），计算得出（以本地微节拍为单位）主要时间参考点（时间戳 zPrimaryTRP）。由此可知，zPrimaryTRP 与 zSecondaryTRP 两者之间的时间差是节点参数 pDecodingCorrection 与 pDelayCompensation 之和。应当指出，这不一定代表真实情况，只是指出了时间戳所表示的时刻。

⑦ 时钟同步算法将主要时间参考点（c 点）的时间戳用作观测到的帧到达时间（见 7.5 节）。

⑧ 时钟同步算法把 zPrimaryTRP 与期望的帧到达时间之差用于计算和补偿节点的本地时钟之差。

⑨ 经过计算之后，解码过程将把输出信号通道 A 中的潜在帧开始提供给通信通道 A 上的时钟同步启动（Clock Synchronisation Startup，CSS）进程。

5. FES

前面已经介绍了通信帧从开头到 CRC 的封装结构，现在是封闭通信帧的时候了。为此，在每个通信帧的 CRC 之后又增加了一个帧结束序列（Frame End Sequence，FES）。FES 用于标识通信帧最后 1 字节序列的结束，它由一个位时间（gdBit）的低电平紧跟一个位时间的高电平组成（二进制位“01”）。节点在发送一个通信帧时，在数据位流的最后 1 字节序列之后会紧跟一个 FES，图 7-17 展示了静态时隙的结束。

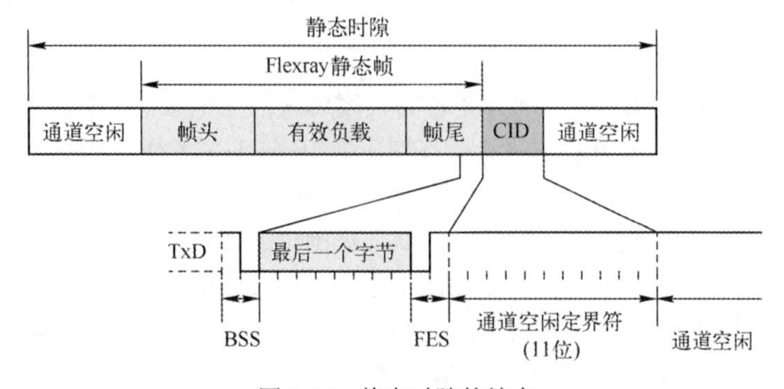

图 7-17　静态时隙的结束

在静态段发送的通信帧，FES 的第二位为传输位流的最后一位；而在动态段发送的通信帧，FES 之后要紧跟着一个动态拖曳序列（Dynamic Trailing Sequence，DTS）。

6. CID

为了填补电气帧结束与时隙结束之间的时间，封装结构用一个由 11 位二进制数（全部为“1”）组成的字段作为结束，该字段被称为通道空闲定界符（Channel Idle Delimiter，CID），其目的是为了在时隙中发出帧传输结束信号，并将传输媒体释放为空闲状态。CID 适用于静态时隙和动态时隙，图 7-17 给出了静态时隙结束时的情况。

7. DTS

动态帧是在动态段的微时隙中发送的，一旦在某个微时隙启动发送，从这个微时隙起的数个微时隙结合在一起形成了所谓的动态时隙。显然，动态时隙是与微时隙成比例的。为了明确表示发送方微时隙的精确动作点，并防止总线接收器过早地检测到通道空闲状态，在动态段中发送通信帧时，发送节点会在动态帧的 FES 之后发送一个动态拖曳序列（DTS），动态帧末端的完整结构如图 7-18 所示，该图展示了动态时隙的结束。注意，静态帧的末端不会出现 DTS。

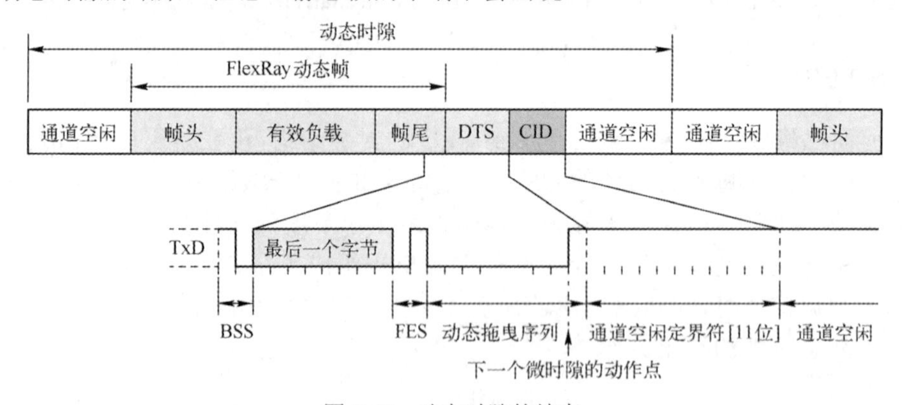

图 7-18　动态时隙的结束

DTS 由两部分组成：第一部分是时间长度可变的低电平，紧随其后的是时间长度固定的高电平。在第一部分，节点一直输出低电平（时间长度至少为一个位时间），直到下一个微时隙的动作点，节点开始将输出切换为高电平，并持续一个位时间。DTS 的持续时间是可变的，可将其设为以下范围中的任意一个值：2gdBit（DTS 仅为一个位时间的低电平和一个位时间的高电平）～ gdMinislot+2gdBit（当 DTS 开始的时间点与后面一个微时隙动作点之间的时间间隔小于一个位时间时的情况），其中，全局参数 gdMinislot 表示一个微时隙的持续时间。图 7-19 所示的例子描述了如何调节 DTS 的值才能使下一个帧输出在已知的通道空闲时段之后的 AP 时刻准时

开始，例子中使用的微时隙长度为 5 个宏节拍（MT）。

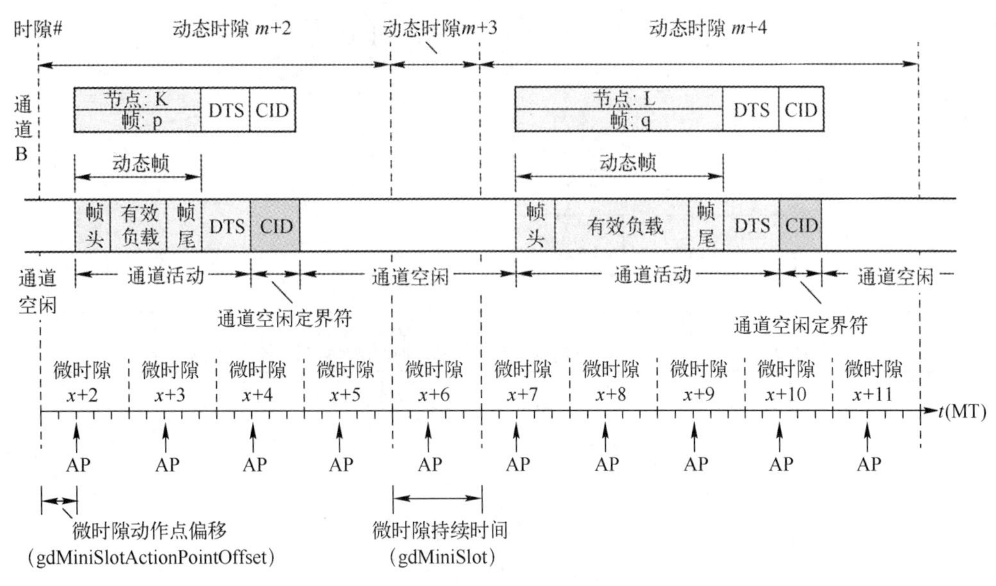

图 7-19　一个微时隙等于 5 个宏节拍情况下的 DTS 值调节

综上所述，经过封装后的静态帧和动态帧配置如图 7-20 所示。

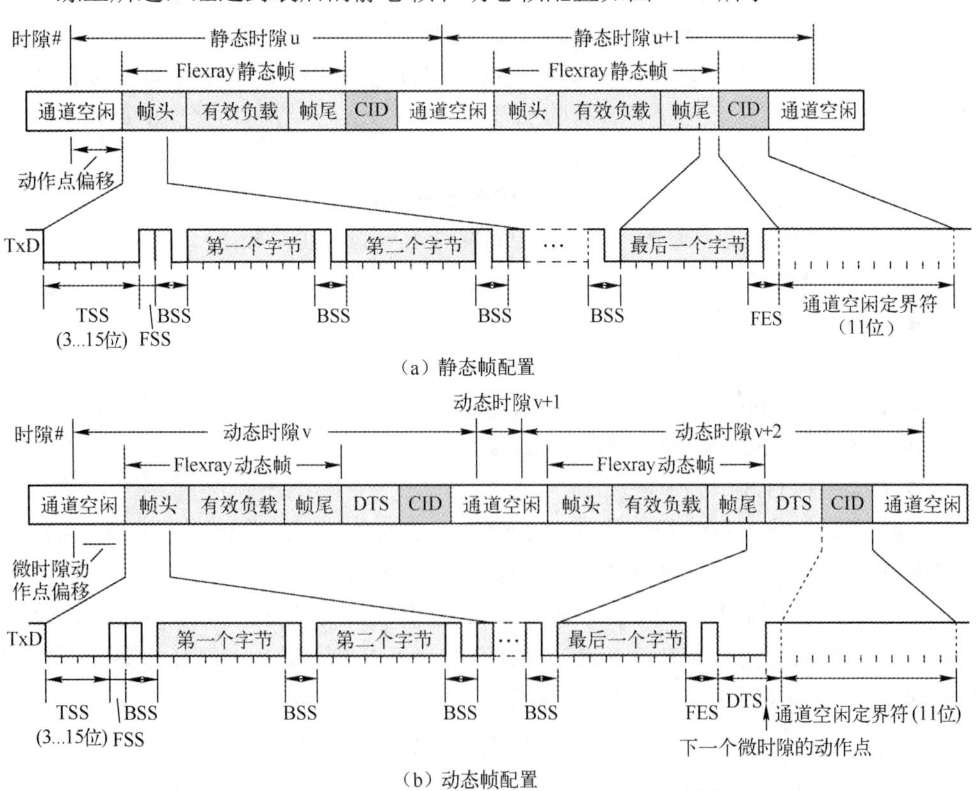

图 7-20　经过传输封装后的静态帧和动态帧配置

FlexRay 联盟的官方文件对本节提到的所有封装进行了总结，如图 7-21 所示。

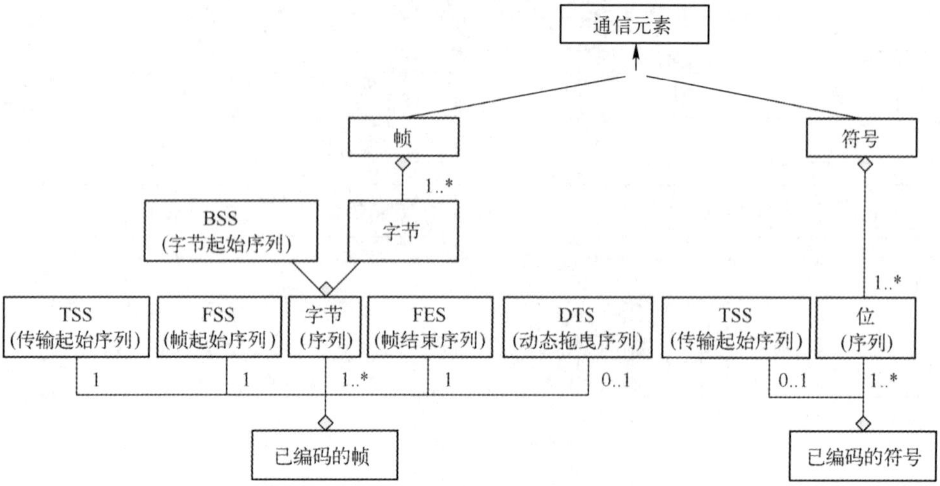

图 7-21　封装

7.3.3　静态帧的最大长度

如前所述，为了确保逻辑数据的安全传输，有必要在其中添加一定数量的电气位（TSS、FSS、BSS、START、STOP、FES、DTS 和 CID 等），以形成实际存在于网络中的真实电信号。将所有添加的电气位考虑在内，很容易计算出 FlexRay 总线上可能存在的最长静态帧的最大物理长度。

静态帧在 FlexRay 总线上传输的二进制数的位数如下。

① 具有逻辑意义的位数：[5+(0～254)+3]×8 = 64～2096 bit。

② 添加的电气位：

- TSS——15 bit（最大），每帧一个；
- FSS——1 bit，每帧一个；
- BSS——2 bit，每字节之前一个，共计[5+(0～254)+3]×2=16～524 bit；
- FES——2 bit，每帧一个；
- CID——11 bit，每帧一个。

由上可知，电气位的最大数量为 2096+15+1+524+2 = 2638 bit（不包括 CID），静态帧的最大长度（用二进制数表示）如图 7-22 所示。

若取最大位速率为 10 Mbps，则每个二进制位占用的时间为 0.1 μs。此时最大帧对应的持续时间约为 270 μs（$2638\times0.1\times10^{-3}$ = 0.2638 ms）。在最好的情况下，在 FlexRay 静态时隙中的数据传输效率可达

$$\mathrm{DTE_{best}} = \text{最大有用位数} / \text{最大总位数} = 2096/2638 \approx 0.7945 \tag{7-3}$$

式中，$\mathrm{DTE_{best}}$ 表示最大数据传输效率，其值约为 80%。然而，在 CAN 总线上，最好情况下的数据传输效率只有大约 50%，主要因为每个帧传输的数据非常少（最大

8 字节）。

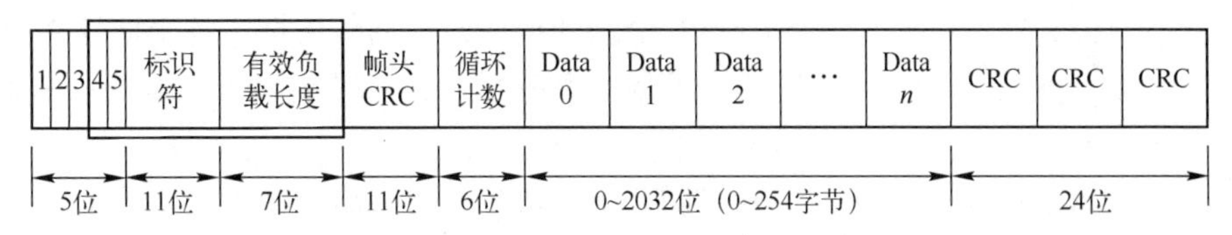

部分帧	项	描述	位数	
帧头	TSS	传输起始序列	15	
	FSS	帧起始序列	1	
	指示位		5	
	帧ID	帧ID	11	
	有效负载长度	有效负载长度“DLC”	7	
	帧头CRC	帧头校验	11	2096
	循环计数	当前循环的计数器值	6	
有效负载	Data	MAX = 254 Byte = 2030 bit	2032	
帧尾	CRC	3 Byte = 24 bit	24	
	FES	帧结束序列	2	
同步	BSS	字节起始序列，每个字节之前的2位，首先发生在FSS之后。总计最大位数：(2096/8)×2=524 bit	524	
合计		最长帧位数合计，比特率 10 Mbps	2638	

图 7-22　静态帧的最大长度（用二进制数表示）

此外，FlexRay 规范指出，每个循环的最大时间长度为 16 ms，在使用静态段的情况下可以传输大约 60 个最长的帧。

7.4　FlexRay 协议的媒体访问控制

FlexRay 采用了与 CAN 和 LIN 不同的媒体访问控制方法，该方法基于一个所有节点共享的时间基准，并遵循严格的帧发送时间规则。之所以给出发送时间规则，是为了防止多个节点同时进行传输，从而避免共享网络冲突。规则的具体细节由网络创建者在设计阶段设置，对于给定的网络来说，规则一旦设定，以后就固定不变了。为确保给定网络正常运行，网络中全部节点必须遵守相同的规则。

用于创建规则集的可用参数是灵活的，网络设计人员可有很多选择。可用参数包括帧的数量、帧的长度、使用的通道数和传输速率等。网络的预期目的不同，这些参数会出现差异。

实际上，可将 FlexRay 总线访问视为一个由通道（Channel）、循环（Cycle）和时隙（Slot）组成的系统，规则集是以这种安排为基础的。通道属于 FlexRay 的物理层，网络设计人员可以选择使用一个通道（像 CAN 一样仅用 1 对双绞线）或 2 个通道（用于承载不同的或冗余的数据）。循环本质上是一个固定长度的总线访问时间，在网络运行期间会不断重复。在网络启动后，各个循环按时间顺序依次出现：

0,1,2,⋯,cCycleCountMax,cCycleCountMax 是网络的最大循环编号，可以设置为 0～63 之间的任意值。cCycleCountMax+1 个循环构成一个通信周期，各个循环将按通信周期重复出现。每个循环可能由静态段、动态段、符号窗和网络空闲时间组成，其中静态段和动态段的长度是可配置的。

静态段被分成固定数量的等长时隙，每个时隙都可容纳一个固定长度的帧。在静态段中，每个帧的长度相同。动态段被划分为固定数量的等长微时隙，微时隙数量通常大于静态段中的时隙数量。节点可利用微时隙启动帧传输。如果帧在动态段中传输，那么它可能占用多个微时隙，但整个帧被认为只占用了一个时隙（动态时隙）。与静态段不同，动态段中的帧可以具有不同的长度。

图 7-23 描述了 FlexRay 的通信周期、循环和时隙之间的关系，图中只考虑了一个 FlexRay 通道，在使用两个 FlexRay 通道的情况下，两个通道上的循环长度、时隙和微时隙数量必须相同，但允许在两个通道上传输的数据是相同的或不同的。

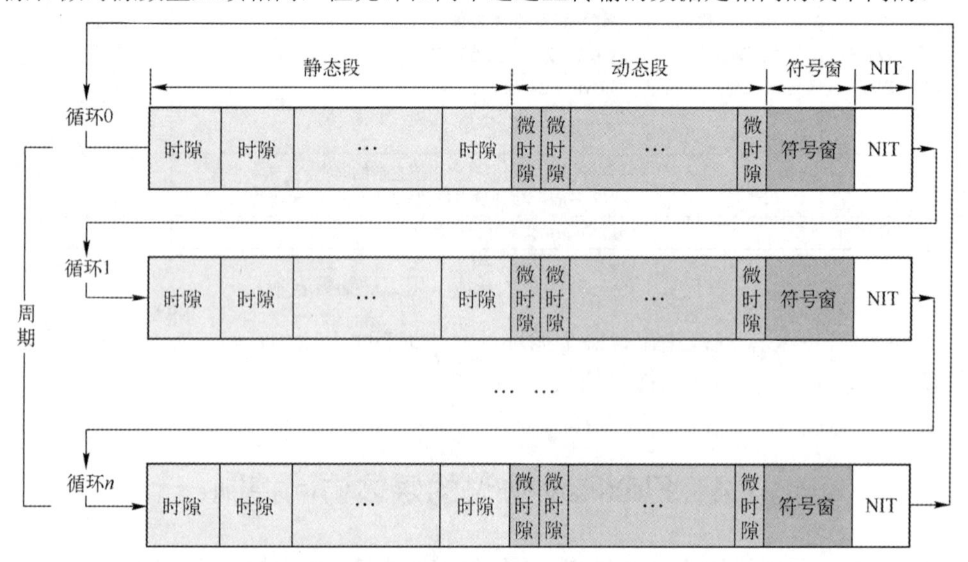

图 7-23　FlexRay 的通信周期、循环和时隙之间的关系

7.4.1　通信循环的实施

除了网络启动阶段，通信循环周期性地重复运行，每个周期包括 cCycleCountMax+1 个循环，各个循环所包含的宏节拍数量是有限且固定的，其实现方法是：通信循环由循环计数器（vCycleCounter）计数，从 0 到 cCycleCountMax，每当一个通信循环开始时，循环计数器加 1，当循环计数器到达 cCycleCountMax 后，重新从 0 开始计数。

在静态段和动态段内，帧的传输仲裁基于节点的帧 ID 分配和时隙的计数机制。对于每个通道上的节点簇，节点的帧 ID 分配就是时隙分配，这种分配是唯一的、确定的。时隙的计数机制由已编号的传输时隙提供。

实际上，对网络进行访问要经过两级筛选，第一级是帧 ID，第二级是仲裁网格。

1. 帧 ID 的含义

帧 ID 定义了帧的传输时隙。在每个通道的一个通信循环中，帧 ID 仅可使用一次。在节点簇内，每个被传输的帧都配置了一个帧 ID。

在通信循环中，用 vSlotCounter(Ch)表示时隙计数器的状态，时隙计数器由各个网络节点负责维护。每个节点包括两个时隙计数器，vSlotCounter(A)和 vSlotCounter(B)，分别用来记录通道 A 和通道 B 的时隙数。每当通信循环开始时，两个计数器都复位至 1。在时隙计数器对应的通道上，每当一个时隙结束时，无论该时隙属于静态时隙或动态时隙，时隙计数器都要加 1。

传输时刻的时隙计数器值 vSlotCounter(Ch)决定了被发送的帧 ID。在正常情况下，vSlotCounter(Ch)始终不会为 0。因此，在时隙用于传输时，若接收方收到的帧 ID 为 0，则该帧被认为是错误的，因为不存在 ID 等于 0 的时隙。

一旦网络设计人员将通信循环的持续时间、静态段与动态段的分隔位置、静态段的时隙数量，以及动态段的微时隙数量全部固定下来，那么，帧 ID 的值既决定了相关帧的传输时隙，又决定了它将在哪个段以及在该段内的哪个时刻被发送。根据定义，帧 ID 的范围是 1～cSlotIDMax，cSlotIDMax 是时隙 ID 的最大编号。

在 CAN 中，每个帧都被分配了仲裁用 ID，可以随时被发送。与 CAN 不同，在 FlexRay 中，帧 ID 是根据帧在循环中的位置固定下来的，第一个帧的 ID 始终是 ID1、第二个是 ID2，以此类推。此外，FlexRay 中的帧不是仅由 ID 唯一标识的，这与 CAN 完全不同，它们由帧 ID 和循环 ID 共同标识。这样，就不必在每个循环的相同时隙中发送相同帧。

2. 仲裁网格

在定义循环时，FlexRay 协议使用了时间分层的方法，每个循环分为 4 个时间层次，依次为通信循环层、仲裁网格层、宏节拍层和微节拍层，仲裁网格层与 FlexRay 时间层次结构之间的关系如图 7-24 所示。

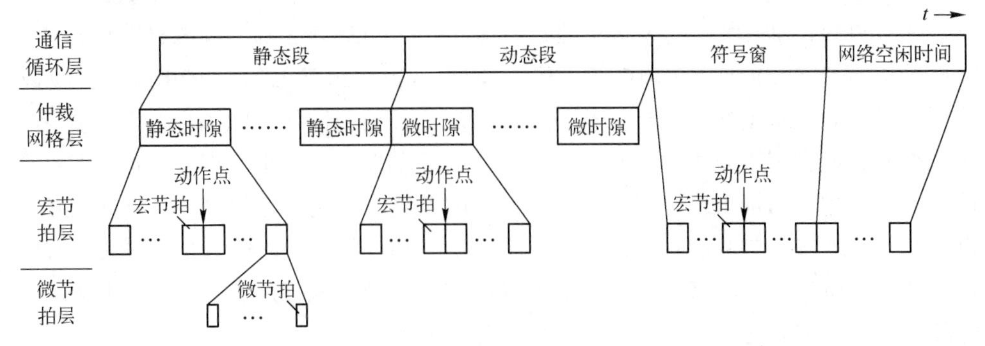

图 7-24　仲裁网格层与 FlexRay 时间层次结构之间的关系

通信循环层是最高层，其中包含 4 个时间段：静态段、动态段、符号窗和网络空闲时间。

仲裁网格层构建了媒体访问仲裁的主体架构。静态段的仲裁网格是一组连续的静态时隙（等长时间间隔），静态时隙的特征用静态时隙数（gNumberOfStaticSlots）和静态时隙持续时间（gdStaticSlot）两个全局参数表示，参数 gNumberOfStaticSlots 将静态段所包含的时隙数量固定下来，参数 gdStaticSlot 将时隙的长度固定下来。动态段的仲裁网格是一组连续的微时隙（也是等长时间间隔），微时隙的数量用 gNumberOfMinislots 表示，每个微时隙的持续时间用 gdMinislot 表示。

所有仲裁网格都建立在时间宏节拍层之上。在这个层次上，静态时隙、微时隙、符号窗和网络空闲时间都被细化为宏节拍个数。

最低层是微节拍层。微节拍是比宏节拍更小的时间片，若干个微节拍组成一个宏节拍。

由上可知，仲裁网格层位于通信循环层和宏节拍层之间，FlexRay 用于媒体访问的仲裁原理是在仲裁网格基础上形成的。节点可以在通信循环的静态段或动态段发送帧，但在这两个段中的仲裁规则是不同的。在静态段，仲裁规则基于静态时隙；在动态段，仲裁规则基于微时隙。

不难理解，FlexRay 协议中的仲裁与 CAN 不同，前者是非侵略性的，而后者是侵略性的。在 FlexRay 协议中，仲裁过程不采用竞争方式，而是依照优先次序进行，不需要冲突管理。至于 CAN，在媒体空闲时，多个想要访问媒体的网络参与者会同时尝试利用媒体，发生冲突是必然的，有必要进行实时仲裁。

7.4.2　媒体访问方法

FlexRay 通信循环采用以下两种媒体访问方法。

① 时分多路访问（TDMA）：用于静态段。

② 柔性时分多路访问（FTDMA）：用于动态段。

前面已经指出，每个节点的内部都有一个循环计数器和两个时隙计数器。对于确定的节点簇，静态段内的静态时隙数量 gNumberOfStaticSlots、静态时隙包含的宏节拍数量 gdStaticSlot、动态段的微时隙数量 gNumberOfMinislots 和微时隙包含的宏节拍数量 gdMinislot 都是全局常量，一旦确定，各通信循环按此执行，不会变更。在一个静态或动态时隙中，只有一个节点有权启动发送，这个节点必须拥有与时隙计数器的值相等的帧 ID。帧 ID 到节点的分配是离线确定的，每个要发送报文的节点可有一个或多个与其相关的静态或动态时隙。通过将一个时隙分配给最多一个节点，就可以避免不同的节点在同一时刻（即同一时隙）执行发送操作，由此解决了时隙层面的冲突问题。

与静态段不同，动态段的媒体访问方法采用基于微时隙的仲裁传输，每个动态时隙的时间长度可以不一样，因此能够满足不同长度的动态帧的数据传输。为了规划动态段内的数据传输时间，在动态段，上述两个时隙计数器使用了与静态段不同的计数方法。在静态段中，A 通道和 B 通道的计数器是同步累加计数的；而在动态段中，两个计数器是根据仲裁机制分别独立累加计数的。

在动态段，微时隙充当时隙 ID 占位符，并让节点有机会传递信息。如果一个帧在某个微时隙开始时被发送，那么动态时隙会及时扩展以容纳它。两个通信通道上的媒体访问不必同时发生，但两个通道均使用共同的仲裁网格计时方法（基于微时隙），每个节点按如下方式进行时隙计数。

① 如果在该通道上没有发生通信，那么动态时隙仅有一个微时隙组成。也就是说，在该微时隙的整个时间内，通信通道一直处于通道空闲状态。

② 如果在该通道上有通信进行，那么一个动态时隙由多个微时隙组成。

在 FlexRay 总线上，每个节点主要由 CPU 和通信控制器（Communication Controller, CC）组成，两者之间通过控制器-主机接口（Controller-Host Interface，CHI）实现相互连接。CC 提供 FlexRay 协议定义的服务，CHI 管理 CPU 与 CC 之间的数据和控制流。在每个节点上，CHI 留出了 CPU 可以写入要发送报文的缓冲器。每当一个通信循环开始时，循环计数器加 1，CC 读取缓冲器，准备好将在当前循环中发送的帧。

为更好地理解上述复杂的媒体访问技术，我们给出了一个简单的 FlexRay 媒体访问技术应用实例，如图 7-25 所示。在这个例子中，FlexRay 总线上只有 A 和 B 两个节点，采用一个 FlexRay 通道。每个通信周期包括 4 个循环，循环的时间长度为 1 ms，动态段微时隙的长度为 1 μs，静态段被分成 7 个等长的时隙。节点 A 传输帧 i、g、t、v 和 x，节点 B 传输帧 h、u、y 和 z。其中帧 t、u、v、x、y 和 z 为时间触发报文，产生周期分别为 4 ms、1 ms、1 ms、2 ms、2 ms 和 2 ms；帧 g、h 和 i 为事件触发报文。

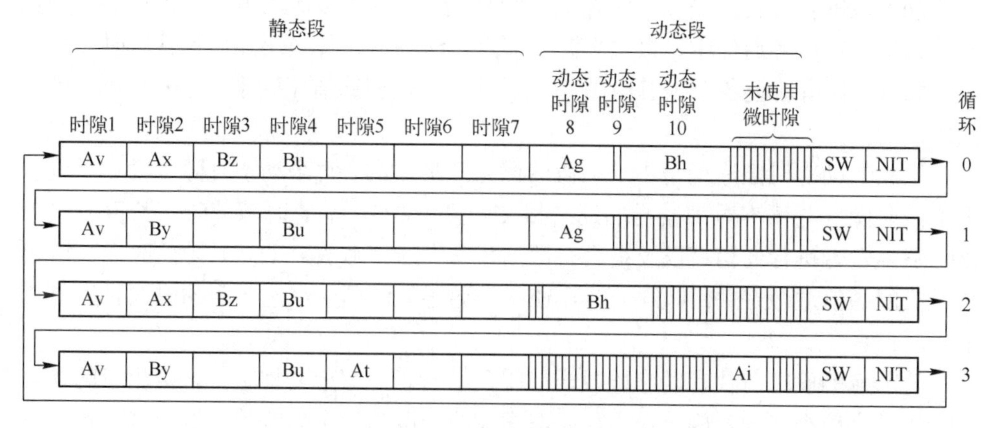

图 7-25 FlexRay 媒体访问技术应用实例

在该示例中，帧 x 在循环 0 和 2 的时隙 2 中传输，而帧 y 位于同一时隙，但在循环 1 和 3 中传输。帧 g、h 和 i 分别在时隙（动态时隙）8、10 和 36 中传输。在循环中出现未使用的时隙是合理的，因为这有利于扩展网络应用。若要在网络中增加一个节点，则可用的时隙包括循环 1 和 3 中的时隙 3、循环 0～2 中的时隙 5、所有循环中的时隙 6 和 7。

7.4.3　媒体访问条件

报文可在循环的静态段和动态段传输，但两种情况下的媒体访问条件存在差异。

1. 静态段期间的媒体访问条件

在静态段期间传输的报文为静态报文，静态报文的传输基于一个离线生成的表格，该表格除了定义时隙编号，还定义了另外两个参数：报文的频率（Frequency）和偏移量（Offset）。这两个参数使明确定义报文被传输的精确时刻成为可能。例如，报文的频率为 5、偏移量为 2，表示该报文在每 5 个通信循环中的第 2 个循环被发送。

每当某个报文的时隙到来时，无论数据是否被更新，必须将该报文发送出去，即静态段非常适合于时间触发型报文的通信。

静态时隙的长度是一个全局网络参数，需要根据用户所发送报文的最大长度将其固定下来。FlexRay 规范要求将通信循环的最大持续时间设定在 16 ms 以内，为使流量均衡，对于长度过大的报文，可以考虑将其分成若干个短报文。

2. 动态段期间的媒体访问条件

动态段的报文传输是以微时隙机制为基础的，这个段比较适合于事件触发型报文的通信。在这种通信中，报文来源于节点的缓冲器，每当缓冲器被更新时发送报文。网络设计者应把各个帧 ID（与节点、动态时隙和通道相联系）分配给将在动态段传送的报文。

连续的动态时隙序列是由动态段的微时隙形成的，每个动态时隙包含一个或若干个微时隙（与动态时隙发送的动态报文长度有关）。动态时隙的时间长度取决于该时隙内是否进行通信，以及是否有数据报文发送或接收。动态时隙的时间长度也与对应的通信通道有关，即同一节点在两个通道上的同一动态时隙的时间长度可以不同。

若节点的确拥有要在动态段发送的报文，并且能够成功地进行，则相应的动态时隙将具有该报文的长度；否则，动态时隙的长度为一个微时隙。尽管这个句子看上去有点不够明确，但它清楚地指出，由动态段提供的灵活性受到严格控制。让我们来解释这个问题，同时给出一些额外的细节。

根据定义，动态段的媒体访问基于帧 ID 的值，这些值定义了帧进行媒体访问的层次。访问规则是：帧 ID 的二进制值越小，帧的优先级越高。问题在于：节点准备发送的帧在实际传输之前可能被延迟一个或多个通信循环。

事实上，动态段所包含的微时隙数量是有限的。每当一个报文在动态段中被传输时，微时隙计数器会根据报文长度发生移动。因此，当时隙计数器到达待发送报文的帧 ID 值时，为保证这个帧可以被真正地发送出去，通信控制器要检查是否仍有足够的可用微时隙。这种操作是连续进行的，在每一时刻都要对微时隙计数器的值和参数 pLatestTx 进行比较。参数 pLatestTx 是节点层面的全局参数，是可以开启帧传输的最后一个微时隙编号，需要在系统设计阶段确定，其大小与该节点需发送的最大报文的长度有关。

下面给出的两种应用情况有助于理解上述描述。

【情况 1】节点要在分配给它的动态段微时隙中执行发送操作。

当与该节点相关的动态时隙编号（ID）出现时，节点进入移动的时间序列，微时隙被用于这个节点希望发送的动态帧。

节点开始访问微时隙后，动态时隙的编号保持不变，持续时间随报文内容的增加而增加，而微时隙的编号规则始终保持不变，如图 7-26 所示。显然，节点 M 的帧 p（动态时隙的编号为 7）不能在当前循环中发送，因为其使用的微时隙编号为 9，大于 pLatestTx（本例中，pLatestTx = 8）。

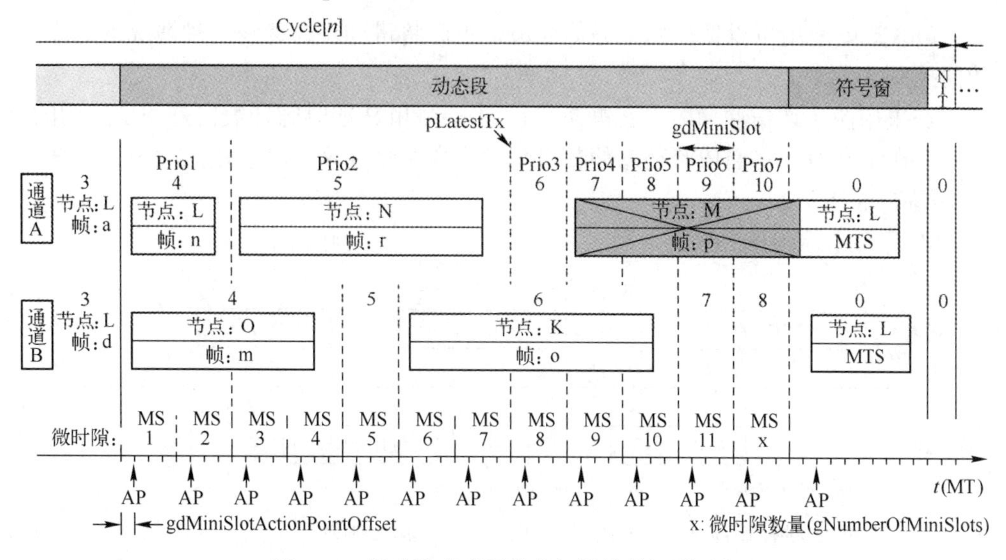

图 7-26　微时隙序列保持其初始编号规则不变

【情况 2】节点希望发送长报文或低优先级报文。

以图 7-27 所示的情形为例。假设在处于启动过程的通信循环开始时，节点 N_1 和 N_2 都处于发送就绪状态，待发送的报文为{m_1($pLatestTx_{N1}$ = 9)，m_2($pLatestTx_{N2}$ = 6)，m_3($pLatestTx_{N1}$ = 9)}，其中，m_1 的优先级最高，m_2 次之，m_3 最低。

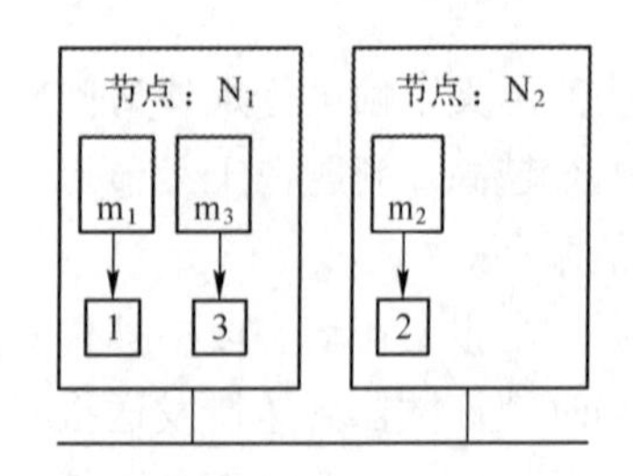

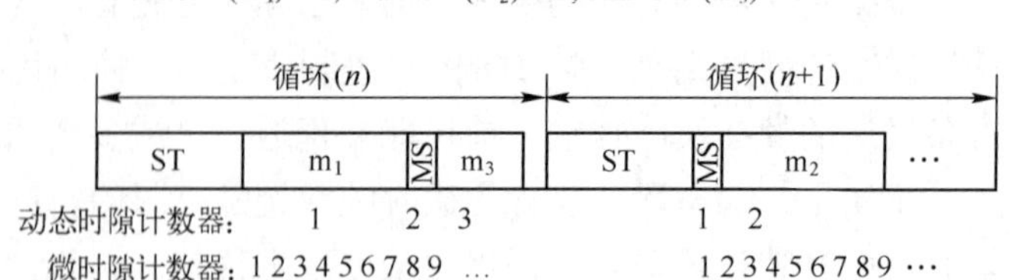

图 7-27　动态段传输的情形

报文 m_1 的优先级最高，在第一个循环中被发送。当报文 m_1 被发送完毕时，微时隙计数器的值为 8，这个值大于节点 N_2 的 $pLatestTx_{N2} = 6$。因此，尽管报文 m_2 的优先级比 m_3 高，但是 m_2 不能在当前通信循环中发送，不得不尝试在下一个通信循环中访问网络。由此产生的结果是，优先级较高的报文被传输的次序落后于优先级较低的报文（优先级倒置）。

动态段在媒体访问条件方面的特点概括如下：

① 根据离线建立的优先级顺序访问媒体；

② 报文持续时间与动态段剩余时间相适应；

③ 在下一循环中通信的可能性取决于上述①和②两个条件。

7.4.4　关于双通道应用的补充说明

FlexRay 应用可以使用两个通信通道，下面将进一步讨论在这种情况下的媒体访问控制。

在采用两个通信通道时，在静态段，通道 A 和 B 的时隙计数器是同步递增的。然而，在动态段，它们依照动态仲裁机制独立自主地递增，动态段的时隙计数器计数如图 7-28 所示。

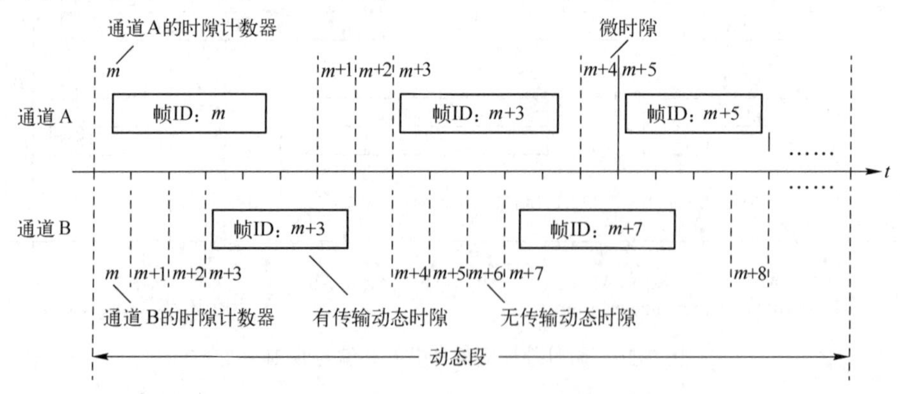

图 7-28　动态段的时隙计数器计数

尽管两个通道的仲裁网格是严格一致的，且使用共同的仲裁网格计时方法，但在动态段中以微时隙为单位计时，通道 A 和 B 上的媒体访问和通信不必同时发生，媒体 A 和媒体 B 的访问如图 7-29 所示。

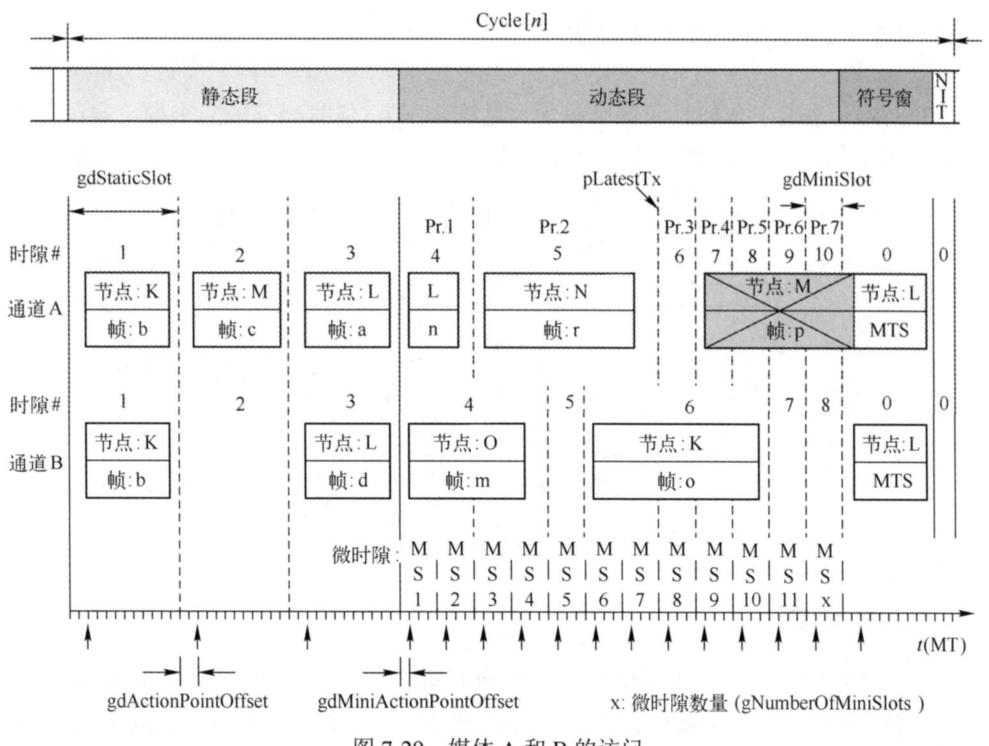

图 7-29　媒体 A 和 B 的访问

对于给定的簇，动态段的微时隙数量是一个全局常数。节点按通道来维护它的两个时隙计数器。每当动态时隙结束时，节点使时隙计数器 vSlotCounter 增 1，该过程会一直持续下去，直至下述两种情况之一出现时为止。

① 相关通道的时隙计数器值已经达到最大时隙 ID 编号（cSlotIDMax）；

② 动态段的微时隙计数器值已经达到 gNumberOfMinislots，即到达动态段的末端。

当满足上述条件之一时，节点将相应的时隙计数器设置为零，以用于通信循环的其余部分。

仲裁过程保证所有无故障的接收节点能够知晓动态时隙何时开始数据传输，并且保证这些接收节点的微时隙计数是一致的，由此确保了所有接收节点的时隙计数、发送节点的时隙计数和被发送数据的帧 ID 三者保持一致。

7.5　FlexRay 时间同步

时分多路访问型网络要求节点彼此之间时间同步，然而，每个节点的微处理器和时钟等是专用的，若不采取同步措施，很难使节点之间的时间长期保持一致。FlexRay 总线采用了 TDMA 型媒体访问方式，且初始拓扑结构是多变的，确保簇中节点的时间同步至关重要。

7.5.1　FlexRay 的计时层次

FlexRay 采用了全局时间这个概念（见第 4 章），将时间分成三个抽象层：微节拍层、宏节拍层和通信循环层，如图 7-30 所示。

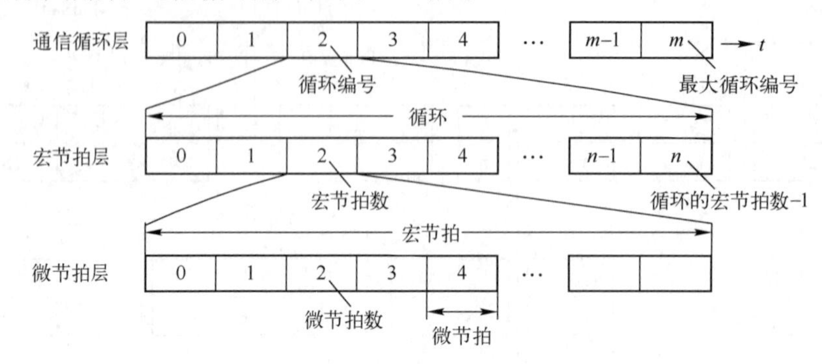

图 7-30　FlexRay 的时间层次

1. 微节拍层

微节拍的粒度（μT）是节点的本地时钟粒度，取自通信控制器的时钟信号。一个节点的 μT 是该节点特有的，并不属于整个网络。在簇范围内，FlexRay 实现宏节拍同步，而不是微节拍同步。如果簇内的所有节点是时钟同步的，那么它们的宏节拍长度是相同的，但各个节点的宏节拍所包含的微节拍数量可能不同。

2. 宏节拍层

宏节拍代表网络的最小全局时间单位（最小时间粒度）。一个宏节拍包含整数个微节拍，宏节拍的粒度与特定的网络参与者（簇范围）有关。

在任意时刻，每个宏节拍所包含的微节拍数量为 MT/μT，这个比值是节点在本地利用同步算法建立的，会受到时钟同步机制的影响。由于各个网络节点的微节拍粒度存在差异，因此宏节拍所包含的微节拍数量随着节点的不同而不同。另外，在通信循环过程中，即使在同一个节点内，每个宏节拍包含的微节拍数量也会不同。

尽管任何一个宏节拍都由整数个微节拍组成，但是一个完整通信循环内的全部宏节拍的平均持续时间可以不是整数值，即它可以是整数个 μT 与 μT 的一部分之和。这种时间调整是通过巧妙计算 MT（MT 本身直接与 μT 相联系，而 μT 与 CPU 微处理器的频率绑定）的值获得的，目的在于让出现在网络上的信号与微处理器之间保持时间同步。

3. 通信循环层

通信循环是由整数个宏节拍组成的，相关规定如下：

① 连续通信循环的编号为 $2n+x$（见下文）。

② 在同一簇中，所有节点的通信循环拥有相同数量的宏节拍。

③ 在任何给定的时间点上，所有的节点必须具有相同的循环编号，需要同时对编号进行管理，即使簇处在尚未完全同步时的循环边界上，循环编号的差异也不能超过 1，且持续时间不超过簇的精密度。

④ 在任何情况下，每个通信循环的宏节拍数量相等，都为整数 k（k 是网络常数）。

⑤ 每个 FlexRay 循环的持续时间为 k·MT。

簇的全局时间是簇内节点形成的一个时间共识，FlexRay 没有一个绝对的全局时间，每个节点对全局时间都有自己的本地观测。本地时间是以全局时间的本地观测为基础的，每个节点必须应用时钟同步算法，将自己的本地观测时间调整为全局时间。

7.5.2 网络时间同步方面的要求

FlexRay 网络对时间同步的要求如下：

① 支持网络可伸缩性（Scalability）和拓扑结构可变性（Variabilty）。在采用单通道模式时，通信通道上可以存在多个相互独立的节点簇，各个簇之间能够彼此连接。在采用双通信通道模式时，通信通道 A、B 上的各个簇之间存在某种具体关系。

② 拥有一个非常精确的全局时钟。要求尽量使位时间等于或接近理想值。在位速率为 10 Mbps 的情况下，位时间的理想值为 100 ns。

③ 相位和位速率所带来的最大总误差不超过 1 μs。在位速率为 10 Mbps 的情况下，1 μs 相当于 10 位二进制数对应的时间。

④ 高效利用系统的带宽。

⑤ 合理安排容错，让可接受的不对称故障多达两个。

⑥ 拥有强大的内在鲁棒性，以便能在没有同步设备协助的情况下维持几个通信循环。

⑦ 能够容忍常用石英振荡器的漂移。

借助于同步过程，可让一个簇中的每个节点彼此保持同步。同步过程能够根据同一簇中各个节点的本地时钟，定义或获得一个共同的基准时间，即全局时间。这样做的最终目的是为了获得用于簇的全局时钟、共同循环启动时间和共同循环持续时间。

上述目标的实现需要分成几个阶段进行，主要工作是控制宏节拍和微节拍，确切地说，是控制它们之间的比值。节点根据这些参数，可以计算网络所重视的时间。

（1）本地时间

每个节点需要计算各自的微节拍持续时间（pdMicroTick），该时间与每个微节拍的时钟周期数（pSamplesPerMicroTick）、时钟周期（gdSampleClockPeriod）之间满足如下关系：

$$pdMicroTick = pSamplesPerMicroTick \times gdSampleClockPeriod \tag{7-4}$$

（2）位时间

位时间（gdBit）由全局时间派生而来，而全局时间由本地节点进行计算。该时间是每位所需时钟周期数（cSamplesPerBit）与时钟周期之积：

$$gdBit = cSamplesPerBit \times gdSampleClockPeriod \tag{7-5}$$

（3）全局时间

网络参入者共有的时间，其最小时间单位为宏节拍，宏节拍长度（gdMacroTick）与每个宏节拍的微节拍数（pMicroPerMacroNom）和微节拍的持续时间（pdMicroTick）之间的关系如下：

$$gdMacroTick = pMicroPerMacroNom \times pdMicroTick \tag{7-6}$$

循环长度（gdCycle）、每个循环的宏节拍数（pMacroPerCycle）和宏节拍的持续时间（pdMacroTick）之间的关系如下：

$$gdCycle = pMacroPerCycle \times pdMacroTick \tag{7-7}$$

图 7-31 给出了 FlexRay 型网络所使用的一组时间基准。表 7-3 给出了网络中与全局时间相关的参数。

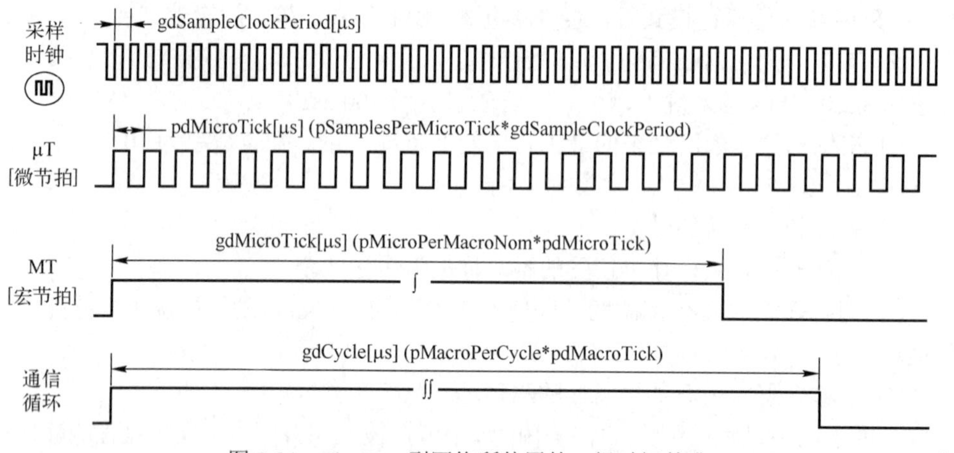

图 7-31　FlexRay 型网络所使用的一组时间基准

表 7-3　网络中与全局时间相关的参数

参数	值	单位	可能取值范围
节点的石英振荡器（Quartz Oscillator of Node）	20	MHz	—
PLL 的倍增因子（Multiplication Factor of PLL）	4	—	—
时钟节拍振荡器（Clock Tick Oscillator）	80	MHz	20/40/80
振荡器的周期（Period of Oscillator）	12.5	ns	50/25/12.5
每个微节拍的时钟数（Number of Clocks Per Microtick）	2	1/μT	1/2/4
微节拍的持续时间（Duration of Microtick）	25	ns	12.5/25/50/100
总线速度（Bus Speed），即位速率	10	Mbps	2.5/5/10

续表

参数	值	单位	可能取值范围
位持续时间（Bit Duration），即位时间	100	ns	400/200/100
每位的微节拍数（Number of Microticks Per Bit）	4	μT/bit	—
每位采样（Samples Per Bit）	8	—	8
通信循环（Communication Cycle）	2	ms	0.010～16
每个循环的宏节拍数（Number of macroticks Per Cycle）	2000	MT	10～16000
宏节拍的持续时间（Duration of Macrotick）	1	μs	1～6
每个宏节拍的位数（Number of Bits Per Macrotick）	10	—	—
每个宏节拍的微节拍数（Number of Microticks Per Macrotick）	40	μT/MT	40～240
每个循环的微节拍数（Number of Microticks Per Cycle）	80000	μT	640～640000

7.5.3 时间同步问题的解决方案

为了创建网络的全局时间，FlexRay 协议在每个通信循环的末端引入了网络空闲时间（NIT）段。这是一个短暂的时间间隔，在此期间，媒体上不传送任何信息，但节点可按照要求恰到好处地延长或缩短这个间隔，对通信循环的持续时间进行小幅调整。不仅如此，这个时间间隔还有助于解决时间同步中的其他问题。

在 FlexRay 协议的时间同步解决方案中使用了 FTM 算法，下面将按照容错同步算法的主要步骤（见第 4 章），详细说明 FlexRay 建立全局时间的方法和工作原理。

1. 确定同步序列的参与者

创建全局时间的第一步是定义参与时钟同步序列的各个节点。让节点进入同步序列的因素很多，如系统设计师的要求、节点执行的任务或特定的条件等。

在通信循环期间，发送节点为表达参与同步序列的愿望，在分配给它的静态时隙的开始处，通过通信帧帧头的第 4 位，向簇内所有其他参与者表明它将发送的帧是一个同步帧，其作用是参与网络的同步。在同一通信循环中，凡是希望参与同步操作的节点都要在它们的专用静态时隙中发送同步帧。

在形成同步序列的过程中，每个节点的本地观测只能通过本地时钟来进行。各个节点精确地了解本地时钟的特性及参数值，能够以本地微节拍（μT）为单位量化所有的时间差异。

在观测期间，处于观测状态的节点预先了解网络访问的期望发生时刻（之所以选择静态段，就是因为在此期间的访问时间是确定的），并且能够参照自己的时钟，记录网络访问的实际发生时刻。根据网络访问的这两个时刻，节点可以建立自己与各个同伴之间的联系。

2. 时间偏差测量

当所有节点采用的传输速率相同时，如何让每个节点在正确的时刻启动帧传输就成为一个重要问题。原则上，本地节点通过测量帧传输的实际开始时刻，并将这些时刻与它所期望的开始时刻相比较，可以直接得到自身的相对偏差。

在传输媒体上，一个新的通信循环开始后，节点根据本地时钟和自己的全局时间看法进行通信。当时间到达预定义的值时，需要通信的节点立刻开始在保留给它的静态时隙中发送帧，网络上的其他节点在期望的时刻等待接收帧，这些节点的期望时刻与本地全局时间值有关。全局时间差如图 7-32 所示，在该图中，节点 A 在时隙 5 发送帧，节点 B 等待接收帧，节点 B 等待接收节点 A 所发送帧的时刻与节点 B 的本地全局时间值相联系。显然，被发送的帧准时到达的概率很小，要么提前，要么推迟。对于来自发送器 A 的帧，节点 B 利用自己的时钟，以本地的 μT 为单位记录帧的到达时刻，并测量帧的实际到达时刻与期望到达时刻之间的时间差异（正值或负值）。节点 B 的通信控制器以本地时间分辨率 μT 来测量、估计和量化全局时距（Global Time Distance），与节点 A 的通信控制器是有区别的。

由 4 个节点形成的同步序列如图 7-33 所示，图中用 4 个节点参与的同步序列描述了网络在给定时刻的整体情况，各个节点之间的时间差异是每个节点参考自己的时钟形成的。

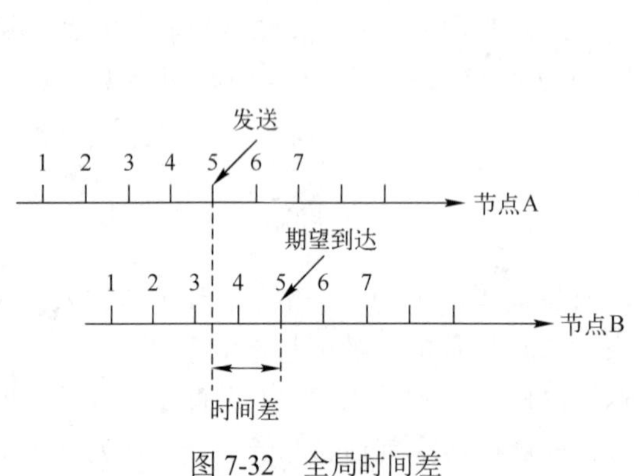

图 7-32　全局时间差

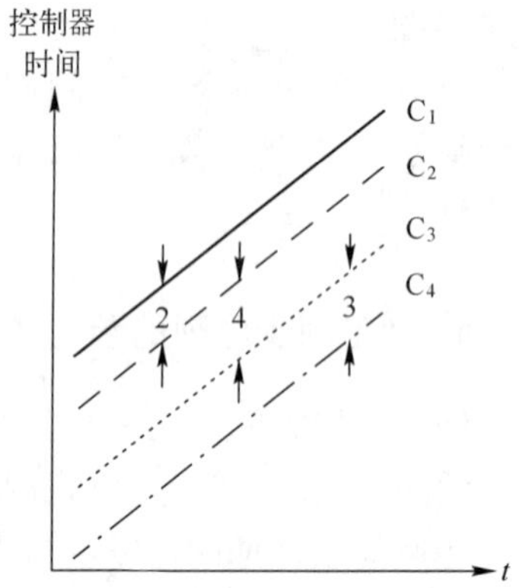

图 7-33　由 4 个节点形成的同步序列

① 控制器 C_1：在 C_1、C_2、C_3、C_4 上的时间差异分别为 0μT、−2μT、−6μT、−9μT；
② 控制器 C_2：在 C_1、C_2、C_3、C_4 上的时间差异分别为+2μT、0μT、−4μT、−7μT；
③ 控制器 C_3：在 C_1、C_2、C_3、C_4 上的时间差异分别为+6μT、+4μT、0μT、−3μT；
④ 控制器 C_4：在 C_1、C_2、C_3、C_4 上的时间差异分别为+9μT、+7μT、+3μT、0μT。

3. 持续时间测量

为了实现速率修正，FlexRay 引入了持续时间测量，主要工作是测量同一个帧标识符从一个循环到另一个循环的重复期。这项测量并不困难，因为通信循环及其结构是重复性的，节点利用自己的时钟就能测量具有相同含义的事件的重复期。例如，从一个循环到另一个循环，同一静态帧的开始时间之间的时间长度。在考虑一对通信循环中发生的情况时，FlexRay 将编号为偶数的循环作为循环对的参考（起始）循环。

图 7-34 描述了 FlexRay 所用的持续时间测量方法。在测量过程中，本地节点根据自己的微节拍（μT）测量另一个节点的循环持续时间，并且确切地知道自己赋予循环持续时间的微节拍（μT）数量，通过简单计算两个时间值之差（正值或负值），完全有能力推断出自己与所考虑的发送节点之间的速率差异。

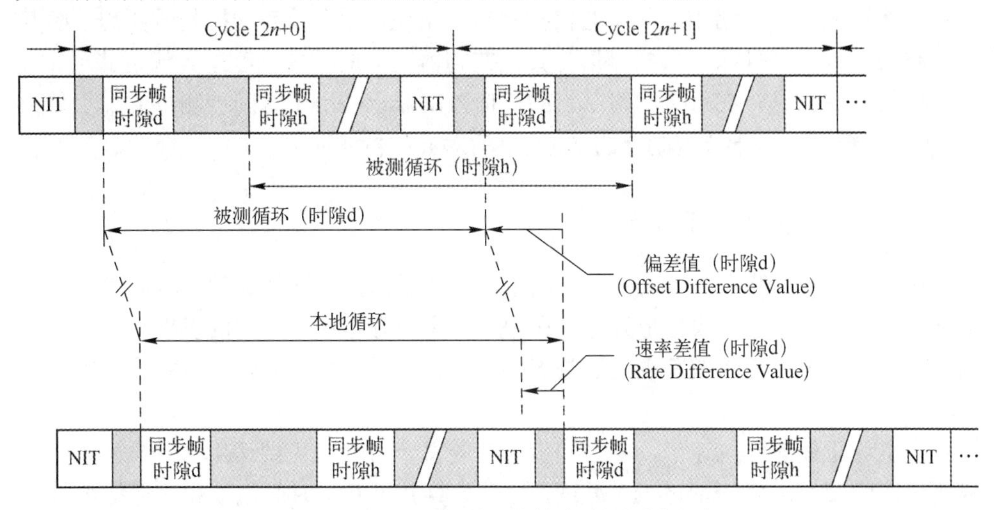

图 7-34　FlexRay 所用的持续时间测量方法

4. 多合一测量

静态时隙就包括在静态段内，上述相位（偏差）测量和持续时间（速率）测量都在静态段进行，两种类型的测量可在单次传递中实施。

在一个通信循环对中，节点通过测量同一个帧的连续两个（如第一、第二个循环的静态时隙 1 中的同步帧 d）起始点之间的时间差，可以估算发送节点的通信循环持续时间。

如图 7-34 所示，上半部分所示的网络循环时间和静态帧发送时间基于应用过程中的簇时间（Cluster Time）；下半部分描述了同一个通信循环到达同一网络的某个节点的终端时的情况。当接收节点发现属于某个特定时隙的帧开始传输时，它能够计算出这个帧在下一个通信循环的同一时隙中再次开始传输的正常时刻。但是，由于接收节点和发送节点的时隙之间存在位速率或相位差异，因此，在第二个循环中，这个帧不会在期望的时刻开始。利用本地的时钟和 μT 计数器，接收节点可以估算期望时刻和实际发生时刻之间的差异，即增加或减少的 μT 个数。

不难看出，在测量过程中，接收节点可以利用其本地时钟计算下述两个量。

（1）循环时间偏差

通过在特定时隙中接收帧所占用的时间，接收节点能够推断出本地循环持续时间是否太长或太短，并通过减少或增加形成宏节拍（MT）的本地 μT 数量，缩短或延长循环持续时间。接收节点通过这样做来调节自己的位速率，以便与发送节点相适应。图 7-34 所示的速率差值说明了这一点。

（2）到达时间偏差

媒体传播时间、有源星和所考虑节点的本地时钟等使帧的到达时间存在偏差。在循环开始处的时间偏差值如图 7-34 所示。

上述情况会在网络中的每个通信控制器上出现，一个节点的控制器要想了解其他控制器上发生了什么，只要测量与其他控制器之间的循环长度差异就足够了。

值得注意的是，在每个网络节点的通信控制器上，用于时间差测量的最小单位（分辨率，粒度）等于该控制器的本地 μT 所对应的持续时间。

5. 偏差和速率修正值计算

在 FlexRay 网络上，借助于上述测量，每个通信控制器能够拥有时间差方面的全部信息。这些信息以表格形式存放在中间结果暂存器中，所用的表格有两个，分别为时间偏差表和速率偏差表，这些表格是进行偏差（相位）和位速率修正值计算的基础。

为了修正偏差和位速率，参与同步序列的每个节点首先要运用 FTM 算法，完成差异值的阈值（Thresholding）处理，然后计算并推断出时间偏差和循环持续时间的修正值。FTM 算法的工作原理见第 4 章。FlexRay 之所以采用这个算法，一方面是为了减少组件的硬件设计，另一方面是为了消除某些无规律故障所造成的影响。遗憾的是，这种算法仍然没有消除某些系统性二阶误差，如运行时间抖动、粒度限制和振荡器非线性。

FTM 算法的实现过程分为以下 4 步。

① 将相位和位速率所对应的带符号差异值分别按代数值降序排列。

② 阈值处理，即去除最大差异值和最小差异值。这一步需要考虑同步序列中的实际节点数量，一般不超过 15 个。事实上，被去除的极端值的数量取决于同步阶段网络上存在的节点数量，理由很简单，节点越多，远离平均值的极端值越多。设参数 x 表示必须除去的最大和最小差异值数量，同步节点数量与 x 之间的函数关系如表 7-4 所示。

表 7-4　同步节点数量与参数 x 之间的函数关系

同步节点的数量	参数 x
1～2	0
3～7	1
>7	2

③ 计算代数平均值。把去除了 x 个最大差异值和 x 个最小差异值之后表中所剩的最大值与最小值之和除以 2，如果结果不是整数，那么将所获得的值舍入到与

之最接近的低值，修正值计算如图 7-35 所示。

④ 将获得的结果作为本地节点即将应用的修正值。

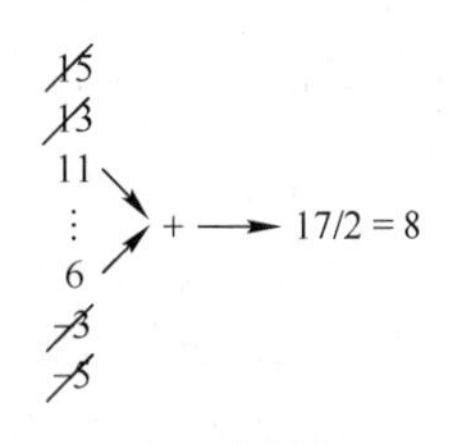

图 7-35　修正值计算（x=2）

【例 7-1】 节点 F 和另外 8 个节点处在同步阶段，节点 F 上的通信控制器通过测量构建了时间和速率差异表，两个表格合并后的测量值汇总表如表 7-5 所示，其中，偏差列和速率列分别源自时间偏差表和速率偏差表，计量单位都是节点 F 的本地 μT。试计算节点 F 的偏差和速率修正值。

表 7-5　测量值汇总表

时隙（Slot）	测量值 / (μT)	
	偏差（Offset）	速率（Rate）
d	4	−9
h	−3	1
m	7	−8
o	6	2
r	−1	12
u	1	6
y	0	−9
z	−1	−2

解　FTM 算法在两列中的应用方法是相同的，修正值的获取过程如下：

① 按代数降序排序。

- 偏差序列：{7，6，4，1，0，−1，−1，−3}；
- 速率序列：{12，6，2，1，−2，−8，−9，−9}。

② 阈值处理。除节点 F 外，还有 8 个节点也处在同步阶段，由表 7-4 可知，x=2。去除极端值后得：

- 偏差序列：{4，1，0，−1}；
- 速率序列：{2，1，−2，−8}。

③ 对序列中剩余的最大值和最小值求代数和及均值，从而获得修正值。

- 偏差修正值：(4−1)/2→1；
- 速率修正值：(2−8)/2→−3。

6. 修正值的应用

有了施加到偏差和速率的修正值之后，接下来就要考虑这些修正值的应用问题。为方便读者理解 FlexRay 所采用的修正值应用方法，下面将首先介绍与之密切相关的循环时间构建问题。

(1) 循环时间的构建

循环时间由网络时间派生而来，而网络时间由本地节点进行计算。这种计算要把下述两个事实考虑在内：第一，节点的本地时间是物理上存在的，不是抽象的；第二，在任何情况下，循环持续时间所包含的 MT 数量为网络常数 k。

为确保本地时钟与出现在网络上的物理信号之间能够实现同步，MT 首先需要借助于 μT 进行自我组织，然后才能伴随网络的运行，运用同步算法进行计算或调整。MT 的构建方法不同于 μT，μT 只是简单地与电子结构相联系，而 MT 需要按某种方法进行计算。

此外，在同一节点内，在从一个宏节拍过渡到到另一个宏节拍时，两个宏节拍各自所包含的 μT 数量可能不同。尽管在网络启动阶段 MT 的初始值为整数个 μT，但在一个完整通信循环中，MT 的平均值可能不是整数值，也就是说，它可能等于整数个 μT 加上 μT 的一部分。网络和微处理器信号的同步由宏节拍提供，而宏节拍的时间是通过计算来调整的。接下来将详细讨论这个问题。

每个（本地）通信控制器必须管理 3 个相关联的值 / 参数，它们是 k、n_i 和 d_i。

① k：网络常数，表示每个通信循环中的 MT 数量（整数）。

② n_i：节点 i 的控制器配置参数，表示初始化阶段为 MT 指定的 μT 数量（整数）。

③ d_i：节点 i 的本地参数，表示当网络已决定将全局时间作为每个参与者的时间性能函数后，节点 i 在对每个循环做调整时所附加的 μT 数量（正值或负值）。

原则上，无论发生什么情况，每个通信循环都由 k 个 MT 组成。由于 n_i 也是一个整数，因此，在理想情况下，如果所有控制器的 n_i 都一样，那么一个通信循环应该等于 $k×n\_i$。然而，在现实情况中，所有控制器的 n_i 是不同的，而 k 又是一个全局网络常数，每个节点只有通过调整本地的 μT 数量 d_i，才能在任何情况下维持输出通信循环时间总是等于 k 个 MT。因此，在正常运行过程中，对于每个节点（设为 i），下列等式在任一时刻都成立：

$$\text{一个通信循环} = k \cdot \text{MT} = (k \times n\_i + d\_i) \cdot \mu\text{T} \tag{7-8}$$

由上式可得，

$$\text{MT的平均值} = (n\_i + d\_i / k) \cdot \mu\text{T} \tag{7-9}$$

每个节点通过对附加的 μT 数量 d_i 进行智能化处理，可以增加或减少自身的循环时间值，把自身的时间调整到所有网络参与者共有的全局时间。这里，读者应注意以下两点：

① 附加的 μT 数量 d_i（代数）是节点 i 的控制器本地值，时间同步机制会影响这个值。

② 通信循环由 k 个 MT 构成，将 d_i 个附加的 μT 均匀地分配到 k 个 MT 也是相关节点硬件的职责。

（2）偏差修正

偏差修正的目的是为了减小相同频率的振荡器之间可能出现的相位误差。至此，本节尚未讲述如何成功地保持所有节点的位速率相同，为了清楚地说明问题，先假设所有节点以相同的位速率运行。

① 何处应用偏差修正。与相位相关的参数存储在微处理器的寄存器中，这些参数的调整只可在下一个循环来临之前的 NIT 期间进行。在 NIT 期间可以计算偏差修正值、将修正值应用于微处理器参数等。

② 何时应用偏差修正。每个循环中都可以实施偏差测量，但那些与循环持续时间测量相关的偏差测量，只能在成对的循环上进行。由此导致的结论是：要使位速率和相位具有很好的一致性，只有在速率和偏差修正值同时可用时，才能在通信循环中插入微处理器参数的修改值。这样做的结果是，这些修正原则上会在下一个通信循环对中起作用，而不是从一个循环到另一个循环。

③ 如何应用偏差修正。FlexRay 协议采用偶 / 奇循环进行工作，偏差修正只能在奇数循环的 NIT 期间启动、执行和起作用。

根据 FlexRay 协议的定义，每个循环所包含的宏节拍（MT）数量是恒定的。因此，只有通过延长或缩短 NIT 段所包含 MT 的持续时间将新循环的起点位置调整（向前或向后）到网络全局时间，如图 7-36 所示，完成偏差修正。

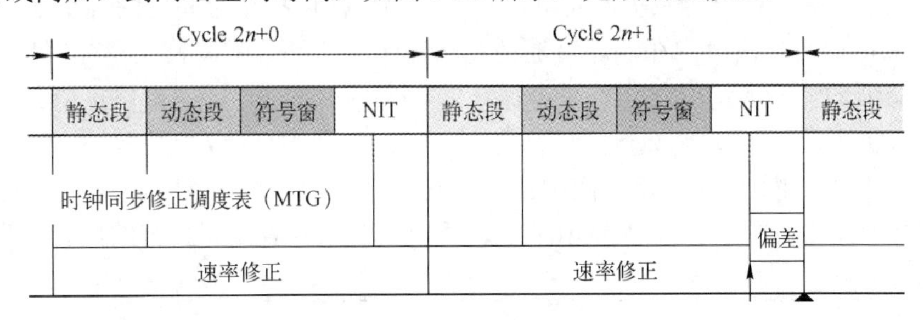

图 7-36　偏差修正

通常，当微处理器完成测量之后，将 d_i [参考式（7-8）]加上或从 d_i 中减去前面介绍的带符号偏差修正值，足以用来调整（增加或减少）其通信循环的长度。

在每个奇循环开始前后，节点从自己的视角调整全局时间，偏差修正前后的状态如图 7-37 所示。显然，经过调整节点的本地时间更接近全局时间了。然而，经过偏差修正处理之后，一些系统性相位误差仍然存在，原因在于：

① 运行时间抖动。

② 测量粒度（分辨率）的量化单位为 μT。

③ 高阶现象，如振荡器非线性的影响。

④ 控制器之间的位速率差异。

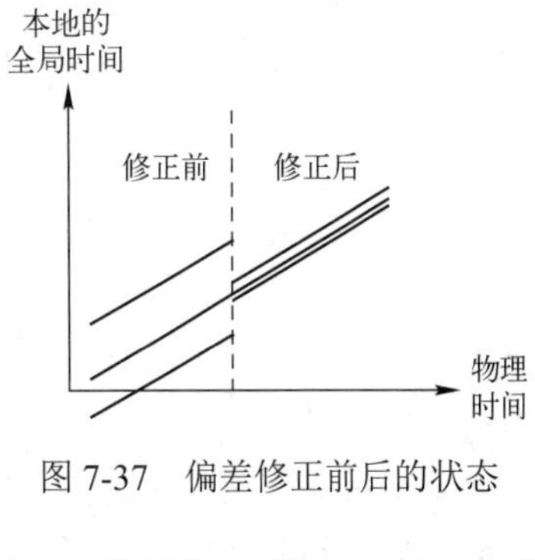

图 7-37　偏差修正前后的状态

偏差修正要想正常发挥作用，各个节点的位速率要非常接近。然而，在工业背景下，石英晶体振荡器的频率漂移每十年可达±250 ppm，对于以 10 Mbps 运行的系统，这相当于在一个 20 ms 的通信循环里可能产生 40 μs 的时间变动（400 个位时间），变化非常之大。FlexRay 系统要求通信循环为 20 ms 时的时间变化必须在微秒（即位时间为 100 ns 的 10 个位）范围内。显然，只靠偏差修正是不够的，还必须考虑实施位速率修正。

（3）速率修正

为使网络参与者的位速率保持一致，FlexRay 采用的方法是让每个参与者的循环时间长度保持相等。要想做到这一点，与上述相位修正略有不同，节点采用速率偏差修正信息来校正循环时间长度。速率修正能够消除运行时间所导致的变化，而偏差修正只影响测量结果。

① 何处应用速率修正。与位速率相关的参数也存储在微处理器的寄存器中，可以在 NIT 期间计算速率修正值、将修正值应用于微处理器的参数等。

② 何时应用速率修正。在一个循环对中获得的与位速率相关的微处理器参数，只能插入下一个通信循环对，即在下一个通信循环对中起作用。

③ 如何应用速率修正。位速率修正是通过调整（延长或缩短）节点本地的通信循环时间来实现的。由于每个循环所包含的 MT 数量始终恒定不变，节点要想修改其本地通信循环时间值，只有改变形成通信循环的 MT 的持续时间，即改变 MT 的指定 μT 数量。这一切似乎很简单，然而，为使循环持续时间内的各个 MT 的持续时间保持均匀和平滑，在偶 / 奇通信循环对上调整和分配与修正值相对应的 μT 数量是必要的。一般情况下，若每个循环的 MT 数量为 k，则速率修正值必须分布到 k 个 MT 上。

速率修正如图 7-38 所示，图中描述了进行速率修正的时刻，这一时刻出现在偶 / 奇循环对的末端。图中也显示了下一个偶 / 奇循环对期间执行的修正动作等。

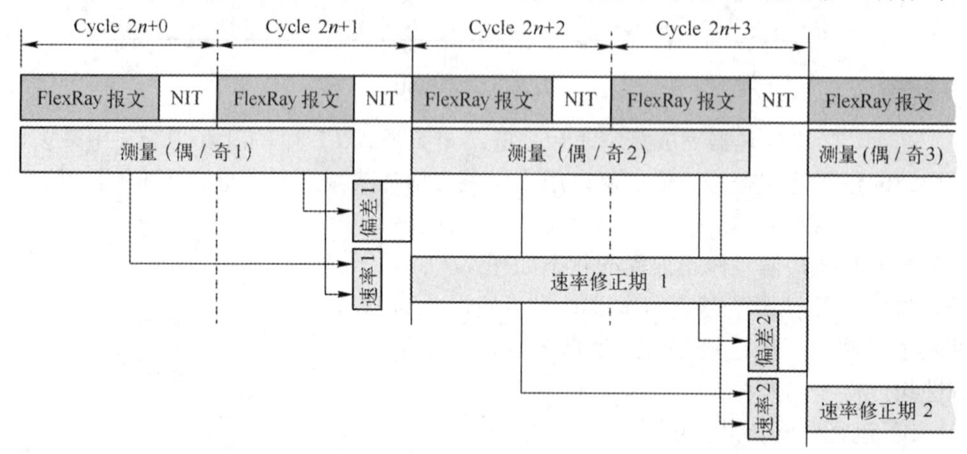

图 7-38　速率修正

经过两个修正动作之后，簇中所有参与者的位速率和相位被同步了，全部节点一起为整个网络虚构了一个用于接下来的两个通信循环的统一的全局时间。很显然，反复进行这些操作，网络会不断地被同步。

总之，如果读者已经很好地理解了本节所讲的内容，那么很快就会明白 FlexRay 采用 NIT 段的目的。NIT 段为实现时间同步提供了一个尽可能短的时隙，在此期间，虽然网络上什么都没有发生，但各个节点通过有趣的努力构造出了上述抽象的全局时间。在任何时刻，没有节点能够给出这个时间的实际值，除非它使网络的位速率极其接近 10 Mbps。

速率和偏差的测量、计算和修正如图 7-39 所示，图中描述了实现相位和位速率值调整的所有步骤，该图既指明了测量和计算速率和相位差异的时刻，也指出了对时隙的时间值进行修正的时刻。

为使整个网络的时间保持一致，需要注意以下几点：

① 每一个循环计算一次相位修正值。

② 每两个循环计算一次位速率修正值。

③ 每两个循环只能应用速率修正值和偏差修正值各一次。

④ 偏差修正利用 NIT 的持续时间，可或多或少地补偿下一个循环的开始时间，并且在接下来的循环中，其作用仍然保持不变。

⑤ 速率修正同样地应用于接下来的两个循环。

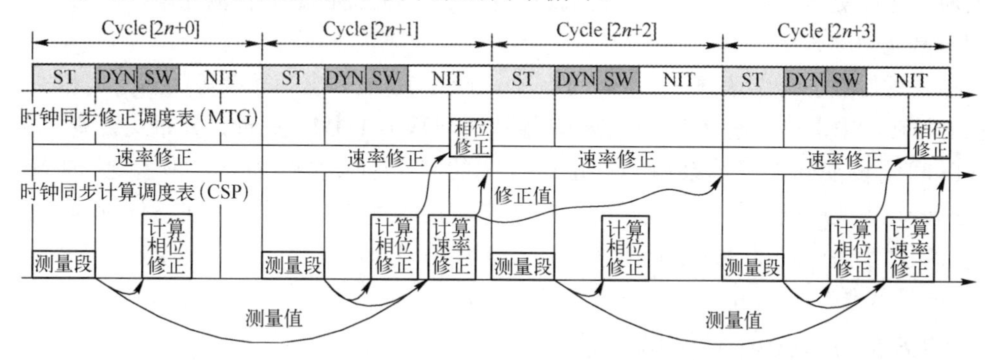

图 7-39 速率和偏差的测量、计算和修正

在本节中我们分别讲述了偏差与速率的测量、计算和应用，为便于读者快速掌握这些内容，表 7-6 对此做了简单汇总。

表 7-6 偏差与速率的测量、计算和应用

阶段		偏差（Offset）	速率（Rate）
测量		所有偶循环和奇循环的静态段期间	两个循环中所有循环的静态段期间
修正值计算		为了使下一个循环的开始发生在正确的时刻，在所有循环的静态段结束和 NIT 段开始之前计算修正值	纠正值的计算要考虑在偶循环和奇循环中测得的值，并且只发生在奇循环的静态段结束之后（即在两个循环之一内）
修正应用	何时	只在两个循环的其中一个中	在两个循环中，但要在偶循环开始之前
	何处	只在 NIT 的偏差修正段（循环之间）期间，而且要在下一个循环开始之前完成	在整个通信循环之上
	如何	通过增加或减少 μT 个数进行相位修正（补偿新循环的开始时间）	利用分布于 MT 的整数个 μT 进行 / 配置位速率值修正

7.6 FlexRay 物理层

在 FlexRay 物理层，数据的传送单位是位，至于那些被传送的位代表什么意思，不是物理层所要管的。物理层主要关心数据的物理信号表达形式、传输媒体、位速率、网络拓扑结构和数据线路端接设备等。为确保正常通信，对物理层的最基本要求是提供网络通信接口的机械、电气、功能和过程特性，以便在数据链路实体之间建立、维护和拆除物理连接。

如同 CAN 协议一样，FlexRay 协议的正式规范中也没有明确定义物理层的传输媒体，没有规定物理连接所使用的接插件规格尺寸、引脚数量和引脚排列。可供 FlexRay 选择的传输媒体有多种，如差分对型有线媒体、光纤等。FlexRay 物理层规范详细介绍了运用差分对型有线媒体时的情况。

FlexRay 物理层的显著特点在于，它的节点必须能够同时支持两个完全独立的物理通道（通道 A 和 B）。使用双通道的目的有两个：第一，在网络正常运行期间使通信速度更快；第二，在某个传输通道发生故障时提供数据传输冗余，增强系统的容错能力。

物理层性能与位速率、媒体访问原理、分布式智能理念和冗余等因素密切相关。在 FlexRay 中，传输速率为 10 Mbps，媒体访问基于 TDMA 原理，分布式智能建立在时间同步基础上，冗余用于满足运行中的高级别安全性需要。所有这一切使 FlexRay 物理层既复杂又难以掌握。接下来，我们将按照信号的创建、传输和接收这个顺序，进一步讲述 FlexRay 物理层及其相关问题。

7.6.1　FlexRay 信号的创建

被发送的电信号（二进制元素）是由通信控制器（CC）创建的。CC 可以是位于微处理器之外的专用集成电路，也可以直接被集成在微处理器中。它的作用是产生标称持续时间为 100 ns 的一系列二进制位（详见 7.8 节）。FlexRay 物理层传输媒体所携带的信号是符合二进制逻辑的电气信号，从理论上讲，这类信号有三个特征：编码、位速率和物理表示。

1. 位编码

位编码描述了逻辑位“1”和“0”的理论表示方法，FlexRay 所采用的位编码为 NRZ 码，这意味着，在每个位时间内物理信号的值不会发生改变。

在通信帧编码部分已经指出，二进制位序列是以 NRZ8N1 型字节为单位进行组织的，也就是说，每 8 个 NRZ 编码位被安排在一个起始（START）位和一个终止（STOP）位之间，使长度变为 10 个二进制位。

2. 位速率

FlexRay 的位速率标称值是 10 Mbps，每位的持续时间只有 100 ns，极其微小的延迟时间、信号传播时间和网络拓扑时间都会对位的传输质量和完整性造成很大的影响。

从在理论上讲，一个持续时间为 100 ns 且长度较大的交替逻辑二进制位序列“1-0-1-0-1-0-…”，在理论上相当于一个占空比为 50/50、速度为 5 Mbps 的方波信号，且该信号是严格对称的。然而，现实情况却略有不同，CC 集成电路的晶体管可能造成占空比存在几纳秒的轻微不对称。FlexRay 规范指出，这种不对称不能超过信号持续时间的 2%，即 2 ns。

3. 位的物理表示

一旦位编码方式确定后，接下来就要定义位编码的物理表示。信号必须由总线驱动器施加到通信线路上，让我们首先讨论总线驱动器在理论上要产生的物理结果。

原则上，位的物理表示形式多种多样。现有的 FlexRay 物理层规范只针对差分对型有线媒体给出了位的物理表示形式。使用差分对型有线媒体的位的物理表示如图 7-40 所示。

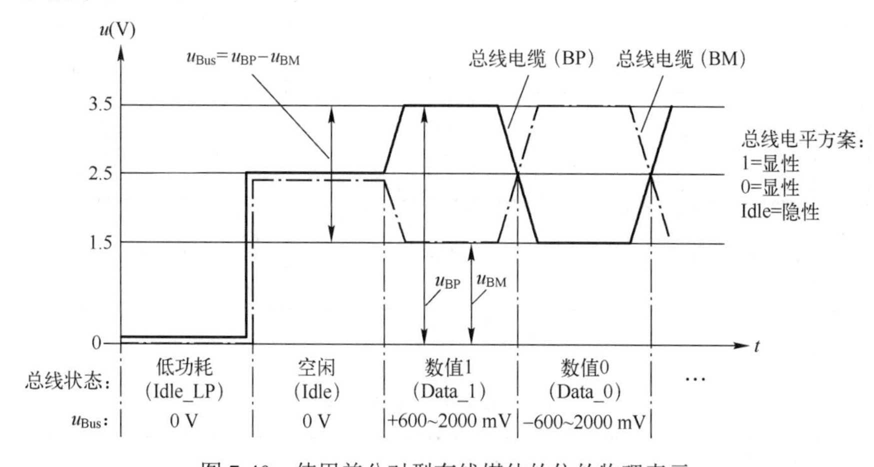

图 7-40　使用差分对型有线媒体的位的物理表示

图中，BP 和 BM 表示 FlexRay 总线的两条导线，两者之间的差分电压用 u_{Bus} 表示。

$$u_{Bus} = u_{BP} - u_{BM} \tag{7-10}$$

式中，u_{BP} 和 u_{BM} 是相对于系统参考电压（地，0 V）的电压值，需要分别进行测量。总线上呈现出的状态有 4 种，分别为低功耗（Idle_LP）、空闲（Idle）、数值 1（Data_1）和数值 0（Data_0），各个状态的定义如下。

① Idle_LP：低功耗模式，如休眠（Sleep）、待机（Standby）等。导线 BP 和 BM 都通过下拉电阻接地，差分电压为 0 V。

② Idle：空闲模式，网络上没有数据，但簇内至少有一个节点不处于低功耗模式。BP 和 BM 都处于空闲电压电平（Idle Voltage Level），差分电压为 0 V。

③ Data_1：$u_{Bus}=u_{BP}-u_{BM}$为正值。总线驱动器在 BP 和 BM 之间建立正差分电压，差分电压为 600～2000 mV。

④ Data_0：$u_{Bus}=u_{BP}-u_{BM}$为负值。总线驱动器在 BP 和 BM 之间建立负差分电压，差分电压为-600～2000 mV。

7.6.2　FlexRay 信号的传输

本节着重讨论与节点间信号传输有关的两个问题：媒体和网络拓扑结构。

1. 媒体

从理论上讲，FlexRay 总线和 CAN 总线一样，能够使用各种媒体，如双绞线、同轴电缆以及光缆、空气、海水、外层空间等。然而，对于正在发展之中的 FlexRay，为了满足市场需要，从一些特性和成本已知的具体事物开始是必要的。因此，FlexRay 规范首先定义了使用双绞线（也称为差分对型媒体）时的情况。

在 FlexRay 中，双绞线是否屏蔽一般不再作为可选项，物理层明确规定了电缆屏蔽方法，如图 7-41 所示，屏蔽电缆电路参数如表 7-7 所示。

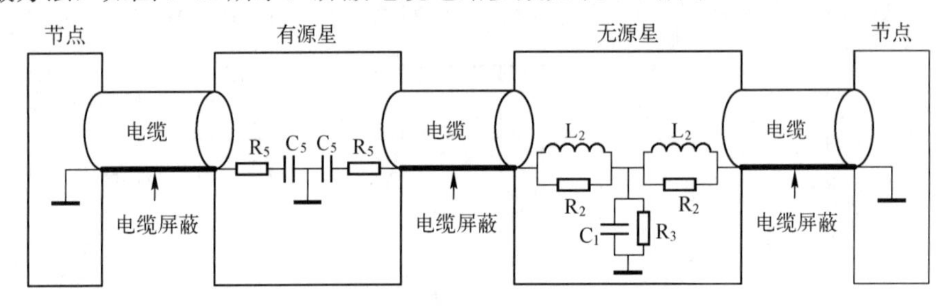

图 7-41　电缆屏蔽

表 7-7　屏蔽电缆电路参数

名称	描述	典型值	单位
R_5	阻尼电阻	1000	Ω
	容差	1	%
C_5	电容	470	nF
	容差	10	%
L_2、R_2、R_3和 C_1	无源星的组件（见拓扑结构部分）		

2. FlexRay 的拓扑结构

根据定义，FlexRay 支持单通道应用和双通道应用。

单通道应用不仅有助于减少电缆等方面的费用，而且由于不存在空间上相邻的第二个通道，避免了电耦合现象（串扰）的产生。

双通道应用适合于无冗余系统和冗余系统。对于无冗余系统，各个通道可以连接网络上的部分或全部节点，通过在节点之间传输无冗余信息来明显提高网络的总位速率；对于冗余系统，同一信息可在两个通道上各传输一次，具有严格意义上的冗余性，也就是说，当一个通道发生故障时，另一个通道仍能支持信息的传输。

FlexRay 网络节点可采用单通道或双通道连接，拓扑结构不仅种类多，而且都有独立的端接方式，拓扑结构示例如图 7-42 所示。为简单起见，图中的粗实线表示两条总线电缆，黑色小方块“■”表示总线末端安装了终端电阻，白色小方块“□”表示总线末端未安装终端电阻，数字符号 1、2 和 3 等表示节点。

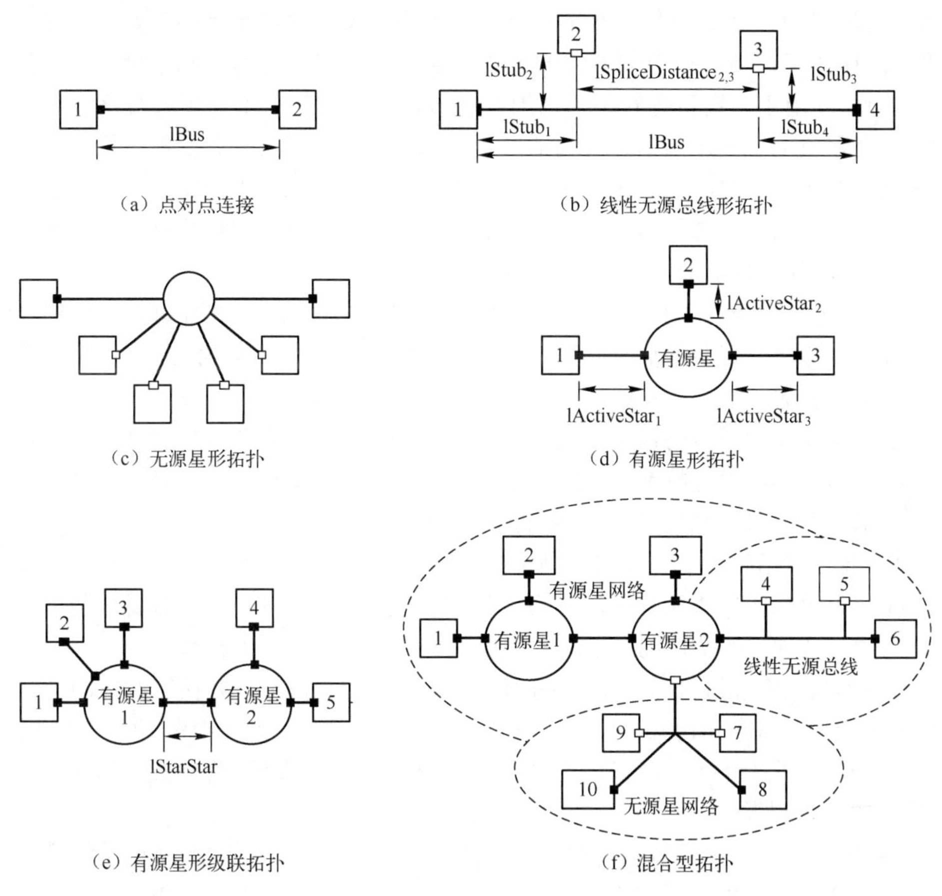

图 7-42　FlexRay 拓扑结构示例

① 点对点连接。如图 7-42（a）所示，这种连接是节点之间的最简单连接，可作为复杂总线构成的基本元素。FlexRay 规范指出，两个节点之间的最大总线长度（IBus）不能超过 24 m。

② 线性无源总线形拓扑。这种拓扑在传输通道上没有布置任何有源组件，节点（总数< 22 个）通过长短不一的支线（Stub）连接到总线，如图 7-42（b）所示。其中，IBus 表示相距最远的两个节点之间的距离（≤ 24 m）；IStub_i 表示支线长度；$\mathrm{ISpliceDistance}_{m,n}$ 表示支线连接点之间的距离。

③ 无源星形拓扑。如图 7-42（c）所示，它是线性无源总线的一种特殊情况。在这种结构中，公共中心点是一个“大焊点”，节点通过支线连接到中心点。为使这类拓扑结构真正起作用，要求两个节点之间的距离≤ 24 m，节点数量≤ 24 个。

对于无源星形拓扑结构，可在距离最远的两个节点上安装线路终端电阻，该终端电阻应等于或略大于正常的电缆阻抗，其他节点采用高阻抗的分离端接方法（如 2×1300 Ω+4.7 nF）。

④ 有源星形拓扑。有源星形拓扑是在有源星形设备和节点之间建立的点对点连接，如图 7-42（d）所示。与前面所描述的无源星不同，有源星包括的有源星形设备是智能电子装置，能够实现多种功能，如将报文路由到正确的节点，或在出现链路故障的情况下断开一个或多个分支等，也可对信号进行对称和幅度补偿（类似于中继器）。由于该设备是有源的，因此它被认为必须是一个真正的线路终端，在它的每个端口上必须包括一个线路适配器（Adapter）。有源星形设备的每个分支在电气上是彼此独立的，可以连接到线性无源总线形或无源星形网络。

在实际应用中，这种拓扑也有其局限性，通常要求节点到有源星设备的支线长度≤ 24 m，分支数量≥2 个。

⑤ 有源星形级联拓扑。有源星形拓扑可以级联，这意味着有源星形拓扑之间能够点对点链接。有源星形级联拓扑如图 7-42（e）所示，其中的各个网络实体通过有源星之间的一条总线相连接。

这种拓扑存在严格的技术限制，两个有源星形拓扑之间的（电气）距离≤ 24 m，有源星形拓扑的最大个数不能超过 2 个，这主要是由有源星的返回时间（见截短现象和 TSS 参数）和不对称传播延迟时间造成的。

⑥ 混合型拓扑。在有源星形网络中，可将一个或多个有源星形拓扑的分支构造成线性无源总线形或无源星形网络，从而形成图 7-42（f）所示的混合型拓扑结构。当然，这种拓扑结构同样必须遵守前面各个部分所给出的约束。

【例 7-2】 为了将 4 个车轮的制动器链接到制动踏板上，并在它们之间进行通信，机电制动（ElectroMechanical Braking，EMB，也称为线控制动）系统采用电机控制单元取代传统执行器，如图 7-43 所示。试寻选择一种与线控制动系统相匹配的拓扑结构。

答 传统液压制动系统拥有机械的或液压的备用设备，而线控制动系统没有。因此，线控制动系统的可靠性至关重要，使用具有容错能力的 FlexRay 通信协议是必要的。

设 EMB 系统包括 5 个节点，位于驾驶员所在位置的节点为 BBWC，前轮轴左、右两侧的节点分别为 FL IBCU 和 FR IBCU，后轮轴左、右两侧的节点分别为 RL IBCU 和 RR IBCU。BBWC 负责采集制动踏板的控制意图，前后两个轴上的 4 个制动力控制节点均包含一个制动执行机构和一个用于采集车轮转速的传感器，它们通过一个分布式算法使 4 个车轮安全平稳地减速以及停止。根据 FlexRay 协议，可以使用图 7-44（例 7-2 插图）所示的双通道拓扑结构实现冗余线控制动。

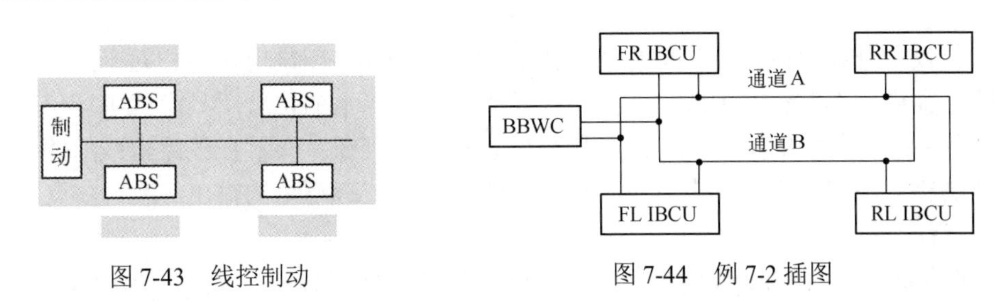

图 7-43　线控制动　　　　图 7-44　例 7-2 插图

下列两个方法都可实现通信：

① 通道 A 传送全部制动信息和防抱死制动系统（ABS）信息。当通道 A 的任何一点损坏（如短路）时，它会变得完全不工作（失效），此时通道 B 可以接管通道 A，并传送同样的信息，反之亦然。

② 通道 A 只传送制动信息，通道 B 只传送 ABS 信息。在这种情况下，如果通道 A 失效，那么 A 通道的制动信息可以切换到通道 B 中传送，在没有 ABS 的情形下进行制动处理。

7.6.3　FlexRay 信号的接收

信号的接收由节点的接收部分（简称“Rx”）负责。通常情况下，当信号被接收时，其上升和下降沿相对位置与被发送的原始信号并不完全一致。这里将简单介绍产生这种现象的主要原因，然后详细描述信号接收部分的内部结构和性能。

1. 不对称效应

为了判定是否存在一个有效的二进制位，信号接收部分通常采用具有触发阈值和较低滞后作用（Hysteresis）的检测元件。然而，用这种方式检测代表二进制位的电信号容易在前沿和后沿会出现不同的延迟，形成不对称传播延迟失真，从而导致收到信号的占空比与发送信号的不一致，如图 7-45 所示。在网络信号传播过程中，我们把这种现象称为不对称效应。不对称效应可能使信号传输的最终结果变得不可靠。

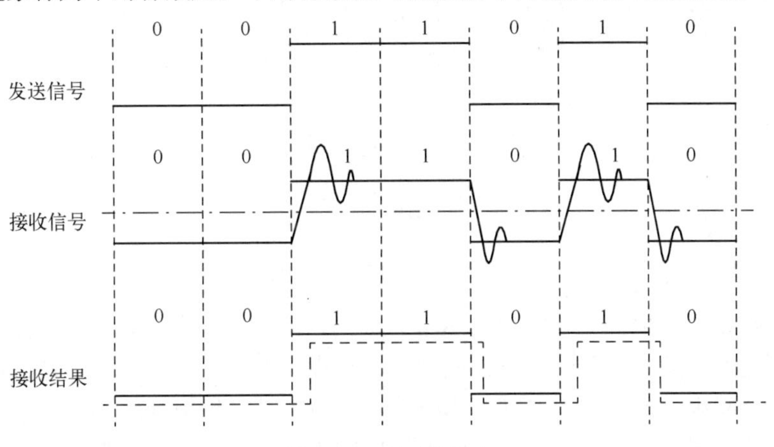

图 7-45　不对称效应

导致上升和下降信号不对称的原因有很多。例如，印刷电路线相对于网络传播线的电容耦合不对称；导线、连接电缆及其在连接器上的位置所具有的电容值不对称；网络终端负载的阻抗不匹配；信号反射和振铃现象；布置在线路上或线路终端的静电放电保护部件存在电气不平衡；总线驱动器或有源星的输出级物理实现先天性不对称，等等。

在位速率为 10 Mbps 情况下，采用 NRZ 编码的逻辑位序列 10101010101…产生 5 Mbps 的方波信号，被接收信号的占空比应该是 50/50，即 100 ns 为 ON，100 ns 为 OFF。遗憾的是，由于存在不对称效应，信号的占空比往往是 60/40（100+20=120 ns 为 ON，100−20=80 ns 为 OFF）或 40/60（100−20=80 ns 为 ON，100+20=120 ns 为 OFF）。针对这个问题，FlexRay 规范做了具体规定：将发送器、接收器和有源星的不对称分别限制在 4 ns、5 ns 和 8 ns 内。

2. 截短效应

对于按照 FlexRay 协议运行的网络，当节点在时隙中启动发送时，要使其总线发送部分（启动接收时为接收部分）投入运行，这个过程需要占用一定的时间，可能抵消或截短第一个通信信号边沿的部分或全部时间，但对随后而来的所有其他边沿没有任何影响。

另外，当网络使用了有源星形设备时，该设备确定信号的传递方向同样需要占用一些时间，这个时间就是所谓的复出时间（Return Time）。复出时间一方面增加了传播路径的无形距离，另一方面可能截短信号。

不难看出，信号是拓扑结构和所遇障碍物（有源星等）的函数，会被延迟或截短，如图 7-46 所示。如果希望系统正常工作，那么将这些影响考虑在内是必要的。既要预先知道或估计这些影响的发生次数，又要仔细确定它们的最大数量。

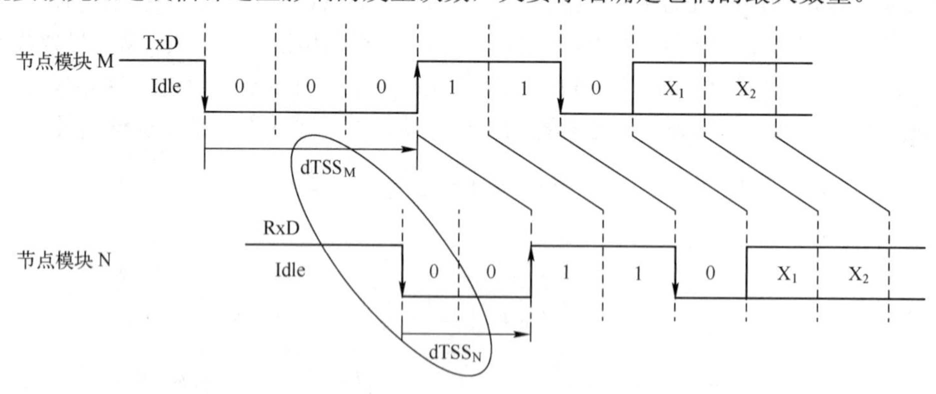

图 7-46　信号的延迟或截短

为了把截短产生的可能物理效应考虑进去，FlexRay 协议提供了具体的做法。鉴于传播延迟和截短仅影响帧的开始部分，且没有累积效应，通过巧妙地设计设备可以人为地减少或消除全部或部分影响。主要技巧是对每个帧增加一个可变更延迟的较大初始配置，以便在必要时可以少量地减小一点，让所有帧都认为它们仍然会在同一时间到达（详细情况参见与 TSS 参数和动作点有关内容）。

3. 接收信号处理

接收信号处理如图 7-47 所示，当节点接收信号时，来自总线驱动器 Rx 部分的位和帧由通信控制器（CC）实现解码、确认和解释。另外，CC 还必须完成多项其他工作，如清理传入信号中的各种干扰，使信号重同步等。这里将重点介绍图中所示前两个主要处理阶段：采集和位匹配。

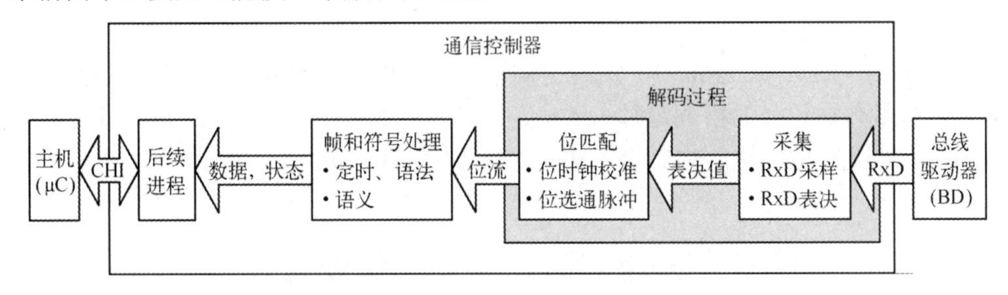

图 7-47　接收信号处理

（1）二进制位流的采集

CC 采集来自总线驱动器 Rx 的位流并对其进行封装和重新格式化。CC 在本地采样时钟的上升沿进行采样，每位取 8 个样本。注意，此时噪声（虚假信号）也以同样的方式被采集了。获取的样本首先被记录下来，然后传送到一个被称为表决窗口的缓存器。

为了抑制二进制位期间的噪声，FlexRay 规范要求 CC 采用支持多数逻辑的加权表决技术，即所谓的 RxD 表决。为了满足这一要求，采样后，CC 须做如下处理，以实现对干扰或噪声的抑制，如图 7-48 所示。

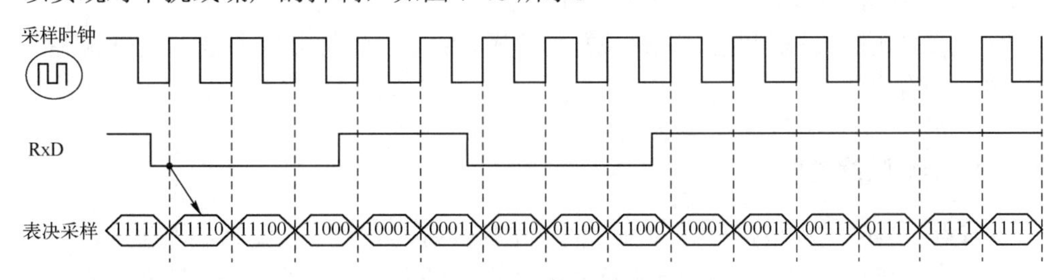

图 7-48　干扰或噪声的抑制

① 将样本定向到先入先出（FIFO）接收缓存器，缓存器深度为 5。

② 所有新传入的值在 FIFO 表决窗口中保持 5 个时钟节拍。

③ 通过 5 个记录值形成测量值的比率，输出信号的表决值（“1”或“0”）等于在 5 个记录值中占多数（至少三个）的值，因此，持续时间小于 3 次采样所用时间的干扰可以被抑制。

④ 输出信号的表决值按本地时钟节奏来确定，并且尚未被同步。

不难看出，上述表决方法引入了解释延迟，其值一般为两次采样的时间。

（2）位匹配

为使本地位时钟适用数据流（上述表决值），需要进行位匹配处理，只有这样才能确定用于逻辑处理的正式位值（位选通）。

为了使接收方节点与发送方节点同步，要把表决值数据流的下降沿作为参考点，将采样计数器复位并初始化为 2，而不是 0。这样做能够让节点以本地采样时钟的粒度，使本地的内部位定时与传入的数据流同步。从此刻起，位被认为是选通的，并且采用了协议帧所携带逻辑数据的正式值：Data_0（低位）或 Data_1（高位）。

数据流（Data_0、Data_1）此时是同步的，可以进行后续处理，其中包括验证帧和其他被传送符号的格式定时、语法、语义。接下来，CC 可以借助于 CPU 主处理器，对收到帧的二进制内容进行解码，以便管理其应用。

7.7　网络唤醒、启动和错误管理

对于应用 FlexRay 网络的系统来说，在一切正常运行之前和之后，网络都要开始工作，即使在此期间出现一些小问题，也必须能够正确地运行。所有这一切都与网络唤醒、启动和错误管理密切相关。

7.7.1　网络唤醒

为了节省能源，FlexRay 网络节点可被置于睡眠模式，在睡眠模式下，除了驱动器一直与电压源相连接，其他元件的供电电源都被切断，当某个外部事件发生时，驱动器能够唤醒或激活处于这种模式的节点。

节点的唤醒阶段同时涉及两个方面的操作：① 从断电状态进入上电状态；② 进入就绪状态。

1. 节点唤醒过程

节点的唤醒过程包括以下两种不同类型的唤醒，并且它们是连续发生的。

① 本地唤醒。节点的唤醒是通过单独的唤醒输入来实现的，只能唤醒被施加了输入信号的节点，这类唤醒称为本地唤醒。当节点被唤醒后，在需要时能够唤醒簇中其余节点。

② 全局唤醒。负责唤醒簇的节点被唤醒后，它会在线路上发送唤醒模式信号，经由总线唤醒簇中其余节点，这就是所谓的全局唤醒。

显然，唤醒过程要求簇中至少有一个节点有外部唤醒源。为了产生全局唤醒，在这个节点发送唤醒模式信号之前，簇中其他节点的总线驱动器已经上电，这些驱动器能够唤醒各自所属节点的其余组件。

2. 唤醒模式

唤醒模式也称为唤醒帧，专门用于网络的全局唤醒，图 7-49 展示了唤醒模式。一个唤醒模式通常包括 2～63 个唤醒符号（WakeUp Symbol，WUS），而每个 WUS 是由数量可配置的低电平（Data_0）位和空闲（Idle）位组成的。

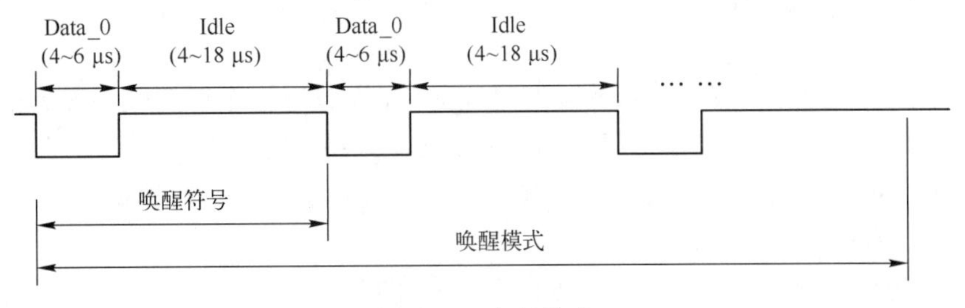

图 7-49　唤醒模式

对于 FlexRay 来说，所有节点都要支持 WUS，并且能够很好地识别它，只有这样，它们才可能被唤醒。本地唤醒和全局唤醒是连续进行的两个阶段，一个主节点能够管理网络（或簇）的整个唤醒阶段，在网络被唤醒后，所有节点处于上电、被唤醒和准备工作状态。

图 7-50 给出了一个唤醒过程实例，该图清晰地描述了双通道节点的唤醒行为。当应用双通道系统时，必须在一个通道上的某个节点被唤醒后，才能在第二个通道上唤醒另外的节点，唤醒帧不得同时在两个通道上一起进行传输，做出这一规定的目的是为了防止一个错误节点的数据传输同时扰乱两个通道上的通信。图中，一个节点在单个通道上通过发送唤醒帧来初始化簇唤醒，另一个连接了双通道的节点承担起唤醒另一个通道并在该通道上发送唤醒帧的责任，POC 是协议运行控制的缩写。

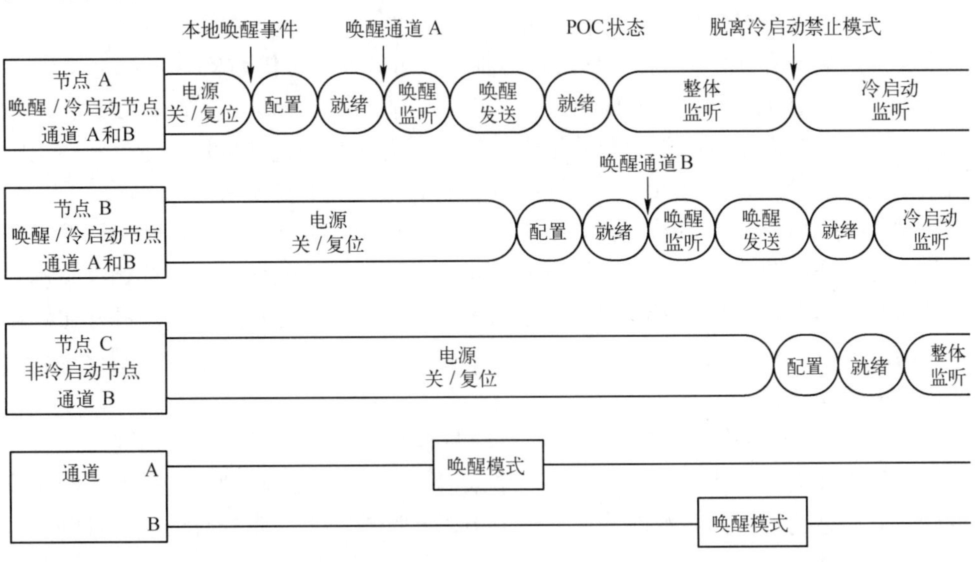

图 7-50　唤醒过程示例

值得注意的是，这个过程中，除了发送唤醒帧，网络上没有发生任何其他数据通信，并且节点之间尚未彼此同步。网络唤醒过程结束后，接下来就要进入网络启动阶段。

7.7.2 网络启动

在唤醒阶段之后，节点之间还没有相互同步，而且通信循环的顺序表尚未到位。然而，对于采用 TDMA 媒体访问机制的 FlexRay 来说，簇中的节点严格同步是必要条件。为了形成适合所有节点的公共顺序，需要通过启动过程实现初始化和同步，以及建立全局时钟。

在网络启动阶段，所有节点必须已经上电和唤醒了，也就是说，唤醒过程要在启动过程之前完成。网络节点被分成两类，一类是冷启动节点，另一类是非冷启动节点。冷启动节点是在离线设计系统时由网络设计师选定的，只有冷启动节点有权发起簇启动，非冷启动节点只允许在一个同步系统里启动。冷启动节点又被分为主导冷启动节点（Leading Coldstart Node）和随动冷启动节点（Following Coldstart Node）。在启动期间，一个簇的启动至少需要两个无故障的冷启动节点，这些冷启动节点首先是等待，随后被单独授权发送同步帧，尝试初始化启动序列。有效启动节点簇的冷启动节点即为主导冷启动节点，跟随启动的冷启动节点即为随动冷启动节点。主导冷启动节点使用其未经同步的本地时钟对簇施加决定性影响（至少在开始时）。

网络启动顺序如下：

① 主导冷启动节点对网络进行监听（冷启动监听），在确认网络上不存在任何活动之后，发送一个长度为 30 个 Data_0 位的冲突避免符号（CAS）。CAS 的结构与媒体访问测试符号（MTS）相同，发送它的目的是为了通知其他网络参与者，有一个主导冷启动存在，检测到 CAS 的其他冷启动节点被转化为随动冷启动节点。

② 在 FlexRay 通道 A 和 B 上，主导冷启动节点用连续 4 个循环，发送第一批启动帧。这些帧都是专用于同步的正常数据帧，位于帧头的同步帧指示位和启动帧指示位已经进行了正确设置，因而这些帧含有时隙时间的定义等。

③ 由于通信已经到位，并且来自主导冷启动节点的第一个同步帧已被发送和检测，其他冷启动节点在安静地侦听最少 4 个循环后（在此期间已经开始调整本地时钟速率），可以尝试完成网络的启动阶段，开始发送自己的同步帧，进行初始化和簇同步。一个冷启动节点一旦与另一个冷启动节点建立起稳定通信，则该冷启动节点完成启动过程。

④ 除部分细节略有差异外，非冷启动节点的集成沿用基本同步规则。一个非冷启动节点被集成到簇中，至少需要两个来自不同节点的启动帧，这是为了确保非冷启动节点总能加入占多数的冷启动节点中。一旦被同步，非冷启动节点可以发送正常帧。需要集成的非冷启动节点会在冷启动节点完成启动过程之前开始它们的集成过程，但要在至少两个冷启动节点完成启动过程之后才能结束其启动过程。

在上述启动过程中，随动冷启动节点只能按照主导冷启动节点的节奏运行自己的调度计划，它要在主导冷启动节点耗费 4 个帧循环后，在 TDMA 循环的相应时间点上发送启动帧。主导冷启动节点连续监听 5 个循环，检查是否有其他冷启动节点已经占据了总线。如果没有，只要设置的最大冷启动尝试次数还未达到，该启动节点将在下一个循环登录。在第 6 个循环中，该启动节点测试其他的参与节点，看这些节点是否正确运行。如果正确，它将承认其他节点的参与，在第 7 个循环接纳它们同步运行。随动冷启动节点在 4 个循环中向总线发送正确的启动帧，使自己能够被集成进去。一旦它能在 3 个循环中发送帧，而且它的调度计划能与主导冷启动节点的调度计划相适应，则它已经被挂接到同步时序中，可以开始它的发送操作。一个非冷启动节点至少需要在 4 个循环中识别出两个启动帧，才能调整自己的时钟，在与总线上的同步时序挂接后，可以开始在总线上发送它的数据。基于上述原因，在一个系统里至少要设置 3 个节点作为冷启动节点，只有这样，系统才能在某个节点失效时，仍然保持高速运行。

每个启动帧同时也是一个同步帧，因此，每个冷启动节点同样也是一个同步节点。

如果存在多个主导节点（针对主导节点可能失效而采取的措施），那么拥有最小时隙编号的节点优先在第 0 号循环中发送其启动帧，然后成为主导冷启动节点。

从上面的介绍中可以看出，节点可通过 3 条不同的路径进入通信过程，其中两条路径仅限于冷启动节点使用，剩下的路径仅对非冷启动节点开放。图 7-51 展示了一个网络启动阶段实例，下面我们将通过图 7-51 概述无故障情况下的 3 条启动路径。

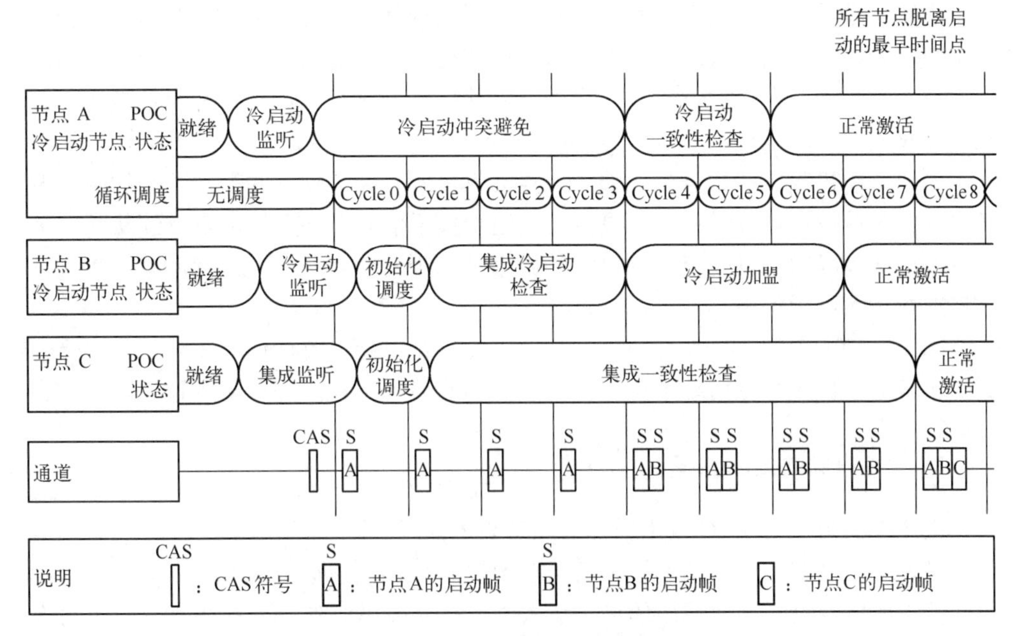

图 7-51　网络启动阶段实例

1. 节点发起冷启动的路径

节点 A 采用图 7-51 中路径发起冷启动，因此，它被作为主导冷启动节点。

当冷启动节点进入启动过程后，它会监听其连接的通道，并尝试接收 FlexRay 数据帧。若无数据帧被接收，则节点开始一次冷启动尝试。最初传输的 CAS 在第一个正式通信循环（Cycle 0）之前成功完成。

从循环 0（Cycle 0）开始，节点发送启动帧（启动尝试中断除外）。由于每个冷启动节点都允许执行一次冷启动尝试，所以可能会有多个节点同时发送 CAS 并进入冷启动路径。这一状况在 CAS 传输后的最先 4 个循环内能够得到处理。一旦发起冷启动尝试的节点在最先 4 个循环内接收到一个 CAS 或数据帧帧头，则其重新进入监听状态。因此，该路径中只留有一个节点。

在循环 4（Cycle 4）中，其他冷启动节点开始发送它们的启动帧。发起冷启动的节点将收集来自循环 4（Cycle 4）和循环 5（Cycle 5）的所有启动帧，并执行时钟校正。如果时钟校正没有发出错误提示信号，且节点已经接收到至少一个有效启动帧对（由两个节点分别发送的启动帧），则节点离开启动过程，进入运行过程。

2. 集成随动冷启动节点的路径

节点 B 采用图 7-51 中路径被集成到冷启动中，因此，它被作为随动冷启动节点。

当冷启动节点进入启动过程后，它会监听其连接的通道，并尝试接收 FlexRay 数据帧。如果接收到有效通信信息，那么该节点会被集成到一个正在有效通信的冷启动节点中。该节点会尝试着从冷启动节点处接收一对有效启动帧和时钟校正，并通过接收到的启动帧对，获取自己的时间表。

如果成功接收这些数据帧，那么节点会收集所有同步帧，并在接下来的两个循环内执行时钟校正。若时钟校正没有发出错误提示信号，并且该节点持续从同一个已经被集成到簇的节点处接收到足够的数据帧，则该节点开始发送启动帧；否则，它将重新进入监听状态。

如果在接下来的 3 个循环内，时钟校正没有发出错误提示信号，并且节点簇中至少还集成了另一个冷启动节点，则该节点离开启动过程，进入运行过程。

3. 非冷启动节点的路径

在图 7-51 中，节点 C 采用非冷启动节点的路径。

当非冷启动节点进入启动过程后，它会监听其连接的通道，并尝试接收 FlexRay 数据帧。如果接收到有效通信信息，那么该节点会被集成到一个正在有效通信的冷启动节点中，该节点会尝试着从冷启动节点处接收一对有效启动帧和时钟校正，并通过接收到的启动帧对获取自己的时间表。

在接下来的两个循环内，它试图找到符合其时间表并且发送了启动帧的至少两个冷启动节点。若失败，或者时钟校正出现错误，则该节点会中断本次集成尝试，然后重新开始集成尝试。

若节点在连续的两个双循环内至少从两个冷启动节点处接收到有效启动帧的帧头，则该节点会离开启动过程，进入运行过程。

7.7.3　错误管理

经过唤醒和启动过程的网络可以正常运行，但一切事情都不可能完美无缺，发生错误是不可避免的。然而，发生错误并不可怕，关键在于如何进行管理。

为了使系统尽可能地可靠，FlexRay 要像永不放弃（Never Give Up，NGU）设备那样运行。这就意味着，在网络出现问题的情况下，整个系统不能认输，总要尽力尝试将系统恢复到一个正确的状态，而不是放弃。为了做到这一点，在通信系统不可用的情况下，禁止使用分布式辅助或救助机制；对于因故失效的节点，在系统运行过程中重启该节点不仅是重启动系统的通信部分，而且要恢复其应用环境等。

FlexRay 所采用的 NGU 策略可以概括为两个方面：一方面，只要其他节点之间的通信未被破坏，就要保持数据传输；另一方面，只要容错时钟同步有效地起作用，尽可能地保持数据接收。

1. 降级模式

FlexRay 协议的错误管理主要体现在永不放弃策略和有效抵抗瞬间故障方面。错误管理和检测要努力避免在发生故障时出现错误的行为，并且必须支持特定的降级模式。

降级模式这个概念与错误的严重程度密切相关，错误的严重程度共分为 4 级，用 S*x* 表示，其中 *x*=0，1，2，3。FlexRay 根据错误严重程度定义了 4 类降级模式，并对各类降级模式的错误管理做出了规定，如表 7-8 所示。

表 7-8　错误的严重程度及其管理

错误严重程度	分类	错误管理
S_0	正常	发送和接收，全部操作由 CC 和总线驱动器处理
S_1	警告	全部操作由 CC 和总线驱动器处理，主处理器警告
S_2	错误	停止传输，并且 CC 和总线驱动器保持同步。主处理器警告
S_3	致命错误	停止操作。所有引脚进入安全状态。主处理器警告，并且总线驱动器要阻止网络线路访问

各类错误模式根据外部条件进行转换，错误管理的状态机如图 7-52 所示。当错误条件不复存在时，错误管理必须允许 Flexray 恢复到正常操作状态。

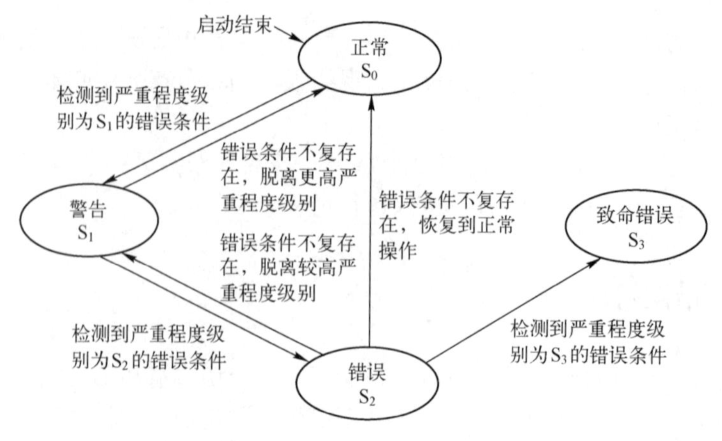

图 7-52　错误管理的状态机

2. 协议的状态转换

上述错误管理理念及其降级模式会对通用协议造成影响，使协议呈现出正常、被动或错误状态，这些状态以及它们之间发生转换的条件如图 7-53 所示。

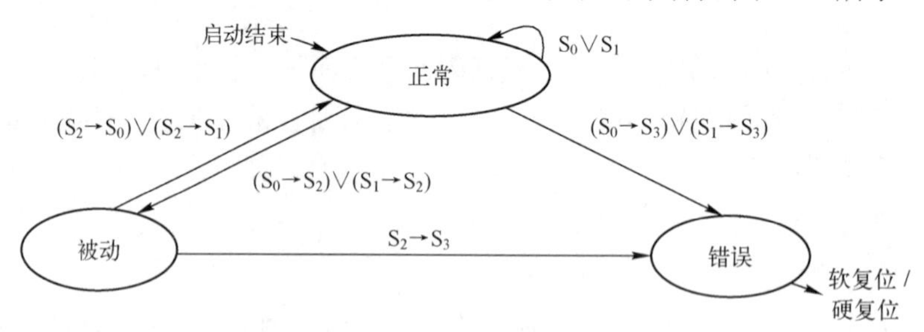

图 7-53　协议的状态转换

3. 错误检测机制

FlexRay 还为通信通道和在通道上运行的帧定义了特定的错误检测机制。与通道和主机信息相关的错误检测使管理媒体上的流量和错误成为可能。FlexRay 分别用通道状态错误向量（Channel Status Error Vector，CSEV）和帧状态错误向量（Frame Status Error Vector，FSEV）来表征通道错误和帧状态错误。

所谓通道错误是指位编码、CRC、时隙、循环计数和帧长方面的错误。CSEV 是由通道错误触发的，把通道错误与相关主机信息联系起来，可以具体观测某个节点的帧。CSEV 位于 FlexRay CC 的接口，可以配置为中断源。FlexRay 明确规定，CSEV 由主机负责重置。

帧错误是指位编码、CRC、时隙、循环计数、帧长、帧丢失和空帧方面的错误。FSEV 是由帧错误触发的，把帧错误与主机信息联系起来，也可以具体观测某个节点的帧。FSEV 位于 FlexRay CC 的接口，可以配置为涵盖 CC 内所有帧的中断源。FlexRay 明确规定，FSEV 由主机在每个期望的帧结束时进行重置。

7.8　典型节点结构与网络电子组件

FlexRay 节点分布于系统的各个部分，一般由本地处理器、FlexRay 协议控制器（即 FlexRay CC）和总线驱动器（即 FlexRay 收发器）组成，可以采用 CPU 与 CC 封装在一起的系统级芯片（System on Chip，SoC）进行设计。本节以分布式节点设备为例，为读者呈现典型 FlexRay 节点的结构和 FlexRay 网络的电子组件。

7.8.1　FlexRay 节点结构

FlexRay 节点采用模块化结构，通过 FlexRay 总线实现信息传递或共享。典型 FlexRay 节点主要由以下 4 个部分构成。

① 微处理器（主机）：控制通信协议的应用和应用管理。

② 协议控制器（通信控制器）：负责构建循环、时间段等。

③ 总线驱动器（收发器）：节点的发送器和接收器电路。

④ 总线监控器：也称为总线管理器，它能识别通信错误和同步错误，并可通过对报文传输施加直接影响来达到减少错误的目的，如不激活出错的网络节点。

在上述 4 个组成部分中，前面 3 个是必不可少的，而第 4 个是可选的。节点的微处理器用于管理整个应用，它与 FlexRay 协议控制器、总线驱动器和总线监控器之间的内 / 外部连接如图 7-54 所示，该图展示了 FlexRay 节点的主要组成部分。

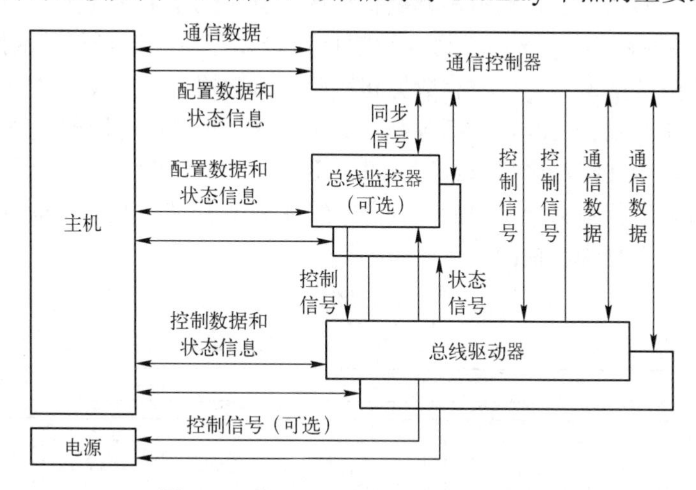

图 7-54　FlexRay 节点的主要组成部分

在图 7-54 中，模块之间的精确逻辑关系如图 7-55 所示，从下到上观察图 7-54 可以看出，FlexRay 节点结构符合 ISO/OSI 参考模型的第 1、2 两层与第 7 层分离的原则，这种分离使设备制造商能够很容易地独立开发图 7-54 所示的各个实体。

为确保网络很好运行，FlexRay 规范详细描述了主处理器和协议控制器接口，以及协议控制器需要具备的架构。相关规范的内容很多，这里只做简单介绍。

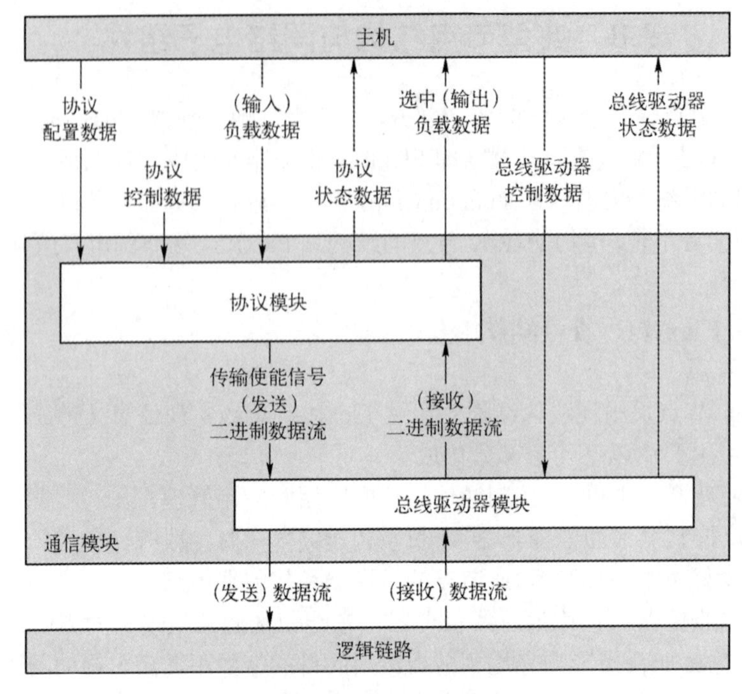

图 7-55　模块之间的精确逻辑关系

主处理器和协议控制器接口（CHI）主要用于管理主机内主处理器与 FlexRay 协议引擎之间的数据流、控制流，其结构如图 7-56 所示。CHI 主要包括两个接口：协议数据接口和报文数据接口。协议数据接口管理与协议运行相关的所有数据交互，包括协议配置数据、协议控制数据和协议状态数据。报文数据接口管理与报文缓冲区相关的所有数据交互，包括各个报文缓冲区、报文缓冲区配置数据、报文缓冲区控制数据和报文缓冲区状态数据。CHI 还提供了一套 CHI 服务，这套服务所具有的功能对协议运行是完全透明的。对于一致性测试来说，规范中的 CHI 框图、程序和子程序实际上是强制性的。

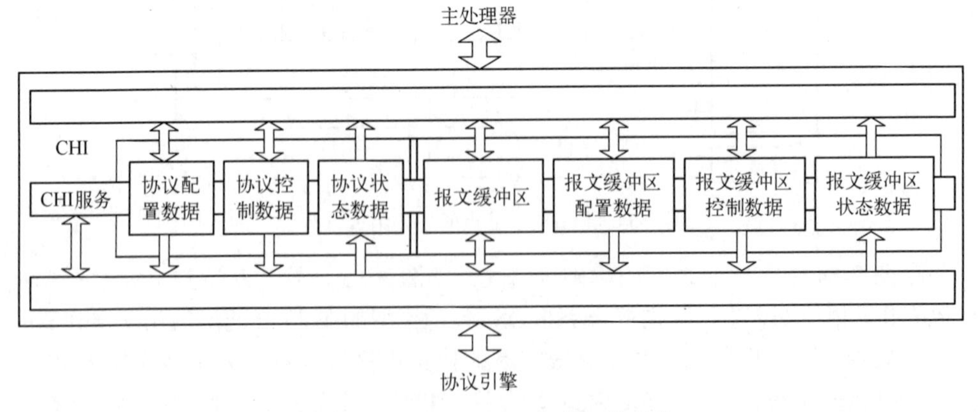

图 7-56　协议控制器主机接口的结构

FlexRay 规范推荐的协议控制器内部结构如图 7-57 所示，读者很容易分辨出各个功能模块。在前面的章节中，我们已经非常详细地描述了这些模块，但在此图中，很多模块被加倍了，其实这是正常的，因为 FlexRay 能够支持两个通信通道，所以有必要提供功能的双重实现。

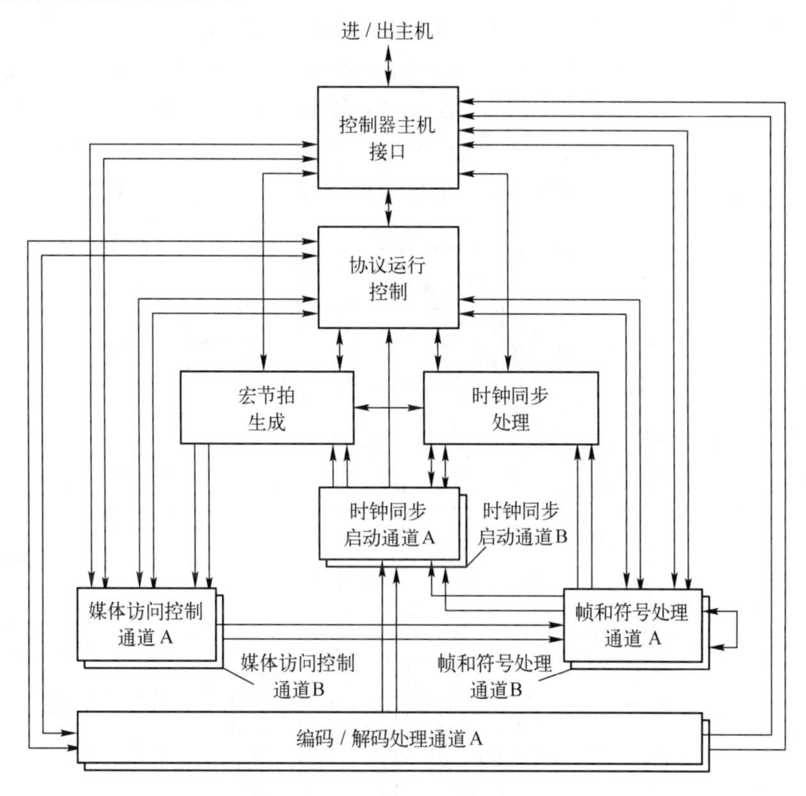

图 7-57　协议控制器的内部结构

规范中的描述是面向半导体制造商、集成电路设计师和组件设计人员的，可以采用的实现技术包括 FPGA、ASIC 和 OEM 等。无论使用何种技术，FlexRay 协议控制器可以是独立的或集成在微处理器上。

和其他任何协议规范一样，FlexRay 规范描述了必须满足什么（为了满足一致性测试），而不是如何在硅片上实现它，每个人都可以有自己的实现技巧和方法。因此，出现不同的硬件和准软件实现是不可避免的。然而，所有实现不仅要符合规范、互可操作，而且要充分考虑网络的一致性。

有了上述关于节点结构等的简要介绍，对满足结构的组件产生兴趣是很自然的事。

与 CAN 的组件集类似，FlexRay 的组件集包括协议控制器、含有协议控制器的微处理器、单路或双路总线驱动器、有源星和总线监控器。其中，有源星和总线监控器是两个新成员，是否使用这两种组件完全取决于具体应用。飞思卡尔和 NXP 公司是这一市场的主要开拓者，在它们之后，众多半导体制造商也开始进入这一新兴市场，如 AMS、Elmos、ST、英飞凌（Infineon）、富士通（Fujitsu）、瑞萨科技（Renesa）和三星（Samsung）等公司。

7.8.2　FlexRay 协议控制器

飞思卡尔公司是 FlexRay 联盟成员之一，参与了 FlexRay 的整个设计、开发和改进过程。该公司运用 FPGA 实现了首个 FlexRay 协议控制器，其内部设计遵循了 7.8.1 节中介绍的协议引擎结构要求。随后，FlexRay 协议控制器很快实现了与主机微控制器的集成，涌现出一系列集成了 FlexRay 协议控制器的微处理器，如 ARM9、ARM11 和 H8 等，如图 7-58 所示，该图展示的例子描述了这类微处理器的一般性组成，微处理器不仅集成了 FlexRay 协议控制器，而且提供了与 CAN 和 LIN 协议的链接。

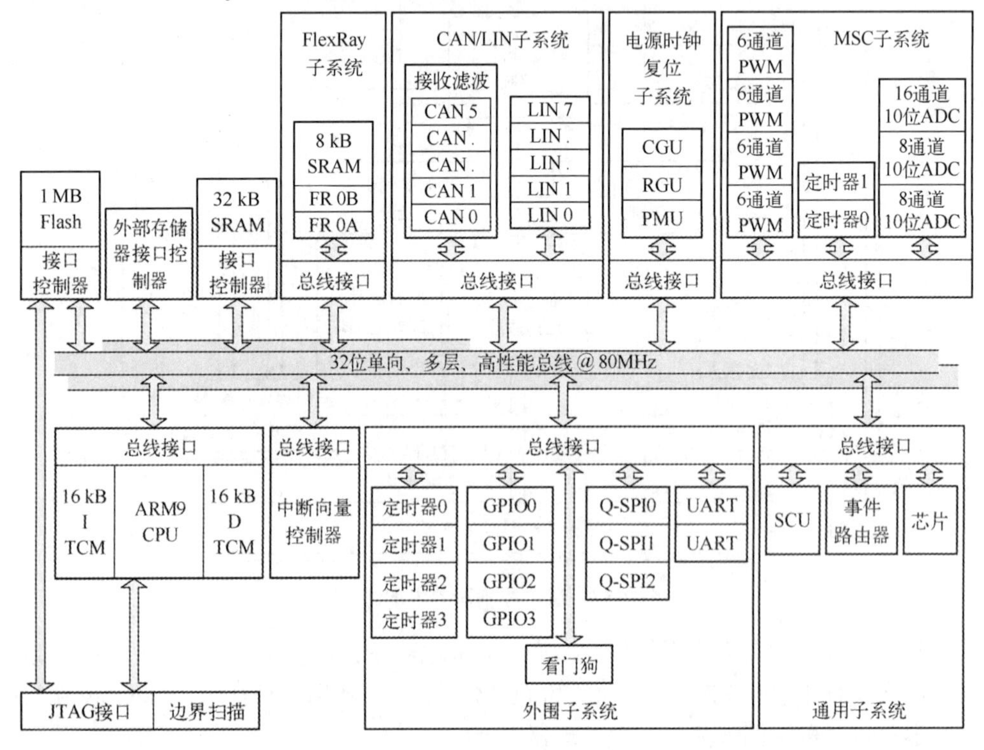

图 7-58　集成了 FlexRay 协议控制器的微处理器

带有协议控制器的微处理器有利于实现 FlexRay 节点的高性能、低成本设计。MC9S12XFR 是飞思卡尔公司推出的微处理器之一，下面列出了其主要组成部分，读者可以从中了解这类微处理器的特点。

① 带纠错码（Error Correction Code，ECC）的 128 KB 闪存（Flash Memory）。

② 2 KB 可编程只读存储器（EEPROM），可以用来保存一些半永久数据。

③ 16 KB 随机存取存储器（RAM），可以用作堆栈，也可用于保存动态数据。

④ 16 个模数转换（ADC）通道，分辨率为 8 位或 10 位。

⑤ 6 个脉冲宽度调制（PWM）通道。

⑥ 一个嵌入式 CAN 2.0 A/B 通信控制器。

⑦ FlexRay V2.1 模块，支持双通道通信，每个通道的数据传输速率为 10 Mbps，两个通道可用于冗余系统，也可通过独立操作使带宽加倍。

⑧ 32 个报文缓冲器，每个缓冲器的深度为 254 字节。

除了飞思卡尔公司，其他集成电路制造商也纷纷研制了自己的带有协议控制器的 FlexRay 微处理器，如表 7-9 所示。

表 7-9　带有协议控制器的 FlexRay 微处理器

制造商	微处理器	总线宽度（位）	时钟（MHz）	闪存	SRAM（KB）	CAN 接口	特殊功能
飞思卡尔	MPC5567	32	40～132	2 MB	80	5	eTPU、Ethernet
飞思卡尔	MPC5561	32	40～132	1 MB	224	2	—
飞思卡尔	MPC5516G	32	40～80	1 MB	64	6	MPU、eMIOS
飞思卡尔	MC9S12XF	16	50	128～512 KB	16～32	1	XGATE
富士通	MB91F465XA	32	100	544 KB	32	2	—
NEC	V850E/PH03	32	128	1 MB	60	2	—
NEC	V850E/CAG-4M	32	80	512 KB	60	6	—
NEC	V850E/PJ3	32	64～128	256～768 KB	—	1～2	—
瑞萨	R32C/100F	32	80	256～512 KB	32	2	—
瑞萨	SH725x	32	200	1～4 MB	48～256	1	—

7.8.3　总线驱动器

总线驱动器（BD）实现了 FlexRay 节点模块和通道之间的物理层接口。BD 给总线提供差动发送和接收功能，使节点模块能够进行双向时分复用的二进制数据流传输。除了发送和接收功能，BD 还提供低电压管理、供电检测（低压检测）和总线故障检测功能，并为总线和 ECU 提供 ESD 保护。BD 的示意图如图 7-59 所示，图中 V_{CC} 和 V_{BAT} 是可选引脚，在进行 BD 设计时，至少应实现其中的一个。

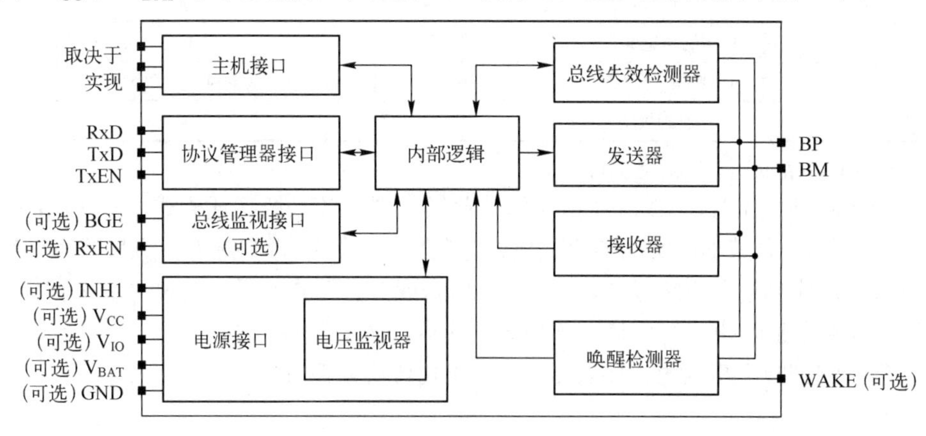

图 7-59　BD 示意图

1. 工作模式

BD 的电气特性支持一系列工作模式：正常、待机、睡眠和只接收。其中，正常和待机模式是必须实现的，另外两种模式是可选的。

在正常工作模式下，BD 能够在总线上发送或接收数据流。如果 BD 有 INH1 接口，那么它会通过 INH1 接口输出未睡眠（Not_Sleep）信号。

待机工作模式是一种低功耗模式，在该模式下，BD 不能在总线上发送或接收数据流，但能够检测到唤醒事件。如果 BD 有 INH1 接口，那么它会通过 INH1 接口输出未睡眠信号。与正常模式相比，待机模式的功耗较低。

睡眠工作模式（可选）也是一种低功耗模式，在该模式下，BD 不能在总线上发送或接收数据流，但唤醒检测模块仍在工作。如果 BD 有 INH1 接口，那么它会通过 INH1 接口输出睡眠（Sleep）信号。与待机模式相比，睡眠模式的功耗更低。

只接收工作模式（可选）是一种单向工作模式。在该模式下，BD 只能在总线上接收数据流，不能发送数据流。如果 BD 有 INH1 接口，那么它会通过 INH1 接口输出未睡眠信号。

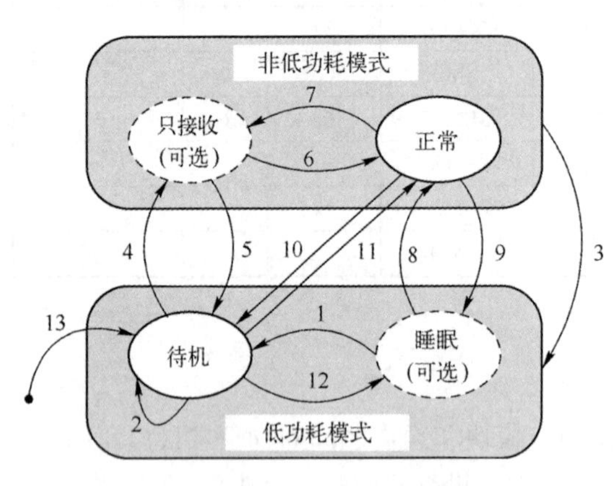

图 7-60　工作模式转换图

2. 工作模式转换

当 BD 从主机接口收到命令、检测到唤醒事件或检测到欠压时，将发生模式转换。其中主机命令的优先级最低，欠压的优先级最高。工作模式转换图如图 7-60 所示，工作模式转换条件如表 7-10 所示。

表 7-10　工作模式转换条件

转换	条件	转换	条件
1	检测到唤醒事件*	4～11	主机命令
2	检测到唤醒事件*或欠压	12	主机命令或检测到 V_{BAT} 引脚或 V_{IO} 引脚欠压
3	检测到欠压	13	上电唤醒

*：BD 必须在 100 ms 内对唤醒事件做出响应

当检测到欠压时，BD 从任何非低功耗模式强行转入低功耗模式。① V_{BAT} 引脚或 V_{IO} 引脚欠压：若 BD 实现了睡眠模式，则进入该模式，否则进入待机模式。② V_{CC} 引脚欠压：应当进入待机模式。③ V_{BAT} 引脚或 V_{IO} 引脚欠压，同时 V_{CC} 引脚欠压：若 BD 实现了睡眠模式，则进入该模式，否则进入待机模式。

当检测到唤醒事件时，BD 从低功耗模式转换为待机模式。

3. 驱动器设计

事实上，FlexRay 驱动器的设计理念与 CAN 驱动器一样，只是增加了一些 FlexRay 协议的专用功能。接下来我们将通过 TJA1080 简要说明 FlexRay 驱动器的实现电路。

NXP 公司也是 FlexRay 联盟的核心成员之一，积极参与了 FlexRay 物理层开发，并向集成电路市场推出了第一款 FlexRay 总线驱动器 TJA1080，该驱动器满足 FlexRay V2.1 物理层规范，并且成功地通过了一致性测试。

TJA1080 能在 FlexRay 网络的物理总线和协议控制器之间提供先进的接口，其操作模式有两种，分别是节点操作模式和有源星形节点操作模式。在节点操作模式下，TJA1080 作为一个单体设备工作。在有源星形节点操作模式下，它被作为有源星形网络的一个分支。

总线驱动器 TJA1080 功能框图如图 7-61 所示，它可根据主控制器电平自动调整 I/O 电压（V_{IO} 引脚）；具有快速关断能力（BGE 引脚）；具有独立的 V_{BAT}、V_{CC} 和 V_{IO} 引脚；支持睡眠、待机模式；支持本地、远程唤醒；支持 ESD 保护、引脚短路保护；当 V_{BAT}、V_{CC} 或 V_{IO} 引脚欠压时自动静默失效。TJA1080 引脚信息如表 7-11 所示。

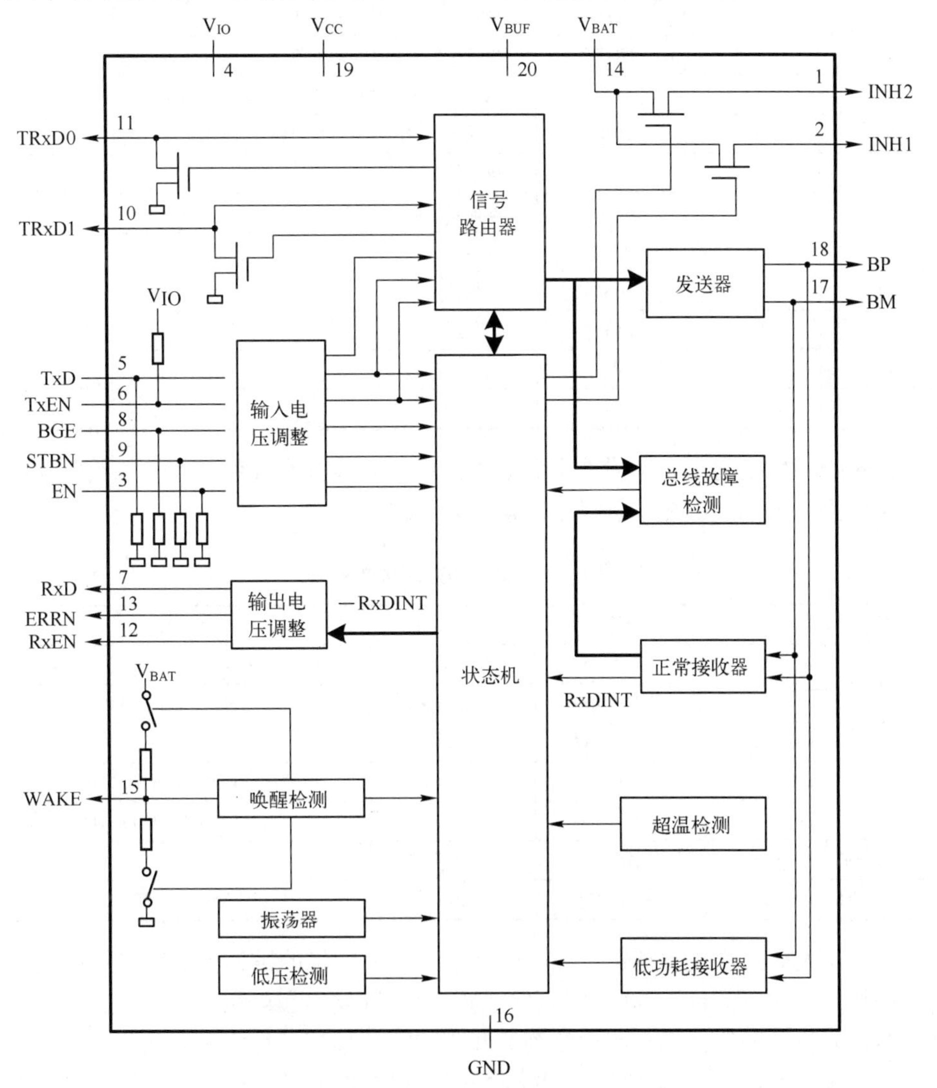

图 7-61　总线驱动器 TJA1080 功能框图

表 7-11　TJA1080 引脚信息

引脚序号	类型	符号	描述
1	O	INH2	外部电压调整器
2	O	INH1	外部电压调整器
3	I	EN	使能输入，高电平使能，内部下拉
4	P	V_{IO}	—
5	I	TxD	发送数据输入，内部下拉
6	I	TxEN	发送数据使能输入，高电平禁止，内部上拉
7	O	RxD	接收数据输出
8	I	BGE	总线监控使能输入，低电平禁止，内部下拉
9	I	STBN	待用输入，低电平时进入低功耗模式，内部下拉
10	I/O	TRxD1	内部星形连接数据总线 1
11	I/O	TRxD0	内部星形连接数据总线 0
12	O	RxEN	接收数据使能输出，当低电平时总线活动会被探测到
13	O	ERRN	错误诊断输出，低电平时错误被探测到
14	P	V_{BAT}	电池供电电压
15	I	WAKE	本地唤醒输入，内部下拉或上拉（取决于 WAKE 引脚的电压）
16	P	GND	地
17	I/O	BM	总线负
18	I/O	BP	总线正
19	P	V_{CC}	供电电压（+5 V）
20	P	V_{BUF}	—

FlexRay 协议制定完毕后，市场上也出现了其他具有类似功能的总线驱动器集成电路，最著名的 FlexRay 总线驱动器如表 7-12 所示。

表 7-12　FlexRay 总线驱动器

制造商	产品型号	符合协议	备注
NXP	TJA1080	FlexRay 2.1	—
NXP	TJA1082	FlexRay 2.1	兼容 FlexRay 3.0
Elmos	E910.54	FlexRay 2.1	—
Elmos	E910.55	FlexRay 2.1	部分功能类似于 TJA1082
Elmos	E910.56	FlexRay 2.1	部分功能类似于 TJA1082
AustriaMicroSystems	AS8220	FlexRay 2.1	—
AustriaMicroSystems	AS8221	FlexRay 2.1	电气物理层规范 V2.1B

如同 CAN 的总线驱动器一样，研制众多产品的目的是为了给用户提供更多的功能和拓扑结构灵活性，这些产品之间的主要区别体现在电源方案、唤醒功能（通过电源、复位、网络或局部网络管理）和不对称传播延迟性能等方面。

为了满足线控型应用的需要，FlexRay 协议支持双通道传输。人们普遍认为，最初出现的总线驱动器组件将在同一个封装中集成两个总线驱动器，而且预计系统基础芯片（System Basic Chip，SBC）会包括稳压器、看门狗、双总线监控器和总线驱动器。可现实情况是，这类组件仍处于开发过程中。

7.8.4 有源星

在 FlexRay 应用中，当网络中的节点和通道数量较多时，可利用有源星来搭建网络。

1. 基于简单总线驱动器的有源星

多向有源星并不复杂，通过简单总线驱动器就可以实现。如图 7-62 所示，通过将 TJA1080（图中简称为 1080）电路设计成级联形式，可以在不添加组件的情况下，很容易地实现有源星。

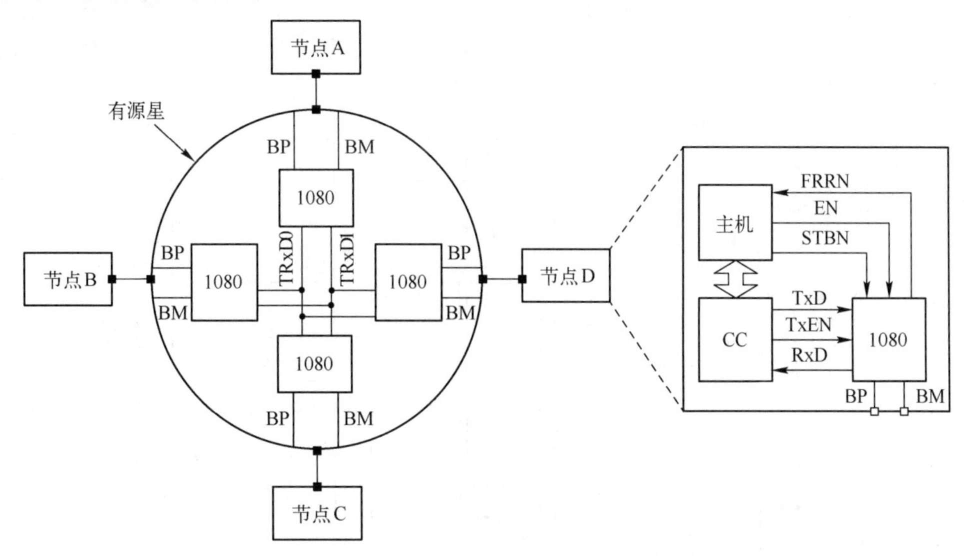

图 7-62　基于简单总线驱动器的有源星

由上可知，TJA1080 既可满足简单总线驱动器的功能，又可作为有源星的基本部件。随着时间的推移，有源星的应用越来越多，对有源星进行成本和功能优化是必要的。正是由于这个原因，目前已经出现了集成化有源星芯片。

2. 集成化有源星

目前，市场上已经出现了多种有源星芯片（单一芯片），如奥地利微系统公司（AMS）生产的 AS8224，Elmos 公司生产的 E910.56 等，这里将以 AS8224 为例，简要介绍这类芯片的特点。

AS8224 框图如图 7-63 所示。AS8224 符合 FlexRay V2.1B 电气物理层规范，其

主要特点如下。

① AS8224 有源星可以管理 4 个分支，且每个分支可以单独进行控制。

② 利用本地总线监控接口，AS8224 可以管理每个分支上的故障检测监督过程，阻止故障分支的活动。网络故障检测分成两个方面：一方面，在传输期间，使用模拟和数字比较机制；另一方面，通过一个非常精确的机制，测量与网络相连接的引脚上的电流。通过该集成电路上的主机接口，可以读取状态和错误标志。

③ AS8224 具有嵌入式位整形器，该功能属于可选项，只在器件连接了外部时钟时有效，否则，该功能被旁路，AS8224 的作用类似于一个普通有源星。当嵌入式位整形器起作用时，AS8224 像有源集线器一样，可以减少由网络拓扑结构或组件导致的信号不对称延迟。AS8224 能延长或缩短位长度，调整用步长为 12.5 ns（3 个微节拍）、最大可达 37.5 ns。此外，该机制还具有电路输入和输出流之间的时钟漂移补偿功能，可使 FlexRay 帧的字节起始序列（BSS）可被延长或缩短 1 个微节拍（μT）。

④ AS8224 包含一个星间（Interstar）接口。星间接口使用了信号处理函数，通过该接口，用户能够以串联方式连接两个或多个星，并且能够像网络上只有一个星一样看待整体定时性能。

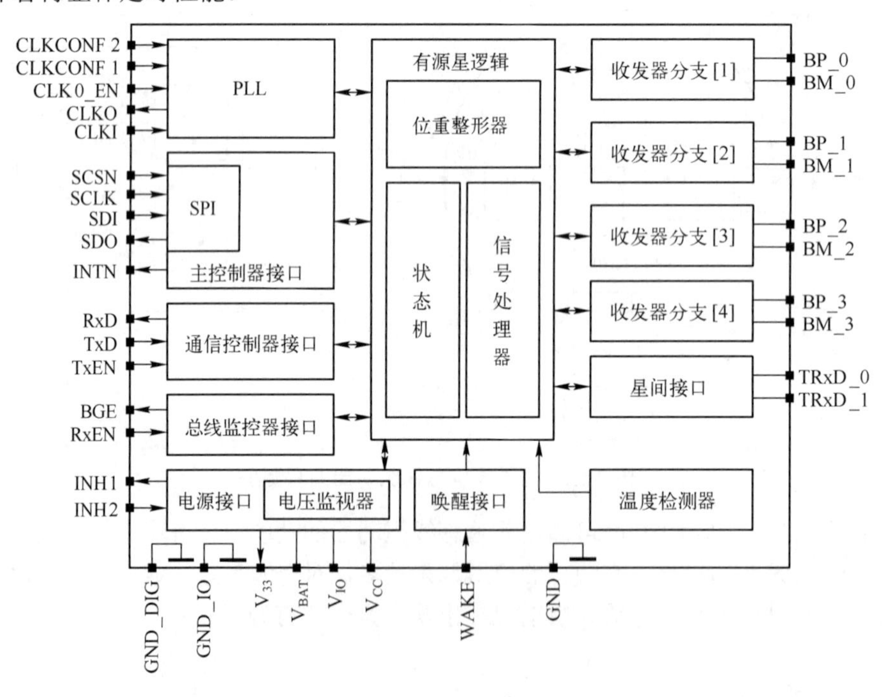

图 7-63　AS8224 框图

总之，该器件通过 6 个通信路径实现信息转发，其中 4 个用于 FlexRay 网络的通信分支，1 个用于管理星间接口，最后 1 个是与主机之间的通信接口，用于提供状态报告、错误信号等。

FlexRay 规范规定，一个网络最多包括两个有源星。由于某些 FlexRay 应用的物理结构是可变的，因此，在设计系统之初就选用有源星，将有源星的一个或多个分支保留下来（作为可选项），有利于网络的形成和未来扩展。

7.8.5 总线监控器

总线监控器的主要功能是防止总线混串音（Babbling Idiot），以及预防节点在不正确的时隙访问媒体，它的任务包括对总线驱动器进行许可控制、检测错误和监督媒体访问。要做到这一点，总线监控器必须与通信控制器保持同步，确切地知道通信时序，并且具有独立的时钟。

关于 FlexRay 总线监控器，FlexRay 联盟早已有了初级文件，但很长时间过去了，至今没有完全定稿。

7.9 FlexRay 总线的开发与应用

在 FlexRay 协议下运行的网络是非常复杂的系统，其设计、测试和集成需要借助于专用工具。本节将简要介绍一个常用的 FlexRay 总线开发工具和一个 FlexRay 应用实例。

7.9.1 FlexRay 总线仿真与测试工具

德国 VECTOR 公司是 FlexRay 联盟的高级成员，也是众多 FlexRay 总线仿真与测试工具开发商之一，该公司不仅参与了 FlexRay 协议的制定和维护，而且提供了一个用于总线系统设计、仿真与测试的优秀工具系统。该工具系统包含一系列软件和硬件，覆盖了网络设计、仿真验证、软件实现、测试集成等多个阶段，能够满足开发人员的不同需求。人们常常把这个工具系统称为达芬奇工具（DaVinci Tools）系统，它与 V 模式开发流程（见第 9 章）如图 7-64 所示，该图展示其对应关系。

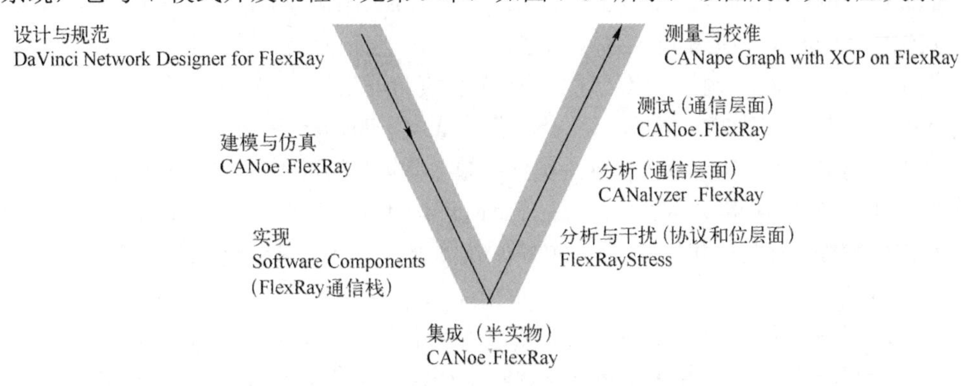

图 7-64 DaVinci 工具系统与 V 模式开发流程

达芬奇工具系统所包含的主要工具如下：

① 网络设计工具（DaVinci Network Designer for FlexRay）。
② 仿真验证工具（CANoe.FlexRay）。
③ 分析工具（CANalyzer.FlexRay）。
④ 网络干扰测试工具（FlexRayStress）。
⑤ 测量与校准工具（CANape.FlexRay）。

1. 网络设计工具

实现 FlexRay 应用的第 1 阶段是设计 FlexRay 总线，即实现由若干节点与一个或两个通信通道直接相连接的通信系统，典型 FlexRay 总线设计过程如图 7-65 所示。这种设计需要定义希望发送的报文、报文的分布，以及报文在通信总线上的调度，并由此创建一个数据库。达芬奇网络设计工具具有简单、友好的用户界面，是理想的 FlexRay 网络开发环境，能够在网络架构设计、通信数据配置和错误检查等方面为开发人员提供强有力的支持。

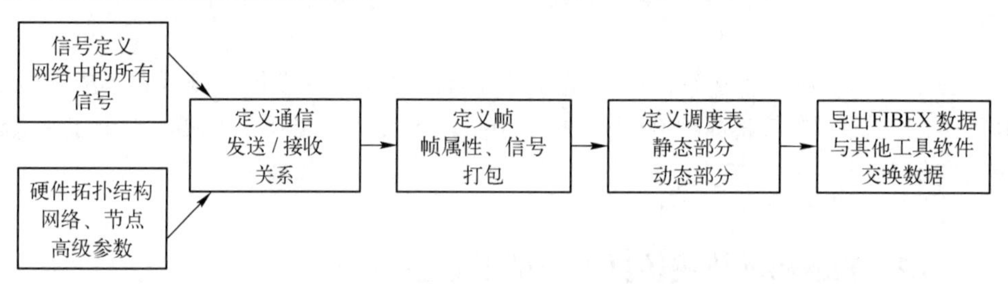

图 7-65　典型 FlexRay 总线设计过程

达芬奇网络设计工具的主要作用是：① 建立整个网络的硬件拓扑结构，定义网络参数和节点参数；② 根据网络的信号传输要求，定义节点之间的数据帧收发关系；③ 定义各个数据帧的格式和其包含的信号；④ 根据循环长度、时隙数量、时隙长度等高级参数定义通信调度表，确定静态数据帧和动态数据帧的发送时序。

网络设计工具会将上述结果按照自动化与测量系统标准化协会（Association for Standardization of Automation and Measuring Systems，ASAM）定义的 FIBEX（*.xml）格式生成 FlexRay 数据描述文件，通过这个文件，它很容易与其他功能系统进行数据交换（见如图 7-66）。例如，将上述文件导入仿真验证工具（CANoe.FlexRay），可以进行 FlexRay 系统的建模、仿真、集成和测试；导入 FlexRay 评估包（GENy），可以配置节点代码中与 FlexRay 相关的软件组件；导入测量与校准工具（CANape.FlexRay），可按照通用测量与校准协议（Universal Measurement and Calibration Protocol，XCP）对节点内部参数进行测量和校准；导入网络干扰测试工具（FlexRayStress）可进行 FlexRay 系统测试。

这个工具对各种配置提供默认参数，既便于入门者使用，又可提高开发速度。开发人员可根据工程需要修改配置参数，对于不正确的设置，该工具拥有更正功能。另外，它还能够将已有工程的网络架构和通信调度表等参数移植到新的开发平台，避免重复性劳动，提高开发效率。

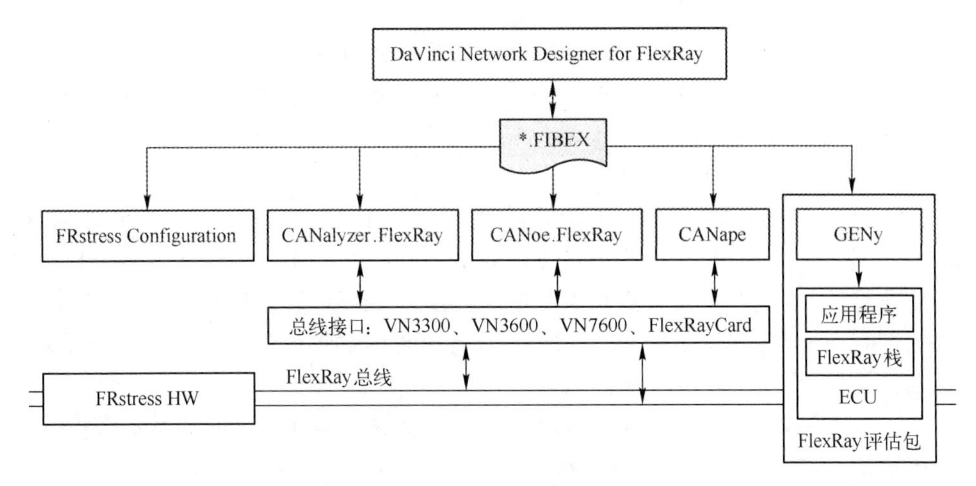

图 7-66　网络设计工具与其他工具之间的联系

2. 仿真验证工具

在设计出 FlexRay 网络通信规范后，需要先对规范进行仿真验证，只有经过验证的规范才能分发给各个研制单位使用。仿真验证工具（CANoe.FlexRay）可以对网络通信进行全系统仿真、半实物仿真和网络测试。图 7-67 给出了 CANoe.FlexRay 在 3 个网络开发阶段中的作用。

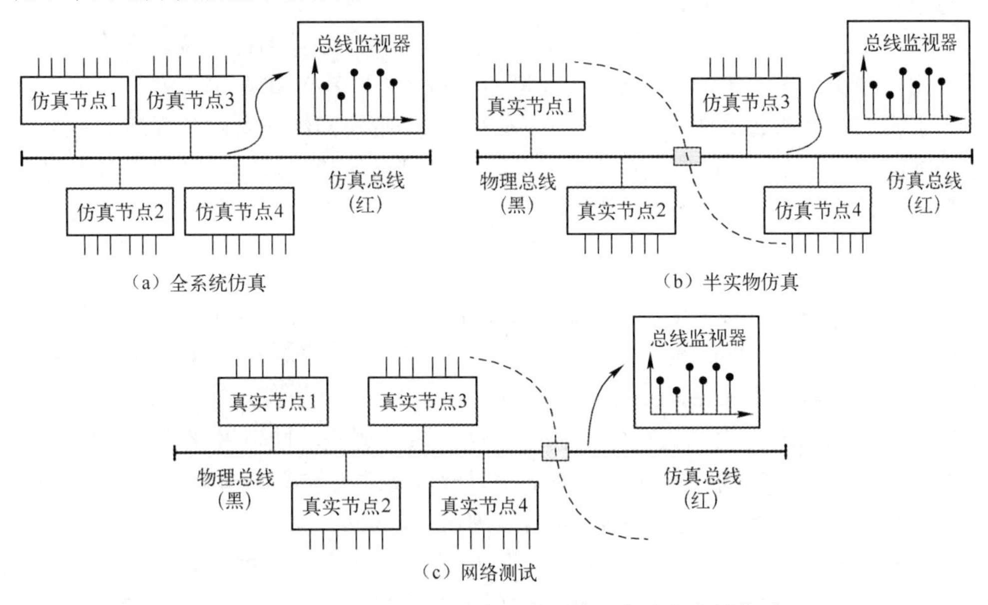

图 7-67　CANoe.FlexRay 在 3 个网络开发阶段中的作用

（1）建模与仿真

建模与仿真是 V 型开发流程的第 2 阶段。制造商要想验证他们的系统，首先要对将被放入网络的各种逻辑控制器 / 节点进行建模和仿真，如图 7-67（a）所示。

在 CANoe.FlexRay 中，用户可以通过导入描述 FlexRay 网络的 FIBEX 文件（由网络设计工具生成)，借助 CANoe.FlexRay 提供的各种模块对 FlexRay 网络进行全面仿真。用户可以使用 VECTOR 公司提供的事件驱动语言 CAPL 进行通信访问编程，定义节点行为，处理 FlexRay 数据帧、环境变量、错误帧、键盘操作或计时器中断等事件。

CANoe.FlexRay 具有很强的开放性，它支持 Matlab、Simulink、Stateflow 和 Statemate 等第三方建模工具，用户可以在 CANoe.FlexRay 中利用这些建模工具所建立的成熟算法，实现对复杂节点功能的模拟。此外，利用环境变量和 CANoe.FlexRay 提供的控制面板编辑器，用户可以很好地模拟节点的外部设备，如传感器、开关、执行部件、显示仪表等。

CANoe.FlexRay 能以便于查看的方式检测总线的数据帧，同时对数据帧按照信号进行解析，也可实时绘制信号曲线。

若在仿真过程中发现网络规划有问题，则先返回到网络设计工具进行修改，然后再回到 CANoe.FlexRay 环境下进行仿真，直到通信协议 FIBEX 文件没有问题，即模型的运行情况和预期设计一致，这是一个不断反复过程。

(2) 集成

集成是 V 型开发流程的第 4 阶段。在这个阶段，要用真正可用的组件逐步取代虚拟逻辑控制器 / 节点 [见图 7-67 (b)]，直至仿真环境完全被接受测试和确认的真实逻辑控制器 / 节点取代 [见图 7-67 (c)]。

CANoe.FlexRay 通过硬件在环 (Hardware In the Loop，HIL) 技术将单一仿真平台用于虚拟 (完全虚拟)、混合 (虚拟和真实节点共存) 和真实 (完全真实) 网络。事实上，局部真实 (虚拟和现实) 网络和完全真实网络两者的仿真环境与完全虚拟网络相同。此外，以控制面板 (Panel) 形式开发的模拟逻辑控制器 / 节点仿真模型，可使设计人员很容易地进行系统确认。

(3) 测试与诊断

V 型开发流程的第 7 阶段 (测试阶段) 是对网络上的所有真实逻辑控制器进行测试和诊断阶段。为了简化测试平台，并且使其具有良好覆盖范围，CANoe.FlexRay 中配备了一个测试库 (Test Set Library，TSL)，它不仅可把激励信号发送到逻辑控制器，而且可以随时检查预期结果的有效性。通过这些功能以及采用 CAPL (或 XML) 语言预定义的测试案例，CANoe 可以很容易地创建测试脚本。当 CANoe 执行了这些脚本后，会自动生成 HTML 格式的详细测试报告。

诊断请求是在诊断数据库中预先定义的，通过一个友好的用户界面可以发送这些请求，请求响应会直接显示在该用户界面上或跟踪窗口中。CANoe 支持统一诊断服务协议 (Unified Diagnostic Services，UDS)，能够读取逻辑控制器中的存储器，便于通过用户界面获得故障代码 (Fault Code)。

3. 网络干扰测试工具

FlexRayStress 是专为测试功能节点在故障环境下的操作行为而设计的测试工

具，主要用于模拟物理总线失效，或在数据帧存在内部干扰情况下的总线状态，例如，总线阻容特性不合适的环境、数据帧的帧 ID 或数据段不符合协议规定等。该工具一般用于 V 型开发流程的第 5 阶段。

FlexRayStress 的具体干扰功能如下。

① 位干扰功能：可以干扰总线传输帧的某些位，将这些位设定为指定的值。

② 阻容干扰功能：可以对地、电源和总线短路或改变它们之间的电阻值；将 FlexRay 线路的 BP 和 BM 短路或改变它们之间的电阻值；改变 BP 或 BM 的线路电阻；在 BP 和 BM 之间增加电容。

③ 帧缺失干扰：采用 FlexRayStress 过滤掉具有某 ID 和循环编号的帧。

④ 帧延迟干扰：所有 FlexRayStress 的输出帧都被延迟。

⑤ 传输起始序列（TSS）扩展干扰：所有 FlexRayStress 的输出帧都增加 TSS 位数。

4. 分析工具

在上述建模、仿真和集成阶段，为了显示帧、帧的内容、帧的定时等，拥有一个可以显示不同窗口的工具是非常有用的，或者说是十分必要的。

分析工具（CANalyzer.FlexRay）是 CANoe 的一个组成部分或可分离部分，其主要作用是通过各种显示窗口（包括图形、数据、统计和跟踪窗口等）分析真实逻辑控制器的通信情况。例如，跟踪窗口可以即时检查总线上的报文交换、报文到达时间、报文携带的数据等。分析工具涉及 V 型开发流程的第 2、4、5 和 6 阶段。

5. 测量与校准工具

节点内部参数的测量与校准工具为 CANape.FlexRay，对应于 V 型开发流程的第 8 阶段。

逻辑控制器实现后，应用工程师要把它集成到系统，并使其适合环境要求。这个任务需要工程师优化多个参数，如系统中某个功能的最优控制算法。这些参数可通过硬件或软件进行访问，所用接口是由自动化及测量系统标准化协会推出的标准 ASAM 接口。

7.9.2 FlexRay 与 AUTOSAR

当一个分布式系统中的逻辑控制器通过 FlexRay 网络实现相互连接时，软件开发和逻辑控制器的实现变得非常重要。软件除了具有操作功能（应用软件），还必须确保逻辑控制器之间信息交换遵守网络通信规则。虽然信息交换任务的很大一部分是由通信控制器完成的，但是为了满足应用软件的通信需求，通信控制器仍然必须由软件进行配置和实施。目前，AUTOSAR（AUTomotive Open System ARchitecture，汽车开放系统架构）联盟已经为汽车逻辑控制器软件的开发过程定义了一套通用标准，该标准将所要实现的功能划分到各个与硬件无关的软件组件（SoftWare Component，SWC）中，通过组件之间的相互通信使服务全局化，尤其适合复杂的FlexRay 网络的软件开发。

7.9.3　FlexRay 应用实例

本节将通过一个实例介绍 FlexRay 的应用方法。该应用实例源自 2006 年 9 月上市的宝马 X5，大部分说明参考了宝马公司的安东希尔（Anton Schell）博士在 Vector 公司股东大会上发表的文稿，时间为 2007 年 3 月，地点为德国斯图加特市。限于篇幅，这里忽略了 FlexRay 网络的软硬件设计等问题，只强调了 FlexRay 网络的设计思想，以及参数的定义、选择和调整方法。

1. 宝马 X5 中的自适应驱动系统

X5 型 SAV（Sports Activity Vehicle，运动型多功能车）是第一款采用 FlexRay 通信网络的汽车，现在已经开始制造和销售。在这款车型中，FlexRay 被应用于自适应驱动系统，该系统不仅要实现自适应驱动，还要作为汽车主动防侧倾稳定器和电子减震器。

宝马公司的解决方案，思路非常清晰，主要包括以下几点。

① 为了摆脱 CAN 的位速率限制和非实时性，避免所寻求的改进只是涉及某些技巧的临时性解决方案，要大踏步向前迈进，直接进入适合新一代和未来一代应用的系统，这种系统需要较高的位速率和实时性能，并且具有功能安全性，位速率为 10 Mbps 的 FlexRay 网络能够满足这种应用需求。

② 为了能够根据商业需求降低成本、缩短开发和上市时间，有义务确保本项目所形成的可靠产品可用于新项目的开发。为此，要以相同且恒定的方式的构思、选择和建立设计参数集，以便各种节点能够很容易地被转移至未来的新系统。

③ 在线控（X-by-Wire）系统尚未大量涌现的情况下，首先熟悉 FlexRay 协议及其相关理论和实践知识，然后将目前基于 CAN 的汽车架构切换到 FlexRay 骨干架构，最后进入 X-by-Wire 阶段。

2. FlexRay 系统的参数

要想定义 FlexRay 系统的参数，每个系统开发人员首先必须遵循某些基本规则，然后才能随着工作的进行，根据已有的资料即兴创作。

（1）静态段

确定性数据与应用相联系，静态段用于传输与这些数据相关的高优先级周期性帧（在数据链路层，通常将报文称为帧）。对于那些必须针对确定性应用进行通信的节点，首先将其所需的静态时隙数量确定下来。另外，实时性应用需求不一定是确定性的，但有严格的时间限制，通过静态时隙实现通信是合理的。

通过全面分析自适应驱动系统可知，覆盖全部应用大约需要 50 个静态时隙。为了给未来的应用留有余地，还需另外储备一些时隙，因此，在项目设计之初，静态段包括了 75 个静态时隙。

对于现有的所有参与者，一个静态帧携带的最大字节数为 16。审慎起见，让每个静态帧能够携带的字节数增加 50%，至 24 字节。

（2）动态段

动态段主要用于传输事件触发的、没有纯实时约束的或有操作灵活性要求的帧，如下述帧：

① 网络管理帧。

② 诊断帧。

③ 校准数据帧（FlexRay 上的 XCP）。

④ 重复周期为 10 ms、20 ms、40 ms 或更大的任何其他事件触发帧。

3. 已实施的选择

该项目的具体参数值如下：

（1）FlexRay 通信循环的一般组成

设计人员建议将通信循环的持续时间设置为 5 ms，分解如下。

① 静态段的持续时间：3 ms。

② 动态段的持续时间：2 ms−网络空闲时间（0.1 ms）。

③ 符号窗：0 ms，即不使用符号窗，也就不存在总线监控器。

④ NIT 的值：0.1 ms。

（2）静态段参数的详细信息

用于静态段的参数如下。

① 静态段的持续时间：3 ms。

② 静态段的静态时隙数：91 时隙。

在刚开始时，该项目将静态时隙的个数设定为 75 时隙，但这里却列出了 91 时隙，即另外增加了 16 个静态时隙。这样做的主要原因是，在这个项目中，各种帧的重复周期存在很大差异，静态帧的重复周期如表 7-13 所示。重复周期必须为 2.5 ms 的静态帧大约有 15 个，而 FlexRay 通信循环的持续时间已设定为 5 ms，显然，若在一个循环中只能传输一次这种静态帧，则难以满足实际应用需求。然而，将静态时隙数增加到 91 时隙就能解决这个问题。

表 7-13　静态帧的重复周期

重复周期 / ms	帧数量 / 个	分布情况
2.5	约为 15	部分帧
5	约为 50	大多数帧
10	约为 10	部分帧
20	约为 6	部分帧
40	约为 6	极少数帧

静态段的持续时间如图 7-68 所示，可将其划分为如下 3 个部分。

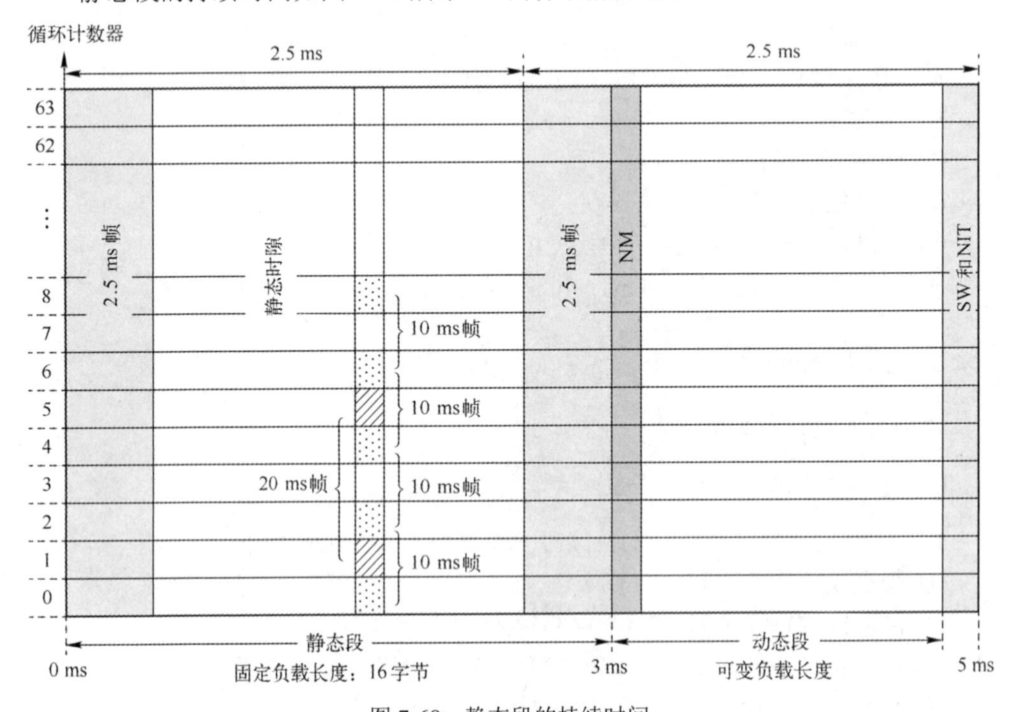

图 7-68　静态段的持续时间

① 0～0.5 ms：发送重复周期必须为 2.5 ms 的帧。

② 0.5～2.5 ms：发送重复周期必须为 5 ms、10 ms、20 ms、40 ms 的帧。

③ 2.5～3 ms：发送重复周期必须为 2.5 ms 的帧。

紧随静态段之后的 3～5 ms 用于动态段（DYN 段）等。

图 7-68 清楚地表明，在每个持续时间为 5 ms 的 FlexRay 通信循环里，静态段内有两个长度为 0.5 ms 的区，分别位于开头和结尾处，专门用于以 2.5 ms 为周期重复的实时帧。

在静态段持续时间为 3 ms 的情况下，如果将静态时隙数定为 91，那么，

$$\text{一个静态时隙的持续时间} = 3\ \text{ms}/91 = 32.967\ \mu\text{s} = 32967\ \text{ns} \tag{7-11}$$

上述时间相当于长度为 100 ns 的 329.67 个二进制位占用的时间。

重复周期为 2.5 ms 的静态时隙数为 500 μs/33 μs = 15。由此可知，静态段余下

的时间能够容纳 91–15×2 ≈ 60 个静态时隙，这些时隙被用于传输重复周期为 5 ms、10 ms、20 ms 或 40 ms 的帧。

静态时隙的位数已经确定下来，现在让我们分析一下每个静态时隙可传送的静态帧字节数。已知静态帧的封装如表 7-14 所示，用于帧封装的总位数是 89 位。

表 7-14　静态帧的封装

封装	长度 / bit	说明
帧头	40	
TSS（6～15）	11	根据所需的最大拓扑结构选取该值
BSS + FES	3	
CRC	24	
CID	11	

除去封装位之后，每个静态时隙余下的二进制位数：329 – 89 = 240 位。由于每个在 FlexRay 总线上传输的字节（8 位）占用 10 个二进制位，因此剩余静态时隙可以传输 24 个字节，也就是说，每个静态帧可以传输的最大有用位数为 24×8 = 192 位。这完全符合每个静态帧包括 16 字节的既定愿望，且拥有可延长到 24 字节的储备。

（3）动态段参数的详细信息

DYN 段的参数选择如下。

① DYN 段的持续时间：2 ms –网络空闲时间 = 2 ms – 0.1 ms = 1.9 ms。

② 微时隙的初始持续时间：6.875 μs，相当于 68 个二进制位。

③ 最大微时隙数量：2000 μs/6.875 μs = 290 时隙。

虽然 DYN 段的微时隙数量可达 290 时隙，但使用 290 个标识符却毫无实际意义。事实上，在最后一个微时隙里不可能传输一个帧，即使这个帧是空帧，因为仅仅帧的封装位（至少 89 位）就已经超过微时隙的最大长度（68 位）。由于一个微时隙的初始持续时间较短，只有 6.875 μs，因此使用全部 290 个微时隙是个一厢情愿的想法。这个值的重要性在于它使帧的起始时刻具有更高的精度。

已知 FlexRay 帧的最大长度为 2638 位（见 7.3.3 节），相当于 263.8 μs，在长度为 2 ms 的 DYN 段内，最多能够传输 2000/263.8 = 7 个最长帧，每个最长帧的有用位数只有 2032 位。因此，如果有必要以非重复或事件驱动方式传输长帧，而且要求每次长帧传输都是正确的，那么，最好是把长帧放在 DYN 段的开始处。例如，重新配置网络结构时的网络管理（NM）阶段就属于这种情况，因此，发现这些功能被分配到 DYN 段的第一个微时隙不应该感到惊奇。

通过将一些精心挑选的事件驱动功能安排在第一个动态的时隙里，即靠近 ST 段的边界，并给予它们相对其他微时隙来说较高的网络访问优先级，这些微时隙几乎成为静态时隙，必要时，能够分配一个或多个非常大的帧。因此，数量有限的这几个微时隙常被视为 DYN 段的静态时隙，不同之处在于它们只是偶尔发生，但却具有微时隙的最高优先级。

4. 本地参数和网络参数小结

实例中所用的一些本地参数和网络参数汇总如下。

（1）本地参数（网络节点层次）

① 时钟频率（专用于 FlexRay 部分）：80 MHz。
② FlexRay 通信控制器的时钟周期：12.5 ns。
③ 微节拍持续时间：25 ns。
④ FlexRay 的位持续时间：100 ns。
⑤ 每位的微节拍数：100 ns/25 ns = 4 个。

（2）网络参数（簇的全局层次）

① 宏节拍持续时间：1.375 μs。
② 每个循环的宏节拍数：5000 μs/1.375 μs = 3636 个。
③ 每个宏节拍的微节拍数：1375 ns/25 ns = 55 个。

（3）通信循环时序

见图 7-68。

习　题

7-1 工业领域之所以创建 FlexRay，主要为了解决哪些问题？
7-2 详述 FlexRay 通信循环的组成，以及各部分的功能。
7-3 在通信循环中创建时隙和微时隙的目的是什么？
7-4 静态帧有哪几个部分组成？
7-5 在动态段中，如果需要发送帧的节点将微时隙转变成了动态时隙，那么在该动态时隙结束时，也就是该节点发送帧结束以后，是否需要发送一个结束报告或声明？
7-6 怎样详细区分动态 ID、帧 ID、时隙编码以及微时隙编码这几个概念？
7-7 一个动态时隙结束后，后续的动态时隙怎样进行编码？
7-8 FlexRay 协议的静态段和动态段分别采用哪种媒体访问技术，它们的作用有何不同？
7-9 FlexRay 全局时间和本地时间是什么？
7-10 简述宏节拍、微节拍和通信循环之间的区别与联系。
7-11 对于同步序列和同步帧的形成，FlexRay 协议做了哪些规定？
7-12 简述实现 FTM 算法的具体步骤，指出该算法的优缺点。
7-13 网络时间仅做偏差修正处理是否合理？若不合理，试说明原因。

7-14　FlexRay 中的时间偏差和速率修正是如何实现的？

7-15　双通道拓扑结构会给系统带来哪些好处？

7-16　根据例 7-2，利用有源星设计冗余 EMB 系统的拓扑架构，但只在汽车后轴上提供全冗余结构。

7-17　为了抑制每个二进制位期间的噪声，FlexRay 规范要求 CC 采用支持多数逻辑的加权表决技术，请说明 CC 要做哪些处理。

7-18　简述 FlexRay 错误管理中的 NGU 策略。

7-19　FlexRay 总线驱动器有哪些工作模式？试说明它们之间的主要差别。

7-20　VECTOR 公司的 FlexRay 工具系统包含哪些工具？它们的主要功能是什么？

第 8 章　音频 / 视频总线

CAN、LIN 和 FlexRay 这些总线技术限于自身的技术特性和传输速率，主要应用于控制、诊断和服务场合。随着人们生活品质的提升，对娱乐信息系统的功能需求不断提高，致使信息娱乐装置的数量和复杂程度不断增加。这些装置之间的特殊通信和数据传输要求，催生了音频 / 视频总线技术。早期用于这些装置的总线为 I2C 和 D2B，目前运用最广泛的是 MOST 总线，不久的将来也许会转向 FireWire（IEEE 1394）。

由于尚未形成占主流的音频 / 视频总线，因此本章没有采用 CAN、LIN 和 FlexRay 总线的讨论方式，只是概括性地描述部分音频 / 视频总线的特点，重点介绍 MOST 总线原理及其所支持的音频 / 视频应用。

8.1　音频 / 视频总线概述

音频和视频应用最初是围绕 CD 播放器、MP3、CD-ROM、视频游戏和 DVD 等构建的，后来逐步发展到可以采用 CD-ROM，包含用于导航系统的路线图数据，使用通信链路传输纯视频（如由倒车摄像头捕获的图像），接收地面数码电视，以及把来自多个视频源的 MPEG2 和 MPEG4 数据流传输到不同地点（如特种车辆、长途汽车和飞机等的座椅和仪表板）。

8.1.1　I2C 总线

I2C 是一种由串行数据线（SDA）和串行时钟线（SCL）组成的同步、多主总线，其传输速率已经从最初的 100 kbps 逐渐增加到 3.4 Mbps。它是由飞利浦半导体公司于 1980 年开发的，主要用于微处理器及其外围设备之间的短距离通信，至今仍然广泛应用于机上系统（例如，在仪表板内，用于控制中央显示单元）。

1. 主要特征

I2C 总线具有连接少、操作简单和通信速率高等优点，其主要特征如下。

① 每个与总线连接的元件都被分配了唯一的地址。符合 I2C 总线标准的多个元件可利用同一条 I2C 总线相互通信，而不需要额外的地址译码器。

② 支持广播通信。

③ 支持多种传输速率模式：100 kbps（标准模式）、400 kbps（快速模式）和 3.4 Mbps（高速模式）。

④ I2C 总线系统有主机（Master）和从机（Slave）之分，主机是为总线提供时钟、产生起始 / 停止信号的元件；从机是由主机寻址的元件。

2. 数据传输规范

I2C 总线数据传输规范可以简单地从以下几个方面体现出来。

① 开始 / 停止条件。开始条件：当 SCL 线处于高电平、SDA 线从高电平变到低电时，产生开始信号。此后，总线一直处于忙状态，直到出现停止信号。停止条件：当 SCL 线处于高电平、SDA 线从低电平变到高电时，产生停止信号。此后，总线一直处于空闲状态，直到出现开始信号。

② 数据有效性。在 I2C 总线中，SDA 线的电平在 SCL 线处于高电平时必须保持稳定不变，当 SCL 线处于低电平时 SDA 的电平状态才可以改变。

③ 数据传送。I2C 总线以字节（8 位）为单位传送数据。传送以出现开始信号作为起点，传送的字节数没有限制，直到出现停止信号结束。在数据传送过程中，首先传送高位。

④ 应答信号。在每字节传送完后，都要有一个应答状态位。此位由接收方产生，表示接收方接收数据的状态，而位的时钟脉冲由主机产生。

⑤ 地址。I2C 总线元件都有唯一的编址，不需要片选和地址译码等。元件地址一般由 7 个地址位与一个读 / 写位组成。读 / 写位在地址字节的最后一位，“1”表示主机需要读数据，“0”表示主机要写数据。I2C 总线读 / 写数据的基本格式如图 8-1 所示。

开始信号	7位地址	读/写位	应答位	8位数据	应答位	…	8位数据	应答位	停止信号

图 8-1　总线读 / 写数据的基本格式

为增加 I2C 总线的通信距离，人们已经针对物理层开发了缓冲 I2C 和光学 I2C，可以用于仪表板与 CD 换碟机之间命令传送以及数据交换。

必须指出，出于对网络一致性的需要，目前越来越多的设备采用 CAN 来传送显示命令或短数字报文，而不是 I2C。

8.1.2　D2B 总线

D2B 是用于系统与系统之间通信的一种多主总线，主要针对家庭中使用的音频 / 视频设备。该总线同样是由飞利浦公司于 20 世纪 80 年代初开发的。由于此总线出现的时间较早，且为提高视听质量带来巨大潜力，因此邮政、电力和建筑等其他行业当时也极其重视。在这些因素的驱动下，全球家用音频 / 视频应用市场占有率达 60%的三大公司（飞利浦、松下和汤姆逊）签署合作协议，通过大量工作，最终使该总线成为欧洲标准 EN1030。像其他标准一样，EN1030 也详细描述了协议、代码分配等。

1. D2B 协议

D2B 是在差分线对（带接地回路）上以异步模式运行的，其帧格式有最大持续时间。D2B 帧的组成如图 8-2 所示。仔细观察可以看出，D2B 帧与 CAN 帧存在很大的不同，主要表现在以下几个方面：

① 位的结构完全不同。

② 地址场（主机或从机）更加重要。

③ 主机声明其身份。

④ 仲裁仅在帧开始时进行。

⑤ 存在连续性位（无位填充）。

										n个数据场									
	帧起始		主机地址场		从机地址场			控制场			数据场				…	数据场			
	起始位	模式位	主机地址位	奇偶校验位	从机地址位	奇偶校验位	确认位	控制位	奇偶校验位	确认位	数据位	数据结束位	奇偶校验位	确认位		数据位	数据结束位	奇偶校验位	确认位
位数	1	>1	12	1	12	1	1	4	1	1	8	1	1	1		8	1	1	1

图 8-2　D2B 帧的组成

D2B 已经是一个很成熟的总线，此处不再详细介绍每个位的功能列表，而是简要描述 D2B 在网络和线路方面的一些主要特征。

2. D2B 网络

D2B 和 I2C 都是局域网（LAN）这个大家族的成员。这里所谓的局域，与数据可以传输的距离以及这些数据的质量有关。

（1）位速率

D2B 标准描述了三种操作模式，分别为模式 0、模式 1 和模式 2，与之对应的时钟频率依次为 750 kHz、3 MHz 和 6 MHz。最大位速率可以达到每秒 7760 字节，即大约 62 kbps。

（2）网络长度

D2B 的最大运行距离为 150 m。研究表明，对于家庭住宅或私家车所涉及的标准安装来说，这个距离是最大的点对点布线长度。

最大位速率和网络长度实际上定义了可以采用 D2B 的应用类型。例如，在机动车市场中，D2B 的主要应用之一是控制位于后备厢中的标准电子系统（音频 CD 播放器、视频、CD-ROM 中的路线图等），在此情况下，控制来自仪表板或驾驶杆（或驾驶杆的顶部）。

（3）网络拓扑结构

为满足长度、位速率和安装成本等方面的指标，D2B 选用了菊花链形拓扑结构，

图 8-3 给出了一个应用实例。

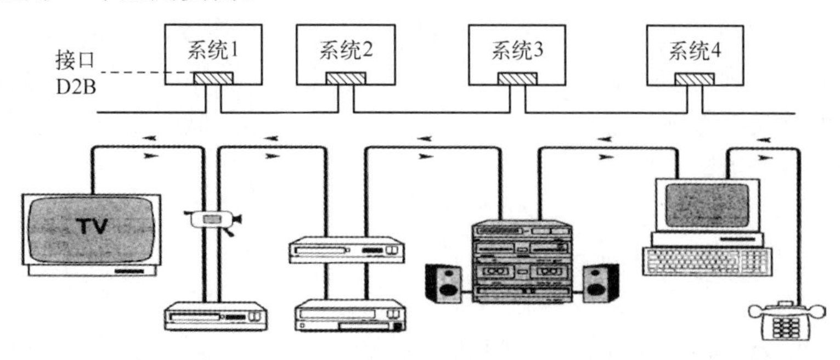

图 8-3　D2B 菊花链形拓扑结构应用实例

3. D2B 线路

上述 I2C 总线有两条导线，分别为用于数据的 SDA 和用于时钟的 SCL，两者是对地不对称的。与之相反，D2B 是为对称传输而设计的，使用了双绞线差分对。之所以这样做，是为了防止任何寄生信号（射频、电磁和静电），使线路拥有良好电气性能。

（1）阻抗

任何线路都有电气特性，尤其是固有阻抗。在大多数情况下，固有阻抗才是问题真正开始的地方。

网络是用于实现通信的，信号必须沿着网络中的线路进行传播。然而，线路存在一个令人烦恼的特性，即把信号反射到它们的终端。采取措施防止这种情况发生是必要的。

遗憾的是，这种情况也会导致应用出现问题。当在 D2B 背景下发送报文时，呼叫方（Caller）等待并接收来自被叫方（Called Party）的电气确认信号，是一个再寻常不过的情况。但是，假如被叫方已经离开了（如在度假），而呼叫方非常礼貌地发送了他的请求确认报文，当报文传播到线路的末端时，其中一部分报文被反射回来，此时，可能会出现下列两个问题：

① 返回信号被解释为应该由被叫方发送的信号（当然，被叫方不在那里）。

② 信号返回太早（或太迟）导致与呼叫方发送的新信号发生正面碰撞。

这些问题会产生很糟糕的结果：错误或总线冲突。

（2）在光学媒体上的 D2B

在传统数字音频（音频 CD）通信中，数字数据未经压缩，位速率约为 1.15 Mbps。在机动车辆中，若没有对寄生信号采取防范措施，则难以通过 D2B 实现这类数据的传输。因此，汽车等行业长期使用一种物理层媒体为光纤的改进型 D2B，其主要作用是将数字数据从车辆的后部传输到车辆的前部。改进型 D2B 的优点是可以更好地防止寄生信号，降低成本，减小光纤链路和连接器的脆弱性，增加创建菊花链总线拓扑时的灵活性。

D2B 的主要目的是实现功能完全不同的设备间相互连接，例如，将一个品牌的汽车收音机连接到另一个品牌的 CD 播放器和换碟机（通常位于车辆的后备厢中）。显然，这种总线的首选应用从一开始就与音频 / 视频相关联。然而，没有理由不能将其用于其他应用。

8.1.3　专用音频 / 视频总线

目前，随着音频 / 视频应用范围的不断拓展，人们开始创建面向多媒体数据服务的专用总线，并形成了很多种网络协议，如 MOST、FireWire（又称为 IEEE 1394）和 1TPCE 等。这类总线具有极高的位传输速率，克服了其他总线（如 CAN、LIN）中存在的传输带宽不足的问题，最典型的两个例子是 MOST 和 FireWire 总线。MOST 和 FireWire 总线两者的功能基本相同，但因 MOST 总线出现的比 FireWire 总线更早，其应用也更加广泛。接下来的各节我们将着重讲述 MOST 总线及其与 FireWire 总线的区别。

8.2　MOST 总线的形成及主要特点

除了传统的音频应用，娱乐信息系统现在还必须提供无线电（广播）、导航控制器、显示器（在仪表板上、在座椅上等）、CD 播放器和换碟机（音频和视频 CD、DVD、CD-ROM 等）、语音识别系统、移动电话、有源音响分配器等之间的链接。MOST 总线技术就是在此背景下产生的。

8.2.1　MOST 总线的起源及主要发展阶段

早在 1996 年，宝马、别克（Becker）和提供智能混合信号连接解决方案的 SMSC 三家公司就以 D2B 总线为基础，展开了 MOST 总线技术的合作研究，并于 1998 年与戴姆勒-奔驰公司一起成立了针对这一主题的 MOST 联盟。之后又有 17 家国际顶级的汽车制造商和超过 50 家的汽车关键组件供应商加入了该联盟。

经过十几年的发展，MOST 总线标准已由第一代发展到了如今的第三代。第一代标准 MOST25 以塑料光纤（Plastic Optic Fiber，POF）作为传输媒体，最高可支持 24.6 Mbps 的传输速率；第二代标准 MOST50 除了可以采用 POF 作为传输媒体，还可采用非屏蔽双绞线（Unshielded Twisted Pair，UTP），传输速率是 MOST25 的两倍；第三代标准 MOST150 有了很大的发展，不仅传输速率最高可达 147.5 Mbps，而且解决了 MOST 总线与以太网的连接等问题。

在欧洲汽车市场，第一款使用 MOST 总线的汽车是高档轿车 BMW7，此后，Mercedes B-class、Porsche Boxster、Rolls-Royce Ghost 和 Audi A6 等多款高档轿车

也开始使用 MOST 总线。最近几年，亚洲汽车市场也加入了这一行列，日本于 2007 年前后推出了第一款使用 MOST 总线的车型，我国的一些汽车厂商十分关注这一技术，并在部分车型中使用了由国外开发的 MOST 组件。到目前为止，世界上已有超过 140 款车型采用了 MOST 总线技术。

8.2.2　MOST 总线体系结构

MOST 总线体系结构与 ISO/OSI 参考模型之间的对应关系如图 8-4 所示，MOST 总线包含了 ISO/OSI 参考模型的全部 7 层的内容，也可将图 8-4 看作 MOST 总线网络节点具体实现的功能结构。其中，光学 / 电气物理层对应具体硬件包括光纤 / 电缆、光纤接头和实现光电转换的收发器或电气电路；网络接口控制器（Network Interface Controller，NIC）对应数据链路层。网络服务基础层作为应用层和网络接口控制器（数据链路层）之间的中间层，是设备能够与 MOST 总线互联的驱动程序，安装在外部主控制器（External Host Controller，EHC）上。值得注意的是，新一代 MOST 总线智能 NIC（Intelligent NIC，INIC）已经实现了网络服务的基础部分。应用层包括有权使用的不同数据传输机制、逻辑设备模型和功能寻址，并引入了功能块（Function Block，FBlock）的概念。

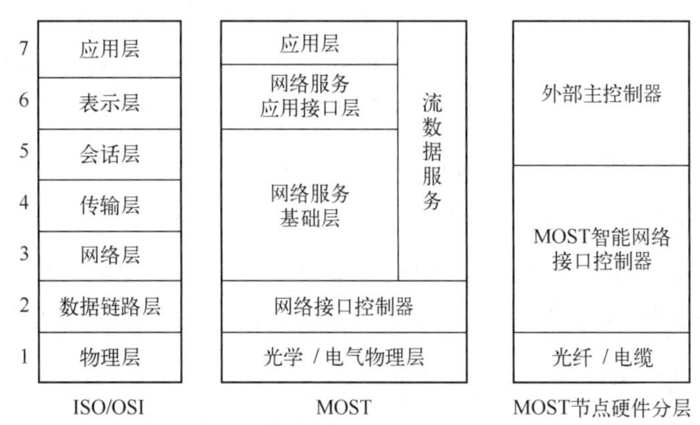

图 8-4　MOST 总线体系结构与 ISO/OSI 参考模型之间的对应关系

实际上，网络服务是由基础层和应用接口层两部分组成的。基础层主要提供管理网络状态、信息接收 / 发送驱动和流（Stream）通道分配等底层服务；应用接口层提供与功能块的接口（包括命令解释）等。

8.2.3　MOST 总线的主要特点

目前，MOST 总线尚未成为国际标准，但作为面向多媒体的总线，MOST 总线不仅能够同步传输音频 / 视频数据，而且定义了信息娱乐接口，使不同类型多媒体设备之间的连接变得很容易。

MOST 总线的优势主要体现在以下几个方面。

（1）宽带宽

网络带宽是实现多媒体数据传输的基础，MOST 总线的传输速率高达 150 Mbps，远高于 CAN、LIN、FlexRay、I2C 和 D2B 总线。

（2）低电磁干扰

与双绞线相比，光纤在传输时不会造成电磁辐射，对外界的电磁干扰也不敏感，采用光纤作为传输媒体，能够在复杂的环境中保证音频 / 视频数据的传输质量。

（3）支持即插即用（PNP）

MOST 总线采用了环形拓扑结构，在网络连通时，移除任意设备都不会影响网络的运行。移除设备的网络接口控制器负责完成最基本的通信功能，保持网络连通。当新设备接入 MOST 总线时，不必重启 MOST 总线，主控节点能够自动地检测网络状态变化，并重新分配每个设备的网络地址。

（4）主控节点设置灵活

MOST 总线最多可连接 64 个节点，其中一个为主控节点（主节点），其他都为功能性节点（从节点）。除了网络管理模块，主控节点与功能性节点在硬件电路、软件架构方面完全相同。因此，在设计过程中，可以灵活地将网络管理模块纳入任意功能性节点，形成一个具有主控功能的功能性节点，使 MOST 总线主控节点可以出现在应用系统中的任何位置。

（5）采用中央主节点时间同步法

系统时钟由主控节点（也称为时间主节点）发出，其他所有节点（也称为时间从节点）都通过 PLL 与该系统时钟同步。

（6）各类数据同时传输且互不干扰

MOST 总线支持同步数据、异步数据、控制数据的传输，MOST 数据帧为它们划分了大小不同的 3 个数据域。当传输数据帧时，在网络中形成 3 个数据通道，而这 3 个通道各占一部分网络带宽，不同类型的数据可以互不干扰地在各自的信道中传输。

8.3　报文格式和媒体访问控制方法

与 CAN 等总线不同，MOST 总线具有许多更高层协议和报文格式，可为多媒体应用提供丰富的功能集。关于这些协议和帧格式的内容足够多，至少需要一整本书来描述它们，这里仅讨论其基本报文格式，以便将其与其他网络报文进行比较。

MOST 总线通信是以块的方式组织的，每个块由 16 帧组成，帧的长度为 512 位，即 64 字节，图 8-5 给出了 MOST25 帧格式。

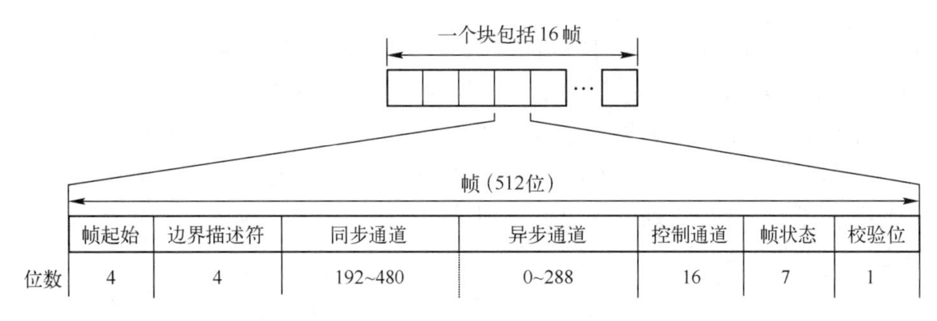

图8-5　MOST25帧格式

MOST帧由7个不同的位场组成，它们是帧起始、边界描述符、同步通道、异步通道、控制通道、帧状态和校验位。图8-5中虚线表示同步通道和异步通道的长度是可变的，但两者长度之和（60字节）不变。同步通道、异步通道和控制通道使用不同的网络带宽，分别用于传输同步、异步和控制数据。

8.3.1　帧起始

帧起始是MOST帧的起始标识，它在时间主节点和时间从节点中的作用是不同的，时间主节点以外部时间源（如晶振频率）为基础生成起始符，而时间从节点使用它以锁相环方式与整个网络的位流同步。

由于位流穿过每个节点时都存在信号传输延迟，因此当位流穿过所有节点到达主节点时会产生相位偏移。主节点使用锁相环将接收到的数据锁定到传入的位流上，从而将传入的数据重新同步到正确的位并对齐。

8.3.2　边界描述符

同步通道与异步通道占用一帧中的60字节，用于传输流数据和分组（包）数据。两种数据的带宽可以通过边界描述符进行调整，以满足相应的需求。

这两个通道之间的边界以4字节（用quadlet表示）为单位进行调节。同步通道可以使用24～60字节（6～15 quadlet）的带宽，异步通道可以使用0～36字节（0～9 quadlet）的带宽。

边界描述符的值由时间主节点中的网络接口控制器定义，取值范围为6～15。如果时间主节点改变了边界描述符的值，那么所有的同步连接必须重新建立。

8.3.3　同步通道

帧的这一部分用来实时传输音频/视频数据流。重要之处在于，此通道可被动态地划分为多个信道，使多个节点能够彼此同时发送和接收数据。同步通道内的数据流可以包含各种数据，如16位音频、16位立体声、MPEG视频等。

图 8-6 给出了使用网络接口控制器 NIC 时同步通道的基本操作。在传输数据前，必须由连接管理功能块通过控制通道建立连接，即定义每个信道位置的含义。连接管理功能块最终要把配置数据发送到 NIC 的路由引擎（Routing Engine，RE）。接下来，节点 1 把来自 I2S（Integrated Interchip Sound，集成音频接口芯片，是集成电路内置音频总线）的音频数据放入与自己相关的信道，节点 2 从相同位置读取数据，通过 I2S 接口送入播放器。

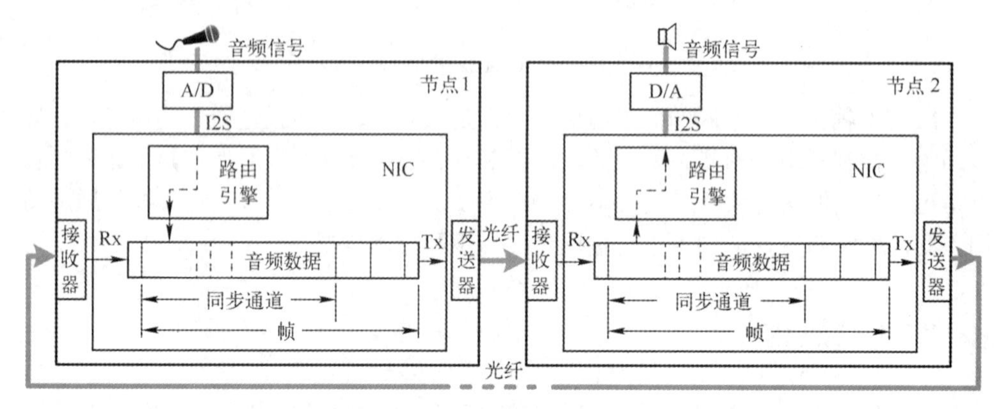

图 8-6　同步通道的基本操作

MOST 总线系统可以同时建立 15 个立体声连接（每个信道占 2×16 位）或 60 个单字节连接。每个连接只能有一个数据源，但可以有多个目的地，相关的连接（帧中的数据通道）只能由该信号源写入。在返回发送节点前，帧的内容是不能改变的。

同步通道采用时分多路访问（TDMA）方法半静态地建立连接，同步通道中的数据既没有发送端地址也没有接收端地址，数据之间的通信完全由控制命令（见下文）完成。在指定的时间模式下，MOST 帧的相同位置可以周期性地传输数据，当发生传输错误时不重发，下一个传输周期继续传输有效数据。

边界描述符定义了同步通道的带宽，可由以下公式计算带宽：

$$\text{BW} = \text{SBC} \times (4 \times 8) \times \text{FS} \tag{8-1}$$

式中，BW 表示带宽；SBC 表示边界描述符的值，通常是由 NIC 控制寄存器设置的，取值范围为 6～15 quadlet；FS 表示帧频，也称为采样频率，其典型值为模拟音频信号拾音频率 44.1 kHz。

由于边界描述符的最小值为 6，因此，当选择 44.1 kHz 的帧频时，最小带宽为

$$\text{BW}_{\text{min}} = 6 \times (4 \times 8) \times (44.1 \times 10^3) = 8.4672\ \text{Mbps} \tag{8-2}$$

把边界描述符设定为 15，则最大带宽为

$$\text{BW}_{\text{max}} = 15 \times (4 \times 8) \times (44.1 \times 10^3) = 21.168\ \text{Mbps} \tag{8-3}$$

8.3.4　异步通道

异步通道用于节点之间非周期性地传送事件数据和基于分组的数据，如导航数

据。在新出现的 MOST 网络中，此通道正在被 MOST 以太网分组（MOST Ethernet Packet，MEP）通道取代。

异步通道与同步通道共享 60 字节，该通道的带宽同样由边界描述符决定，取值范围为 0～9 quadlet（0～36 字节）。

异步通道的传输通过数据链路层协议进行管理。数据链路层协议帧可使用两种数据区长度，分别为 48 字节和 1014 字节，数据链路层协议帧的构成如图 8-7 所示。网络接口控制器同时支持上述两种长度，但内部缓存只对前者有效，当智能网络接口控制器使用 I2C 总线时，采用前者；当使用媒体总线时，采用后者。

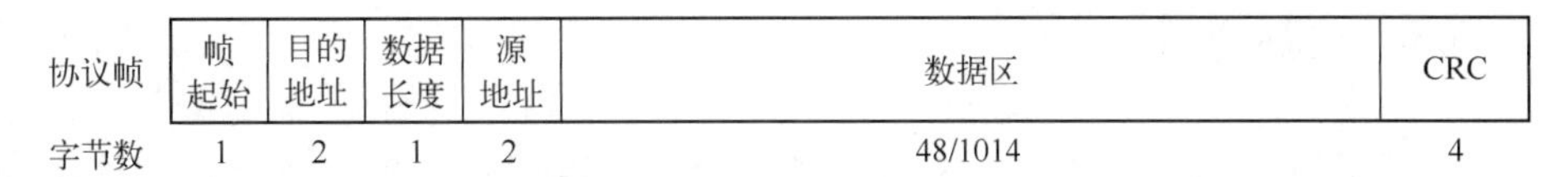

图 8-7　数据链路层协议帧的构成

协议帧由帧起始（又称为令牌，1 字节）、目标地址（2 字节）、数据长度（1 字节）、源地址（2 字节）、数据区（48/1014 字节）和 CRC（4 字节）组成。CRC 负责数据链路层的校验，当出现错误时，不自动重发协议帧，而由更高层协议进行处理。

很明显，数据链路层协议帧的长度大于 MOST 帧的异步通道长度（最长为 36 字节），分段传输是必要的。

在网络中，异步通道的访问采用令牌方式。如果没有节点准备发送数据，那么令牌在节点之间依次传递。

当某节点准备发送数据时，必须等待并取得令牌。该节点从总线上取得令牌后，便获得了异步通道的专用访问权。每发送完一个数据分组，便将令牌放回总线。如果想要发送若干数据分组，那么该节点必须再次等待令牌。

通过令牌访问拒绝模式，可以实现分组数据传输的优先级。比如，优先级低的节点即使准备就绪，也必须让令牌在总线上继续传输若干次，从而确保高优先级的节点率先得到令牌。

异步通道的传输速率取决于协议帧的长度与带宽，可用下式计算。

$$\mathrm{Ras}=\frac{\mathrm{Pd}\times 8}{\mathrm{Tt}} \tag{8-4}$$

式中，Ras 为异步通道网络数据传输速率，单位是 bps；Pd 为一个协议帧中的数据字节数量；Tt 为一个协议帧的传输时间，单位是 s，其值取决于帧频 FS（每秒传输的帧数）与延迟时间（NIC 生成下一个协议帧）

$$\mathrm{Tt}=\frac{\mathrm{Tp}+\mathrm{Ta}}{\mathrm{FS}} \tag{8-5}$$

式中，Ta 为两个协议帧的传输间隔，以帧为单位计量（当使用 NIC 时，固定为 4 帧）；Tp 为协议帧分段个数，单位是帧（MOST 帧），计算公式如下

$$\mathrm{Tp}=\frac{\mathrm{Pd}+\mathrm{Ph}}{\mathrm{Af}}=\frac{\mathrm{Pd}+\mathrm{Ph}}{(15-\mathrm{SBC})\times 4}=\frac{\mathrm{Pd}+10}{(15-\mathrm{SBC})\times 4} \tag{8-6}$$

式中，Af 为异步通道的带宽设定值（公式中已被换算为每秒字节数）；Ph 为一个协议帧中的控制字节数量，由图 8-7 可知，控制字节包括帧起始（1 字节）、目标地址（2 字节）、数据长度（1 字节）、源地址（2 字节）和 CRC（4 字节），总计 10 字节。

例如，在 FS = 44.1kHz，SBC=12 quadlet，Pd=48 Byte，Ta=4 frame 时，相应的异步通道网络数据传输速率 Ras 为 1.917101 Mbps。

数据链路层协议帧的数据区除了包括用户的分组数据，还包括功能块标识符、功能块实例、函数标识符和操作类型等，由 MOST 高层协议负责处理。

8.3.5　控制通道

控制通道能够传输命令、状态与诊断信息，可以用来管理网络以及网络中的节点。

为避免控制通道占用过多的带宽，规定把一个控制帧分配到一个块中的 16 个 MOST 帧中，每个 MOST 帧中传输 2 个控制字节，每个块中第一帧的帧起始采用一个特殊的位模式来标识这个数据块，控制通道及其到 MOST 帧的映射如图 8-8 所示。

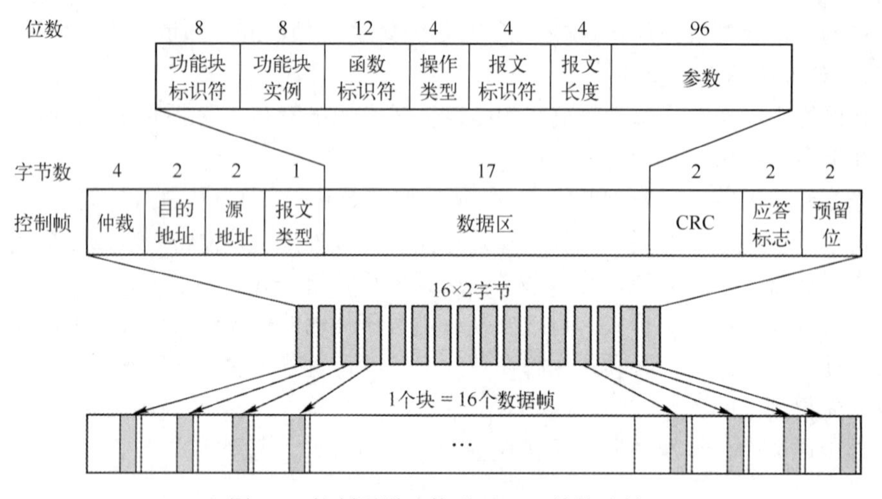

图 8-8　控制通道及其到 MOST 帧的映射

1. 控制通道中的协议数据结构

在控制通道中，协议数据的长度固定为 32 字节，其结构如图 8-8 所示。

（1）仲裁（4 字节）

仲裁机制采用载波监听多路访问（CSMA）法，相当于去除了冲突检测（CD）的 CSMA/CD 法，由块的最初两个帧（4 字节）来实现。MOST 网络接口控制器自动地运行仲裁机制，确保总线公平分配。

（2）地址（4 字节）

前两个字节为目的地址，后两个字节为源地址。

（3）报文类型（1 字节）

0x00 表示常规报文，0x01～0x05 表示系统报文。

常规报文包含与控制报文服务（Control Message Service）有关的数据，如修改属性数据、调用功能块的函数和处理返回的报文。实际数据使用 17 字节传输，标准报文可以发送给一个节点（单播）、一组节点（多播）和所有节点（广播）。

系统报文有 5 种类型：资源分配（0x03）、资源释放（0x04）、远程获取数据源（0x05）、远程读（0x01）和远程写（0x02）。NIC 独立使用系统报文编码，应用程序不可见。资源分配和资源释放报文可由流数据源发出，时间主节点负责接收和处理。远程读和远程写只用于调试，NIC 可利用它们向其他接口控制器读 / 写 1～8 字节的数据。远程获取数据源报文可以查询指定数据流通道的数据源。

（4）数据区（17 字节）

实际用于控制的报文是由该部分传输的，它由功能块标识符、功能块实例、函数标识符、操作类型、报文标识符、报文长度和相关参数组成。数据区用于实现功能块之间的交互，也用于异步信道的传输连接，它是由高层应用协议定义的。

在控制报文的参数部分，有 12 字节用于传递参数，当参数少于 12 字节时，报文标识符为 0，一个报文就能发送完一条完整的控制信息；当参数大于 12 字节时，必须分段发送参数，第一个报文的报文标识符为 1，中间报文的报文标识符都为 2，最后一个报文的报文标识符为 3。报文长度表示每个报文的字节数。在分段传输时，参数部分的第 1 字节要用于报文计数，只有 11 字节用于传递参数。

（5）循环冗余校验码 CRC（2 字节）

接收方利用 CRC 检查传输错误。

（6）应答标志（2 字节）

接收方通过应答标志将接收状态告知发送方。接收状态分为以下 3 种：接收成功、缓冲区阻塞或 CRC 错误。

接收方只能写标志位，而不能对其进行重置。因此，即使通过多播或广播发送，发送方也能够知道是否有未收到报文的接收节点，但分辨不出是哪一个接收节点。

在默认情况下，一旦发生错误会重试 5 次。重试次数是在网络接口控制器中设置的。若重试后仍未成功，则把此情况通知主处理器。

（7）预留位（2 字节）

用于将来的协议扩展。

2. 控制通道数据传输速率

采样频率（FS）决定了 1 秒钟可以传输多少个控制报文。由于发送 1 个控制报文需要 16 帧，而每帧的 64 字节中有 2 字节用于网络内部管理（如通道资源分配），其余 62 字节用于传输数据，因此，每秒发送的控制报文个数为

$$CM = (62/64) \times (FS/16) \tag{8-7}$$

式中，CM 表示每秒发送的控制报文个数，单位为 msg/s。已知每个报文的长度为 17 字节，由 CM 很容易计算总体数据传输速率（DR_{gross}）

$$DR_{gross} = CM \times 17 \times 8 \tag{8-8}$$

在 FS=44.1 kHz 的典型情况下，CM 为 2670 msg/s，DR_{gross}=363 kbps。实际上，在此采样频率下，控制通道网络数据传输速率（DR_{net}）远低于 DR_{gross}，有时只有 121 kbps。

8.3.6　帧状态和校验位

帧状态描述 MOST 帧的状态，主要用于网络层面的管理；校验位用于检查帧中的位错误。

8.3.7　关于媒体访问控制技术的说明

在 MOST 网络中，MOST 帧的传播由主节点控制，所有网络节点共享同一个时钟，它们必须按照严格的规则将数据插入帧内，以确保有序访问网络，防止发生冲突。每帧包含 3 个不同的通道，每个通道的媒体访问控制方法是不同的。帧携带着每个通道的数据在网络中传播，最后由接收方将其重新组合起来。

1. 系统时钟同步

如前所述，MOST 媒体访问控制建立在时钟同步基础上，网络设备共享的系统时钟脉冲是从数据流中衍生出来的，它们据此彼此协调，实现同步数据的传输。

系统时钟由时间主节点发出，其他所有节点（时间从节点）通过 PLL 与此系统时钟同步。当时间主节点在 MOST 环网的末端接收到帧时，它通过 PLL 连接的方式接收信号，随后发出下一帧。

根据定义，时间主节点若能从环的末端返回的信号再生帧，则处于锁（Lock）状态。时间从节点的输入端收到一个信号并与系统时钟同步，它将进入锁状态；如果从节点未与系统时钟同步，那么它处于解锁（Unlock）状态。在物理层采用光学媒体的情况下，处于锁状态意味着环网中存在光信号。

2. MOST 系统驱动软件

MOST 系统驱动软件（即网络服务）覆盖了 OSI 参考模型的第 3～7 层，在外

部主处理器（External Host Controller）上实现。MOST 标准定义了 MOST 高层协议和实现分组数据面向连接传输的适配层 MAMAC（MOST Asynchronous Medium Access Control）协议。通过这些协议，分组数据（如导航数据）可以通过 MOST 帧发送。尽管同步数据的传输不在网络服务范畴之内，但同步通道的控制也属于网络服务的一部分。

3. 功能块

在 MOST 网络中，把具有指定功能的应用程序接口称为功能块（Function Block，FBlock）。功能块集成了所有实现 MOST 设备控制所必需的属性和方法，通过应用层协议可与功能块进行通信。功能块是 MOST 系统简化通信网络设计的基础。

每个设备都要包含网络功能块，该功能块负责 MOST 网络的管理工作。此外，每个设备可根据其类型和应用功能增加其他功能块。通过这些功能块，一个设备可同时实现多种应用。

功能块由特定的函数组成，这些函数可分成属性函数和方法函数两类。属性函数用于描述功能块的相关属性（如收音机的当前频率）；方法函数用于触发相应的行为（收音机调台）。MOST 标准定义了功能块所对应的应用之间的交互规则。例如，在图 8-7 和图 8-8 中出现的数据区是严格按照 MOST 标准定义的数据格式形成的。根据定义，该数据格式由以下 3 个部分组成。

① 寻址域。该区域包括设备地址（DeviceID）（可选）、功能块标识符（FBlockID）和功能块实例（InstID）。功能块标识符描述功能块的类型，功能块实例用于区分同一类型的多个功能块，两者共同组成了功能块的功能地址。

② 函数域。该区域包括函数标识符（FktID）和函数操作类型（OPType）。同一功能块中的不同函数要通过函数标识符来区分，根据函数类型（属性、方法）的不同，函数可以实现不同的操作。

③ 数据域。该区域包括报文标识符、报文长度和作为参数的数据与类型。

8.4　MOST 物理层

在 MOST 标准中，物理层可以使用光学（光纤媒体）和电气（电缆媒体）技术实现。信息娱乐系统对电磁兼容性和数据传输速率的要求很高，因此 MOST 物理层主要采用了光学技术。

8.4.1　传输媒体

目前使用的大多数 MOST 网络是在塑料光纤（Plastic Optical Fibre，POF）上运行的，既避免了 EMC 问题，又带来了电气隔离。对于支持信息娱乐的网络来说，这两个特性尤其重要。在信息娱乐系统中，EMC 问题常常表现为可听到的噼啪声、嗡嗡声或爆裂声。

然而，光纤布线的成本高于双绞线布线，也比 UTP 更脆弱，更容易损坏。例如，如果它弯曲得太厉害，那么它会停止正常工作。对于 MOST 总线来说，任何可能导致线束扭结或弯曲的东西都是一个大问题，这意味着 MOST 总线的布线要求更加严格。此外，光纤电缆在现场出现的任何问题都需要额外的专业服务。这些原因已经使一些制造商（如通用、丰田等汽车公司）排除了光纤的使用。为了回应这些反对意见，MOST50 被设计成可在 UTP 上运行。如上所述，丰田和通用汽车公司都在各自的车辆中使用了这种 MOST 变体。

MOST25 和 MOST150 除了支持光纤布线，还支持同轴电缆布线。同轴电缆的好处是可以在传输数据的同一根电缆上提供电力。同轴电缆也有缺点，例如，比 UTP 成本高且更难维修。

8.4.2　数据传输速率和编码

MOST 的数据传输速率由帧频（Frame Synchronization，FS，又称帧同步）和帧长（Bit Per Frame，BPF）决定。在帧频为 48 kHz 的情况下，每秒发送 48000 个 MOST 帧。在帧长为 512 位时，数据传输速率为 24.6 Mbps（用于 MOST25）；在帧长为 1024 位时，同样的帧频所对应的数据传输速率为前者的两倍，即 49.2 Mbps（用于 MOST50）。

MOST 使用双相标记编码（Biphase Mark Coding），每一位的传输时间用单位区间 UI（Unit Interval）表示

$$\mathrm{UI}=\frac{1}{2\cdot \mathrm{FS}\cdot \mathrm{BPF}} \tag{8-9}$$

不难看出，在帧频 FS = 48 kHz，帧长 BPF = 512 bit 的情况下，UI 是 20.35 ns。

8.4.3　MOST 拓扑结构

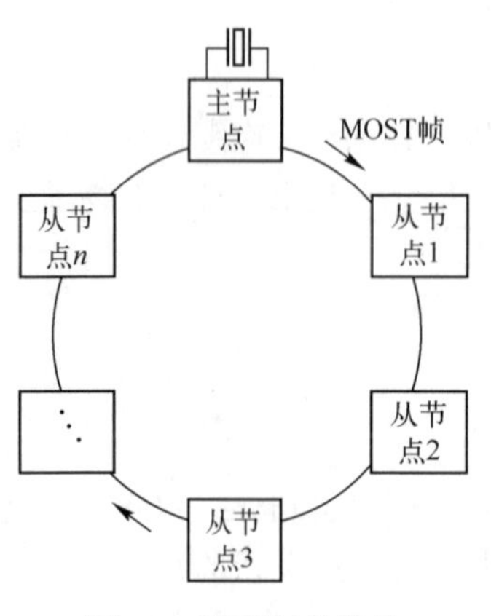

图 8-9　环形拓扑结构

MOST 传统上仅使用环形拓扑结构，由单一主节点控制时钟，从而实现同步通信。最近的一些研究报告表明，MOST150 可以支持星形、菊花链形、树形拓扑结构，但这些拓扑结构都没有用于量产车。因此，本书在介绍 MOST 网络时，以图 8-9 所示环形拓扑结构为主。

在 MOST 环上，相邻节点之间的最大距离为 20 m，单个环上最多可有 64 个节点。与以太网类似，MOST 网络中的每个链路在物理层是独立的，但有一个关键的区别：在环上，MOST 使用单向通信。这意味着，主节点首先从其发送端口将帧传输到环

中下一个节点的接收端口，然后该节点在其发送端口上将帧同步传输到下一个节点的接收端口，以此类推。同步帧不断地从定时主节点传输到环中的下一个节点，而后者又将其源数据放入帧中，并将该帧传输到环中的下一个节点。帧不断地在环上传播，同时传输来自所有节点的最新数据。

网络上的帧是由定时主节点以 48 kHz 的固定频率生成的，该频率是对高质量音频数据进行编码的标准频率之一。尽管已经出现了新的 MOST 网络，为携带更多信息，帧大小也增加了，但这个基础频率并没有改变。这种方法的一个优点是，网络的利用率可以非常高，而且不会产生任何不利影响。与其他网络类型相比，MOST 在处理音频和视频数据流方面非常有效，因为它本来就是为同步传输而建立的。

8.5　MOST 总线的网络错误与错误处理

MOST 总线有时需要处理一些严重错误，MOST 协议仅定义了一些最重要的错误处理机制，集成电路制造商或系统集成商可以自己添加其他错误处理措施。

8.5.1　光学事件

很多光学因素可能导致设备出现错误，如光纤变形造成信号衰减过大。MOST 协议强调了以下几种错误的处理问题。

1. 断光（Light-Off）

如果设备的接收端突然接收不到光信号，那么它将自动停止从输出端发送光信号，随后准备进入休眠模式。若接收端在电源关闭延迟期间仍然没有收到光信号，设备正式进入休眠模式。由于该设备不再发出任何光信号，其后的节点也会重复这个过程，由此保证了在断光情况下网络进入休眠状态。

2. 解锁（Unlock）

MOST 协议把时钟主节点的系统时钟与从节点的时钟丧失同步定义为解锁。导致解锁产生的原因很多，例如，光纤收发器组件发生故障，或光强不满足系统时钟检测要求。由于解锁导致的通信错误与控制通道、异步通道无关，因此仍然可以检测发现这两个通道的数据是否丢失，并且在丢失的情况下可重发。

然而，同步通道的情况有所不同，数据不能重发。解锁导致的错误操作基本上是在解锁持续时间内被确定的。此时，解锁被分为短时解锁和严重解锁。同步丢失时间小于某个值（用 $t_{critical}$ 表示，通常 $t_{critical}$= 70 ms）被定义为短时解锁，而同步丢失时间大于 $t_{critical}$ 被定义为严重解锁。短时解锁可以通过时钟主节点重新生成信号来进行补偿。但发生严重解锁情况后，严重解锁的设备中的网络服务会触发一个程序，使控制设备关闭输出口的光信号，并让网络接口进入断电状态。系统可以因此被重新初始化，并且消除不稳定状态。

8.5.2　过热（Over-Temperature）

当设备暴露在高于其工作极限温度条件下时，可能会出现故障或永久性损坏。尽管每个系统的设计目标应该是在正常操作期间永远不会达到这种条件，但仍然有必要定义系统在这种最坏情况下的行为。

MOST 总线系统中的节点必须能够监控自身温度，并在超过某个特定温度（用 $t_{\mathrm{TempShutDown}}$ 表示）时启动与一个温度相关的关闭操作。

系统因温度过高而关闭后，温度应该下降到确保系统恢复正常后能够维持一个合理运行时间，也就是说，系统重新启动后，运行状态只能维持一分钟时间是没用的。

MOST 总线针对系统高温停机和重启会采取不同的策略，但下述策略是强制性的：

当一个节点超过特定温度 $t_{\mathrm{TempShutDown}}$ 时，它会向整个系统广播报文；此后，负责电源管理的节点会使所有节点的该功能无效，通过发送报文唤醒整个系统，然后启动一个正常的关闭过程，使系统进入睡眠模式，过热的节点可以因此冷却下来；在一个规定的时间（设备冷却所需时间）之后，电源管理节点开始再次唤醒系统。

8.5.3　欠电压（Undervoltage）

欠电压情况不会总是在同一时间以相同的严重程度影响所有设备的。因此，MOST 总线对设备的电源电压的两个限制如下。

1. 临界电压（Critical Voltage）

该电压值的定义如下：不能确保所有应用都能安全运行，但仍然可以进行通信的电压。在临界电压情况下，网络服务仍然维持正常操作模式，但不能传输同步通道上的数据。当电压升至正常值时，可以立即恢复这些数据的输出。

2. 低电压（Low Voltage）

该电压值的定义如下：导致网络接口不再可靠地工作，甚至无法维持通信的电压。在达到低电压限制值的情况下，设备将关闭光信号并切换到设备电源关闭（DevicePowerOff）模式。即使电源电压恢复正常，设备仍处于 DevicePowerOff 模式。只有在其输入端收到光信号，或者被自身的通信需求唤醒时，才能通过标准初始化过程进入设备正常操作（DeviceNormalOperation）模式。

8.5.4 网络变更事件

在 MOST 总线上，在网络上循环传输的最大位置信息发生变化被定义为网络变更事件（Network Change Event，NCE）。

如果设备开启或关闭其旁路，即进入或离开网络，那么最大位置信息会发生变化（一个设备进入而另一设备在很短的时间内离开网络的情况除外）。这种变化可能产生干扰，如前文提到的解锁。NCE 由每个设备中的网络服务层负责识别。

当在网络中追加节点时，新节点必须完成系统层面的集成，也就是说，必须执行完整的系统通信初始化（SystemCommunicationInit）程序。负责控制系统状态和管理中心注册表（Central Registry）的网络主节点，将再次检查网络配置并广播配置状态（Configuration Status）信息。

当一个节点脱离网络时，任何连接到该节点的接收方都必须立即保护其输出信号。此外，每个节点必须能够处理通信伙伴缺失时的情况，并以安全的方式采取相应的行动，网络主节点将再次检查网络配置并广播配置状态信息。

8.6 MOST 组件、开发工具和应用

提出 MOST 总线协议的目的是为了创建适合多媒体数据传输的应用系统网络。根据协议，一个 MOST 节点的功能比较完整，能够作为一个独立的单元被使用，因此，本节将首先介绍构成节点的组件，然后给出 MOST 系统开发工具及应用实例。

8.6.1 MOST 组件

MOST 节点通常由光纤收发器、MOST 网络接口控制器、外部主控制器（微处理器）组成，如图 8-10 所示。事实上，MOST 设备的基本结构可以由图 8-4 推断出来。

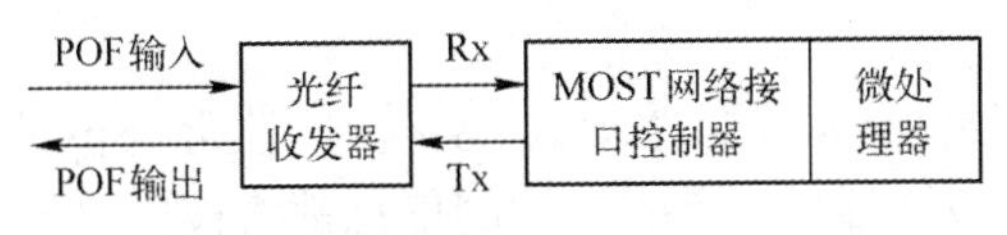

图 8-10 MOST 设备节点

光纤收发器包括两个单元：光纤接收单元和光纤发送单元。光纤接收单元将光信号转换为电信号，并将其传送给接口控制器的输入端 Rx；光纤发送单元将接口控制器输出端 Tx 发出电信号转换为光信号。MOST 网络接口控制器用于实现 MOST 总线的数据链路层，它负责对帧的 3 个通道的存取。网络服务和功能块在微处理器上实现，这里所讲的微处理器就是前面提到的外部主控制器（EHC）。对于流数据服务，在最简单的情况下可由编码解码器完成，不用使用微处理器，直接将编码解码器与 MOST 网络接口控制器的源端口（Source Port，CP）（针对 NIC）或流端口（Streaming Port）（针对 INIC）相连。

MOST 网络接口控制器具有旁路功能，当微处理器出现异常时，它能保持数据通路连通，把输入的数据流直接转发下去。在发生错误或设备刚启动时，该功能是非常有用的。

市场上已经出现了许多 MOST 收发器和通信控制组件，以及针对汽车信息娱乐产品而优化的微处理器，表 8-1 给出其中一部分 MOST 网络接口控制器、收发器和微处理器。

表 8-1　MOST 网络接口控制器、收发器和微处理器

制造商	产品型号	符合协议	功能
泰科	Tyco 2-2141577-1	MOST25	光纤收发器
Melexis	MLX75605	MOST150	光纤收发器
Microchip	OS8104	MOST25	网络接口控制器 NIC
Microchip	OS81050	MOST25	智能网络接口控制器 INIC
Microchip	OS81118	MOST150	智能网络接口控制器 INIC
Analog Devices	Blackfin DSP	—	微处理器
德州仪器	OMAP	—	微处理器

8.6.2　MOST 系统开发工具

在开发 MOST 系统时，同样可以使用开发工具。目前可用的系统设计和网络开发工具有多个，如 Vector 公司提供的 CANoe.MOST，SMSC 公司提供的 OptoLyzer 等。这里以 CANoe.MOST 为例，简单说明这类工具的组成。

CANoe.MOST 是附加在 Vector 公司的软件包 CANoe 上的 MOST 选项，并与 CANalyzer.MOST 一起工作，用于在系统整合和控制设备开发中测试和分析 MOST 系统。此软件安装在 PC 上，MOST 网络与 PC 之间通过 Vector VN2610 硬件模块相连接，在开发和分析过程中，此模块被设置为独立的 MOST 网络节点。

Vector VN2610 硬件模块支持主模式、从模式、监听（Spy）模式和旁路（Bypass）模式。一种操作模式被激活后，所有的控制信息都将被模块记录下来，可用于分析整个 MOST 环网。

CANoe.MOST 提供的主要功能如下：

① 分析控制通道和追踪窗口中数据分组。

② 传输控制信息和数据分组。

③ 压力测试函数。例如，在控制通道或异步通道上形成 100%总线负载；模拟接收缓冲区溢出等。

④ 信号可视化。

⑤ 总线通信的统计与评估。

⑥ 利用 CAPL 进行设备仿真和系统测试。

8.6.3　MOST 总线在汽车 DVD 播放系统中的应用

MOST 最初是针对车载多媒体系统中的链接而提出的。根据 MOST 联盟的前景展望，该总线除了可在条件苛刻的汽车环境中应用，也可在其他环境中应用。然而，针对其他环境的应用仍处于探索阶段。

汽车中的多媒体系统需要处理不同的存储和传输格式。视频信号一般采用应用于 DVD 和电视信号的标准编码格式 MPEG2（Moving Picture Expert Group 2），MPEG2 是一种针对卫星电视、有线电视和地面电视传输的国际化标准，视频数据流的数据传输速率为 1～10 Mbps。音频信号可使用的数据传输格式有多种，未经压缩的 CD 立体声信号的数据传输速率为 1.4 Mbps，可以被压缩成数据传输速率为 128 kbps 的 MP3 格式；双通道立体声信号的编码格式通常为杜比数码，也称为 AC3（Audio Coding 3，音频编码-3），数据传输速率为 192 kbps。目前，人们把 MPEG2 视为视频领域的标准，AC3 视为音频领域的标准。

在汽车上，各种多媒体数据传输通常需要在同一个 MOST 总线上实现。在大多数情况下，要把所有速率可变的内容（如 MPEG2 压缩视频信号）切割成时间片（Slice）（数据分组），并使用强大的实时处理器（如 Philips 公司的 Tri-Media 媒体处理芯片或 Nexperia 数字多媒体平台）将其封装在具有固定时间格式的帧中，以便以恒定速度和异步 MOST 格式进行传输。为了结束对 MOST 总线的讨论，下面我们采用图 8-11 所示的 DVD 播放系统的 MOST 总线构成示例，描述使用 MOST 总线将数据从 DVD 传输到显示屏的常规操作。注释：在以下描述中，用 TM 表示 Tri-Media 媒体处理芯片。

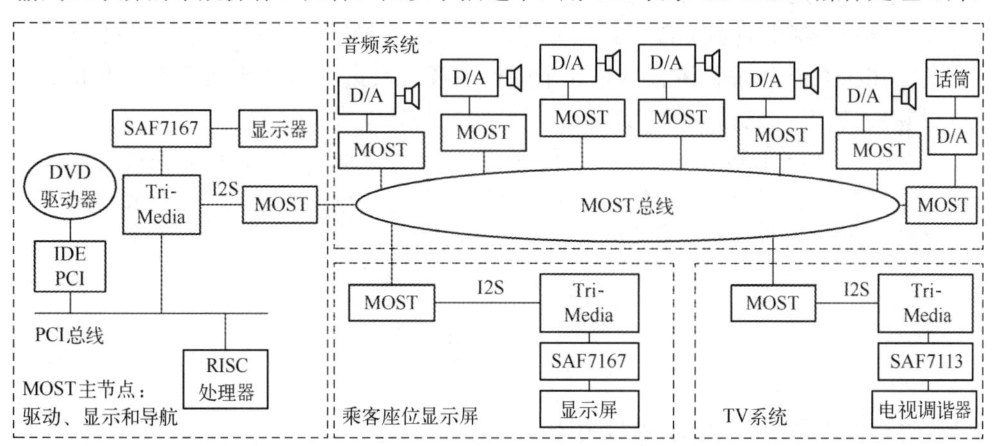

图 8-11　DVD 播放系统的 MOST 总线构成示例

① TM 充当控制器，从 DVD 播放器接收数据。

② TM 的软件模块分离来自 DVD 的数字流，提取用户选择的节目。事实上，汽车中有时会同时出现多个音频 / 视频用户，且选择不同的节目，如后座上小男孩的视频游戏、小女孩的卡通片 DVD、在前面给妈妈提供最新信息的数字地面电视，以及爸爸用于驾驶车辆的导航地图或后置摄像头视频。

③ TM 解码杜比数码音频并通过 MOST 总线将其分发到各个扬声器。

④ TM 通过 MPEG2 填充将 VBR MPEG2（Variable Bit Rate MPEG2，位速率可变的 MPEG2）数据转换为 CBR MPEG2（Constant Bit Rate MPEG2，位速率恒定的 MPEG2）数据。

⑤ TM 使用 I2S 音频接口，通过 MOST 总线发送 CBR MPEG2 数据流。

⑥ TM 通过对 MPEG2 流进行转码，将位速率降低到 5 Mbps 以下，从而使多个视频通道可以通过 MOST 总线进行传输。

⑦ 显示屏中的 TM 对 MPEG2 流进行解压缩，并将图像分辨率调整到与显示屏分辨率相匹配。

8.6.4 MOST 总线与 FireWire 总线的比较

汽车界的系统设计师对专用音频 / 视频总线的兴趣与日俱增，对于不需要超过 64 节点的设计来说，MOST 总线是在噪声环境中完成音频 / 视频数据采集或网络控制的完备、低成本方式。然而，这一领域发展仍在继续，一种新出现的高速串行输入输出技术 FireWire（IEEE 1394）正在成为 MOST 总线的直接竞争者。

FireWire 总线（及其衍生出来 IDB）现在已经出现，与 MOST 总线不同，它只包含 ISO/OSI 参考模型的第 1、2 两层（物理层和数据链路层），采用总线形拓扑结构，能够实现更高的传输速率（最高可达 800 Mbps），非常适合高速数字数据传输。

FireWire 总线可以实现与 MOST 相同的应用，并且可以在单一有线媒体中传输不同音频 / 视频源的数据，例如：

① 来自音频和视频 CD 家族的数据，以及用于导航支持路线图的 CD ROM。

② 用于在某些时刻进行屏幕显示的各类视频数据，其中包括用于视频显示、通信和办公技术、视频游戏、DVD、GPS 定位和导航设备的数据。

但是，目前 FireWire 总线的应用存在多方面的障碍。首先，许多先进设计仍停留在实验室阶段；其次，成本和组件可用性问题仍然较大；最后，工作温度范围问题，目前能够承受汽车等产品的温度范围的组件很少。

习　题

8-1 娱乐信息系统的特殊性有哪些？

8-2 在娱乐信息系统中使用 I2C 和 D2B 总线存在哪些方面的限制。

8-3 开发 MOST 总线的主要目标是什么？

8-4 试计算帧频为 48 kHz，边界描述符的值为 12 quadlet 时的同步通道所需的 MOST 总线数据传输速率。

8-5 当 FS = 48 kHz，SBC=9 quadlet，Pd=1014 Byte，Ta=4 frame 时，MOST 总线所对应的异步通道数据传输速率是多少？

8-6 影响 FireWire 总线与 MOST 总线竞争的主要因素有哪些？

第 9 章　总线系统连接与开发

在前面的章节中，已经介绍了大量的总线通信系统。毫无疑问，每种系统在性能、功耗、成本、安全性等方面都有自己的特点，这些特点使其更适合某些拟议的应用。

9.1　实时通信网络的应用选择

以有线多路复用系统的形式出现在工业控制装置、汽车和航空器中的通信协议有许多，除了前面介绍的 CAN、CAN-FD、LIN、FlexRay 和 MOST，还有 TTCAN、I2C、D2B、J1850、Interbus、Bluetooth、IEEE 1394、CPL、X-by-Wire 和 Safe-by-Wire 等。随着时间的推移，某些协议逐渐从实际应用中淡出，但有些协议的应用范围却在不断拓展。

不可否认，每种协议都或多或少地与特定的应用相关，这里将以表格形式把本书重点讲述的总线协议展示出来，通信网络设计人员可据此初步确定具体问题的合适解决方案。

9.1.1　实时通信网络的比较

本书中介绍的各种网络技术是针对不同应用需求而开发的，相互之间是互补性的，不存在冲突，因此，要想对它们进行精确地比较，十分困难。然而，在实际应用中，每种网络所偏重的设计参数存在差异，读者可根据自己选择的标称网络配置简单地区分它们。当这些主流总线采用以下参数和假设时，其主要特征对比如表 9-1 所示。

① CAN：1 条总线，传输速率为 1 Mbps。

② LIN：标准 LIN 总线，最多 16 个从节点。

③ FlexRay：2 个通道，不使用有源星。

④ MOST：MOST150 环形拓扑，最多 64 个节点，每条支路长度为 20 m。

表 9-1　主流总线的主要特征对比

特征	CAN	LIN	FlexRay	MOST
最大位速率	1 Mbps	0.02 Mbps	20 Mbps	150 Mbps（光纤）
最大节点数	30	16	22	64
网络长度	40 m （速率 1 Mbps）	40 m	24 m	1280 m（光纤）

续表

特征	CAN	LIN	FlexRay	MOST
报文	帧	循环帧	循环帧	循环帧 / 数据流
媒体访问控制	非破坏性仲裁	时间触发	时间触发	时间触发
成本	低	非常低	低	高
拓扑结构	总线形	总线形	总线形、星形、混合型	环形、星形
电源管理 / 睡眠模式	是	是	是	是
标准化	ISO 11898	ISO 17987	FlexRay 联盟	MOST 合作组织
安全关键性功能	有	无	有	无
可用性	众多供应商	众多供应商	少量供应商	1 个供应商
片上系统（SoC）	很多	很多	很少	无
布线	UTP	单线（1-wire）	UTP	光纤、UTP
错误检测	强	弱	强	强
错误校正	重传	无	无（依赖高层协议）	无
主要应用	通用总线	开关、门和座椅	安全关键性和线控	信息娱乐

我们给出表 9-1 的目的不是为了展示各种总线的局限性、优缺点等，而是为了总结和说明这些总线协议的主要结构和内在差异。

此外，实时通信网络要以低成本完成机械电子模块联网，并不意味着可以降低对网络质量的需求。然而，网络的质量越高，付出的代价越大，主要总线系统的传输速率与节点的相对通信成本如图 9-1 所示，由图可知，总线系统的传输速率越快，通信节点的价格越高。因此，在选定网络类型时，有必要综合考虑性价比、相对重要性和用途等因素。

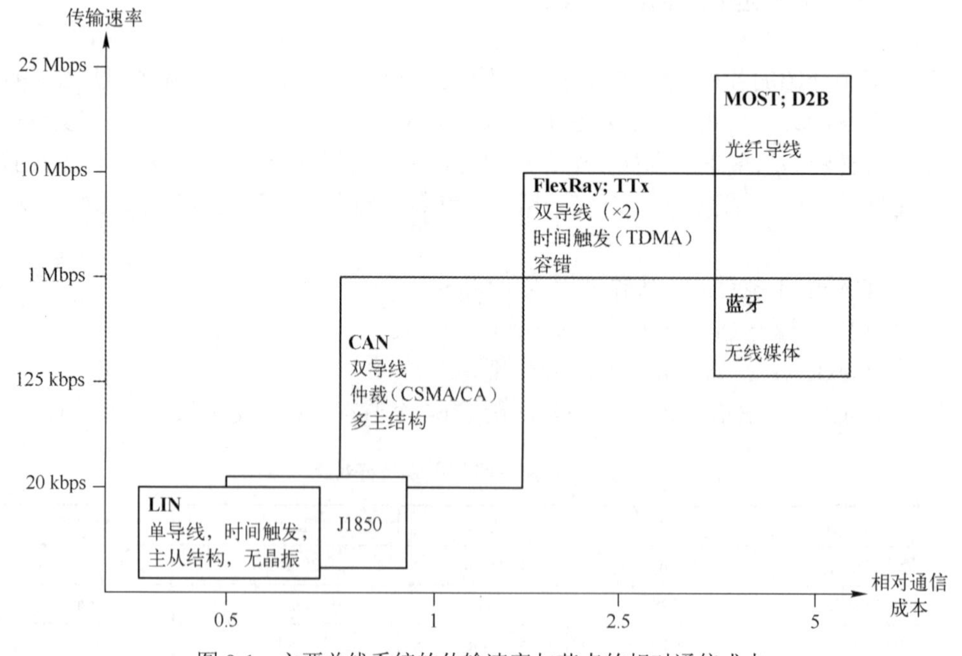

图 9-1　主要总线系统的传输速率与节点的相对通信成本

9.1.2　简单解决方案

最简单的网络主要考虑成本和功能方面的需要，很少从位速率、安全性角度考虑问题，如 LIN、低速 CAN 和 MOST 总线。

LIN 总线被设计者视为 CAN 的子总线，一般用于低速链路（最大 20 kbps），主要目的是降低应用系统中的节点成本。这类应用系统的特点是：对节点性能的要求较低，且在发生故障或被破坏的情况下，可以摆脱电动系统，进行手动操作。如汽车座椅调整系统、后视镜控制系统、车门调整系统等。

低速 CAN 总线主要服务于安全性要求较低的通信节点，它以人类更易接受的速度运行，通常采用的位速率为 62.5 kbps 和 125 kbps，常见的应用是车门、天窗、后备厢和空调等的控制与数据传输，有时也用于仪表板与音响设备、温度传感器和智能设备的链接等。与 LIN 总线相比，低速 CAN 总线有能力处理因短路或断电对链路元件造成的影响，使之不危及在用网络的整体运行。

音频和视频设备在实际中的应用越来越多，例如，现代汽车除了需要提供传统音频设备，还须提供无线电（广播）、导航辅助装置、显示器（在仪表板上、在座椅上等）、CD 播放器和换碟机（音频和视频 CD、DVD、CD-ROM 等）、语音识别系统、移动电话、车载音响分配器等。对于这类多媒体应用，早期使用的总线为 I2C 和 D2B，现在可采用 MOST 总线。MOST 总线能够以串行和数字形式传送音频、视频和多媒体控制信号。

9.1.3　复杂解决方案

复杂网络通常是指面向特定应用的高性能、高度专业化的网络。对于有线应用来说，符合这些特点的嵌入式系统通信网络包括高速 CAN、FlexRay 总线等。FlexRay 总线是快速、高性能、面向实时应用的网络，不仅可以实现安全保护和冗余，而且能与蓝牙、ZigBee、IEEE 802.11x、Wi-Fi 等射频应用网络相结合。下面将以车辆为例，介绍复杂实时通信网络的应用问题。

发动机和变速箱是车辆运行的核心，不仅技术性很强，而且起关键作用。这些部分的控制存在大量的数据交换，需要网络具有较高的位速率，大部分车辆制造商或常规设备供应商采用高速 CAN 总线来满足这一需求，使用的传输速率一般为 500 kbps 和 1 Mbps。

驾驶、制动、离合器、悬架、抓地力（又称安定性）等系统的通信，不仅要求速度快（约 7～10 Mbps），而且需要具有一定程度的实时性和软硬件冗余。从网络运行原理角度看，FlexRay 总线是这些应用的合适选择。目前，利用这些总线进行控制的设备，不仅质量和体积减小了，而且智能性也有较大提高。

安全气囊触发系统和安全带预紧装置等安全关键性系统与乘员的人身安全直接相关，同样需要快速通信。这类系统可以尝试采用 FlexRay 总线，如在安全气囊系统中采用 FlexRay 总线实现传感器（冲击检测器、加速度计、惯性测量单元等）与爆管（Squib）执行器、安全带预紧装置和其他设备之间的快速数据传递。

移动电话和内 / 外部服务需要使用极其特殊的射频（无线）通信网络，例如，GSM、Bluetooth、ZigBee、IEEE 802.11x、NFC 等。在工业应用系统中，这类网络的作用通常是辅助性的。

9.2　系统级模块及其故障防护 SBC

前面介绍的内容已清楚表明，可以根据不同的应用需求选择与应用匹配的总线系统。然而，在工业控制装置、机动车辆或航空项目中，常常出现多个或多类总线系统在同一应用项目中共存的情况。例如，为了使功能具体化或分散故障风险，某些车辆拥有多达 5 条或 6 条 CAN 总线（高速和低速），每条 CAN 总线的参与者数量有限但专用性很高，它们在物理上彼此分离，并且可能以相同或不同的速度运行。再如，某些项目出于对安全性和经济性的考虑，同时采用速度较高的 FlexRay 总线和速度较低的 LIN 总线。

在各种实际应用中，出于多方面的原因（如一个网络中的某些报文可能被要求出现在另一个网络上），常常需要将多个同类的或不同类的总线系统相互连接，这种连接有时可用提高信号强度的简单方法来实现，但更多时候需要在功能性方面做出改变才能实现，如位速率变换、协议转换、目标地址的更改或报文内容计算等。为适应这些需求，创建用于相互连接的模块是必要的。

用于总线系统相互连接的模块为系统级模块，本节将介绍这类模块的分类及其经常使用的故障防护（Fail-safe）系统基础芯片（System Basis Chip，SBC）。

9.2.1　系统级模块的分类

依据连接目标的差异，人们设计开发了 4 类用于总线系统相互连接的系统级模块，分别是中继器、桥接器、路由器和网关，各类模块的主要功能及其与 ISO/OSI 各层的对应关系如表 9-2 所示，该表为总线系统中的系统级模块一览表，表中展示的这些模块的功能使 ISO/OSI 参考模型的相应层的运行更加完善。

表 9-2　总线系统中的系统级模块一览表

模块	功能	ISO/OSI 参考模型的作用层面
中继器	为总线系统间的连接增加信号强度	第 1 层（物理层）
桥接器	存储和延迟传输，用于报文在无显式地址的总线系统间的传送	第 2 层（数据链路层）
路由器	完成同类总线系统间的报文传送	第 3 层（网络层）
网关	用于总线系统在相互连接时进行地址转换、速率转换和协议转换	第 5～7 层（会话层、表示层和应用层）

9.2.2　系统基础芯片法

传统的系统级节点或模块是由不同的制造商针对不同的功能而独立开发的，通常使用非常特殊的集成电路或专用集成电路（ASIC），不仅开发时间长，生产数量少，风险和成本高，而且需要为模块设计许多变体。

由于生产、储存和售后服务方面的原因，需要不断降低模块的成本、机械尺寸以及变体的数量，由此导致了系统基础芯片（SBC）的产生。有了 SBC，可以通过不断使用相同的模块，使模块的效率 / 成本比趋于最大化。

配有 SBC 的常规模块一般由以下几个部分组成，如图 9-2 所示。

① 1 个应用微处理器：负责模块的应用任务。

② 1 个简单集成了下列电路的 SBC：

- 所用总线的总线驱动器（收发器），例如，LIN、CAN 总线的总线驱动器；
- 1 个或 2 个低功率或中功率电压调节器，其中也可能包括一些用于监测功率损耗、功率波动和过电流等的器件；
- 1 个常规看门狗，用于确保微处理器确实正在执行其任务并且没有崩溃。

③ 继电器或电源控件及其专用控制器——专用硬件。

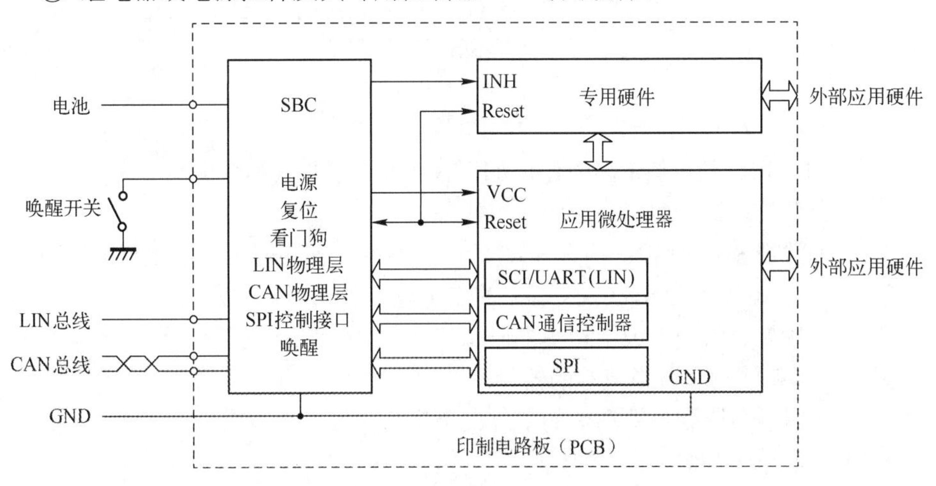

图 9-2　配有 SBC 的常规模块

简单 SBC 可将多个功能集成在一起，市场上已经出现了很多这样的芯片。目前，采用 SBC 的常规模块解决方案现已成为模块制造商的主要选择。

9.2.3　故障防护 SBC 法

SBC 法虽然具有吸引力，但不能满足用户的所有防护性要求。最新发展起来的故障防护 SBC（Fail-Safe SBC）法却能在很大程度上解决这一问题，应用前景广泛。

故障防护 SBC 法的技术和经济要求与 SBC 法相同，且具有相似的功能划分，但实现方式完全不同。新方法能够提供高水平的运行防护性和可靠性。

与运用 SBC 法的常规简单模块不同，运用故障防护 SBC 法的模块还包括一个由不同功能单元组成的、复杂的故障防护控制器件，如图 9-3 所示。

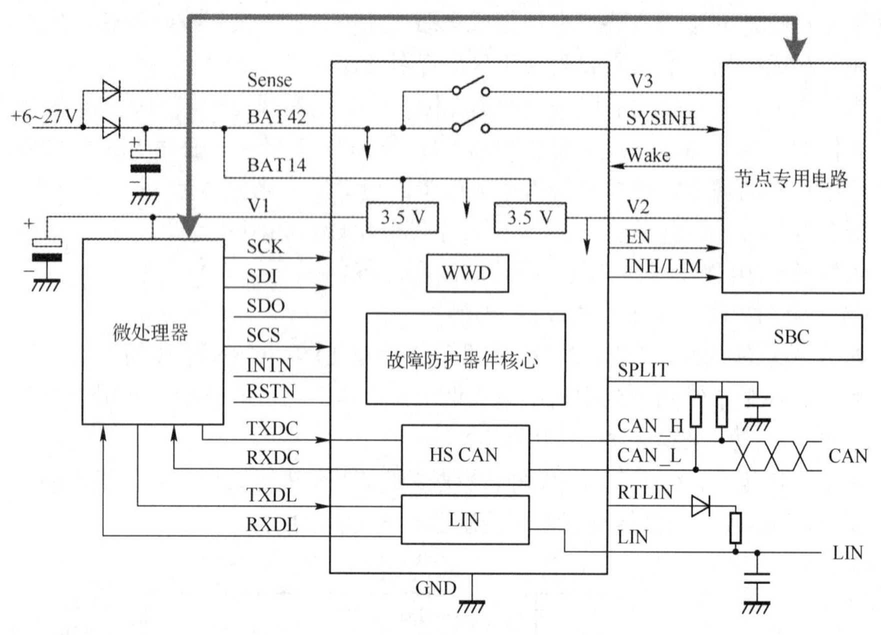

图 9-3　故障防护 SBC 模块

故障防护 SBC 类模块的基本组成如下（图 9-3 中并未都画出）。

① 1 个微处理器：负责模块的应用任务。

② 1 个常规 SBC 部件：拥有 SBC 的所有特性，支持的工作电压范围更广。

③ 所用总线（如 LIN、CAN 等）的安全总线驱动器（收发器）。

④ 1 个或多个低功率或中功率电压调节器，其中包括许多用于监测电压、电流、功率损耗、功率波动和过电流等的器件。

⑤ 1 个用于与微处理器通信的串行安全接口（如 SPI 型）。

⑥ 1 个本地振荡器。

⑦ 1 个高性能的看门狗：确保微处理器确实正在执行其任务并且没有崩溃，也没有使整个网络崩溃。

⑧ 1 个复杂的电子系统：它是整个故障防护器件的核心，不仅能够在一个或多个内部或外部组件出现故障的情况下确保模块安全运行，而且能够提供可靠的集成式跛行回家（Limp Home）功能，避免未知的死锁。

⑨ 许多其他的防护功能：主要是指那些由分立元件构成系统时难以实现的防护功能。

⑩ 继电器或电源控件及其专用控制器。

另外，这类模块一般属于板载（On-Board）系统，必须具有低功耗，且其各个组成部分的成本和占用面积必须是经济的。

9.2.4　设计故障防护 SBC 的基本原则

几乎所有设计人员和用户都会赞成下述观点：网络系统中的 CPU 数量正在不断增加；一个节点的本地故障绝对不能影响其他节点；　当运用网络的设备处于静止状态时，电池不能意外放电；网络系统必须始终处于指定的和已知的状态，并随时准备采取行动……因此，建立一个通用性框架是非常正确的做法。

例如，关闭（Switched Off）功能已经在各种系统中使用多年了，但值得注意的是，这个功能引入车载系统的新风险越来越多。这是因为，许多元件必须保持待机状态（On Standby）才能提供应用所需的新功能。在这种情况下，只有对车载硬件和软件的安全运行做出非常复杂的规定，才能避免电池快速放电或其他后果严重的问题。比如，在系统关闭之前的几秒钟，若切换到低功耗、待机或睡眠模式的命令没有发送成功，则会导致高电流消耗，对系统及其多路传输网络造成严重影响。高电流消耗会使电池快速放电，产生令人厌烦的后果，例如，几天或几周的汽车电池电量损失不仅会给个人用户，而且会给那些在新车交付前将车停放数周的制造商造成麻烦。

不难理解，要想确保设备始终正确运行而没有死角，用于设备故障防护的控制系统必须与系统基础芯片（SBC）的所有功能相联系，仅通过现有分立元件或集成电路的简单组合来满足设备的全部要求是困难的，有必要创建更加智能的集成系统，这也是导致故障防护 SBC 产生的原因之一。

故障防护 SBC 所要监视和解决的问题通常出现在下列情形中：

① 在 CAN 或 LIN 总线上。

② 与本地微处理器所处理应用的正确操作有关。

③ 与微处理器本身及其外围设备的正确操作有关。

④ 在各种电源中。

⑤ 在各种保护系统中。

接下来，让我们从通信线路开始，仔细讨论故障防护 SBC 涉及的主要问题。

1. 监视和控制通信线路

配备故障防护 SBC 电路的节点通过总线与外部通信。请读者注意，这里所涉及的总线主要是 CAN 和 LIN，但不要担心，CAN/FlexRay 总线的故障防护 SBC 迟早会出现。前面已经提到，一个节点的本地故障不应该影响它与其他节点之间的通信线路，为了满足这一要求，有许多问题需要研究和解决。

（1）总线驱动器的电源

总线驱动器的电源与微处理器（位于故障防护 SBC 外部）的电源必须完全隔离开来，以便在线路出现物理损坏或由于某种原因造成微处理器仍未启动的情况下，确保网络不受影响。在传统系统中，若将总线驱动器与微处理器在物理上分开，则无法处理前述故障，因为这些故障必须通过微处理器的待机 / 使能（STB/EN）

引脚激活。此外，虽然总线驱动器的输出引脚始终物理连接至各自的电源，但是，如果节点未通电或断电，那么它们一定不能干扰总线的运行。这意味着，在必要时，可以一个接一个地依次停止节点的操作，而不必一起停止。

（2）监视总线驱动器 I/O 引脚 Rx 和 Tx 上的逻辑信号

检测和处理发送线路（Tx）和接收线路（Rx）上的故障是必要的。为了更清楚地了解这一点，下面给出了一些可能出现的情况：

① Tx 线路始终为显性电平。

② Rx 线路始终为隐性电平。

③ Rx 和 Tx 之间短路（这些引脚通常物理上接近）。

④ 硬件故障（如引脚之间有焊滴）。

⑤ 控制这些线路的微处理器程序存在软件错误，使整个线路控制接口不起作用。

（3）监视物理通信线路

即使 CAN、LIN 总线或其他类型的物理通信线路与电源正极线或地线发生短路，也不能使电池快速放电。注意，引脚 RTLIN 专用于 LIN 驱动器的该功能。

（4）可承受模块的接地断开和接地差异

接地不良（如模块固定螺钉及其周围出现锈蚀等）会造成系统电位变化（Potential Variation），节点在机箱中的位置不同，这种变化是不同的。接地不良所引起的接地电位变化被称为地电位差或地电位漂移。为避免这种电位变化干扰或停止系统运行，并使电位检测不受无线电干扰的影响（电磁兼容性或 EMC），故障防护 SBC 有必要提供可靠的地电位差检测器，必须能够在地电位差超过阈值的情况下向微处理器发出警告。只有这样，才有可能分析节点因接地连接不确定而产生的活动。

（5）支持局部网络拓扑的选择性断电

为了能够在某些节点维持睡眠模式或断电状态的情况下，使网络中的一些特定组成部分继续运行（如监视车辆的免钥匙进入功能），有时需要建立一个临时性局部网络（Partial Network），如图 9-4 所示。

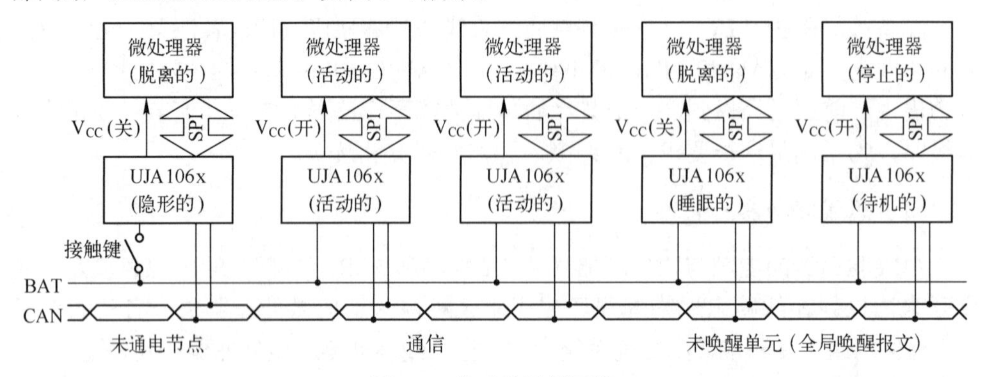

图 9-4　临时性局部网络

如此一来，当一台设备（如一辆车）停止运行时，主网络的一些参与者进入睡眠模式，此后会与网络的其他参与者一起被全局唤醒。根据上述特征，可以通过发送一系列报文，让不同的参与者一个接一个进入睡眠状态。进入此状态后的节点，即使其总线驱动器发现在总线上传送的报文，它也不会唤醒其CPU。所有网络参与者可通过特定的帧来唤醒，这样做能够防止产生不正确的唤醒。例如，某个节点可能因为CPU存在故障，一直处于活动状态，并不断发送报文。

2. 唤醒（Wake）端口循环供电

故障防护 SBC 有必要为外部唤醒开关的运行测试提供循环供电。为此，本地唤醒端口必须与其循环供电电源同步运行，以避免唤醒开关的永久性或间歇性接地造成电池过度放电。

3. 全局故障防护功能专用单元

为了获得已知的可靠性水平，故障防护控制器的核心必须基于异步状态机系统，而不是微处理器。为此，在整个节点出现严重故障的情况下，故障防护备用（Fall-Back）单元应具有的行为和性能如下。

（1）提供跛行回家输出信号

当模块出现严重故障时，故障防护SBC必须毫不犹豫地切换到故障防护状态，并且通过专用引脚向外部提供一个特殊的备用控制信号，即所谓的跛行回家信号（Limp Home Signal），此信号的作用是激活那些支持备用功能的特殊硬件，如发光报警灯。

（2）提供全局使能信号

如果 CPU 存在故障，那么必须立即关闭某些功能专用的关键硬件。为此，故障防护SBC需要提供专用的全局使能引脚，以控制关键的硬件组件。在微处理器出现严重故障的情况下，该引脚上的信号应立即变为低电平状态。请注意，只有在看门狗已正确运行后，此功能才有效。

（3）复位引脚处理

在使用微处理器的关键性应用中，复位引脚及其控制系统始终是一个敏感点。复位引脚一般由常规RC电路控制，但遗憾的是，在安全关键性应用中不建议这样做。若复位引脚与电容相连接，电容的充电或放电会影响信号质量（容差、偏差、寄生信号等），为避免这种情况的产生，必须以数字方式创建复位信号。

进一步讲，一个应用系统的供电电池不能因为复位信号被损坏而快速放电。为防止这种情况发生，有必要监视复位引脚本身。只有这样，才能在携带复位控制信号的链路持续与电源正极（“+”）或负极（“-”）相连接或带有复位控制信号的“导线”被损坏（如印制电路线被断开）等情况发生时，及时进行检测并采取措施。

复位线上的控制故障会给系统带来严重后果，例如，如果线路被切断，那么看门狗就不能再复位微处理器；如果出现短路，那么微处理器一直处于复位状态，就电池放电率而言，这是很糟糕的。为防止出现这种情况，当复位命令发送到电路的相应引脚时，故障防护 SBC 要通过发送帧（经由 SPI 总线）来进行确认，该确认只能在复位后首次启动程序时接收一次。

（4）闪存（Flash Memory）及其问题

如果只是为了在定期维护过程中更新设备的软件，那么 CPU 只要支持闪存的（重新）编程模式就可以了。然而，为避免出现错误，在闪存的重新编程模式下，故障防护 SBC 必须提供一个绝对安全的输入器件。由于至今也没有一个合适的重配置 / 重编程工具，在访问保护措施很少或根本没有的情况下，闪存的内容很容易被网络黑客修改。为了防止由此带来的灾难，用于更新闪存的高可靠系统可以通过将看门狗的特殊触发功能与特定的复位信号和复位源数据相结合的方式来实现。

另外，大多数模块的智能是由运行其程序的微处理器控制的，目前这些程序大部分或全部被写入闪存，而不是存储在 ROM 中。显然，这带来了很多好处，比如可以在设备或系统生产的最后阶段定制模块（Customizing the Module）；在维修过程中、售后期间或系统被召回工厂时，如果软件需要更新，那么使用闪存也有益于重新编程。事实上，闪存虽然可以进行有意的编程，但其内容也可能被意外地擦除。例如，在设备维修期间，当诊断仪器的探针被连接到设备时，静电放电可能导致一个或多个位的值被修改。

简而言之，闪存程序存储区可能会发生故障，但这些故障决不能使程序崩溃或进入风险区域，也不能使节点停止运行或导致电池快速放电。下面将讨论可能由此类故障引起的软件问题。

通常，由闪存问题引起的故障会迫使看门狗重置 CPU。令人遗憾的是，这并不能解决问题，因为 CPU 在正常重启之后，迟早会遇到相同的故障，导致新的 CPU 被重置，最终陷入故障循环。为了确保检测到此类故障，必须提供对这些循环故障的循环检测。

为了将这些特殊问题与常规问题区分开来并正确地进行处理，必须使用一个寄存器来存储有关复位的详细信息，并借助故障统计数据来保护存储器。做到这一点很容易，例如，使用一个较小的 RAM（一直由电池直接供电）存储无用测试的次数，该 RAM 在与设备或系统的接触断开后，这些数据仍将保存在内存中。

（5）故障防护系统的特殊状态

故障防护 SBC 拥有一种特殊的低功耗状态，它可以直接切换到该状态，与系统故障或应用问题无关。为了提供彻底防护，不允许任何接口的钳位条件（Clamping Condition）阻止故障防护 SBC 切换到这种状态。

（6）传输到故障防护 SBC 的命令的可靠性

可将来自外部微处理器的命令添加到故障防护 SBC 的内部寄存器，以控制故障防护 SBC 的功能。为避免出现不正确的命令，命令的传输必须非常可靠，涉及许多与报文内容完整性有关的保护器件。

在一个名副其实的故障防护 SBC 中，借助独特的访问来控制每个被传输的命令是必要的。故障防护 SBC 的功能命令报文由多字节组成，在传输过程中可能会因微处理器进行外部中断处理而中断，最后组合而成的命令报文可能存在错误，即形成所谓的僵尸（Zombie）报文。

另外，为了检测传输中的位变化（Shift of Bit）故障，所有关键命令的编码都要带有冗余位，并且最后要检查发送命令的时钟脉冲数是否正确。

（7）软硬件之间的永久同步

为了确保正在运行的软件适合当前的操作模式（如闪存编程而不是运行主操作程序），通常使用握手机制进行包括第三方在内的模式更改。第三方是指给看门狗的特定命令，以及针对特定时隙或特定操作模式的指示命令，这可确保软件和硬件始终以完全同步的方式运行。

（8）独特标识号码

每个故障防护组件必须包含一个独特的标识号码（Identification Number），其中涵盖了类型、版本号、制造日期、系列号等方面的详细信息。出于成本方面的原因（如减少审批费用等），属于同一家族的所有电路引脚都应兼容，这样做不仅提高了组件或模块的可追溯性，而且使其具有很大的功能优势。

利用独特的标识号码，微处理器软件可在每次启动时，自动检查软件版本与组件类型及版本之间的搭配及一致性。当更换带有故障防护 SBC 的模块时，应用或系统的行为不会变得不可预测。

（9）本地唤醒

通过专用的唤醒（Wake）引脚提供本地唤醒。

（10）操作模式

故障防护 SBC 电路必须支持以下操作模式：

① 正常操作模式。

② 故障防护模式。

③ 启动模式。

④ 重启模式。

⑤ 待机模式。

⑥ 睡眠模式。

⑦ 闪存模式（Flash Mode）。

⑧ 开发模式。

⑨ 测试模式。

在系统活动阶段，通常以正常操作模式为主。但在此阶段之前，产品必须成功地进行了开发、测试、生产、配置和检查等，故障防护模式会在此期间起作用，需要采取一些特殊措施来确保任何一种模式都不干扰其他模式。

让我们以开发模式为例进一步探讨这个问题，其中涉及的原则同样适用于其他模式。

在进行模块软硬件开发及仿真过程中，必须禁用故障防护系统的部分看门狗功能，否则功能部件的仿真会不断地被中断。在开发阶段完成后，出于安全原因，必须确保系统永远不会返回到专用于开发的这种工作模式，这同样需要许多功能防护器件。这种操作模式的性质表明，只有对外部（测试）引脚和防护软件执行非常特殊的动作才可能返回到开发模式。

① 在硬件层面。测试引脚必须在对节点供电之前连接到电源的正极“+”上，与之相对的是，对该引脚的测试是在电源电压上升期间进行的。

② 在软件层面。首先禁止触发看门狗，然后强制复位，并且忽略复位启动时间（256 ms）。

很明显，若某寄生信号要将系统切换到这种工作模式，则需付出相当大的努力。

4. 看门狗

在不可预测事件期间，微处理器硬件和软件可能发生相互作用，为防止此情况发生，看门狗必须完全独立于其他组件（包括电源），并且拥有自己的、不带外部组件的时钟（RC 振荡器）。这样一来，看门狗不仅可以在应用中观察微处理器，而且在内部振荡器出现故障时，故障防护 SBC 可将看门狗切换到故障防护低功耗模式。

看门狗的常规操作是防止溢出。除此之外，故障防护 SBC 中的看门狗还必须能够在最小～最大时隙（看门狗窗口）内检测微处理器是否在应用中正确操作。

为确保看门狗定时器的触发时刻是正确的，看门狗的触发形式和质量一定要好。为此，微处理器发送给它的命令（例如，通过 SPI 总线）必须进行位冗余设计，以便检测由报文移位、寄生信号、EMC 等导致的故障。在系统或模块的启动阶段（模块被首次接通之后被认为是永久接通的），不同振荡器（微处理器的石英振荡器等）的启动时间是不同的，看门狗所用时间（256 ms）比其他部分所用时间更长。在启动阶段之后，系统将转换到正常操作模式，而看门狗将根据程序的执行情况以及要执行的正常应用任务（待机 / 闪存、睡眠），以不同的操作模式运行，运行周期是可编程的，一般在 4 ms～28 s 范围内。

① 使用中断或复位的循环唤醒系统。

② 故障防护关闭模式（OFF Mode）。

③ 在外部电流（I_{cc}）小于其下限的情况下可选自动禁用。

④ 在外部电流（I_{cc}）大于其下限一段时间（如 256 ms）之后，自动激活看门狗。

⑤ 部分禁用看门狗的软件开发模式。

⑥ 只有在上电（BAT 接通）阶段后才可能切换到故障防护模式。

⑦ 故障防护模式借助于 SPI 总线与看门狗访问代码相联系。

⑧ 支持闪存加载模式。

⑨ 在没有硬件信号的情况下可以持续进入故障防护模式。

⑩ 在不使用看门狗的情况下可以为 CPU 加载新软件。

5. 管理中断

中断是需要监视、识别和处理的。强制中断是否在合理的时间内得到服务，要由故障防护系统进行检查。若中断没有被服务，则暗示着中断线路断开（开路）或微处理器停止运行。

故障防护系统的设计必须避免过多中断及其管理造成微处理器过载。中断与看门狗周期同步，并且在每个周期中只能发生一次，能够确保软件不会以危险的方式运行，例如，在一个 CAN 线路串音（Chattering）故障导致中断之后。

6. 通用电源

故障防护 SBC 可以有几个电压调节器，但需要仔细考虑它们的实现，实现架构的选择至关重要，例如，总线驱动器的调节器和微处理器的电源将位于同一集成电路中，它们必须完全隔离。

（1）微处理器的调节器

传统的线性电流-电压调节器（伏安调节器）根据输入电压自动调节其最大电流，可用于为模块的外部微处理器供电。

（2）总线驱动器的调节器

CAN 总线的电平基于 5 V 电源，需要为这些电平提供单独的 5 V 调节器。该调节器必须完全独立于微处理器，在 CAN 总线上出现的故障、EMC 污染、噪声等不能影响微处理器的运行。对于该调节器来说，电压为 5 V 情况下的要求由物理线路决定，即使微处理器崩溃，物理层也要能够保持在活动和安全状态。

另外，在电池端子上可能发生不良接触，能够管理由此产生的后果并提供用于控制外部控制器（通过 INH 引脚）的扩展功能也是必要的。

（3）控制过载

故障防护 SBC 必须确保电流和温度过载不会破坏系统。为此，必须提供一个器件来监视芯片的温度，并在超过最高温度时报警。当温度过高时，可以通过特殊中断来削减某些负载，但中断软件中的命令不能把所有负载都削减掉，因为这会对系统造成破坏。

7. 故障模式及影响分析

在没有提及故障模式及影响分析（Failure Mode and Effect Analysis，FMEA）的情况下离开安全操作的这个主题是不现实的，根据这类分析及其结果采取某些措施十分必要。

（1）引脚分配中的 FMEA 概念

通过集成电路确保系统操作安全，非常重要的一点是提供集成电路的引脚布置和顺序规范，使任何情况下引脚之间的意外短路不会影响系统运行或对系统造成破坏。让集成电路的一侧为强信号引脚，另一侧为弱控制信号引脚，使强、弱信号在物理上分离，是一种建立在 FMEA 基础上的有效措施。

（2）CPU 信号中的 FMEA 概念

故障防护 SBC 的概念从本质上确保 CPU 的运行不会使系统出现不可预测状况或遭受电池放电的影响。对于 TxD/RxD、RST 和 INT 引脚，以及所有电源来说，这一点很重要。

（3）技术选择中的 FMEA 概念

技术的选择也很重要。例如，使用 SOI（Silicon On Insulator，绝缘硅）技术可以隔离故障，防护 SBC 的功能单元，从而使完全失效的功能无法破坏集成电路中的其他单元。再如，避免在集成电路设计中使用共享资源，可使集成电路的运行更加可靠；使用异步握手技术和硬件，即使本地振荡器发生故障，也可以确保系统安全运行。

（4）生产测试中的 FMEA 概念

如果在整个生产过程中忽略同步有效测试方面的需求，那么集成电路的设计、开发和生产等就很简单。然而，这可能带来许多复杂情况，例如：

① 为了进行防护测试，测试数字功能的设备必须包括定时器功能。定时器功能会略微延长测试时间，但有助于保证产品质量。

② 为便于检查组件及其相互连接情况，必须提供额外的硬件。这会显著增加芯片的表面积，但有助于提高质量和可靠性。

总之，要想使系统芯片成为故障防护 SBC，而不是简单 SBC，必须能够对其在应用中所遇到的主要现实问题提出相应的解决方案。表 9-3 对实际应用中故障防护 SBC 的主要问题做了简单总结，并且给出了解决方案。

表 9-3　实际应用中的主要问题及其解决方案

	需要解决的问题	故障防护 SBC 解决方案举例
1	任何本地故障都不能影响网络中其他节点之间的通信。 特定节点的本地故障必须保留在本地，不能影响其他节点	自主电源可防止驱动器电源短路。 检测并管理 TxD/RxD 接口的故障
2	在 CPU 发生故障时的故障防护性能	跛行回家输出信号
3	软件版本与硬件版本不匹配	识别故障防护 SBC 组件
4	节点之间的接地电平偏移不能导致系统停止运行	检测接地电平偏移和 EMC 抗扰度
5	复位信号损坏不能使电池放电	检测短路和复位断电并进行管理
6	闪存故障不能阻止节点的电池放电	提供循环故障检测器件
7	在节点发生故障时，立即断开关键硬件的连接	全局使能（Global Enable）信号器件
8	切换到低功耗模式必须独立于系统中的任何故障	保持故障防护系统的特定状态

续表

	需要解决的问题	故障防护 SBC 解决方案举例
9	通过 SPI 进行的通信绝不允许出现损坏的命令	具有保护功能的 16 位 SPI 访问器件
10	系统配置必须可以通过软件检查	只读访问器件
11	中断可能会使微处理器过载，并导致不可预测的软件性能	限制 SBC 中断的器件
12	中断不能使微处理器过载。系统必须具有可预测性能	同上
13	系统必须能够在现场进行闪存的安全重新编程	进入 Flash 编程模式的特殊保护系统
14	软件开发不能因为 SBC 功能而变得复杂	进入软件开发故障防护模式的特殊保护系统
15	软件和硬件可能会失去同步，使系统受到未知因素的影响	故障防护 SBC 提供与看门狗同步的模式更改握手。每次模式更改都必须重新加载看门狗内容。看门狗与操作模式更改同步
16	短路的线路不能使电池放电	自动禁用 CAN 和 LIN 总线终端循环提供的端口唤醒功能
17	需要 100%独立的看门狗来监视应用的微处理器	看门狗拥有不带外部组件的集成 RC 振荡器
18	系统不得因过载而损坏	超温报警；SOI（绝缘硅）高温硅技术
19	必须识别并处理各种类型的中断	中断监控器件
20	唤醒解决方案必须始终可行	离开睡眠模式时唤醒：对于 CAN 和 LIN 总线的衍生品，始终确保 CAN 和 LIN 总线唤醒
21	不为微处理器提供部分电源	使有问题的电源的完全放电
22	故障情况对系统来说必须是透明的	用于故障分析和诊断信息的器件
23	CPU 不能丢失对应用很重要的数据	传感器在断电时中断
24	电路的引脚分配要遵循 FMEA 规则	清晰区分不同供电模式的不同电压
25	支持多种低功耗模式	待机模式：为微处理器提供永久电源 睡眠模式：微处理器无电，CAN 总线局部有电 循环唤醒：在待机和睡眠阶段使用看门狗

9.2.5　故障防护 SBC

表 9-3 所指的故障防护 SBC 主要用于 CAN/LIN 总线通信，CAN/FlexRay 总线故障防护 SBC 正处于发展过程之中，当所有这些基本单元都实现之后，它们自然会成为网络应用的标准配置，并形成可重用组件系列。

市场上最早出现的故障防护 SBC 系列产品是恩智浦（NXP）公司生产的 UJA106x，如表 9-4 所示。各种 SBC 将典型网络应用中微处理器周围的所有外围功能组合到一个专用芯片中。这些芯片的引脚完全兼容，为设计人员或用户带来许多优势。首先，同一个印制电路可重复使用，为现成的（Off the Shelf）模块提供了高度的灵活性，并能在售后服务中实现快速交付；其次，用于系统处理的底层库（Low-Level Library）相同等，有利于

① 大幅降低系统开发成本，并获得最大回报；

② 缩短上市时间；

③ 更容易通过产品审批，节省大量时间和费用。

UJA106x 系统基础芯片系列主要针对

表 9-4　UJA106x 故障防护 SBC 系列

	容错 CAN	高速 CAN	LIN2.0	增强型 LIN
UJA1061	x		x	
UJA1062	x			
UJA1065		x	x	
UJA1066		x		
UJA1068				x
UJA1069			x	

CAN/LIN 总线系统，图 9-5 展示了该系列中的两款故障防护 SBC 芯片：UJA1065 故障防护高速 CAN/LIN SBC 芯片和 UJA1061 故障防护容错 CAN/LIN SBC 芯片。UJA1065 引脚定义如表 9-5 所示，UJA1061 引脚定义与 UJA1065 引脚定义基本一致，不同之处见表 9-5 的带*号部分。

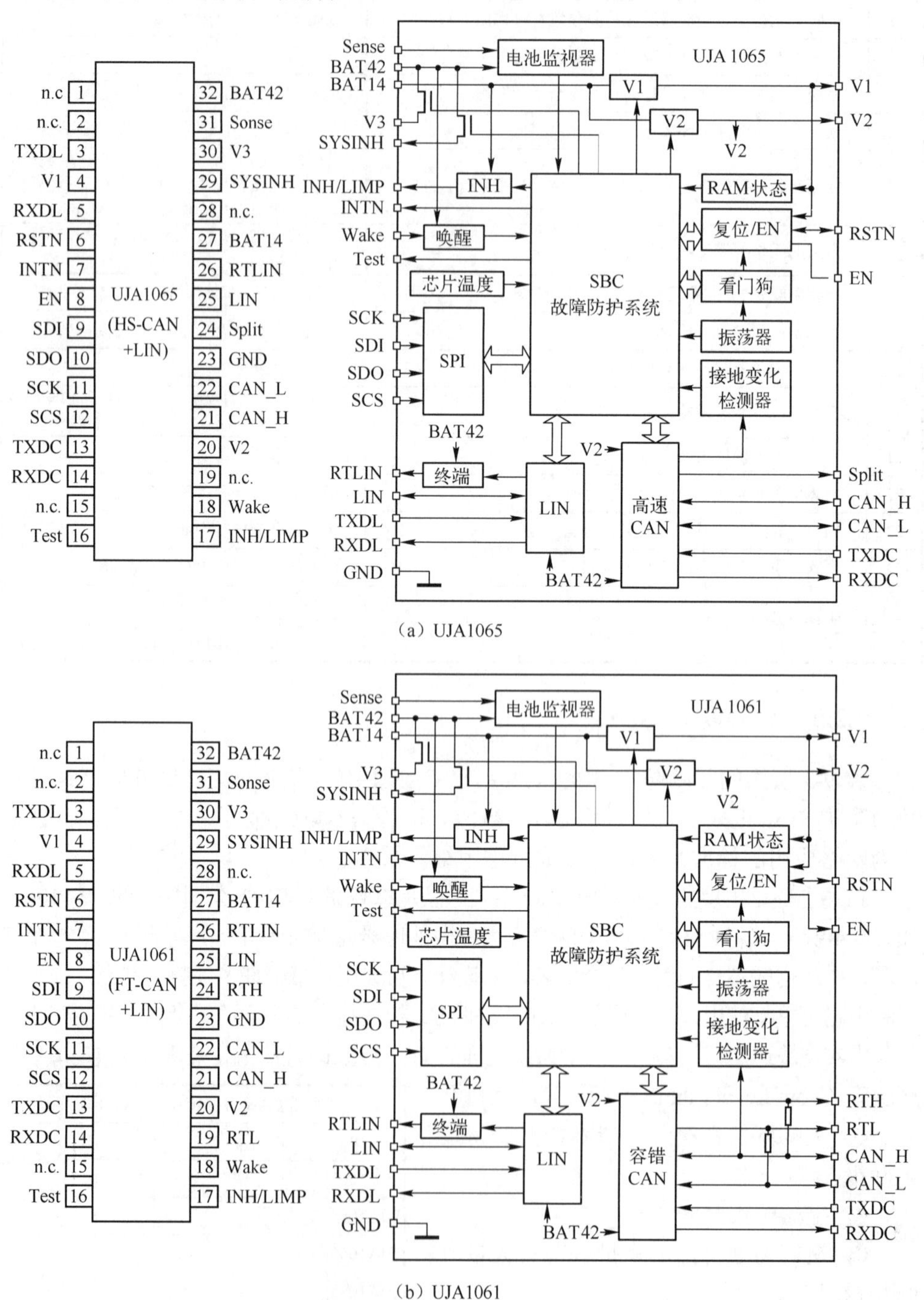

（a）UJA1065

（b）UJA1061

图 9-5　故障防护 SBC 芯片

表 9-5　UJA1065 引脚定义

引脚序号	符号	描述
1	n.c.	未连接
2	n.c.	未连接
3	TXDL	LIN 总线发送数据输入（低电平表示显性，高电平表示隐性）
4	V1	微处理器的调节器输出（3.3 V 或 5 V，具体取值与 SBC 版本有关）
5	RXDL	LIN 总线接收数据输出（显性时为低电平，隐性时为高电平）
6	RSTN	复位输出到微处理器（低电平有效；将检测钳位情况）
7	INTN	中断输出到微处理器（低电平有效；漏极开路，将该引脚与其他节点的中断输出线与）
8	EN	使能输出（高电平有效；推挽式连接，每当复位 / 看门狗溢出时为低电平）
9	SDI	SPI 数据输入
10	SDO	SPI 数据输出（当 SCS 引脚为高电平时浮动）
11	SCK	SPI 时钟输入
12	SCS	SPI 片选输入（低电平有效）
13	TXDC	CAN 总线发送数据输入（低电平代表显性；高电平代表隐性）
14	RXDC	CAN 总线接收数据输出（显性时为低电平；隐性时为高电平）
15	n.c.	未连接
16	Test	测试引脚（在应用中应接地）
17	INH/LIMP	禁止 / 跛行回家输出（与 BAT14 相关，推挽式连接，默认浮动）
18	Wake	本地唤醒输入（与 BAT42 有关，连续或循环采样）
19	n.c.*	未连接
20	V2	用于 CAN 总线的 5 V 调节器输出；将缓冲电容器连接到该引脚
21	CAN_H	CAN_H 总线（在显性状态为高电平）
22	CAN_L	CAN_L 总线（在显性状态为低电平）
23	GND	地
24	Split**	CAN 总线共模稳定输出
25	LIN	LIN 总线（在显性状态为低电平）
26	RTLIN	连接 LIN 总线终端电阻
27	BAT14	14 V 电池电源输入
28	n.c.	未连接
29	SYSINH	系统禁止输出（与 BAT42 有关，例如，用于控制外部 DC-DC 转换器）
30	V3	无调节的 42 V 输出（与 BAT42 有关，连续输出或为与本地唤醒输入同步的循环模式）
31	Sense	快速电池中断 / 颤振检测器输入
32	BAT42	42 V 电池电源输入（在 14 V 应用中将此引脚连接到 BAT14）

*　UJA1061 的引脚为 RTL：连接 CAN 总线终端电阻；若发生 CAN_L 总线导线错误，则该线路端接一个可选的阻抗。

**　UJA1061 的引脚为 RTH：连接 CAN 总线终端电阻；若发生 CAN_H 总线导线错误，则该线路端接一个可选的阻抗。

上述两种故障防护 SBC 芯片用一个 CAN 总线接口和一个 LIN 总线接口代替了节点中常见的基本分立组件，通过将高速 CAN 总线或容错 CAN 总线作为主网络接口、LIN 总线作为本地子总线的方式来支持各种网络应用。故障防护 SBC 芯片除了把常见节点功能集成在单个封装中，还提供了特定系统功能的智能组合，例如：

① 先进的低功耗理念。

② 安全且受控的系统启动行为。

③ 高级故障防护系统行为，可防止任何可能的死锁现象。

④ 系统和子系统级别的详细状态报告。

UJA1065/ UJA1061 可与包含 CAN 通信控制器的微处理器结合使用。故障防护 SBC 确保微处理器始终以定义的方式启动。在故障情况下，故障防护 SBC 将尽可能地长时间保持微处理器的功能，以提供全面的监视操作和软件驱动的低效运行。

9.3 中　继　器

中继器属于系统级模块中的一种，其主要任务是在不降低（或重建）信号的情况下再现信号，创建网段，或使网段彼此分开。

9.3.1 网络中出现中继器的原因

在网络中出现中继器的原因很多，下面列出了一些需要使用中继器的具体情况：

① 信号减弱。

② 总线必须分成若干部分。

③ 节点数量几乎是无限的。

④ 通信距离很长。

⑤ 增加网络拓扑的灵活性。

⑥ 不同分支的媒体不同。

⑦ 使整个网络的位结构完全相同。

让我们利用单个网络中存在大量节点这种情况，详细说明采用中继器的原因。例如，在 CAN 总线上，82C250 集成电路虽然被认为是市场上最好的驱动器之一，但它可以提供的功率（电流）是有限的，仅能够同时驱动 110 个节点。然而，根据 CAN 协议，在媒体上连接的节点数量可以是无限的。在更衣柜类应用（如学校储物柜、铁路行李寄存箱、游泳池等）中，系统设计人员有时需要将网络节点数量扩展到 1000 个左右，采用中继器是十分必要的。

从字面上看，这个问题的解决方案非常简单，令人遗憾的是，现实情况却完全不同。原因在于，中继器必须提供总线传输信号所需的永久双向性，也就是说中继器在每个时刻都必须是真正双向的。如果真的做到了这一点，那么它的输出信号将立即返回到它的输入端，就像个振荡器，这并不是我们想要的，所有用于 CAN 总线的中继器设计都必须避免这种情况。常用的做法是，在信号处理序列中有意引入已知的时间延迟，从而避免输出信号立即反馈到输入端。该延迟应尽可能短，以免破坏网络性能。对于从 0 到 1 的变化，时间延迟通常为 200～300 ns，而对于从 1 到 0 的变化，该延迟越短越好。

9.3.2　中继器使用中应注意的问题

图 9-6 给出了一个使用中继器的 CAN 总线应用实例。这是一个很长的网络，节点彼此靠近或相距很远，信号必须被再次缓冲（重复），需要用中继器将多个网段连接起来。这种情况在实际应用中经常发生，且网络的位速率一般不高。在此情况下，中继器中的额外延迟（数十或数百纳秒）必须解释为网络物理长度的增加。实际上，增设一个中继器会引入 200～250 ns 的延迟，如果电信号在标准有线媒体（如差分对）上以大约 5 ns/m 的速度传输，那么该延迟相当于增加 40～50 m 的（子）网络线长度。

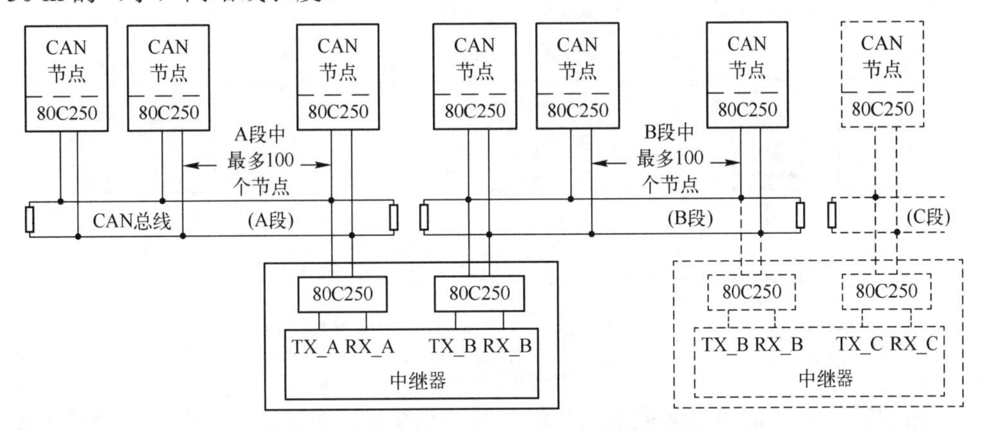

图 9-6　使用中继器的 CAN 总线应用实例

在网络较长（一千米到几千米）时，中继器引入的这个长度相对较大，网络不仅需要以相当低的速率运行，而且需要重视网络拓扑结构，图 9-7 给出了长度较长的 CAN 总线的一种拓扑结构方案。该方案不是将中继器串联到主干总线上，而是将它们和它们所连接的网段并联到主干线上，由主干线把各个子总线相互连接起来。并联连接的中继器累积延迟明显小于串联连接，中继器延迟的影响减少了。

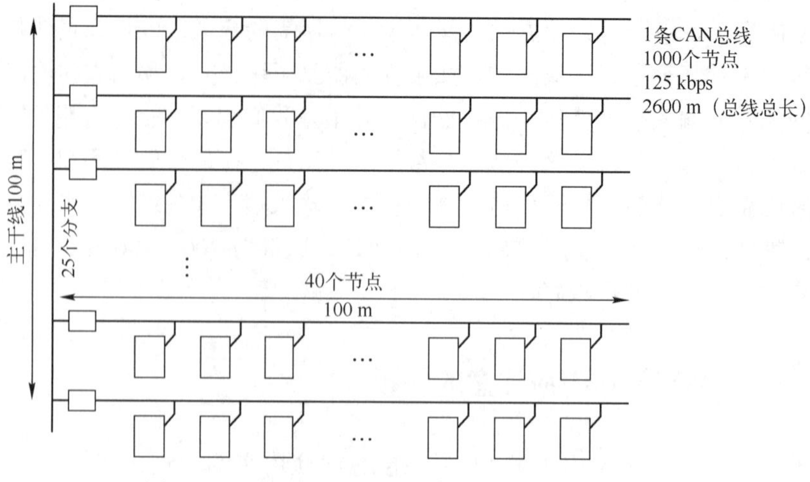

图 9-7　长度较长的 CAN 总线的一种拓扑结构方案

9.4 网　关

当为一个系统提供几个网络时，常常需要同时管理多个相同类型的网络（如 CAN 总线）或不同类型的网络（如 CAN/LIN 总线），这类管理涉及网络之间的网关设计问题。总线网络之间的网关如图 9-8 所示。

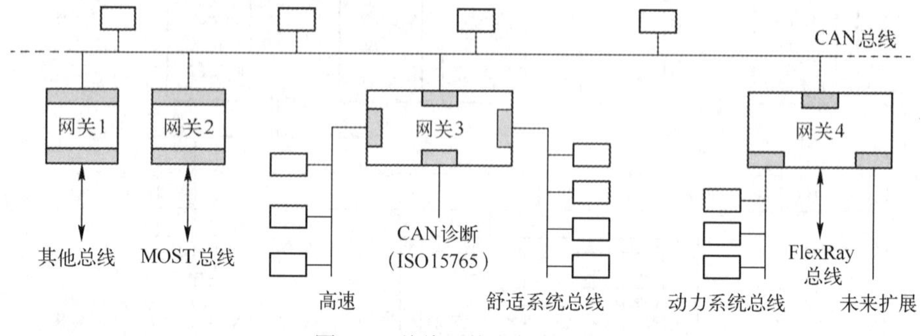

图 9-8　总线网络之间的网关

当通过一个通信通道链接不同组织开发的系统时，通过这个通道交换的报文极有可能存在一些不匹配的属性。报文的发送方和接收方在数据或协议方面的任何属性不匹配称为属性错配（Property Mismatch），解决属性错配问题是网关的责任。例如，如果报文发送方将高位字节放在前端，而报文接收方将低位字节放在前端，那么两者之间必然存在数据字节顺序方面的差异。这种属性错配可以由发送方或接收方解决，也可以由网关节点解决。

属性错配发生在相互作用系统的边界上，而不在精心设计的子系统内。一个系统内的所有合作伙伴，如果遵守所在系统的协议，通常不存在属性错配问题。两个相互作用的子系统，若想完整地保持各自的协议，属性错配应在链接两个系统的网关上解决。

在大多数情况下，一个簇只有一小部分信息与另一个簇相关，而且两个簇中的报文结构和信息表示方法通常是不同的，常用网关把一个簇的数据形式转换成另一个簇所期望的数据形式。

多数大型实时系统并不是根据单一规划设计而成的，而是历经多年发展的结果，应用不同时代的硬件和软件技术是不可避免的。为这类传统系统设计接口，网关是必不可少的。在设计网关时，可使一个接口符合传统协议的数据表示法和协议约定，而另一个接口符合新扩展部分的规则。网关不仅封闭和隐藏了传统系统的内部特性，而且提供简洁、灵活的接口。

为了提高不同制造商设计的节点之间的兼容性，增强设备的互可操作性，避免属性错配，一些国际标准化组织尝试将报文接口标准化。例如，汽车工程师学会（SAE）已经将重型车辆应用中的报文格式标准化，并发布了 SAE J1587 规范。对于重型车辆应用领域产生的许多数据元素，该规范为其定义了报文名称、参数名称，同时还规定了数据格式、变量范围和更新频率等。

就 CPU 工作量而言，管理多个总线网络显然是有成本的，在总线之间提供网关的首要目的就是为了减少主 CPU 的工作量。在工业系统或机动车辆中，电子系统和总线网络由许多复杂程度不同的节点或模块组成，常见的总线网络结构如图 9-9 所示，从中不难看出，为满足应用的要求，网关要以尽可能高的速度提供总线之间的速率改变、媒体更换、所载数据修改和协议变更等功能，采用高性能（主要是指每秒处理指令条数）的 CPU 是必要的。

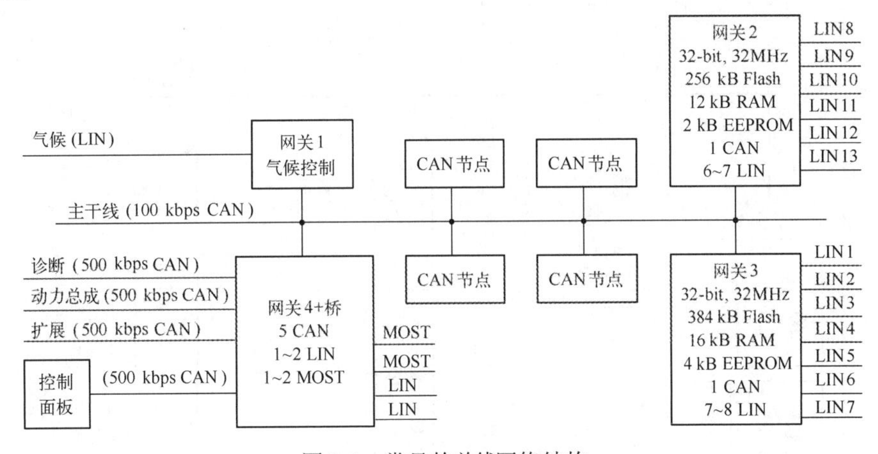

图 9-9　常见的总线网络结构

9.4.1　不同速率之间的网关

同一类总线在不同总线段上可以采用不同的传输速率，如报文从高速 CAN_1 传输到高速 CAN_2；从低速容错 CAN 传输到高速 CAN 等。当报文通过网关时，需要进行总线之间的速率变换，占用系统 CPU 的容量是不可避免的，可采用特定的 CPU 芯片来实现这类网关功能，例如，在 ARM7、ARM9 或 ARM 11 或同级别平台上实现的 CPU。支持 CAN 总线网关的 ARM7 平台如图 9-10 所示，该图展示了这类平台的常用结构，该平台支持 5 个 CAN 总线之间的网关应用，这些总线可以是 HS CAN 或 FT LS CAN，传输媒体也可选用差分线对或光纤。

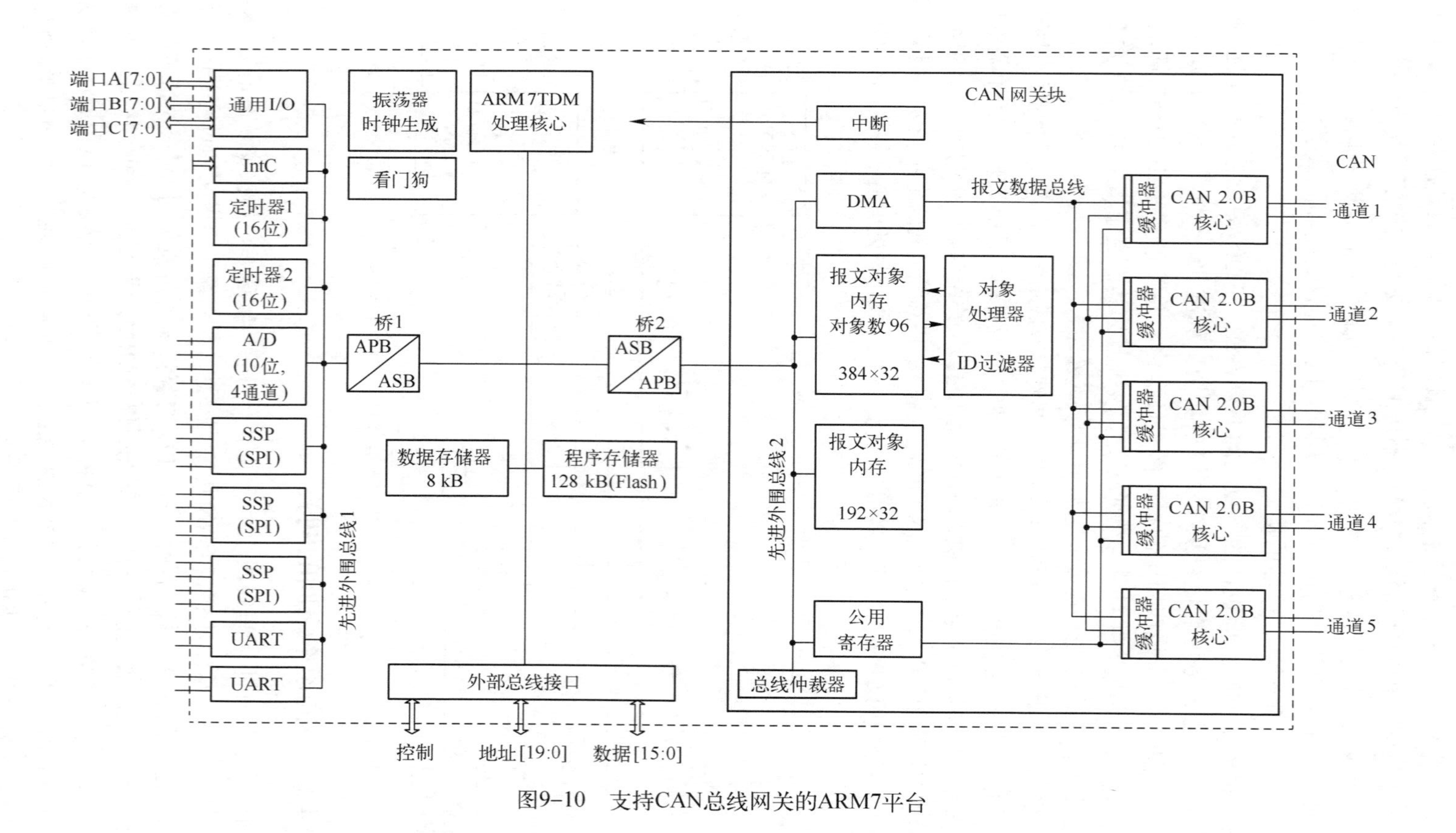

图9-10　支持CAN总线网关的ARM7平台

9.4.2　不同媒体之间的网关

当通信系统中使用了单线、差分线对和光纤等有线媒体时，要想让报文从一种媒体传输到另一种媒体，同样需要通过网关来实现。

前面已经提到，媒体转换用网关可以采用 ARM7、ARM9 或 ARM 11 等高性能芯片来实现。然而，目前，带有 CAN 通信控制器的微处理器芯片（如 P8xC592）已经十分普及了，这类芯片一般拥有两个总线输出 Tx0/Tx1 和两个总线输入 Rx0/Rx1，除了可用于冗余传输，这种芯片还能够在不添加其他组件的情况下，支持报文从一个 CAN 总线网络到另一个 CAN 总线网络的传输，而且这些网络的传输媒体可以是不同的，即在媒体之间起到网关作用。例如，一个总线网络是使用差分线对的高速网络，而另一个总线网络是使用光纤的网络，媒体之间的网关如图 9-11 所示。

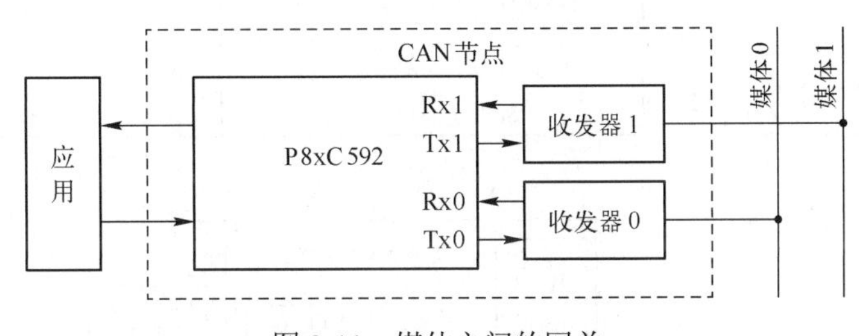

图 9-11　媒体之间的网关

9.4.3　不同总线之间的网关

各类总线协议之间存在很大的差异，将报文从一类总线传输到另一类总线，必须由网关进行协议变更，如从 CAN 总线到 LIN 总线；从 CAN 总线到 MOST、FlexRay 或 D2B 总线。

目前，组件供应商所提供的这类网关主要是面向应用的，基于 ARM7、ARM9 的网关芯片如图 9-12 所示，该图展示了两个具体的例子，其中，图 9-12（a）是基于 ARM7 CPU 的 UJA 2010 芯片电路；图 9-12（b）是基于 ARM9 CPU 的 UJA 25xx 芯片电路。这些电路拥有多种接口（SPI 总线、A/D 转换器、D/A 转换器、看门狗等），并提供对 4～6 条 CAN 总线、4～8 条 LIN 总线的控制，UJA 25xx 还包括 2 个 FlexRay 通道。大型电子模块采用此类电路，能够同时提供对多个总线的独立控制和总线之间的众多网关功能。例如，汽车上的车身控制器线路板，其任务是控制和监视乘客舱中的空调、仪表板、车门、后备厢、天窗等，这些功能在速度、传输数据量等方面的要求差异很大，该线路板往往需要同时连接多种类型的总线子系统。

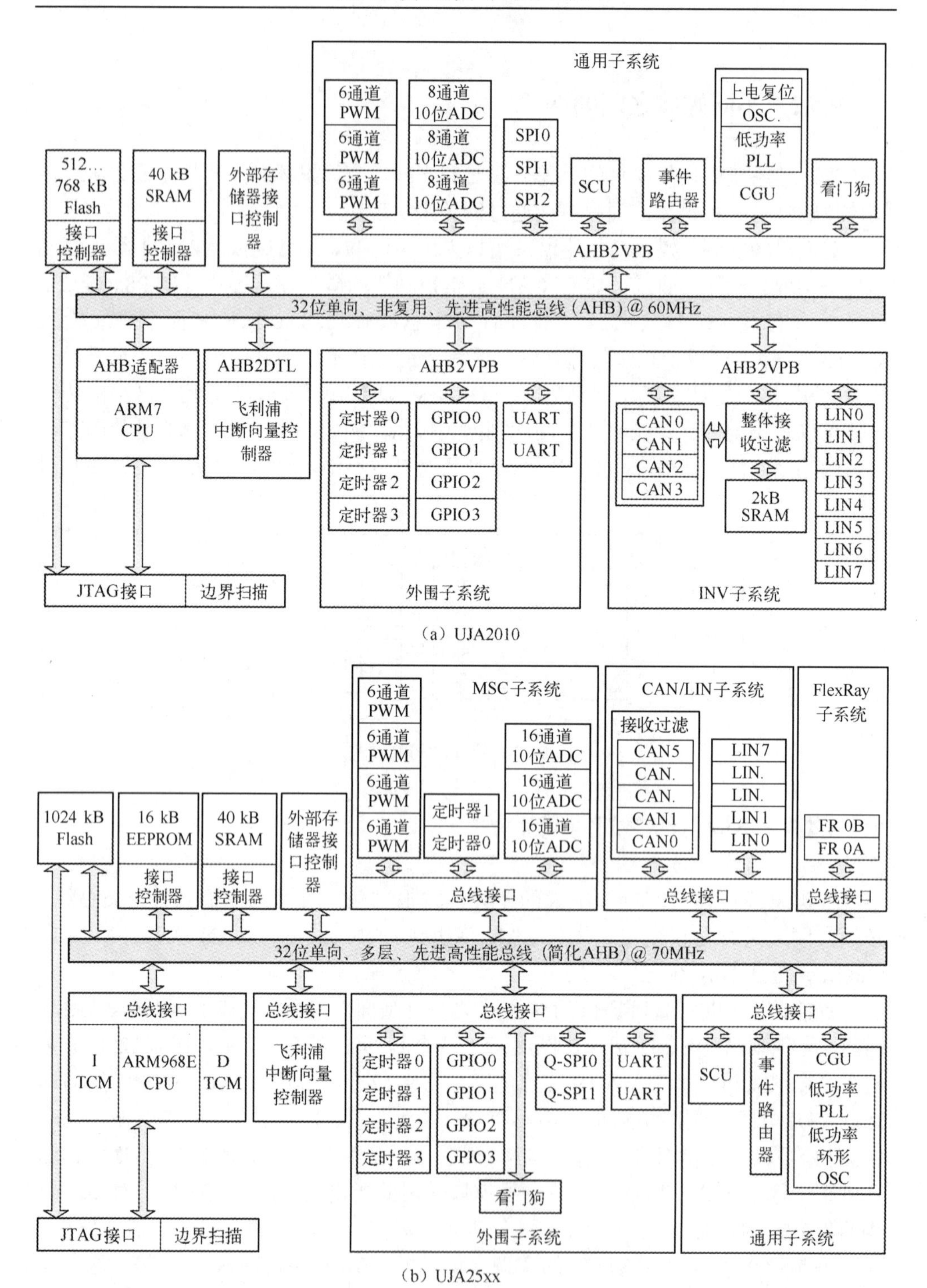

（a）UJA2010

（b）UJA25xx

图 9-12　基于 ARM7、ARM9 的网关芯片

9.5　V 模式开发流程

本质上，嵌入式系统通信网络设计是一种创造性人类活动，是一门辅以科学原理的艺术。试图找到一套完整的设计规则，甚至建立一个全自动的设计环境，都是徒劳的。在介绍各种总线时，我们介绍了许多网络设计专用工具，这些工具可以帮助设计人员处理和表示设计信息，分析设计问题，但它们却永远无法取代创造性设计人员。

在完成通信网络设计后，必须判断它是否适合其用途，这方面的工作与评估技术密切相关。评估技术必须使开发人员、用户或认证机构确信新的通信网络可以安全部署，并且能够在系统规划所构思的真实环境中实现其预定功能。

经过多年的探索，在嵌入式系统实时通信网络设计方面，业界普遍采用基于 V 模式的开发流程。该流程在很大程度上可减少反复过程，缩短开发周期，节省成本。目前，基于 V 模式的开发流程已成功应用于汽车、航空、国防、白色家电、医疗设备和工业过程控制等领域。

本节将着重介绍 V 模式开发流程，使读者从一个全局的高度掌握实时通信网络系统设计开发方面的知识。

9.5.1　V 模式

V 模式是德国科技人员创建的一个系统和软件建立过程执行模型，现已成为保证产品质量的一个间接手段。

V 模式将系统开发过程分成两个阶段：第一阶段定位在用户需求上，从上至下分步骤完成，当到达过程的底部时，必须完成系统的模块设计；第二阶段定位在已开发单元的整合、测试和销售上，这是一个由下至上的过程。当两个阶段拼合在一起时，犹如按字母 V 的形状运行，所以称为 V 模式，V 模式基本流程如图 9-13 所示。

图 9-13　V 模式基本流程

V 模式提供了一个公式化步骤，通过适当裁剪，可使其满足任何领域的需要。在具体实施 V 模式时，每个步骤或模式本身不会都是一次完成的，有时需要执行多次。V 模式强调了由顶至底的结构化开发过程，这样的流程会带来一些问题。在项目开发之初，信息量还不够充分，系统还无法顺利地从上往下开发，反复执行 V 模式或其某些步骤是必要的。尤其是在创新程度较高的开发中，满足需求的总体方案尚未在项目的初始阶段完全确定下来，反复循环执行 V 模式的概率很大。

历史经验表明，V 模式开发流程非常适用于电子系统的开发，能对设计成果的优劣产生极大影响。在接下来的内容中，我们将把讨论焦点集中到总线网络的 V 模式开发上。

9.5.2　总线网络 V 模式开发流程

在总线网络开发中，一般将 V 模式开发流程剪裁成 5 步，即 5 个子步骤，如图 9-14 所示，该图展示了网络系统 V 模式开发流程，图中的水平虚线表示从网络系统开发过渡到节点软硬件开发的分界线，也被认为是原设备制造商（OEM）与供应商（Supplier）的分界线。这里所指的节点可以是组成闭环控制系统中的控制单元、执行器和传感器等。

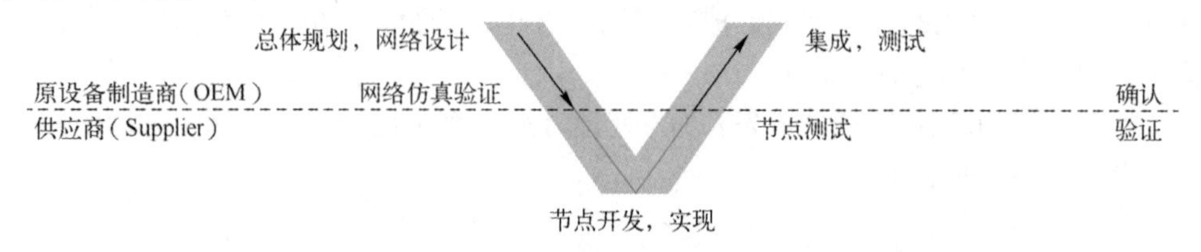

图 9-14　网络系统 V 模式开发流程

V 模式的左边是需求边，右边是测试边。需求边所产生的信息都会以测试方式传递到 V 模式的右边，测试边的结果反映对需求边信息的符合程度，而符合程度以信息回流的方式从 V 模式的右边传回到模式的左边。

V 模式左边的每个步骤一般按照“需求侧→解决方案侧”方式反复交替运行，需求侧和解决方案侧的对应点如图 9-15 所示。需求侧围绕的主题是“什么”需求，负责需求的提取、汇总和确认；而解决方案侧（也称为需求开发侧）的主题是“如何”解决，负责确定需求的解决方案。形成的解决方案会产生用于下一步更深层次开发的新需求。在下一个层次上除了要考虑导出的这个附加需求，通常该层还有自己的需求需要考虑。在 V 模式左边由顶至底的运行过程中，需求的解决方案不断增加，直至节点开发与实现为止。至此可把需求的解决方案按顺序整理出来，使系统的需求是什么、将以什么样的结果与其相适应在任何时候变得都是透明的。

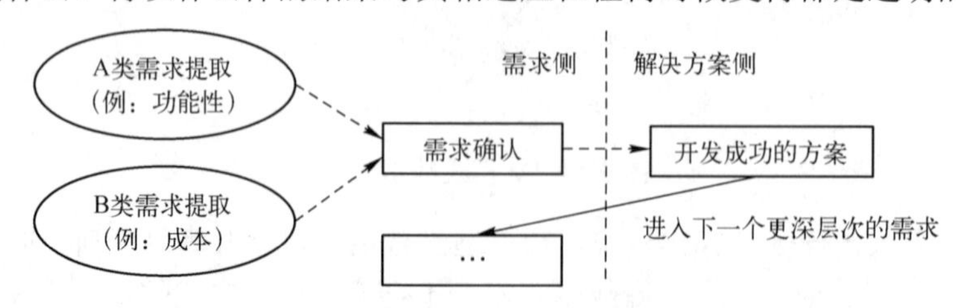

图 9-15　需求侧和解决方案侧的对应点

对于复杂的开发项目来说，这种把需求“什么”和“如何”解决分开的作法被证明是有意义的，既可以降低风险，又能使最终开发结果充分满足用户的期望和需求。

V 模式右边的一系列步骤是实现部件和子系统的集成与测试，在此期间要形成相应的文档和描述数据。描述数据可为应用参数设置和标定提供必要的信息。

下面将按照图 9-14 简要讨论总线网络开发的 5 个主要步骤。

1. 总体规划，网络设计

这一步要根据通信网络的任务需求，设计应用对象的总线网络形式和节点组成，界定节点的功能任务。与此同时，对整个应用对象的信息流进行统一规划，并形成节点信息交换接口规范，以便约束各个节点的设计。

2. 网络仿真验证

根据整个应用对象的信息流规划和节点的信息交换接口，在计算机软件环境下建立总线网络通信仿真模型，以帮助设计者对系统响应、延迟、负载等情况进行早期的快速评估，验证总体设计规划的正确性和有效性。

3. 节点开发，实现

根据总体规划中给出的各个节点的功能定义以及与外部交换信息的接口规范，开发节点的硬件和软件。

这一步涉及最终方案的具体化，其设计和编程环节需要仔细考虑专用微处理器的数字处理能力和编程工具。通常，在这个步骤结束前，应该完成了软件组件设计，并用高级语言或机器语言编写了程序源代码。

4. 节点测试

完成了节点实现后，V 模式开发流程的左边已经全部结束了。从现在开始的一系列步骤是对节点和子系统的集成。但在集成之前，还要进行节点测试活动。

每个开发完成的节点和子系统都要被连接至先前建立的仿真验证模型，测试它们在各种工况下的功能和稳定性。由于节点测试系统实际上是闭环的软件环境，因此，

① 可重复进行动态仿真；

② 可在实验室里仿真各种状况，不需要真实的测试环境组件，节约测试成本；

③ 可模拟极限工况进行临界条件测试，如发动机的水温、油温和转速等，没有实际风险；

④ 可通过软件（模型）、硬件（故障输入模块）来模拟开路、与地短接、节点引脚间短接等错误，以及传感器、执行器出错情况。

按照 V 模式的运行规则，在这一步也可对组成系统的控制单元、执行器和传感器进行并行测试。

节点测试需要调用第 1 步形成的节点需求和节点规范，节点的测试结果应满足两者的要求。在理想状态下，V 模式开发流程是一个从左到右的串行过程，但在实

际开发中，运行测试常常是一个反复操作的过程。图 9-16 给出了节点测试的反复运动状态。

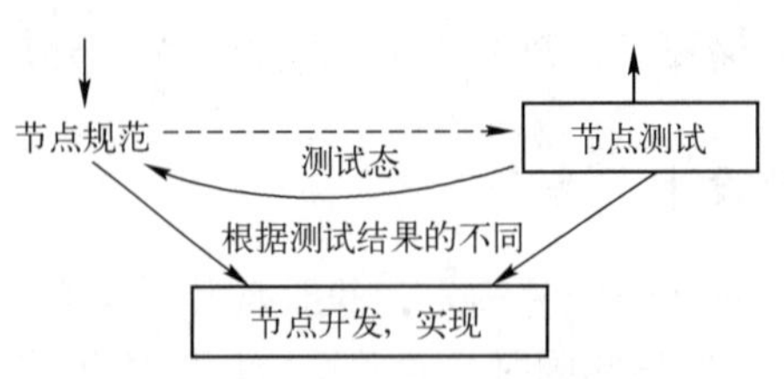

图 9-16　节点测试的反复运行状态

5. 集成，测试

在完成单节点测试后，要将所有开发出来的节点实物集成在一起，形成实物网络，并在真实的目标对象环境里进行试验，通过试验后方可投入使用。然而，当真实环境的成本很高时，最好的策略是，在把网络用于具体对象之前，先将网络在一个实验环境里进行配置、集成和测试。例如，车载网络系统一般先进行台架试验，通过台架试验后，再装配到实车上进行道路试验，直至最后生产出厂。

具体的实验配置通常是一个较大的挑战，必须找到真实部件和虚拟部件的一个合理组合。事实上，在这种情况下，网络系统仅为整个实际应用系统的一部分，所以在实验配置中必须构建恰当的系统边界，使集成测试在这个边界设定的范围内进行。系统集成的配置如图 9-17 所示，该图展示了一个汽车速度自动调节的可行配置方案，其中虚线框表示为实验系统建立的虚拟模块，该方案适用于汽车速度的自动调节测试。

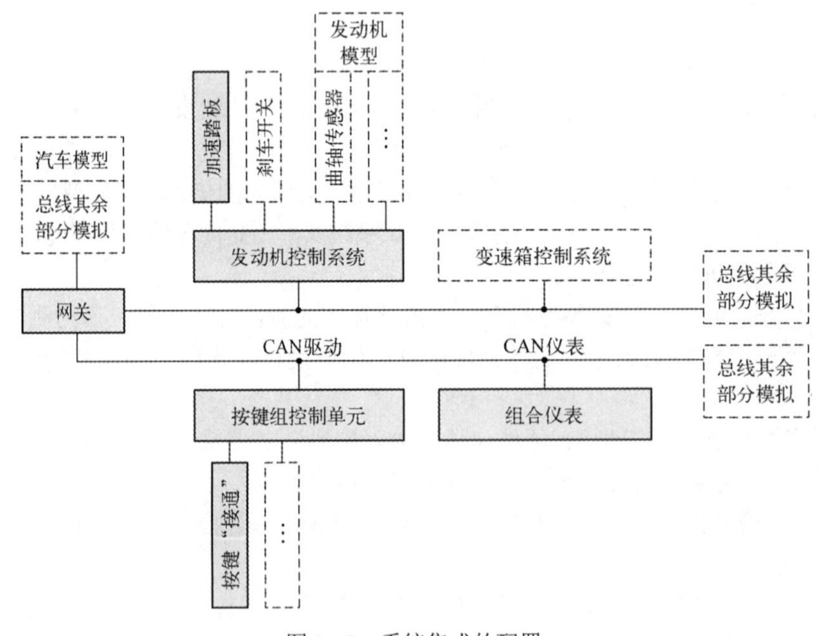

图 9-17　系统集成的配置

汽车速度自动调节的真实控制网络由发动机控制系统和变速箱控制系统组成，通过 CAN 总线实现相互通信，两者与其他汽车功能模块之间通过网关进行访问。在图示配置中，核心单元是由真实的控制单元建立的，其余的环境由相应的虚拟模型构成，对其他汽车功能单元的报文发送和接收通过总线其余部分模拟来实现，而总线其余部分模由简单的汽车模型提供。虽然发动机行为不属于难点功能，但仍然会对系统造成影响，所以建立了一个联合了执行器和传感器的简单发动机模型。

9.5.3　总线网络系统开发流程的分级

实际上，大部分行业采用零部件供应商+完整设备制造商模式对网络系统研制工作进行分工，因此，基于 V 模式的总线网络系统开发流程有时分为下述两级。

（1）网络级

首先，由完整设备制造商或总体设计单位制定分布式总线系统的网络规范和信息流规划，经过仿真验证后，以网络描述文件的形式分发给零部件供应商或分系统设计单位。然后，由零部件供应商或分系统设计单位完成单个节点的软、硬件开发和功能验证。最后，由完整设备制造商或总体设计单位进行总线网络集成，并对功能、通信规范和物理层进行全面测试。

（2）节点级

由零部件供应商或分系统设计单位开发并实现网络中的节点，即根据信息流规划实现带总线接口的节点的软、硬件，其中，节点的软件主要包括控制算法和通信协议栈代码等。另外，零部件供应商或分系统设计单位还要负责对开发出来的节点进行测试。

习　　题

9-1　什么是系统级模块，系统级模块有哪些？

9-2　常规 SBC 模块与故障防护 SBC 模块的主要不同点是什么？

9-3　什么情况下需要使用中继器，使用中继器应注意哪些问题？

9-4　什么情况下需要使用网关？

9-5　基于 V 模式的开发流程分成几个阶段？总线网络开发流程的主要步骤有哪些？

附录 A　排队系统基础

A.1　稳定状态下的数据流

A.1.1　李特尔定律

假设有一边界为封闭曲线的网络（见图 A-1），进出网络的数据为长短不一的报文。报文随机地进入网络，再按其进入队列的先后顺序，发往其他地方。我们所要知道的是，在稳定状态下，网络中暂时存储的报文数目与哪些因素有关，它们之间的关系又是怎样的。

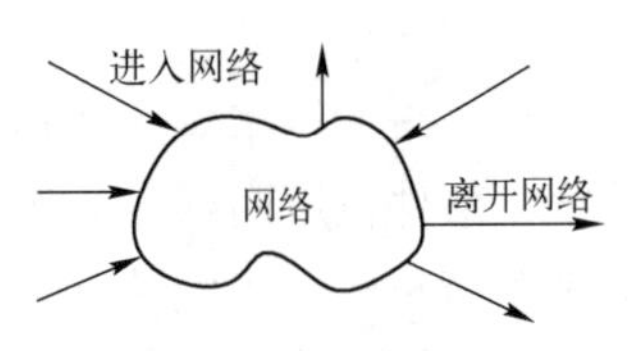

图 A-1　具有封闭边界的网络

设在时间间隔$(0,t)$内进入网络的报文数目为$\alpha(t)$，离开网络的报文数目为$\delta(t)$。它们的差值为$N(t)$，是在此时间间隔里存储在网络中的报文数目，即：

$$N(t)=\alpha(t)-\delta(t) \tag{A-1}$$

在稳定状态下累积进入和离开网络以及网络中存储的报文数目如图 A-2 所示，该图展示了报文进入和离开网络的典型表示曲线。这里的离开网络是指报文发送完毕。

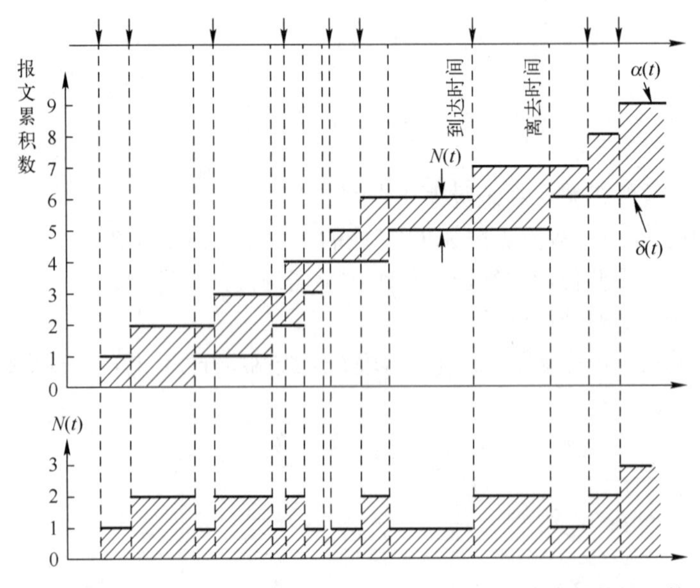

图 A-2　稳定状态下累计进入和离开网络以及在网络中存储的报文数目

在时间间隔长度为 t 时，报文的平均到达率记为 λ_t，其表达式为

$$\lambda_t = \alpha(t)/t \tag{A-2}$$

另一个参数就是所有报文在网络中已经经历的时间，它是 $\alpha(t)$与 $\delta(t)$所包围的面积，即：

$$\gamma(t) = \int_0^t N(x)\mathrm{d}x \tag{A-3}$$

在时间间隔（0,t）内网络中的平均报文数目 N_t 为

$$N_t = \int_0^t N(x)\mathrm{d}x / t = \gamma(t)/t \tag{A-4}$$

每一个报文在网络中所经历的平均时间 T_t 为

$$T_t = \gamma(t)/\alpha(t) \tag{A-5}$$

由式（A-2）、式（A-4）和式（A-5）可得出：

$$N_t = \lambda_t T_t \tag{A-6}$$

在以上算式的推导中有一点不够严密，就是在（0,t）内进入网络的报文［包含在 $\alpha(t)$中］可能还有未离开网络的，但随着时间 t 的推移这些影响是不用考虑的。

假设当 $t\to\infty$时，λ_t、T_t和 N_t 都是有限值，则可令

$$\lambda = \lim_{t\to\infty}\lambda_t,\quad T = \lim_{t\to\infty}T_t,\quad N = \lim_{t\to\infty}N_t \tag{A-7}$$

由此可将式（A-6）变为

$$N=\lambda T \tag{A-8}$$

这就是著名的李特尔定律。在稳定状态下，存储在网络中的报文平均数等于报文的平均到达率乘以这些报文在网络中经历的平均时间。在使用时应注意 λ、T 和 N 要属于同一网络。

A.1.2 通信量强度

单输出信道的网络模型如图 A-3 所示，图 A-3 所示网络有几个报文输入端，但输出信道只有一个。对于更复杂的网络，只要考虑发往某一个信道的报文，就可得出图 A-3 所示的模型。这里假定报文在队列中的发送规则是按照先进先出的原则进行的，以下将给出在稳定状态下的一些重要关系式。

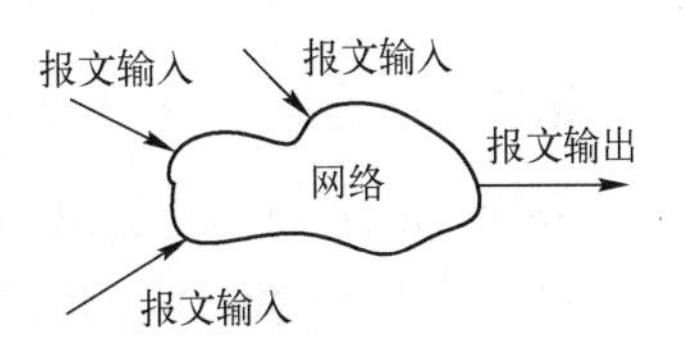

图 A-3 单输出信道的网络模型

稳定状态下报文的发送时间如图 A-4 所示，报文的到达和离去情况如图 A-4(a)所示。这里描述了从第 i 个报文 M_i 发完到第 $i+1$ 个报文 M_{i+1} 发完这段时间内，网络内的报文数 N 的变化情况。设 N_i 和 N_{i+1} 分别为 M_i 和 M_{i+1} 刚刚发送完毕时网络内的报文数。若 $N_i>0$，则 M_i 刚一发送完毕，就立刻开始发送 M_{i+1}。对于图 A-4 的例子，在 M_{i+1} 的发送时间内共到达 3 个报文。若 $N_i=0$，则 M_i 发送完毕，网络就处于

空闲状态。所以在 M_{i+1} 的发送时间内共到达 2 个报文（第一个到达的报文现在就是 M_{i+1}）。若用 A_{i+1} 表示在 M_{i+1} 的发送时间内到达网络的报文数目，则从图 A-4 可得：

$$N_{i+1} = N_i + A_{i+1} - U(N_i) \tag{A-9}$$

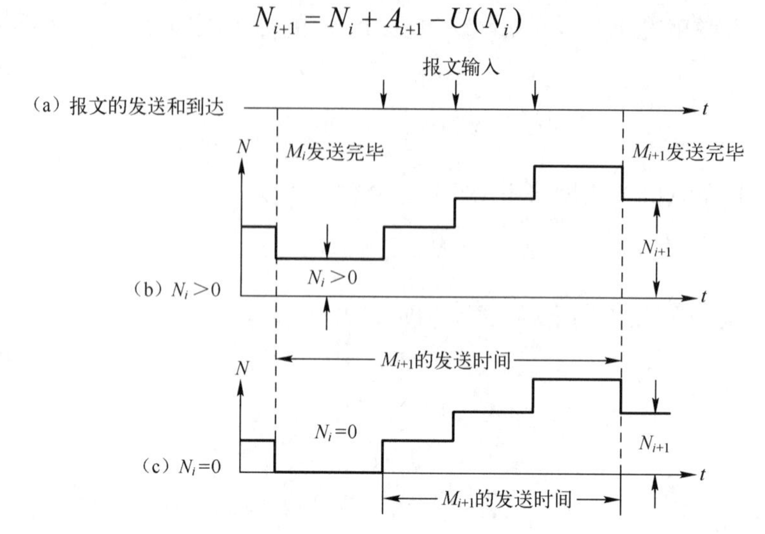

图 A-4　稳定状态下报文的发送时间

式中，由 N_i 是否为 0 可以判断输出信道是忙状态（$N_i>0$）还是空闲状态（$N_i=0$），而 U（N_i）则是输出信道活跃性的一个度量。所谓活跃性就是信道忙的程度。输出信道忙就表示到达的报文须排队等待一段时间才能发送出去。

将式（A-9）两边取平均值，并考虑到在稳定状态下，$\bar{N}_{i+1} = \bar{N}_i$，则可得出：

$$\bar{U}(N_i) = \bar{A}_{i+1} \tag{A-10}$$

即 U（N_i）的平均值等于第 i+1 个报文 M_{i+1} 的发送时间内网络的平均报文到达数 $\bar{A}_{i+1}$。

如果不限于在报文刚刚发送完毕的时刻来考虑问题，而将在任何时刻 t 网络内的报文数记为 N（t），则 $\bar{U}(N(t))$ 就表示信道平均忙的程度。这个参数特别重要，通常被称为通信强度或业务量强度，记为 ρ，即

$$\bar{U}(N(t)) = \rho \tag{A-11}$$

显然，

$$0 \leqslant \rho \leqslant 1 \tag{A-12}$$

举例：网络节点及输出信道如图 A-5 所示，报文（记为 msg）到达网络节点的平均到达率为 λ（msg/s），报文的到达可认为是瞬时的，输出信道的容量为 C（bps），文长度是随机的，其平均长度为 $1/\mu$ bit（采用 $1/\mu$ 是排队论中的习惯用方法）。这样，每个报文的平均发送时间为 $1/\mu C$ s，即信道的最大发送能力为 μC（msg/s）。在稳定状态下报文的平均输入速率一定等于平均输出速率。因此，若将事件 A 出现的概率记为 $P[A]$，则：

$$\lambda = P[\text{输出信道忙}] \cdot \mu C + P[\text{输出信道闲}] \cdot 0 \tag{A-13}$$

因此得出：

$$\lambda = \rho\mu C \tag{A-14}$$

或

$$\rho = \lambda/(\mu C) \tag{A-15}$$

即通信量强度是跟报文平均到达率与输出信道所能提供的报文平均输出率之比。由式（A-12）可得出在稳定状态下，

$$\lambda \leqslant \mu C \tag{A-16}$$

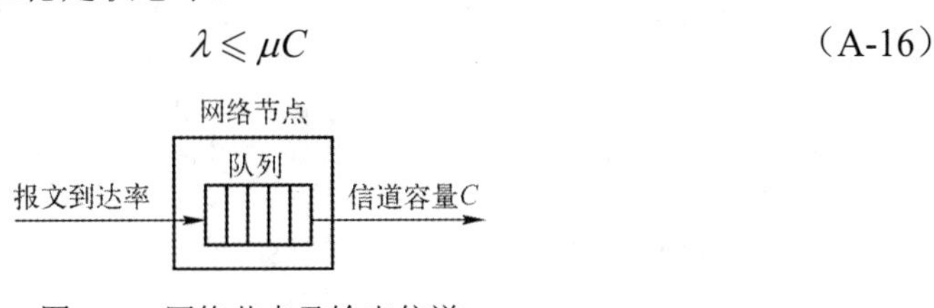

图 A-5 网络节点及输出信道

A.2 M/G/1 排队模型

在排队论的文献中，常用字母 / 字母 / 数字这样的表示方法来描述某一类型的排队系统。第一个字母代表到达的规则，第二个字母代表服务规则（这里是指报文发送时间的长短服从什么规律），数字代表模型中平行的队列（这里是指发送信道）数目。我们最常遇到的几个字母是 M（负指数概率密度）、G（一般概率密度）和 D（确定值）。一般说来，在排队理论中所用的术语和网络中的术语不同。但它们是互相对应的，如顾客—报文；服务员—信道；服务时间—报文发送时间。为方便起见这里有时将两类术语混用。

M/G/1 表示到达规律是负指数概率密度，服务规则可以是任意的，而输出信道只有一个。M 也代表泊松（Poisson）过程。以下将从泊松过程讲起。

A.2.1 泊松过程

若在时间间隔 T 内到达 k 个报文的概率为

$$P[T\text{秒内}k\text{个到达}] = \frac{(\lambda T)^k e^{-\lambda T}}{k!}, \quad k = 0,1,2,\cdots \tag{A-17}$$

式中，λ 为报文的平均到达率，则称这种形式的报文到达过程为泊松过程。

现在推导到达时间间隔的概率密度函数 $\alpha(t)$。$\alpha(t)\Delta t$ 表示 P[t 内无报文到达但在（$t,t+\Delta t$）有一个报文到达]（参见图 A-6）。根据式（A-17），

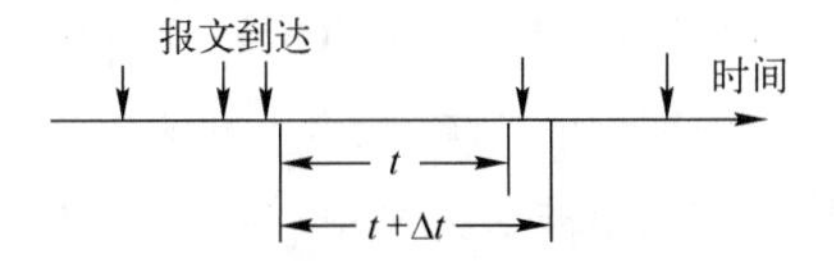

图 A-6 时间间隔Δt 内有一个报文到达

$$P[t\text{ 内无报文到达}]=e^{-\lambda t}$$

$$P[(t,t+\Delta t)\text{内有1个报文到达}]=(\lambda\Delta t)e^{-\lambda\Delta t}$$

因此，

$$a(t)\Delta t=e^{-\lambda t}\cdot\lambda\Delta te^{-\lambda\Delta t}$$

当$\Delta t\to 0$时，得出

$$a(t)=\lambda e^{-\lambda t} \tag{A-18}$$

这就是负指数的概率密度函数。由此可导出平均到达时间间隔为平均到达率 λ 的倒数。

$$a_1=\int_0^{\infty}ta(t)\mathrm{d}t=1/\lambda \tag{A-19}$$

到达时间间隔的方差为

$$\sigma_a^2=\int_0^{\infty}t^2a(t)\mathrm{d}t-a_1^2=2/\lambda^2-1/\lambda^2=1/\lambda^2 \tag{A-20}$$

可以看出，$\sigma_a=\alpha_1=1/\lambda$，这是泊松过程的一个重要特点。

如果服务时间的概率密度也是负指数函数［记为 $b(t)$］，且平均服务时间为 $1/\mu$（注：在排队论中，平均服务时间为 $1/\mu$，但在计算机网络中，$1/\mu$ 为平均报文长度，而平均服务时间为 $1/\mu C$，这点请勿混淆）。这样可得出与式（A-18）相似的公式，则

$$b(t)=\mu e^{-\mu t} \tag{A-21}$$

μ 也称为平均服务率。

同样可以导出服务时间的标准差 σ_b 与平均值 b_1 为

$$\sigma_b=b_1=1/\mu \tag{A-22}$$

A.2.2 扑拉切克-辛钦公式

下面我们将给出 M/G/1 排队模型中的最重要的扑拉切克-辛钦（Pollaczek-Khinchine）公式，简称 P-K 公式。重新利用图 A-4，假定报文输入是泊松过程，报文的平均到达率和平均长度分别为 λ 和 $1/\mu$，但报文长度的分布规律则是任意的。输出信道只有一个，其容量为 C，从式（A-9）的差分方程着手。对于泊松过程，在任何一个报文发送时间内的到达报文数目，与其他报文发送时间的长短无关，也与网络内的报文数目无关。因此式（A-9）中 A_{i+1} 的下标（i+1）可以去掉。但是，A 与报文的发送时间（记为 Y，是个随机变量）有关。

将式（A-9）两端平方，再求平均值，得：

$$\overline{N_{i+1}^2}=\overline{N_i^2}+\overline{U^2(N_i)}+\overline{A^2}-\overline{2N_iU(N_i)}-\overline{2AU(N_i)}+\overline{2N_iA} \tag{A-23}$$

在稳态下，式（A-23）的前两项可消去，因为网络中的报文数的均方值与在哪个报文发完时进行统计无关。$U(N_i)$被认为是单位阶跃函数，根据式（A-11）可得出：

$$\overline{U^2(N_i)}=\overline{U(N_i)}=\rho \tag{A-24}$$

由于 $N_iU(N_i)=N_i$，所以

$$\overline{N_iU(N_i)}=\overline{N_i} \tag{A-25}$$

考虑到 A 与 N_i 相互独立，根据式（A-10）得：

$$\overline{AU(N_i)}=\overline{A}\,\overline{U(N_i)}=\rho^2 \tag{A-26}$$

$$\overline{N_iA}=\overline{N_i}\,\overline{A}=\overline{N_i}\rho \tag{A-27}$$

将式（A-24）～式（A-27）代入式（A-23），得出：

$$0=\rho+\overline{A^2}-2\overline{N_i}-2\rho^2+2\overline{N_i}\rho \tag{A-28}$$

对于泊松过程，在稳定状态下，网络中的平均报文数目不是时间的函数，因此 $\overline{N_i}$ 可改写为 N，于是得出网络中平均报文数目为

$$N=\frac{\rho+\overline{A^2}-2\rho^2}{2(1-\rho)} \tag{A-29}$$

接着计算 $\overline{A^2}$ 。A 是在一个报文的发送时间 Y 内报文的到达数目，设 Y 固定时 $\overline{A^2}$ 为 m，

$$m=\sum_{A=1}^{\infty}A^2\frac{(\lambda Y)^A e^{-\lambda Y}}{A!}=\lambda Y+\lambda^2Y^2 \tag{A-30}$$

再设报文的发送时间的概率密度为 $b(Y)$（注意：现在不是负指数函数了），则

$$\begin{aligned}\overline{A^2}&=\int_0^{\infty}mb(Y)\mathrm{d}Y=\int_0^{\infty}(\lambda Y+\lambda^2Y^2)b(Y)\mathrm{d}Y\\&=\lambda\int_0^{\infty}Yb(Y)\mathrm{d}Y+\lambda^2\int_0^{\infty}Y^2b(Y)\mathrm{d}Y\end{aligned} \tag{A-31}$$

式（A-31）第 1 个积分即 Y 的平均值 $\overline{Y}$ 的值为 $1/\mu C$，第 2 个积分为 Y 的方差 σ_Y^2 与 $(\overline{Y})^2$ 之和，因此，

$$\overline{A^2}=\lambda/\mu C+\lambda^2(\sigma_Y^2+1/\mu^2C^2) \tag{A-32}$$

利用式（A-15），并考虑 σ_Y^2 实际上是前面提到过的服务时间的方差 σ_b^2，可将式（A-32）改写为

$$\overline{A^2}=\rho+\rho^2+\lambda^2\sigma_b^2 \tag{A-33}$$

将式（A-33）代入式（A-29），即得出网络节点的队列中的平均报文数目：

$$N=\rho+\frac{\rho^2+\lambda^2\sigma_b^2}{2(1-\rho)} \tag{A-34}$$

根据式（A-8）（李特尔定律），可求出报文经网络所产生的平均延迟：

$$T=\frac{1}{\mu C}+\frac{\rho+\lambda\mu C\sigma_b^2}{2\mu C(1-\rho)} \tag{A-35}$$

式（A-34）、式（A-35）即为 M/G/1 模型中的两个 P-K 公式。对于 M/G/1 排队系统，网络中存储的报文数的平均值以及报文延迟的平均值是由报文到达率的平均值，以及报文发送时间的平均值和方差这些因素所决定的。

另外，当通信量强度 ρ 趋于 1 时，网络中积压的报文的平均数目 N 和报文经网络引起的平均延迟 T 都趋于无限大。因而要使网络正常工作，通信量强度 ρ 一定不能太接近于 1。

以上仅介绍了最基本的排队系统及其常用公式，进一步学习请参阅排队论方面的教材。

附录 B　非抢占式 FP 调度的最坏情形和可行性测试

B.1　活　跃　期

对于单处理器实时调度来说，活跃期（Active Period）这个概念是大部分可行性条件（Feasibility Condition）的基础，它与空闲时刻（Idle Instant）的概念密切相关。

【定义 1】空闲时刻被定义为这样一个时刻 t，此刻之前不再存在任何被激活的和没有完成的任务。

【定义 2】活跃期是一个时间区间$[a, b[$，这里，a 和 b 是两个空闲时刻，在$]a, b[$内不存在任何空闲时刻。

设任务组由 n 个任务组成，用 τ_i（i=1,2,⋯,n）表示，当任务以其最大密度（周期性的）被激活时，同步情形中的第一个活跃期是最长的可能活跃期。设 L 表示这个活跃期的持续时间，则 L 可由下式求解：

$$L = \sum_{i=1}^{n} \left\lceil \frac{L}{T_i} \right\rceil \times C_i \qquad \text{(B-1)}$$

式中，C_i 为任务 τ_i 的最大执行时间；T_i 为周期。通过搜索系列的第一固定点，可以求解上述方程：

$$\begin{cases} L^{m+1} = \sum_{i=1}^{n} \left\lceil \frac{L^m}{T_i} \right\rceil \times C_i \\ L^0 = \sum_{i=1}^{n} C_i \end{cases} \qquad \text{(B-2)}$$

B.2　最 坏 情 形

在非抢占式背景下，已经开始执行的任务不能再被中断。于是，我们可以尝试计算其起始时间。如果 $\bar{W}_i(t_i)$ 是任务的最坏情况起始时间，那么在 t_i 被激活的任务 τ_i 所对应的响应时间为 $\bar{W}_i(t_i)+C_i-t_i$。设 P_i 是任务 τ_i 的优先级，请记住，最高优先级具有最低值。响应时间的计算基于以下性质（Property）：

【性质 1】最坏情况下的可行性条件是在任务处于最大（周期性的）密度时获得的。

优先级 P_i 的活跃期是在规定周期 T_i 和截止时间无关的情况下定义的，该活跃期描述了研究计算 WCRT 时所要考虑的持续时间。

【性质 2】 对于非抢占式背景下的最高优先级优先的固定优先级（Fixed Priority with Highest Priority First，FP）调度算法，任务 τ_i 的最坏情况响应时间（Worst-Case Response Time，WCRT）是在优先级 P_i 的第一个活跃期获得的，在此情形下，所有优先级大于或等于任务 τ_i 的任务，在这个活跃期开始时是同步的，并且在优先级 P_i 的活跃期开始之前一个时钟节拍（Tick），持续时间最大的低优先级任务被激活。L_i 的求解公式如下：

$$L_i = \sum_{T_j \in hp_i \cup sp_i \cup \{\tau_i\}} \left\lceil \frac{L_i}{T_j} \right\rceil \times C_j + \max^*_{\tau_k \in \overline{hp_i}} (C_k - 1) \tag{B-3}$$

式中，$hp_i = \{\tau_j, j \in [1, n]$，使 $P_j < P_i\}$——优先级比任务 τ_i 更高的任务集（P_j 越小优先级越高）；$\overline{hp_i} = \{\tau_j, j \in [1, n]$，使 $P_j > P_i\}$——优先级比任务 τ_i 更低的任务集；$sp_i = \{\tau_j, j \in [1, n]$，$j \neq i$，使 $P_j = P_i\}$。

注意： 对于最低优先级任务 τ_i，在抢占式或非抢占式背景下，$L_i = L$。为了找出 τ_i 的最坏响应时间，有必要在最坏情形下测试在 $0, T_i, 2T_i, \cdots \left\lfloor \frac{L_i}{T_i} \right\rfloor$ 时刻激活的 τ_i。在下面的介绍中，此性质是进行可行性测试的基础。

B.3 FP 可行性条件

如果 r_i 为任务 τ_i 的最坏响应时间，那么可行性的充分必要条件是：

$$\forall i = 1 \cdots n, r_i \leqslant D_i \text{ 并且 } U \leqslant 1 \tag{B-4}$$

式中，D_i 为任务 τ_i 的截止时间；U 是处理器利用率。该充分必要条件在抢占式和非抢占式背景下都有效。

B.4 可行性测试

现在让我们来关注可行性的充分必要条件。这些可行性条件包括在优先级 P_i 的第一个活跃期，任务 τ_i 在时刻 t 为 $0, T_i, 2T_i, \cdots \left\lfloor \frac{L_i}{T_i} \right\rfloor$ 被激活时，计算 τ_i 的连续启动执行时刻 $\overline{W}_i(t)$。

【定理】 在采用 FP 调度时，任务 τ_i 的最坏响应时间 r_i 由下式确定：

$$r_i = \max_{t \in S} (\overline{W}_i(t) + C_i - t) \tag{B-5}$$

式中，$\overline{W}_i(t)$ 是下式的解：

$$\overline{W}_i(t) = \left\lfloor \frac{t}{T_i} \right\rfloor \times C_i + \sum_{\tau_j \in hp_i} \left(1 + \left\lfloor \frac{\overline{W}_i(t)}{T_j} \right\rfloor \right) \times C_j + \max^*_{t_k \in \overline{hp_i}} (C_k - 1) \tag{B-6}$$

这里，$S=\{kT_i,\ k=0\cdots K,\ K\in\aleph\}$，$K$ 满足下式：

$$\bar{W}_i(KT_i)+C_i\leqslant(K+1)T_i \tag{B-7}$$

换言之，在 KT_i 时刻被激活的任务在其 $(K+1)T_i$ 时刻的下一个激活请求之后被终止。

这里假定我们只关心非抢占式 FP 算法，没有讨论与其他调度模型相对应的最坏情形和可行性条件。感兴趣的读者请参考文献 *Conditions de faisabilité pour l'ordonnancement temps réel préemptif et non préemptif* 了解其他模型（如抢占式 DP、非抢占式 DP 等）的情况。

B.5　数学提示

$\forall x\in\mathbb{R}$，$\lfloor x\rfloor$ 表示 x 向下调整为整数，并且 $\lceil x\rceil$ 表示 x 向上调整为整数。

附录 C　CAPL 简介

C.1　数 据 类 型

dword, long, word, int, byte, char:　　整数，定义与 C 语言相同
float, double:　　64 位浮点数
message:　　CAN 报文
timer, msTimer:　　定时器，不能在声明句中初始化

C.2　控制信息访问

下列选项可用来访问控制信息：
ID　　报文标识符
CAN　　组件号码
DLC　　数据长度码
DIR　　传送方向，事件分类；可能的值：
RX　　报文已经接收（DIR＝RX）
TX　　报文已经发送（DIR＝TX）
TXREQUEST　　已经设置报文发送请求
RTR　　远程发送请求；可能的值：0 = no RTR，1 = RTR
TIME　　时间，单位：10 ms

C.3　重要 CAPL 函数

output (message msg)
output (errorFrame)
功能：　从程序块发送一个报文或出错帧
参数：　“message”或“errorFrame”型变量
例：　output (sendMsg);

int getvalue (EnvVarName)
float getvalue (EnvVarName)

功能：　获得标识符为EnvVarName的环境变量的值，返回值的类型取决于环境变量的类型（int用于离散环境变量，float用于连续变量）。

参数：　环境变量名

例：　val = getValue(Switch);

putvalue (EnvVarName, int n)

putvalue (EnvVarName, float f)

功能：　给标识符为EnvVarName的环境变量指定n或f值，整数用于离散环境变量，浮点数用于连续环境变量。

参数：　环境变量名和其新值

例：　PutValue(Lamp, 1); /* 设置环境变量Lamp的值为1 */

setTimer (msTimer t, long duration)

setTimer (timer t, long duration)

功能：　设置定时器

参数：　timer和msTimer型变量，以及定时长度表达式

例：

```
msTimer t; timer t1;
setTimer (t, 200);    /* 设置定时器t的定时长度为200 ms */
setTimer (t1, 2);     /* 设置定时器 t1 的定时长度为2 s */
```

cancelTimer (msTimer t)

cancelTimer (timer t)

功能：　终止一个定时器的计时

参数：　Timer或msTimer变量

例：

```
timer t;
cancelTimer (t);
```

long timeDiff (message m1, now)

long timeDiff(message m1, message m2)

功能：　报文之间或报文与当前时间的时间差，单位为ms.

参数：　1.“message”型变量

　　　　2.“message”或“now”型变量

例：　diff = timeDiff(sendMsg, now);

write (string format, ...)

功能：　在写入窗口中显示文本信息

参数：　格式控制说明，变量或表达式

Write函数是以C语言的“printf”函数为基础的，可用的格式为

"%ld"：十进制显示

"%lx"：十六进制显示

"%lo"：八进制显示

"%lf"：浮点数显示

"%c"：字符输出

例：　i = 10; j = 12;

　　write "d = %ld, h = 0%lxh", i, j)　/* result:> d = 10, h = 0ch < */

dword keypressed()

功能：　传送当前按键的键码，如果没有键被按下，函数返回 0 值

附录D 缩 写 词

缩写	英文	中译名
ABS	Antilock Braking System	防抱死制动系统
AP	Action Point	动作点
ASR	Acceleration Slip Regulation	驱动（轮）防滑系统
AUTOSAR	AUTomotive Open System ARchitecture	汽车开放式系统架构
BD	Bus Driver	总线驱动器
BSS	Byte Start Sequence	字节起始序列
CAN	Controller Area Network	控制器局域网
CAN-FD	CAN with Flexible Data rate	具有灵活数据速率的 CAN
CAN-H	CAN-High	CAN 高电平
CAN-L	CAN-Low	CAN 低电平
CAPL	Communication Access Programming Language	通信访问编程语言
CAS	Collision Avoidance Symbol	冲突避免特征符
CC	Communication Controller	通信控制器
CDD	CANdela Data Diagnostic	坎德拉数据诊断
CDF	Cumulative Distribution Function	累积分布函数
CHI	Controller-Host Interface	控制器-主机接口
CID	Channel Idle Delimiter	信道空闲分隔符
CPU	Central Processing Unit	中央处理单元
CRC	Cyclic Redundancy Check	循环冗余校验
CSEV	Channel Status Error Vector	信道状态错误向量
CSS	Clock Synchronization Startup	时钟同步启动
DLC	Data Length Coding	数据长度编码
DTS	Dynamic Trailing Sequence	动态结尾序列
DYN	DYNamic segment	动态段
ECU	Electronic Control Unit	电子控制单元
EMB	ElectroMechanical Braking	机电制动
EMC	ElectroMagnetic Compatibility	电磁兼容性
EOF	End Of Frame	帧结束
ESD	ElectroStatic Discharge	静电放电
ESP	Electronic Stability Program	车身电子稳定系统
FES	Frame End Sequence	帧结束序列
FSEV	Frame Status Error Vector	帧状态错误向量

续表

缩写	英文	中译名
FSS	Frame Start Sequence	帧起始序列
FTDMA	Flexible Time Division Multiple Access	柔性时分多路访问
GTDMA	Global Time Division Multiple Access	全局时分多路访问
LIN	Local Interconnect Network	本地互联网络
LLC	Logical Link Control	逻辑链路控制
MAC	Medium Access Control	媒体访问控制
MOST	Media Oriented System Transport	面向多媒体的串行传输
MT	MacroTick	宏节拍
MTS	Media Access Test Symbol	媒体访问测试符号
NIT	Network Idle Time	网络空闲时间
NRZ	No Return to Zero	不归零码
OEM	Original Equipment Manufacturer	原始设备制造商
OSI	Open Systems Interconnection	开放系统互联
PDU	Protocol Data Unit	协议数据单元
PLL	Phase Locked Loop	锁相环
RF	Radio Frequency	射频
RTR	Remote Transmission Request	远程发送请求
SAE	Society of Automotive Engineers	汽车工程师学会
SBC	System Basic Chip	系统基础芯片
SCI	Serial Communication Interface	串行通信接口
SHF	Super High Frequency	超高频
SOC	Start of Cycle	循环开始
SOF	Start Of Frame	帧起始
ST	STatic segment	静态段
SW	Symbol Window	符号窗
SWC	SoftWare Component	软件组件
TDMA	Time Division Multiple Access	时分多路访问
TRP	Time Reference Point	时间参考点
TSS	Transmission Start Sequence	传输开始序列
TTCAN	Time-Triggered communication on CAN	CAN 总线的时间触发通信
TTP/C	Time Triggered Protocol Class C	C 类事件触发协议
Tx	Transmission	传输
UART	Universal Asynchronous Receiver Transmitter	通用异步收发器
WCET	Worst Case Execution Time	最坏情况执行时间
WUP	Wake Up Pattern	唤醒模式
WUS	Wake Up Symbol	唤醒标志

参考文献

[1] Audsley N, Burns A, Richardson M, Tindell K, Wellings A. Applying New Scheduling Theory to Static Priority Preemptive Scheduling. Software Engineering Journal, 1993, 8(5):284-292.

[2] AUTOSAR GbR. Specification of Operating System V3.0.2. AUTOSAR Administration, Document ID 034, 2008.

[3] Böke C. Automatic Configuration of Real Time Operating Systems and Real Time Communication Systems for Distributed Embedded Applications. PhD thesis. University of Paderborn, 2003.

[4] Buttazzo G. Hard Real-Time Computing Systems: Predictable Scheduling Algorithms and Applications. Berlin: Springer Verlag, 2004.

[5] Charles M K, Colt C, Robert B B, Jeffrey Q. Automotive Ethernet: The Definitive Guide. State of Michigan: Intrepid Control Systems Inc., 2014.

[6] Cristian F. Probabilistic Clock Synchronization. Distributed Computing, 1989, 3(3):146-158.

[7] Eidson J. Measurement, Control and Communication Using IEEE 1588. Berlin: Springer Verlag, 2006.

[8] FlexRay Consortium. FlexRay Communications System Protocol Specification (Version 3.0.1). 2010.

[9] FlexRay Consortium. FlexRay Communications System Protocol Conformance Test Specification (Version 3.0.1). 2010.

[10] FlexRay Consortium. FlexRay Communications System Electrical Physical Layer Specification (Version 3.0.1). 2010.

[11] FlexRay Consortium. FlexRay Communications System Electrical Physical Layer Conformance Test Specification (Version 3.0.1). 2010.

[12] FlexRay Consortium. Preliminary Central Bus Guardian Specification V2.0.9, 2010.

[13] FlexRay Consortium. Preliminary Node-Local Bus Guardian Specification V2.0.9, 2010.

[14] George L. Conditions de faisabilité pour l’ordonnancement temps réel préemptif et non préemptif. Proceedings of Ecole d’été Temps Réel, Actes de l'Ecole d'Eté Temps Réel 2005 - ETR'2005, 2005, 135-150.

[15] Grezmba A. LIN-Bus—Die Technologie, Teil 2: Fehlererkennung und Fehlerbehandlung, Netzwerkmanagement, Bitübertragungsschicht. In: Elekronik Automotive, Heft 5, 2003.

[16] Grezmba A. LIN-Bus—Die Technologie, Teil 4: Hardware—Transceiver und Controller. In: Elekronik Automotive, Heft 1, 2004.

[17] ISO. Norm ISO 7498-1: Information Technology—Open Systems Interconnection—Basic Reference Model: The Basic Model. 1994.

[18] ISO. Road vehicles - Diagnostic systems—Part 1: Diagnostic Services. International Standard ISO 14229-1.6, Issue 6, 2001.

[19] ISO. Road vehicles - Diagnostics on Controller Area Network (CAN) —Part 2: Network Layer Services. International Standard ISO 15765-2.4, Issue 4, 2002

[20] ISO. Road vehicles - Diagnostic systems - Requirement for interchange of digital information. International Standard ISO 9141, 1st Edition, 1989

[21] ISO. Road Vehicles-Controller Area Network (CAN) —Part 4: Time Triggered Communication. Norm ISO 11898-4, 2000.

[22] Joseph M, Pandya P. Finding respond times in a real-time system. Comput, 1986, 29(5): 309-395.

[23] Kopetz H. Pulsed Data Streams, In: From Model-Driven Design to Resource Management for Distributed Embedded Systems. IFIP Series 225/2006, Berlin: Springer Verlag, 2006:105-114.

[24] Kopetz H. Real-time Systems-Design Principles for Distributed Embedded Applications. NY: Springer, 2011.

[25] Kopetz H. Real-time Systems-Design Principles for Distributed Embedded Applications. Massachusetts: Kluwer Academic Publishers, 1997.

[26] Kopetz H, Gruensteidl G.. TTP: A Time-Triggered Protocol for Fault-Tolerant Real-Time Systems. Proc. FTCS-23, IEEE Press, 1993:524-532.

[27] Kopetz H. Temporal Uncertainties in Cyber-Physical Systems. Advances in Real-Time Systems, 2012:27-40.

[28] Kopetz H, Ochsenreiter W. Clock Synchronization in Distributed Real-Time Systems. IEEE Trans. Computers, 1987, 36(8):933-940.

[29] Kopetz H, Damm A, Koza C, et al. Distributed Fault Tolerant Real-Time Systems: The MARS Approach. IEEE Micro, 1989, 9(1):25-40.

[30] Lamport L. Time, Clocks, and the Ordering of Events. Comm. ACM, 1978, 21(7):558-565.

[31] Lamport L, Melliar Smith P M. Synchronizing Clocks in the Presence of Faults. Journal of the ACM, 1985, 32(1):52-58.

[32] Leung J, Whitehead J. On the complexity of fixed-priority scheduling of periodic real-time tasks. Performance Evaluation, 1980, 2(4):237-250.

[33] Lehoczky J P. (1990) Fixed priority scheduling of periodic task sets with arbitrary deadlines. Proceedings of the 11th IEEE Real Time Systems Symposium.

[34] LIN Consortium. LIN Specification Package Revision 2.1. www.lin-subbus.rog ： Technical@lin-sunnus.org, 2006.

[35] Liu C L, Layland J W. Scheduling Algorithms for Multiprogramming in a Hard-Real-Time Environment. Journal of the Association for Computing Machinery, 1973, 20(1):46-61.

[36] Lundelius L, Lynch N. An Upper and Lower Bound for Clock Synchronization. Information and Control, 1984, 62:199-204.

[37] Marwedel P. Embedded System Design: Embedded Systems Foundations of Cyber-Physical Systems. Berlin: Springer Verlag, 2010.

[38] Mills D L. Internet Time Synchronization: The Network Time Protocol. IEEE Trans. on Comm., 1991, 39(10):1482-1493.

[39] MOST Cooperation. MOST Specification Reversion 2.4. www.mostcooperation.com, 2005.

[40] MOST Cooperation. MOST Specification (Rev. 3.0 E2). Specification Document, 2010.

[41] Moraes P D, Saotome O, Santos M M D. Trends in Bus Guardian for Automotive Communictions—CAN, TTP/C and FlexRay. SAE Technical Paper Series 2011360308, 2011:1-9.

[42] Neumann P G. Computer Related Risks. New York: Addison Wesley, ACM Press, 1995:34&37.

[43] Neumann P G. Risks to the Public in Computers and Related Systems. Software Engineering Notes, 1996, 21(5):18.

[44] Paret D. Multiplexed Networks for Embedded Systems. Claygate: John Wiley & Sons, 2012.

[45] Paret D. FlexRay and its Applications: Real Time Multiplexed Network. Claygate: John Wiley & Sons, 2012.

[46] Paret D. Réseaux Multiplexés Pour Systémes Embarqués: CAN, LIN, FlexRay, Safe-by-Wire. Paris: Dunod, 2005.

[47] Pop T, Pop P, Eles P, et al. Timing analysis of the FlexRay communication protocol. Real Time Systems, 2008, 39(3):205-235.

[48] Pop T, Pop P, Eles P, Peng Z. Bus Access Optimisation for FlexRay Based Distributed Embedded Systems. Proceedings in DATE, 2007.

[49] Puschner P, Koza C. Calculating the Maximum Execution Time of Real-Time Programs. Real Time Systems, 1989, 1(2):159-176.

[50] Reichenbach H. The Philosophy of Space and Time. New York: Dover Publication, 1957:145.

[51] Reif K, Milbredit P. Weckvorgang und Hochlauf von FlexRay-Vernetzungen. 8. Intenationales Stuttgarter Symposium für Automobile-und Motorentechnik, Bd. 2, 2008, S.441-45.

[52] Robort Bosch GmbH. CAN Specification Version 2.0. www.can.bosch.com, 1991.

[53] Sha L, Rajkumar R, Lehoczky J P. Priority Inheritance Protocols: An Approach to Real-Time Synchronization. IEEE Transactions on Computers, 1990, 39(9):1175-1185.

[54] Sha L, Abdelzaheret T, Arzen K, et al. Real-Time Scheduling Theory: A Historical Perspective. Real-Time Systems Journal, Springer Verlag, 2004, 28(3/4):101-155.

[55] Shaw A C. Reasoning About Time in Higher-Level Language Software. IEEE Trans. on Software Engineering, 1989, SE-15:875-889.

[56] Sprunt B, Sha L, Lehoczky J. Aperiodic Task Scheduling for Hard Real-Time Systems. Real-Time Systems, 1989, 1(1):27-60.

[57] Tindell K, Burns A, Wellings A J. Guaranteeing Hard Real Time End-to-end Communications Deadlines. Technical report RTRG/91/107, Department of Computer Science, University of York, England, 1991.

[58] Tindel K, Clark J. Holistic schedulability analysis for distributed hard real time systems.

Microprocessing and Microprogramming, 1994, 40:117-134.

[59] Tindell K, Burns A, Wellings A J. Calculating Controller Area Network (CAN) Message Response Time. Control Engineering Practice, 1995, 3(8): 1163-1169.

[60] Tindell K. Analysis of Hard Real-Time Communications. Real-Time Systems, 1995, 9(2):147-171.

[61] Welch J L, Lynch N A. A New Fault-Tolerant Algorithm for Clock Synchronization. Information and Computation, 1988, 77(1):1-36.

[62] Withrow G J. The Natural Philosophy of Time. Oxford: Clarendon Press, 1990:208.

[63] Davies C T. Data Processing Integrity, In: Computing Systems Reliability. Cambridge: Cambridge University Press, 1979:288-354.

[64] Wilhelm R, Engblom J, Ermedahl A, et al. The Worst-Case Execution Time Problem—Overview of Methods and Survey of Tools. ACM Trans. on Embedded Computer Systems, 2008, 7(3):1-53.

[65] Xu J, Parnas D. Scheduling Processes with Release Times, Deadlines, Precedence, and Exclusion Relations. IEEE Trans. on Software Engineering, 1990, 16(3):360-369.

[66] Andreas G. MOST 汽车多媒体网络[M]. 秦贵和, 黄永平, 译. 北京：北京理工大学出版社, 2010.

[67] 陈志旺. STM32 嵌入式微控制器快速上手[M]. 2 版. 北京：电子工业出版社，2014.

[68] 冯博琴, 吕军. 计算机网络[M]. 3 版. 北京：高等教育出版社，2016.

[69] 顾嫣, 张凤登. FlexRay 动态段优化调度算法研究[J]. 自动化仪表，2009, 30(12):25-29.

[70] 胡思德. 汽车车载网络（VAN/CAN/LIN）技术详解[M]. 北京：机械工业出版社，2006.

[71] Konrad Reif. 汽车电子学[M]. 李裕华，李航，马慧敏，译. 西安：西安交通大学出版社，2011.

[72] 李勇. 汽车单片机与车载网络技术[M]. 北京：电子工业出版社，2011.

[73] 刘春晖, 刘宝君. 汽车车载网络技术详解[M]. 北京：机械工业出版社，2013.

[74] 王田苗，魏洪兴. 嵌入式系统设计与实例开发[M]. 3 版. 北京：清华大学出版社，2008.

[75] 吴宝新，郭永红，曹毅，赵东阳. 汽车 FlexRay 总线系统开发实践[M]. 北京：电子工业出版社，2012.

[76] 张凤登. 分布式实时系统[M]. 北京：科学出版社, 2014.

[77] 张凤登. 现场总线技术与应用[M]. 北京：科学出版社, 2008.

[78] 张凤登. 实时传输网络 FlexRay 原理与范例[M]. 北京：电子工业出版社，2017.

[79] 张凤登，陈兴隆. FlexRay 总线静态段的负载率优化研究[J]. 汽车工程, 2016, 38(1): 97-101.